科学出版社“十三五”普通高等教育本科规划教材

植物生物学

马三梅　王永飞　主编

国务院侨务办公室立项
彭磷基外招生人才培养改革基金资助
国家西甜瓜产业技术体系资助

科学出版社
北京

内容简介

本书通过对植物的营养器官——根、茎、叶和生殖器官——花、果实、种子的形态、结构等，以及植物界基本类群和分类的介绍，使学生对植物学这一基础学科有一个全面的认识和了解。并以“如何识别植物”作为附录，以便增加学生识别植物的能力。全书彩色印刷，便于学生直观学习。在每章后面列出了本章内容的思维导图，通过图表帮助学生提纲挈领地了解每章内容的整体框架，明白各知识点之间的逻辑关系，掌握每章的知识体系和主要内容，并提高学生对本章内容的理解，增强学生的学习兴趣。此外，本书所介绍的植物均为人们日常生活常见的或与生活密切相关的，具有非常突出的实践性。书中附有AI绘图方法介绍，可扫描书后二维码获取。

本书适合生命科学各专业的植物生物学教学使用，也可供师范、农业、林业、中医药等院校有关专业师生及从事植物学研究的相关科研人员使用和参考。

图书在版编目（CIP）数据

植物生物学 / 马三梅，王永飞主编．—北京：科学出版社，2017.6
科学出版社“十三五”普通高等教育本科规划教材

ISBN 978-7-03-052825-4

Ⅰ.①植…　Ⅱ.①马…　②王…　Ⅲ.①植物学-生物学-高等学校-教材　Ⅳ.①Q94

中国版本图书馆CIP数据核字（2017）第107496号

责任编辑：席　慧 / 责任校对：赵桂芬
责任印制：张　伟 / 封面设计：迷底书装

科学出版社 出版
北京东黄城根北街16号
邮政编码：100717
http://www.sciencep.com
北京虎彩文化传播有限公司 印刷
科学出版社发行　各地新华书店经销
*
2017年6月第　一　版　开本：787×1092　1/16
2022年4月第五次印刷　印张：19 1/2
字数：456 000

定价：79.00 元

（如有印装质量问题，我社负责调换）

《植物生物学》编写委员会

主　　编　马三梅　王永飞

副 主 编　孙小武　屈红霞　王少奎

编写人员　（按姓氏笔画排序）

马三梅（暨南大学）

王少奎（华南农业大学）

王永飞（暨南大学）

孙小武（湖南农业大学）

刘　林（临沂大学）

李万昌（河南师范大学）

李宏业（暨南大学）

张卓欣（华南农业大学）

张荣京（华南农业大学）

屈红霞（中国科学院华南植物园）

前　言

植物生物学是高等院校生物类、农学、园艺、植物保护、中药学等专业的一门重要专业基础课程，对提高大学生基本科学素质和进一步学习后续相关专业课程有着十分密切的联系和重要的影响。植物生物学也与人们日常生活密切相关，学好植物生物学将终生受益。植物生物学是历史悠久的传统学科，人们的日常生活、饮食健康、中医药保健、养生、花鸟虫趣、户外旅游乃至常见重大疾病的防治等，都离不开植物生物学的基础知识。

教材是传授知识的重要载体。教材的出版与人才培养的质量息息相关。我国自 1978 年恢复高考以来，在植物生物学教材建设方面取得了一系列卓有成效的成绩。出版了许多植物生物学方面的教材，为植物生物学的人才培养做出了重要贡献。我上大学时所用的教材为陆时万等主编的《植物学》(上、下册)。近年来，我国又陆续出版了一些《植物生物学》及《药用植物学》教材，如周云龙主编的《植物生物学》(第 3 版)、杨继主编的《植物生物学》(第 2 版)、杨世杰主编的《植物生物学》(第 2 版)；马炜梁主编的《植物学》、强胜主编的《植物学》等。

随着生命科学的飞速发展，新兴学科的不断涌现，学生所需要学习和掌握的知识和技术越来越多。目前，为顺应高等教育改革和市场经济、社会发展的需求，增加专业课的门数，压缩每门专业课的课时是今后的发展趋势。如何在较少的学时内系统地完成课程的教学目标，提高教学质量和教学效率，培养具有探索精神和主动学习能力的人才是教师和学生必须面对和解决的问题。此外，兴起的“大规模开放在线课程”(Massive Open Online Course，MOOC)是新形势下教育界出现的新情况。“立体化教材建设”(即纸版教材、网络教材和多媒体教案的“三位一体”)是新形势下的 MOOC 对教材提出的新的要求。既然教材配套落后，就理应发展配套教材的“立体化建设”。

因此，我们在多年从事植物学教学和研究的基础上，综合近年来国内外新的研究成果，编写出版了新的《植物生物学》教材及其配套的网络课程。立争对提高人才的培养质量具有一定的影响。与国内外同类教材相比，本教材的独到之处和主要特色主要体现在以下几点。

第一，教材中的大部分插图均采用 Adobe Illustrator(AI)软件绘制，并把不同部位的名称标注出来。AI 软件在植物绘图中的运用，可扫描书后二维码获取。中国古代“图书”并称，有书必有图。只不过在漫长的历史岁月中，大部分图像资料没能像其阐释的经典那样留存下来。好的图文书应该凸显文字美感、深化图像意义、提升作者立意，三者缺一不可。这样的境界，虽不能至，心向往之。尤其因为植物生物学是一门历史悠久，课程体系丰富，教学内容庞大的传统学科，该门课程的名词术语繁多，概念抽象，更需要有高质量的图片来帮助学生来学习和理解植物学的名词、概念、结构和功能。以往教材图片多是照片或者手绘图。照相机拍的照片虽然清晰，但在使用字母或者数字标注时，字母会遮盖一些重要的结构；手绘图一般用数字标注不同部位的名称，并且在图片下方用文字说明数字所指部位的名称。读者在看图时，需要将数字和说明对照，才能知道某部位的名称。这种标注使读者阅读缺少直观性。现在AI绘图软件的功能十分强大，利用这个软件可以快速绘出彩色的植物显微和外观图片，并可以直接在右侧标注部位的名称，省去了数字标注和名称对照转换需要的时间。这可以节省阅读的时间，并提高直观性。因此，我们采用AI软件绘制了本书的大部分插图，并进行了合理标注，非常便于学生学习和理解。在绘制这些图片的过程中，也加深了我们对植物生物学知识的理解。同时发现，在学习植物生物学的过程中，如能一边阅读，一边绘图会使学习效率大大提高。因此，本书也可以说是一本看图学植物生物学的教材。

第二，在每章后面列出了本章内容的思维导图，通过图表帮助学生提纲挈领地了解每章内容的整体框架，明白各知识点之间的逻辑关系，掌握每章的知识体系和主要内容，并提高学生对本章内容的理解，增强学生的学习兴趣。

第三，本教材植物分类部分所介绍的科属均为人们日常生活常见的或与我们生活密切相关的，使本教材具有非常突出的实践性。

第四，以“如何识别植物”等内容作为附录，以便增加学生识别植物的能力。

与本教材配套的还有我们主编的《植物学实验指导》（双语教材）、《植物学实验》教材及植物生物学精品课程（http://202.116.0.180/xjjpkc/2008/zwswx/index.html）及植物学网络课程（http://course.jnu.edu.cn/person/msm/index/）。这些网站为教师组织网络教学和课堂教学提供丰富的文本、图片、视频、动画素材和试题库、名词库等；为学生自学和复习提供了思考题目和参考资料。

本书由马三梅、王永飞、孙小武、屈红霞、王少奎、李宏业、李万昌、张荣京、张卓欣和刘林共同编写。具体分工如下：绪论和第一章由马三梅编写，第二章由王永飞编写，第三章由王少奎编写，第四章由孙小武编写，第五章由刘林编写，第六章由李宏业编写，第七章由张卓欣编写，第八章由屈红霞编写，第九章由李万昌编写，第十章由张荣京编写，第十一章到第十五章由马三梅编写。马三梅负责全书AI图片和思维导图的绘制。马三梅和王永飞负责全书的统稿和定稿。

一本好图书的出版，也离不开作者和编辑的合作和沟通。在此书的出版过程中，科学出版社的席慧编辑不断与我们沟通和交流，并认真、负责、敬业地把关和修改文稿，设计书稿封面和版式，使本书增色很多。感谢各位对这本书的真诚付出，没有大家的努力，这一本还算有特色的书籍就不能及时出版。

组织我的同事、同学及自己的学生共同编写这样一本教材是一件非常荣幸的事情。感谢暨南大学给我提供的工作机会和施展自己才华的平台。感谢科学出版社的刘丹编辑，是她告诉我们AI软件十分好用，我们才开始学习这个软件的使用方法。感谢谢沅陶同学，她协作绘制了裸子植物的部分图片。最后感谢我的家人。年迈的父母不远千里从家乡来到我的小家，克服语言、饮食、习俗、日常交往上的种种障碍，为我悉心打理家庭琐事，忍受我的坏脾气；先生是我的同学和同事，多年来我们一起同甘共苦地打拼；我的儿子活泼健康、懂事明理，自学和自律能力强，让我省去了很多精力，并帮助我绘制了本书的一些图片，希望他能茁壮成长和不断进步。茫茫人海中，我是幸运的，感谢天、感谢地、感谢父母、感谢爱人、感谢儿子、感谢亲朋好友！谨以此书献给所有关爱我的人。

本书的编写得到暨南大学、湖南农业大学、华南农业大学、中国科学院华南植物园、河南师范大学和临沂大学领导与同事的指导和关心。本书的出版得到国务院侨务办公室立项和彭磷基外招生人才培养改革基金及国家西甜瓜产业技术体系的资助。科学出版社对本书的出版也付出了大量的劳动。在此一并表示感谢！

教材建设是一项长期的工作。由于编者水平有限，书中错误和编排不当之处在所难免，敬请有关专家、同行不吝赐教，提出宝贵意见，以便修订。

编　者

2017年2月

目 录

绪　论

植物是生物界的一员。它包含草本、木本（灌木和乔木）、蕨类、地衣及藻类等常见的生物。随着科学技术的发展，人们对生物界划分的认识不断加深。生物界的划分及植物界在生物界中的地位，是植物学学习的一个重要内容。

第一节　植　物　界

一、生物界的划分

生物是有生命的有机体，它们能够进行新陈代谢和繁殖。生物的种类非常多，整个生物界的划分随着研究的深入而不断变化。已经提出的分类有两界、三界、四界、五界、六界、八界等系统（图 0-1）。

18 世纪，瑞典博物学家林奈（Carolus Linnaeus，1707～1778）根据生物是否会运动，将生物界分成植物界（Kingdom Plantae）和动物界（Kingdom Animalia）。不会运动的生物就是植物，会运动的生物就是动物。两界系统建立得最早，沿用得最久。

由于显微镜的发明和广泛使用，科学家开始利用显微镜来观察生物。人们发现一些生物兼有动物和植物两种属性，特别是黏菌，在生命的营养期能够运动，在繁殖期则不会运动。这种类型的生物到底属于哪一界呢？ 1866 年，德国著名生物学家海克尔（E. Haeckel）提出三界系统。把非典型的动物和非典型的植物等生物，如原核生物、原生动物、硅藻、黏菌等归入原生生物界（Kingdom Protista），加上原有的植物界和动物界，构成了三界系统（图 0-1）。

四界系统是魏泰克（R. H. Whittaker）于 1959 年提出的。他将不含叶绿素的真菌从植物界中分出，建立一个真菌界（Kingdom Fungi）。而且与植物界一起并列于原生生物界之上（图 0-1）。

1969 年，魏泰克在四界系统的基础上，又将原核的细菌和蓝藻从原生生物界分出，建立了原核生物界（Kingdom Monera）。这就是五界系统（图 0-1）。五界系统也是影响最大，流传最广的一种分界系统。

后来，人们又提出了六界系统。六界系统有 2 个。其中一个在 20 世纪 70 年代，我国学者把类病毒（viroid）和病毒（virus）另立为非胞生物界，与植物界、动物界、真菌

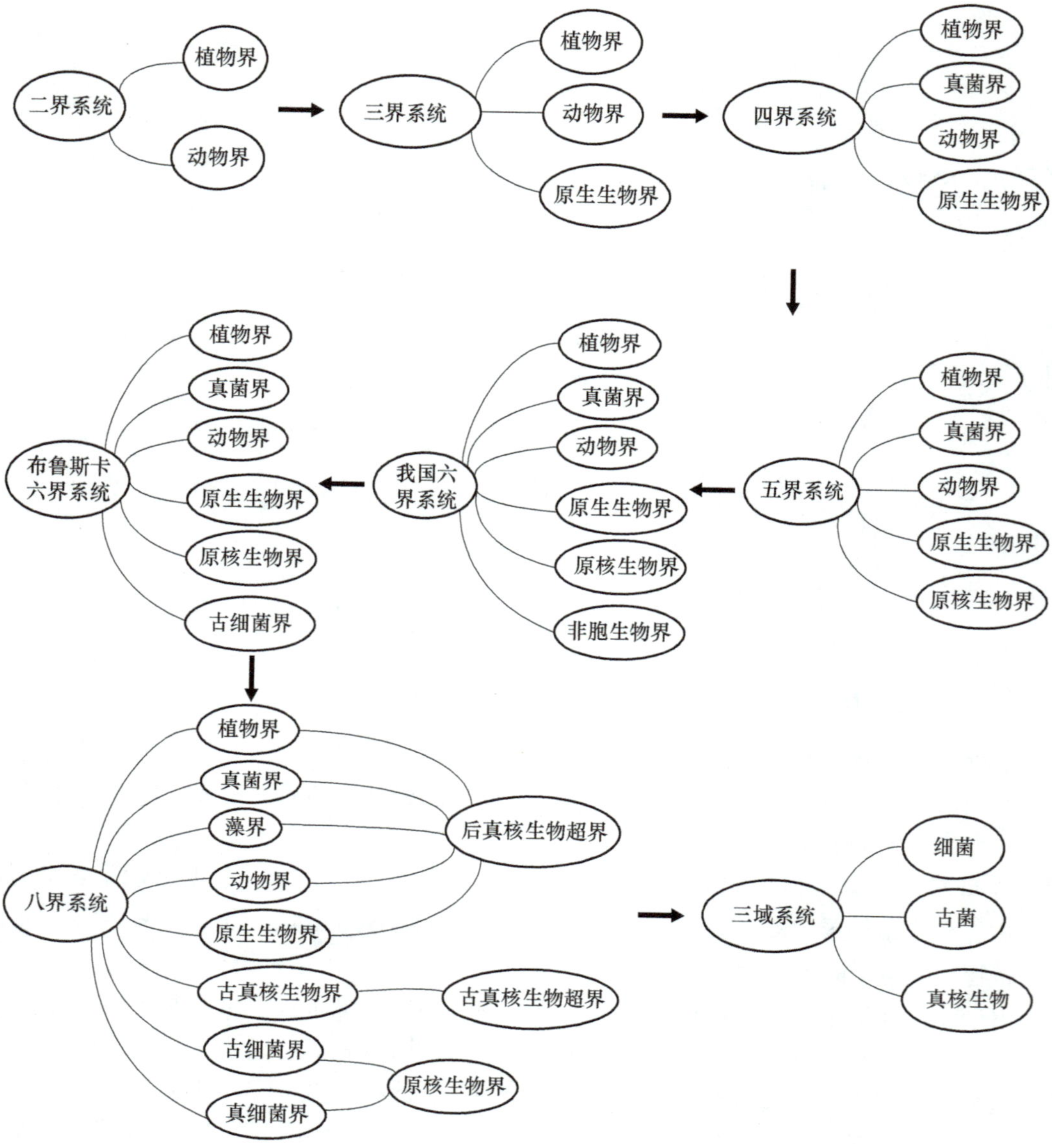

图0-1　生物界的划分

界、原生生物界、原核生物界，共同组成了六界系统（图 0-1）。另一个六界系统是布鲁斯卡（R.C.Brusca）等在 1990 年提出的。它含有原核生物界、古细菌界（Archaebacteria）、原生生物界、真菌界、植物界、动物界等。古细菌界是随着分子生物学技术的进步而提出的。人们发现原核生物界中的细菌在形态上尽管很相似，但根据分子水平上的差异可明显分成两大类：古细菌和真细菌。例如，在古细菌中存在 TATA 盒结合蛋白（ATTA box-binding protein），这也是真核生物中 RNA 聚合酶 Ⅰ、Ⅱ、Ⅲ的基本转录因子，但在真细菌中却没有这种转录因子。又如，在核糖体 RNA（rRNA）的同源性上，在细胞壁和细胞膜的成分上，以及在转移 RNA（tRNA）稀有碱基的差别上，古细菌和真细菌都有明显不同，这些不同甚至要超过原核生物与真核生物的不同。所以，把古细菌界单独列为一界。古细菌界的细菌主要生活在一些极端环境中，如沼泽地底层（甲烷细菌）、热泉（如布氏火盘菌，最适生长温度达105℃）等。

1989年，卡瓦勒－史密斯（T. Cavalier-Smith）提出八界系统（植物界、真菌界、藻界、动物界、原生动物界、古真核生物界、古细菌界、真细菌界）。他们将原核生物分为古细菌界和真细菌界（Eubacteria）两界。古细菌的核糖体与真核生物类似。把真核生物分成古真核生物超界（Archezoa）和后真核生物超界（Metakaryota）。古真核生物超界仅含有古真核生物界。古真核生物界的生物都没有线粒体，如毛滴虫（*Trichomonas vaginalis*）。后真核生物超界是指有线粒体的生物。后真核生物超界有植物界、真菌界、藻界、动物界、原生动物界（图0-1）。

1977年，卡尔·沃斯（Carl Woese）依据16S rRNA序列上的差别，发现真细菌、古细菌和真核生物是从一个具有原始遗传机制的共同祖先分别进化而来，因此将三者各划为一类，作为比界高的分类系统，称作“域”（Domain）或者“总界”（Superkingdom），提出三域系统。三域系统将原核生物分成了真细菌（Eubacteria）和古细菌（Archaebacteria）两大类，加上真核生物组成了三域。1990年，Carl Woese为了避免把古细菌也看作是细菌的一类，又把三域改称为细菌（Bacteria）、古菌（Archaea）和真核生物（Eukarya）（图0-1）。

在不同的分界系统中，植物界的范围大小不一。在同一分界系统中，由于各学者的看法不同，植物界所包括的具体植物种类也不完全一样。在两界系统中，把细菌类、藻类和真菌类归入植物界，把原生动物类归入动物界。在分类上，两界系统自问世以来，一直沿用到20世纪50年代。

二、植物的分类概述

我们经常听到低等植物（lower plant）和高等植物（higher plant）的说法。那么什么是低等植物和高等植物呢？其实低等植物和高等植物的最主要分类依据为是否具有胚（embryo）。胚是由受精卵（合子）发育而成的新一代植物体的雏形（即原始体）。没有根、茎、叶的分化，结构无组织分化，生殖器官为单细胞，合子发育后离开母体，不形成胚的植物就是低等植物，即无胚植物（non-embryophytes）。低等植物包括藻类植物和菌类植物。而有根、茎、叶的分化，结构有组织分化，生殖器官为多细胞，合子在母体内发育成胚的植物就是高等植物，即有胚植物（embryophytes）。高等植物包括苔藓植物、蕨类植物、裸子植物和被子植物。

有些植物体内的原始生殖细胞可以通过有丝分裂或减数分裂产生孢子（spore）。孢子是一种特殊类型的生殖细胞，可以度过不良的环境。在环境适宜时，孢子进行萌发，长成新的植物体。依靠孢子进行繁殖的植物就是孢子植物（spore plant）。孢子植物也称为隐花植物（cryptogamia）。孢子植物包括藻类植物、菌类植物、苔藓植物和蕨类植物。

依靠种子进行繁殖的植物就是种子植物（seed plant）。种子植物包括裸子植物和被子植物。在早期时，显花植物（phanerogams）是一个广义的概念，是裸子植物和被子植物的总称。因为裸子植物的由孢子叶（sporophyll）聚生而形成的球花（strobilus）还不能看作是真正的花，所以多数学者都采用狭义的显花植物的概念，即显花植物或有花植物（flowering plants）仅指被子植物。

颈卵器（archegonium）是苔藓植物、蕨类植物和裸子植物产生卵细胞的结构。很像长颈的瓶子，里面装着卵细胞。具有颈卵器的植物就是颈卵器植物（archegoniatae）。颈卵器植物包括苔藓植物、蕨类植物和裸子植物。

孢子是植物所产生的一种有繁殖或休眠作用的细胞，能直接发育成新个体。孢子一般微小，单细胞。由于它的性状不同，发生过程和结构的差异而有各种名称。而配子是指生物进行有性繁殖时由生殖细胞所产生的成熟性细胞。配子分为雄配子（male gamete）和雌配子（female gamete）；被子植物的雌配子通常称为卵细胞（ova 或 egg），雄配子称为精子（sperm）。根据植物体内是否具有维管组织，植物可以分为维管植物（vascular plant）和非维管植物（non-vascular plant）。维管植物是具有维管组织，包括蕨类植物、裸子植物、被子植物以及极少数的苔藓植物。维管组织让植物真正适应了陆生的生活。非维管植物包括藻类、菌类、地衣以及大多数的苔藓植物。

被子植物又称有花植物，是植物界最高级的一类。它们靠种子繁殖。传统上，被子植物分为 2 个纲，即单子叶植物纲（百合纲）和双子叶植物纲（木兰纲）。它们的根本区别是在种子的胚中有两片子叶还是有一片子叶，两片的称为双子叶植物，一片的称为单子叶植物。

三、植物在自然界中的作用

植物的存在对于大自然具有非常重要的作用，主要表现在植物是初级生产者，为人类提供 90% 的能量，80% 的蛋白质。

植物在维持地球上物质循环的平衡中也起着不可替代的作用。如碳循环是最常见的物质循环之一。绿色植物从空气中吸收二氧化碳，经光合作用转化为葡萄糖，并放出氧气（O_2）。空气中二氧化碳的体积分数含量约为 0.03%，如果按重量计，空气中则含有 6.0×10^{10}t（600 亿吨）的碳。绿色植物在进行光合作用过程中，要吸收大量的碳。如果空气中的碳含量不补充，以每年绿色植物用 1.9×10^{9}t（19 亿吨）碳的速度，只要 35 年至 40 年，空气中的碳将消耗殆尽。因此，地球上的生物通过呼吸作用释放大量的二氧化碳，同时燃烧木材、煤炭、石油等途径以补充二氧化碳在大气中的含量，使大气中的二氧化碳浓度保持平衡。

植物在调节气温，保持水土及净化大气和水质等方面均有重要的作用。在环境保护方面，植物还可以释放杀菌素，降低噪声的作用，同时对温度有很好的调控作用，不至于太高或太低。森林能够涵养水源和保持水土。一块无林坡地的土壤，只能吸收少量的雨水，其余的雨水都随着地表流失了。如果这块坡地生长着 10m 宽的树林，土壤就能吸收较多的雨水。如果林带宽达 80m，雨水就全都能被土壤吸收，并且转变成地下水蓄积起来，从而防止了水土流失。此外，森林还具有防风固沙、调节气候的作用。

植物界是一个天然庞大的基因库，是自然留给人类最宝贵的财富。据分类学家统计，全世界现有植物 50 万多种，高等植物 23 万多种。经过人类长期栽培驯化的有 2000 多种，正是这为数不多的栽培品种，成为人类社会物质文明的重要基础。此外，植物还具有医疗价值，可以作为药物治疗疾病，如治疗疟疾的药物奎宁，就来自金鸡纳；降低疟疾死亡率的青蒿素，就来自黄花蒿。植物界包含的庞大种质资源，为人类驯化野生植物、改良新品种提供了广阔的遗传基础。植物还为地球上其他生物提供了赖以生存的栖息和繁衍后代的场所。没有植物，其他生物将不复存在。

四、植物与人类的关系

目前地球上现存的植物有40万种左右，它在自然生活中用途最广泛，与人类的关系最密切。人们吃的粮食、蔬菜、水果等，绝大多数来自植物。人们吃的肉、蛋、奶，虽然直接来自动物，可是生产肉、蛋、奶的动物，需要直接或间接依赖植物才能生活。据推算，地球上的植物中可作为人类食物的约有3000多种，其中作为主要粮食的植物只有20多种。

同样，我们穿衣用的棉、麻、丝、毛，以及建造房屋、家具的材料及医用材料等同样是直接或间接地来自植物。此外，许多种子植物，如人参、甘草、贝母等药用植物，可用于医药行业。

总之，植物在自然界是第一生产者，是一切生物（包括人类）赖以生存的物质基础，为一切生物（包括需氧原核生物）提供生命活动必需的氧气和生存环境，维持着自然界中的物质循环和平衡，甚至可以说，没有了植物，其他生物（包括人类）也将不能生存。

第二节 植物学发展简史

植物学是随着人类利用植物的生产活动建立和发展起来的。人类在早期在接触和采收野生植物的过程中，逐渐积累了很多植物方面的知识。随着人们对植物的了解逐渐深入，积累了大量的资料，发展形成了植物学。植物学是研究植物的一门科学，它的研究对象是整个植物界。

植物学的发展可以简单地分为三个时期：描述植物学时期、实验植物学时期和现代植物学时期。

一、描述植物学时期

描述植物学时期的主要成就见表0-1。

古希腊亚里士多德（Αριστοτέλης，Aristotle，公元前384～公元前322）的学生特奥弗拉斯托（Theophrastus）是植物学的创始人。公元前300年他写成了《植物的历史》（*Historia Plantarum*）或称《植物调查》（*Enquiry into Plants*）一书，该书在哲学原理基础上将植物进行分类，描绘了植物各部分的特征、习性和用途。

表0-1 描述植物学时期的主要成就

时间	研究人员	主要成就	成就的主要内容
公元前371～公元前286	特奥弗拉斯托 Theophrastus	《植物的历史》和《植物本原》	描述了500多种植物，并提出各种植物器官的名称
1519～1603	塞萨平诺 Caesalpino	《植物》	描述了1 500多种植物
1578	李时珍	《本草纲目》	描述了1 880多种药物，其中植物有1 173种

续表

时间	研究人员	主要成就	成就的主要内容
1560～1624	鲍欣 Bauhin	《植物界纵览》	在属名后接“种加词”来命名植物
1665	罗伯特·胡克 Robert Hooke	用自制的显微镜观察软木塞	提出了“细胞”的概念
1668～1670	列文虎克 Leeuwenhoek	利用显微镜观察池塘中的水和血液	观察到微生物和红细胞
1690	雷 Ray	首次提出了物种的概念	对 18 000 种植物进行了分类

后来又陆续出现许多有关植物方面的著述。例如，公元 1 世纪希腊医生迪奥斯科里德斯（Dioscorides）在《药物论》（*De Materia Medica*）中记述了 600 种植物及其医药用途，成为以后描述药用植物的基础。中国明代中叶李时珍完成《本草纲目》。

英国生物学家约翰·雷（John Ray，1627～1705）在 17 世纪末确立了现代植物分类基本原理，他把有花植物分为单子叶和双子叶，进一步分类就包括了迄今还在沿用的许多植物的科。这个时期，植物学的研究内容几乎都是在描述（包括用木刻画）植物。

二、实验植物学时期

17 世纪末，自然科学从以“机械哲学”为主导思想进入到“实验科学”阶段。植物学也从描述为主转到更有目的、有计划、有系统的收集资料，观测现象，发展到在控制条件下进行试验，并提出理论与学说。这期间物理学、化学的发展及显微镜的应用对植物学的发展起了很大作用。这个时期的主要成就见表 0-2。

表0-2　实验植物学时期的主要成就

时间	研究人员	主要成就	主要内容
1731	林奈 Linnaeus	《自然系统》	将自然界分为植物界、动物界和矿物界
1753	林奈 Linnaeus	《植物种志》	对 7300 种植物采用双名法进行命名
1838	施莱登 Schleiden	《植物发生论》	提出了“细胞是植物的结构单位”的观念
1839	施旺 Schwann	《关于动、植物的结构和生长一致性的研究》	建立了细胞学说
1848	吴其濬	《植物名实图考》	描述了 1 719 种植物
1859	达尔文 Darwin	《物种起源》	创立了进化论
1866	孟德尔 Mendel	《植物杂交的发现试验》	发现了遗传的基本规律
1897	恩格勒和伯兰特 Engler and Prantl	《植物自然分科志》	建立了植物分类系统

1753年，瑞典植物学家林奈发表《植物种志》，确立了双名制。他依据花的雄蕊数目，将植物分为24个纲。每个纲再用花柱的数目分成目。这个系统的简单性使人们容易接受，因而促进了人们对植物的采集和调查。

林奈的贡献还在于把约6000种植物归入各属，仔细描写，并校勘了他所知的种和以前植物学家的命名和描写，再按双名命名法命名。此法立即被其他植物学者所接受。这样使从一个学者到另一个学者去跟踪一种植物于1753年开始成为可能。此后植物解剖学、植物生理学、植物胚胎学等的研究也发展起来。

自16世纪光学显微镜问世，瑞典人扬斯（Hans）和扬森（Jansen）在1590年做成了复合显微镜。17世纪各种显微镜出现后，胡克（Hooke）、格鲁（Grew）、马尔皮基（Malpighi）开创了植物解剖学。

1670～1674年，英国人格鲁和意大利人马尔皮基已能分辨木质部、导管、纤维细胞和树脂道。在1839年，植物学家施莱登（Matthias Jakob Schleiden）和动物学家施旺（Theodor Schwann）提出细胞学说。从此，细胞学成为一门独立学科。

在格鲁和雷的时代，生理学也开始发展起来了。雷做了树液运动、种子发芽和其他功能的实验。黑尔蒙特（Helmont）通过桶栽柳枝试验，证明植物从水中取得物质。1742年，黑尔斯（Hales Stepben）做了树液流动和压力、蒸腾作用、失水和空气交换气体等方面的124个实验，并将它们记录下来。他被认为是植物生理学的创始人。

1774年，普里斯特利（Priestley）指出植物在阳光下释放氧气。这些气体（氧气、二氧化碳）和植物的相互关系进一步由英恩豪斯（Ingenhousz）（1779）和索绪尔（Nicolas）（1804）阐明。后者将定量方法引入研究，并示明水和二氧化碳一样被吸收。自此，绿色植物在光下吸收水分和二氧化碳的光合作用被发现。

17～18世纪，卡梅拉里乌斯（Camerarius）及布尔哈夫（Boerhaave）等观察到植物的性别、花粉及受精作用等现象，推动了植物胚胎学的发展。

到19世纪中期，植物学各分支学科已基本形成。达尔文（Darwin）、孟德尔（Mendel）的工作更为植物进化论和遗传学的确立打下了基础。

古代中国农业的发展，使植物学形成的脚步加快，在春秋时代的《诗经》记载描述了200多种植物；汉代的《神农本草经》记载药用植物200多种；晋代嵇含的《南方草木状》是我国最古老的地方植物志。北魏贾思勰的《齐民要术》已总结出豆科植物可以肥田。明代李时珍的《本草纲目》详细描述了1880种药物，其中一半以上是药用植物；还有徐光启的《农政全书》系统总结了我国农业经验和成就。这些著作都为中国植物学的发展做出了重大贡献。

三、现代植物学时期

20世纪特别是50年代以来，植物学又有了飞速发展，主要是植物生理学、生物化学和遗传学等的成就，如光合作用机理的阐明，光敏素、植物激素的发现，微量元素的发现，遗传育种技术、同位素计年法建立，以及抗生素等物质的分离等，使植物学在经济上更为重要，成为园艺学、农业和环境科学的重要理论基础。

目前人类已完成了拟南芥（*Arabidopsis thaliana*）、日本粳稻（*Oryza sativa* subsp. Keng）

的基因组测序工作。人类更加可以利用分子生物学手段，定向设计和强化植物的某些性状。进一步研究基因的功能，基因在细胞、组织和个体水平的表达时期、表达部位及植物发育和调控的分子机制等，将是现代植物学研究的主流和趋势。

借助分子生物学技术，研究作物光合作用本质，不断提高作物的光合作用效率，使粮食和蔬菜更加高产、更加优质、更加多样、更加有营养。随着基因技术的不断改进和创新，可以将具有特定功效的基因转入特定植物的受体细胞或者特定染色体的特定位置上，并能有效稳定地表达，这将大大提高转基因的效率，同时可以改造某种植物，让其向更加有利于人类的方向发展。这对农业的发展和人类的进步具有重大的意义。

四、发展简史给我们的启发

介绍完植物学发展简史之后，我们可以继续提出问题。描述植物学时期提出的问题和答案见表 0-3。

表0-3　介绍描述时期成就时，提出的问题

问题	答案
这些科学家进行观察或者做了实验以后，成果的形式是什么？	大多数论文、书籍；少数是仪器
为什么科学家要将观察或者实验的结果以论文或者书的形式发表或出版？	传播知识
采用的研究手段是什么？	主要是肉眼观察；少数人利用显微镜
每一个科学家的贡献和前人的贡献的不同之处在哪里？	描述植物数量的不同；描述的植物数量有增加的趋势；新仪器的使用

实验植物学时期提出的问题和答案见表 0-4。

表0-4　介绍实验植物学时期成就时，提出的问题

问题	答案
为什么很多人采用了显微镜进行观察，只有施莱登和施旺提出了细胞学说？	显微镜的技术提高；进行了多种生物的观察；采用了归纳法
施莱登和施旺的研究不同的地方是什么？	实验材料不同：施莱登对多种植物的结构进行了观察；施旺对多种动物的结构进行了观察
孟德尔的实验方法和其他人的实验方法有什么不同？	观察的时期更长；孟德尔采用新的观察方法，将实验材料豌豆去雄，人工授粉后，对后代进行观察；采用新的研究方法，发现了遗传学规律
为什么每个起重要作用的研究都和前人的研究都有不同之处？	做研究，必须做前人没有做过的实验
应用这些科研案例，说明如何才能设计出前人没有做过的实验呢？	增加观察的数目；增加观察的时间；采用新的研究方法（新技术）；替换实验材料

从表 0-3 和表 0-4 的内容可以看出：科学研究首先要设计新实验。设计新实验的方法如下：在采用相同的研究手段时，观察的数目，观察的时间增加；或者采用更换实验材料和

改变实验方法。其中，以改变实验方法取得的成果最大，如没有显微镜的发明就没有细胞学说的诞生；没有孟德尔的杂交实验，就不可能有遗传学的诞生。当然了，科学家在新技术出现之后，还需要进行验证性的实验。在验证前人实验的过程中，学习新技术，掌握新的研究手段，为从事创新性的实验奠定基础。

植物学发展简史体现着科研人员的基本要求：设计新实验，做前人未做的实验，写前人未写的文章。这三个要求在本质上是求异、与众不同，而要求异，研究人员需要有丰富的想象力，运用求异、联想、组合、置换等思维方法；最后，科研人员必须具备基本的写作能力，将自己的成果发表出来，才能传播知识。

第三节　植物学研究内容及分支学科

随着科学研究方法和实验技术的不断创新，植物科学迅猛发展，其分类越来越精细。在微观领域，由细胞水平进入亚细胞、分子水平，对植物结构与机能有了更深入的了解，在光合作用、生物固氮、呼吸作用、离子吸收等许多方面获得了重大突破，特别是DNA双螺旋结构阐明了以后，人们开始从分子水平上认识植物。

在宏观领域，已从研究植物的个体形态进入到种群、群落及生态系统的研究。尤其是分子生物学和基因组学的迅速崛起，对植物学的发展产生了巨大影响，使边缘学科和整合性研究领域层出不穷。

一、植物学研究内容

植物学（botany）是生物学的分支学科，主要是研究植物的形态、分类、生理、生态、分布、发生、遗传、进化的一门科学。研究目的在于开发、利用、改造和保护植物资源，让植物为人类提供更多的食物、纤维、药物、建筑材料等。根据研究内容的不同，植物学产生了很多分支学科。

二、植物学分支学科

根据研究内容的不同，产生了以下植物学分支学科。

植物分类学（plant taxonomy），是研究植物种类的鉴定，植物之间的亲缘关系和植物界自然系统的学科。

植物形态学（plant morphology），研究植物外部形态，其中包括个体发育和系统发育中的形态建成的规律及形态与环境条件关系的学科。其内容还包括植物外部形态学、植物胚胎学、植物解剖学和植物细胞学。

植物解剖学（plant anatomy），是研究植物内部结构，个体发育和系统发育中的结构建成规律，以及结构与功能和生活条件关系的学科。

植物胚胎学（plant embryology），是一门主要研究高等植物胚胎形成和发育规律的学科。

植物生理学（plant physiology），主要研究植物生命活动及其规律的学科。包括植物体内的物质和能量代谢、植物生长发育、植物对环境条件的反应等问题。

植物生态学（plant ecology），是一门研究植物与环境相互关系的学科。

植物病理学（plant pathology），是研究植物病害的病原、发生、发展及防治的一门应用学科。它以植物病害为研究对象，探讨发病的原因，或在解剖学、生理学或生物化学上，探讨感染和症状出现的过程。

植物地理学（geobotany），又称地理植物学，是研究植被的空间分布规律的学科，它研究植被的组分、性质的分布类型，及其形成的原因、动态及在实践中的应用等。

以上主要是以研究层次和重点不同来分类的，此外还有以研究对象的类群不同而划分的分支，如藻类学、苔藓植物学、蕨类植物学、种子植物分类学、孢子植物学、维管植物学、古植物学、孢粉学等，与应用有关的如经济植物学、药用植物学等。

第十三届国际植物会议（1981，悉尼）将植物学的分支学科划分为十二类：分子植物学、代谢植物学、发育植物学、环境植物学、群落植物学、遗传植物学、系统及进化植物学（另外有苔藓学）、菌类学、海水植物学、淡水植物学、历史植物学、应用植物学等。

第十四届国际植物学会议（1987，西柏林）将植物科学划分为：系统与演化植物学、结构植物学、代谢植物学、发育植物学、植物遗传学、资源植物学与植物化学、生态学与环境植物学和生物技术等分支学科。植物个体发育研究由单细胞的受精卵发育成为一个成熟的植物个体的过程。植物的系统发育是指植物的种族发展史，研究植物界的祖先演化到现在植物界的整个进化过程。

植物学的各个分支学科都有其重要的意义，它们为深入细致地研究植物的生命现象和发展规律并致力于某一方面的研究，建立分支科学十分必要。在生产实践中一定要加强各学科间的密切协作，从而为更好地解决综合性问题作基础。

可以预见，随着模式植物拟南芥、水稻等植物基因组计划的完成和基因功能的阐明，人们对植物生长发育、遗传、进化及植物与环境之间的关系等问题的认识将发生革命性的飞跃。植物学将在更高层次上和更大范围内探索植物生命的奥秘和发展规律。

第四节　学习植物学的目的和方法

一、学习植物学的目的

植物学是生物专业的一门基础课，是学好其他生物学专业课的必要条件，是生物学入门的基础课程。没有对植物学的知识，没有植物学分类知识，材料识别不准确，就不可能有正确的研究结果。

要想学好植物学，必须在学习植物学的基本理论和基本知识的基础上，掌握植物体的形态、解剖结构、个体发育过程，同时学习植物的多样性，植物的分类，植物的光合作用过程等基础知识。还要进行认真观察、比较、实验和归纳，从而来了解植物的生活规律、现象及本质，同时还要查阅国内外植物科学期刊及参考书，了解植物学的新动向。

学习植物学，还必须掌握它的研究方法，为以后创造新知识奠定良好的基础。此外，植物学知识还可以直接应用。例如，通过认识常见的有毒植物，可以避免中毒或者过敏，使我们的生活方式更加健康。

二、学习植物学的方法

兴趣是最好的老师，因此要想学好植物学一定要培养对植物学的兴趣。当然兴趣来源于植物学的魅力；同时兴趣也是认识植物学的重要性以及主动去探索植物界奥秘的动力。

植物学也和其他生物学的学科一样，还有一些具体的学习方法，即观察、比较和实验。观察、比较和实验等方法，既可单独应用，也可彼此结合。通过这些方法，就能更好地理解植物界，揭露许多现象的本质和规律。

观察是学习植物学的一种基本方法。通过认真细致地观察，了解植物的形态结构和生活习性，系统地运用文字或者图片描述和记录下来。描述需正确地运用植物学术语，并重视定量的记载，这些为今后的深入学习积累有用的第一手资料。

比较也是学习植物学的重要方法。通过对不同植物的整体或部分作系统地比较，才能鉴别它们的异同，从而能更深入地分析和识别，并得出一般的规律。植物学中各类植物的形态特征以及各分类单位的概括，就是由比较而获得的。

对初学植物学的大学生一定要在认真听课、钻研教材和阅读有关参考资料（包括有关植物学的期刊）的同时，实事求是地、细致地进行实验工作，有效地进行自学，才能为提高分析问题、解决问题的能力打下较好的基础。

课堂教学仍然是目前大学教学的最主要的一部分，学生获取知识主要还是通过老师的课堂授予，因此课堂教学学习显得尤为重要。植物学教材的内容较多，而且琐碎，但是课时却相对较少，其中的有些内容会被略去，而突出重点和难点，因此这就对学生的自学能力有较高的要求，而不是仅仅只是老师讲的重难点。否则，学生面对教材中众多的知识点，会茫然不知所措。

课后一定要做好复习，对课堂上老师所讲授的内容进行整理、扩充、深化和记忆。对其植物学概念一定要理解并熟记，避免概念理解错误以致对以后学习造成困扰。同时复习中，一定要注意新知识和旧知识之间的联系，以旧代新，将新知识整合与原有的认知结构中。同时还要比较一下新旧知识之间的异同，思考并从中发现新问题，从而获得更深的理解。

植物学是一门实践性很强的学科，因此学习时必须密切联系实际，最好要到自然界中观察各种植物，通过细致的观察并结合理论知识，就能对植物学加深理解。

第五节　本书的框架结构和思维导图

本书共 16 章。包括绪论、植物细胞、植物组织、植物的种子萌发与幼苗、植物的根、植物的茎、植物的叶、植物的繁殖器官、藻类植物、菌类植物、地衣植物、苔藓植物、蕨类植物、裸子植物、被子植物概述、双子叶植物和单子叶植物。全书通过对植物的营养器官——根、茎、叶和生殖器官——花、果实、种子的形态、结构等，以及植物界基本类群和分类的介绍，使学生对植物生物学这一基础学科有一个全面的认识和了解。并以“如何识别植物”和“如何利用 Adobe Illustrator（AI）绘图软件来绘制植物学图片”（二维码内容）作为附录，以便增加学生识别植物的能力和提高学生的植物学绘图能力。本书每章后面有各章的思维导图。

本书思维导图

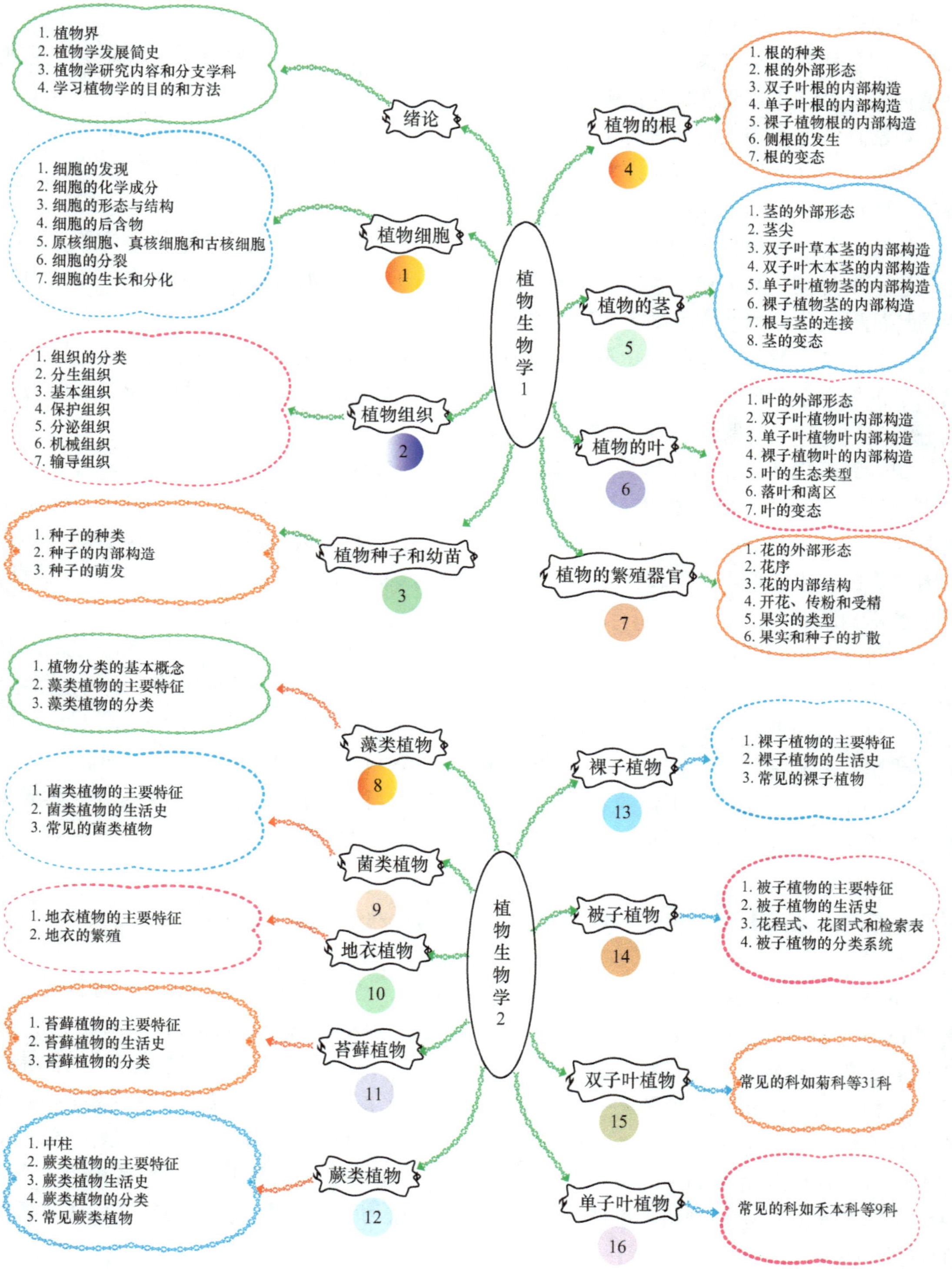
植物生物学1
绪论
1. 植物界
2. 植物学发展简史
3. 植物学研究内容和分支学科
4. 学习植物学的目的和方法
植物细胞 1
1. 细胞的发现
2. 细胞的化学成分
3. 细胞的形态与结构
4. 细胞的后含物
5. 原核细胞、真核细胞和古核细胞
6. 细胞的分裂
7. 细胞的生长和分化
植物组织 2
1. 组织的分类
2. 分生组织
3. 基本组织
4. 保护组织
5. 分泌组织
6. 机械组织
7. 输导组织
植物种子和幼苗 3
1. 种子的种类
2. 种子的内部构造
3. 种子的萌发
植物的根 4
1. 根的种类
2. 根的外部形态
3. 双子叶根的内部构造
4. 单子叶根的内部构造
5. 裸子植物根的内部构造
6. 侧根的发生
7. 根的变态
植物的茎 5
1. 茎的外部形态
2. 茎尖
3. 双子叶草本茎的内部构造
4. 双子叶木本茎的内部构造
5. 单子叶植物茎的内部构造
6. 裸子植物茎的内部构造
7. 根与茎的连接
8. 茎的变态
植物的叶 6
1. 叶的外部形态
2. 双子叶植物叶内部构造
3. 单子叶植物叶内部构造
4. 裸子植物叶的内部构造
5. 叶的生态类型
6. 落叶和离区
7. 叶的变态
植物的繁殖器官 7
1. 花的外部形态
2. 花序
3. 花的内部结构
4. 开花、传粉和受精
5. 果实的类型
6. 果实和种子的扩散
植物生物学2
藻类植物 8
1. 植物分类的基本概念
2. 藻类植物的主要特征
3. 藻类植物的分类
菌类植物 9
1. 菌类植物的主要特征
2. 菌类植物的生活史
3. 常见的菌类植物
地衣植物 10
1. 地衣植物的主要特征
2. 地衣的繁殖
苔藓植物 11
1. 苔藓植物的主要特征
2. 苔藓植物的生活史
3. 苔藓植物的分类
蕨类植物 12
1. 中柱
2. 蕨类植物的主要特征
3. 蕨类植物生活史
4. 蕨类植物的分类
5. 常见蕨类植物
裸子植物 13
1. 裸子植物的主要特征
2. 裸子植物的生活史
3. 常见的裸子植物
被子植物 14
1. 被子植物的主要特征
2. 被子植物的生活史
3. 花程式、花图式和检索表
4. 被子植物的分类系统
双子叶植物 15
常见的科如菊科等31科
单子叶植物 16
常见的科如禾本科等9科

第一章

植物细胞

植物细胞是植物体结构和功能的基本单位。

第一节　细胞的发现

一、细胞的发现

细胞是由英国科学家罗伯特·胡克（Robert Hooke）于1665年发现的。他用自制的光学显微镜观察软木塞的薄切片，发现一格一格的小空间，就以英文的“cell”命名。胡克观察到的其实是细胞壁。

真正首先发现活细胞的是荷兰生物学家安东尼·列文虎克（Antonie van Leeuwenhoek）。1674年，列文虎克以自制的镜片观察，在雨水，乃至于他自己的口中发现微生物。他是历史上第一个发现细菌的业余科学家。

二、细胞学说及细胞学说的内容

1809年，法国博物学家拉马克（Lamarck）提出所有生物体都由细胞所组成，细胞里面都含有会流动的“液体”。

1824年，法国植物学家杜托息（Dutrochet）提出：细胞是生物体的基本构造。19世纪中期，德国动物学家施旺（Schwann）发现动物细胞里有细胞核，核的周围有液状物质，在外圈还有一层膜，却没有细胞壁，他认为细胞的主要部分是细胞核。

同一时期，德国植物学家施莱登（Schleiden）以植物为材料，进行观察，获得与施旺相同的结论。他们都认为动、植物都是由细胞及细胞的衍生物所构成。这就是细胞学说的基础。后来科学家陆续发现新的证据，证明细胞都是从原来存在的细胞分裂而来。

三、细胞学说的内容

细胞学说的内容：一切动植物都是由单细胞发育而来，并由细胞和细胞产物所构成（不可描述成“一切生物都是由细胞和细胞产物构成”，因为病毒等生物并不具有细胞结构）；所有细胞在结构和组成上基本相似；新细胞是由已存在的细胞分裂而来；细胞是生物体结构和功能的基本单位；生物体是通过细胞的活动来反映其功能的；细胞是一个相对独立的单位，既有它自己的生命，又在它参与组成的整个生命体中起作用。

细胞学说大致上可以简述为：细胞为一切生物的构造单位、细胞为一切生物的生理单位、细胞由原已生存的细胞分裂而来、细胞是生物体构造与机能的基本单位。

第二节　细胞的化学成分

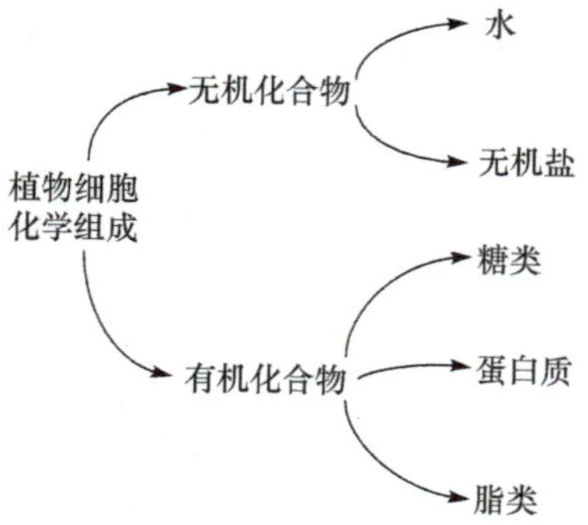

图1-1　植物细胞的化学组成

植物细胞的化学组成包括：无机化合物和有机化合物，无机化合物包括水和无机盐，有机化合物则包括糖类、蛋白质、脂类、核酸等（图 1-1）。

一、无机化合物

水约占植物细胞鲜重的 90% 以上。水在植物细胞中可以是游离水，约占 95%；也可以是结合水，通过氢键或其他键同蛋白质结合，占 4%～5%。

水可以通过细胞内的膨压作用而支撑植物，还是一种溶剂，可溶解无机溶质、有机溶质和气体，还参与细胞内部化学反应（如在光合作用过程中将二氧化碳转化为碳水化合物）。

植物细胞中无机盐的含量约占细胞总重的 1%。无机盐在细胞中解离为离子，离子的浓度具有调节渗透压和维持酸碱平衡的作用。常见的离子含有 C、H、O、N、P、K、S、Ca、Mg、Zn、B、Mn、Cl 等元素，如 NH_4^+、CO_3^{2-}、Cl^-、PO_4^{3-} 和 HCO_3^- 等离子。它们是植物体内各项代谢过程的参与者，对植物的生长起着不可缺少的作用。

二、有机化合物

蛋白质、糖类、核酸、脂类是组成植物细胞的有机物。由于这些物质的分子质量都很大，又是生物有机体的主要组成成分，统称为生物大分子。生物大分子是由 C、H、O 及 N、P、S 等元素组成。

1. 蛋白质

蛋白质（protein）由 20 种氨基酸组成，分别是甘氨酸、丙氨酸、缬氨酸、亮氨酸、异亮氨酸、苯丙氨酸、脯氨酸、色氨酸、丝氨酸、酪氨酸、半胱氨酸、甲硫氨酸、天冬酰胺、谷氨酰胺、苏氨酸、天冬氨酸、谷氨酸、赖氨酸、精氨酸和组氨酸。蛋白质还参与基因表达的调节、氧化还原、电子传递等多种生命活动过程。在细胞和生物体内各种生物化学反应中起催化作用的酶主要也是蛋白质。此外，植物种子（豆、花生、小麦等）中的蛋白质等可以为种子的萌发提供营养物质。

2. 糖类

糖类，又称碳水化合物（carbohydrate 或 saccharide），是多羟基醛或多羟基酮及其缩聚物和某些衍生物的总称。一般由碳、氢与氧三种元素所组成。糖类是植物光合作用的主要产物，占植物体的 50%～80%，是植物细胞和组织的重要营养物质和支持物质。

糖类主要分成四大类：单糖、双糖、低聚糖和多糖。植物中的糖类最常见的是淀粉以及组成细胞壁的果胶质、纤维素、半纤维素等都属于多糖，是通过光合作用合成来储存能量的物质，同时也用于自身的呼吸作用。还有一种非常重要的五碳糖核糖，是组成核酸的重要部分。

3. 核酸

核酸（nucleic acid）是由许多核苷酸聚合成的生物大分子化合物。根据化学组成，核酸可分为核糖核酸和脱氧核糖核酸。脱氧核糖核酸，即 DNA，是植物细胞储存、复制和传递遗传信息的主要物质基础。核酸广泛存在于所有动物、植物细胞、微生物内。生物体内核酸常与蛋白质结合形成核蛋白。不同植物的核酸，其化学组成、核苷酸排列顺序等不同。

4. 脂类

脂类（lipid）是油、脂肪及类脂的总称。脂类通常由脂肪酸和甘油结合而成。脂肪酸分三大类：饱和脂肪酸、单不饱和脂肪酸、多不饱和脂肪酸。类脂包括磷脂（phospholipids）、糖脂（glycolipid）和胆固醇（cholesterol）。植物中的脂类常为不饱和脂肪酸。脂类也是植物储存能量的一种方式，同时脂类中的磷脂是组成植物细胞膜的重要成分。

第三节　细胞的形态结构及类型

细胞（cell）是生物体的基本结构和功能单位，一般有膜包围。植物细胞一般由细胞壁、质膜、细胞质和核（或拟核）构成，是生命活动的基本单位。

一、细胞的形状和大小

组成植物体的细胞的形状和大小各不相同。常见的有球形、椭圆形、多面体、纺锤形和柱状体等（图 1-2）。

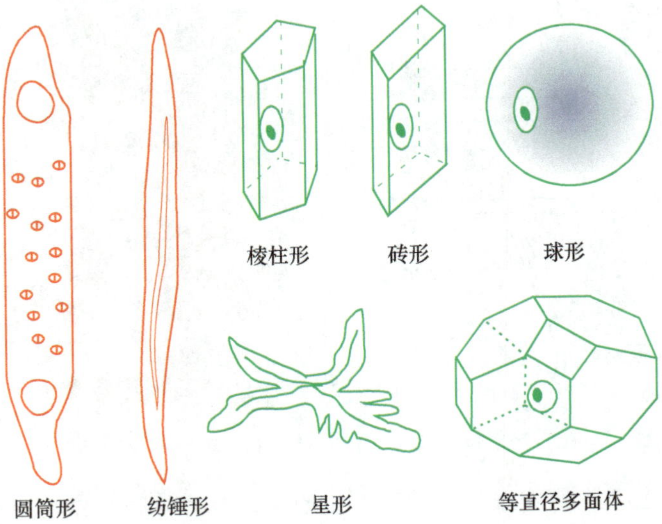

图1-2　植物细胞的形态①

① 书中所有绘图，可扫描本处或书后二维码了解 AI 软件绘图过程。

植物细胞的大小差异很大，一般必须在显微镜下才能看到。大多数高等植物细胞的直径通常在10～200μm。在种子植物中，细胞的直径一般在10～100μm，较大细胞的直径也不过是100～200μm。也有少数植物的细胞较大，肉眼可以分辨出来，如番茄果肉、西瓜瓤的细胞，直径可达1mm；苎麻茎中的纤维细胞，最长可达550mm；有的细胞极长，如苎麻纤维细胞可长达55cm，最长的细胞是长达数米至数十米的无节乳汁管，如橡胶树的乳汁管，但这些细胞在横向直径上仍是很小的。

二、植物细胞的结构

植物的一切活细胞都含有原生质体（protoplast）和细胞壁（cell wall）。原生质体包括细胞膜、各种细胞器、细胞质基质（胞质溶胶）等。细胞壁有初生壁和次生壁。

（一）原生质体

原生质体是指脱去细胞壁的细胞，具体包括细胞膜和膜内细胞质及其他具有生命活性的细胞器。原生质体的成分主要是蛋白质、多糖、核酸、脂类等生物大分子，这些大分子决定了原生质具有胶体性质。

细胞器（cell organelle）的概念有两个。早期的概念是细胞内除细胞核外，有膜包被的、具有一定形态和功能的结构。晚期的概念则认为细胞器是细胞内具有一定形态和功能的结构。植物细胞中的细胞器主要有：质体（plastid）、内质网（endoplasmic）、液泡（vacuole）、高尔基体（dictyosome）、核糖体（ribosome）、溶酶体（lysosome）、圆球体（spherosome）、微体（microbody）等。其中，质体和液泡只存在于植物细胞和低等动物细胞，中心体（centrosome）只存在于低等植物细胞和动物细胞。

典型的植物细胞结构见图1-3。

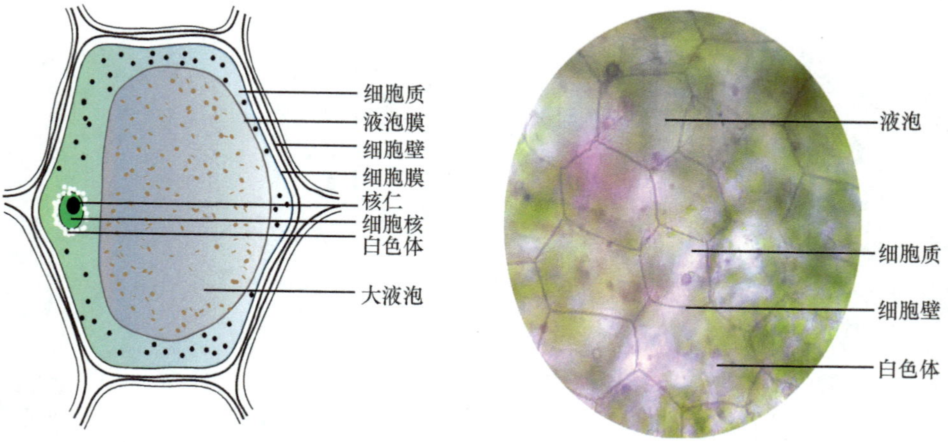

图1-3 光学显微镜下的吊竹梅叶柄下表皮细胞示意图和显微图

坚硬的细胞壁在细胞最外方，保护着原生质体，并且维持着细胞的一定形状，其主要成分是纤维素。细胞壁是植物细胞独有的结构。植物细胞中最重要的部分是细胞核，在光学显微镜下，细胞核可明显地分为核膜、核仁和核基质三部分。细胞核是遗传物质主要分布中心，同时也是遗传与代谢的控制中心。

大多数植物细胞都含有一个或几个液泡（vacuole），液泡中充满了液体。液泡的主要作用是转运和储藏养分、水分和代谢副产物或代谢废物，具有仓库和中转站的作用（图 1-4）。

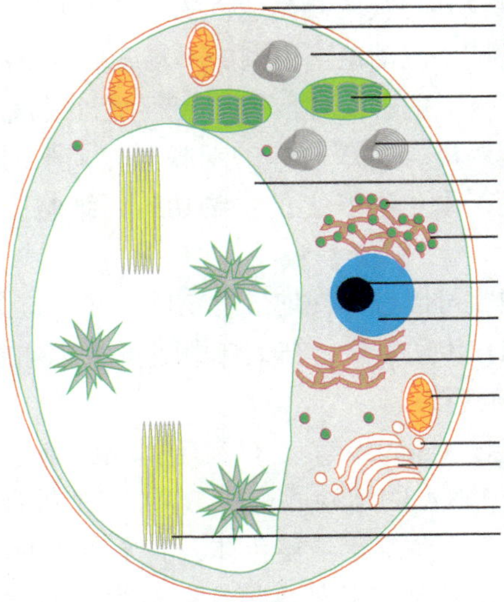

图1-4　电子显微镜下的植物细胞示意图

1. 细胞膜

细胞膜（cell membrane）又称细胞质膜（plasma membrane）或原生质膜，它是细胞表面的一层薄膜。细胞膜主要由脂类、蛋白质和糖类组成。各成分含量分别约为 50%、42%、2%～8%。此外，细胞膜中还含有少量水分、无机盐与金属离子等。

细胞膜最重要的特性之一是半透性或选择性透性，即有选择地允许物质通过扩散、渗透和主动运输等方式进入细胞，从而保证细胞正常代谢的进行。其次，细胞膜还具有相变性，即随着环境条件的变化，脂质分子的晶态和液晶态是互变的。在细胞中，膜的组分处于不断更新的状态。

细胞膜还具有不对称性。细胞质膜的不对称性是指细胞质膜脂双层中各种成分不是均匀分布的，包括种类和数量的不均匀。膜脂、膜蛋白及膜糖分布的不对称性导致了膜功能的不对称性和方向性。保证了生命活动的高度有序性。

关于细胞膜的结构，目前有多种模型，这里仅仅介绍流动镶嵌模型。流动镶嵌模型认为细胞膜由流动的磷脂双层和蛋白质组成（图 1-5）。磷脂分子以疏水性尾部相对，极性头部朝向水相组成生物膜骨架，蛋白质或嵌在脂双层表面，或嵌在其内部，或横跨整个脂双层，表现出分布的不对称性。流动镶嵌模型突出了膜的流动性和不对称性。

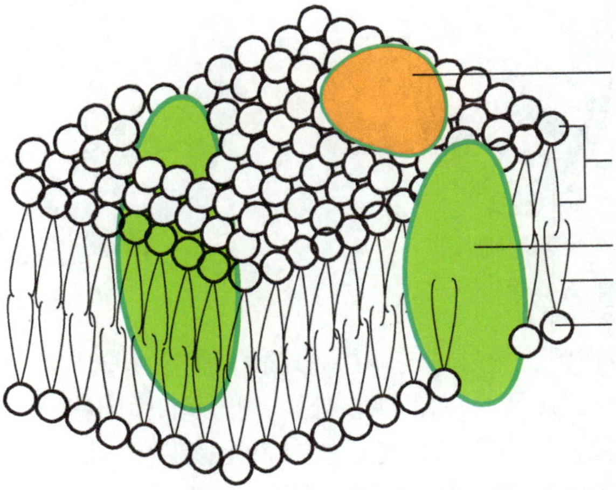

图1-5　细胞膜的流动镶嵌模型示意图

细胞膜可看成是蛋白质在双层脂分子中的结构。然而膜蛋白与膜脂之间，膜蛋白与膜蛋白之间及其与膜两侧其他生物大分子的复杂的相互作用，在不同程度上限制了膜蛋白和膜脂的流动性。流动镶嵌模型的不足之处：不能说明膜在变化过程中如何保持膜的完整性和稳定性；忽略了蛋白质对脂质分子流动性的控制作用；忽略了膜各部分流动性的不均匀性。

细胞膜能够分隔相邻的细胞，为细胞的生命活动提供相对稳定的内环境。膜面积的增加，提高了发生在膜上的生物功能；细胞膜还具有屏障作用，膜两侧的水溶性物质不能自由通过。

细胞膜可以选择性地进行物质运输，这个过程伴随着能量的传递；细胞膜主要依靠糖蛋白来识别和传递信息。细胞与周围环境之间的物质交换，是通过细胞膜的转运功能实现的。

2. 细胞核

细胞核（nucleus）是存在于真核细胞中的由双层膜包被的、内部含有细胞中大多数的遗传物质 DNA 的结构。这些 DNA 与多种蛋白质，如组蛋白结合形成染色质。染色质在细胞分裂时，会浓缩形成染色体，其中所含的所有基因合称为核基因组（nuclear genome）。

除了细菌和蓝藻外，植物所有生活的细胞都具有细胞核。一个细胞一般只有一个细胞核，但有些细胞具有双核或多核，这常见于菌类和藻类植物（图 1-6）。维管植物中少数细胞也可以有两个或两个以上的核，如花药绒毡层细胞常具有双核。

细胞核的位置和形状随着细胞的生长和分化常常发生改变。在幼嫩细胞中，细胞核常位于细胞中央，近似球形，并占有较大体积。随着细胞的生长和分化，中央液泡逐步形成，细胞核渐渐被液泡挤向靠近细胞壁的位置，同时变成半球形或圆饼状，只占细胞总体积的一小部分。

细胞核是由核膜（nuclear membrane）、核基质（nuclear matrix）、核仁（nucleolus）三部分组成（图 1-7）。

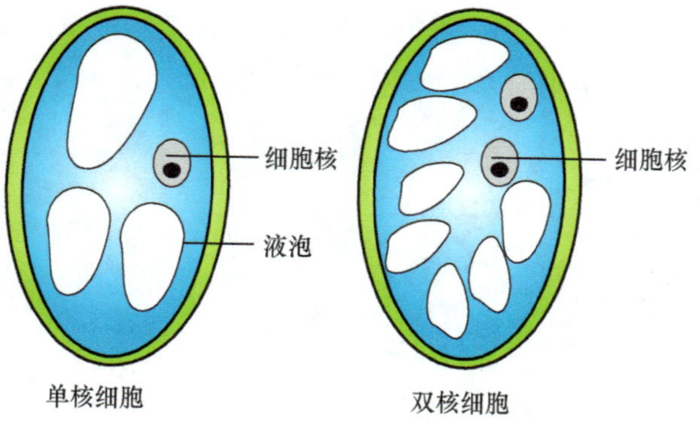

图1-6　单核细胞和双核细胞

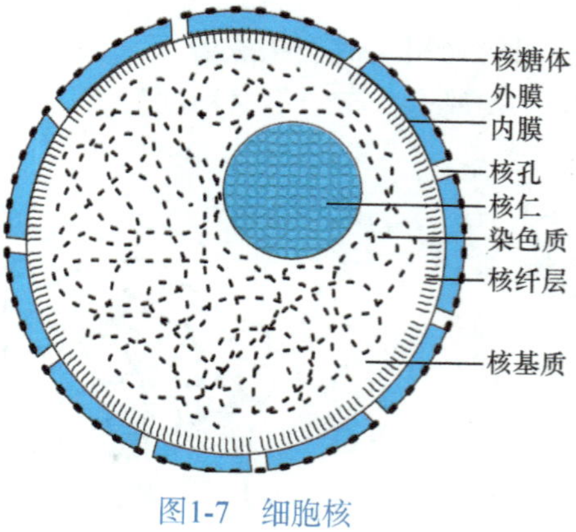

图1-7　细胞核

1）核膜　核膜是包被在细胞核外围的双层膜结构，使细胞核与细胞质分开。膜上有很多小孔，称为核孔（nuclear pore）。外面的叫核外膜，里面的膜叫核内膜。

核外膜附有核糖体颗粒，与内质网相连。核内膜无核糖体，膜上有特异蛋白，为核纤层提供结合位点。核膜是细胞质进入细胞核的门户，控制细胞核与细胞质之间物质交流，使膜内物质与细胞质、和网状结构的核纤层分隔开来。核纤层起细胞骨架的功能。

核孔作为物质的进出通道，可让小分子与离子自由通透。蛋白质等较大的分子，需要蛋白质的帮助才能通过。核孔随着细胞代谢状态的不同或开或闭。发生在核膜上的运输在细胞中十分重要，基因表达与染色体的结构变化，皆有赖于核孔上所进行的运输作用。

2）核仁　核仁是形成核糖体前身的部位。大多数细胞可具有1～4个核仁。在合成蛋白旺盛的细胞，核仁多而大。光镜下，核仁呈圆形，含大量rRNA，具有强嗜碱性。

电镜下，核仁由细丝成分、颗粒成分与核仁相随染色质三部分构成。细丝成分与颗粒成分是rRNA与相关蛋白质的不同表现形式，二者常混合组成粗60～80nm核仁丝。通常认为，颗粒成分是核糖体亚基的前身，由细丝成分逐渐转变而成，可通过核孔进入细胞质；核仁相随染色质是编码rRNA的DNA链。

核仁经常出现在间期细胞核中，它是匀质的球体，其形状、大小、数目依生物种类，细胞形成和生理状态而异。核仁的主要功能是进行核糖体RNA的合成。

3）核基质　核基质是核中除染色质与核仁以外的成分，包括核液与核骨架（nuclear skeleton）两部分。核液含水、离子等无机成分；核骨架是由多种蛋白质形成的三维结构网架，并与核被膜核纤层相连，对核的结构具有支持作用。它的生化构成与其他可能的作用仍在研究中。

细胞核是细胞遗传性和细胞代谢活动的控制中心。遗传物质经复制后传给子代，同时遗传物质还必须将其控制的生物性状特征表现出来。这些遗传物质绝大部分存在于细胞核中。

4）染色质　染色质是细胞核内被碱性燃料染上颜色的物质。染色质在细胞分裂过程中会聚缩成显微镜可见的染色体。它的主要成分是DNA、蛋白质及少量的RNA。DNA是许多脱氧核糖核酸连接而成的长链。组成染色质中的蛋白质分为组蛋白和非组蛋白。染色质中组蛋白和DNA含量的比例一般为1∶1。组蛋白是碱性蛋白质，顺序保守。非组蛋白是酸性蛋白质，如DNA聚合酶和RNA聚合酶都是非组蛋白。

3. 质体

质体是植物细胞中由双层膜包围的具有光合作用和贮藏功能的细胞器。根据所含色素和功能的不同，质体可分为叶绿体（chloroplast）、有色体（chromoplast）和白色体（leucoplast）。

1）叶绿体　叶绿体是植物细胞中由双层膜围成，含有叶绿素能进行光合作用的细胞器。叶绿体是植物的“养料制造车间”和“能量转换站”。高等植物中叶绿体像双凸或平凸透镜，长径5～10μm，短径2～4μm，厚2～3μm。高等植物每个叶肉细胞一般含50～200个叶绿体，可占细胞质体积的40%。叶绿体的数目因物种细胞类型，生态环境，生理状态而有所不同。在藻类中叶绿体形状多样，有网状、带状、裂片状和星形等，而且体积巨大，可达100μm。

叶绿体由叶绿体膜（chloroplast envelope）、类囊体（thylakoid）和基质（stroma）3部分组成（图1-8）。

叶绿体膜是双层的（外膜和内膜），膜间为10～20nm的膜间隙。外膜的渗透性大，无机磷、蔗糖等许多细胞质中的营养分子可自由进入膜间隙。内膜对通过物质的选择性很强，CO_2、O_2、H_2O、磷酸甘油酸、丙糖磷酸、双羧酸、氨基酸可以透过内膜，ADP、ATP、己糖磷酸，葡萄糖及果糖等透过内膜较慢。蔗糖、$NADP^+$及焦磷酸不能透过内膜，需要特殊

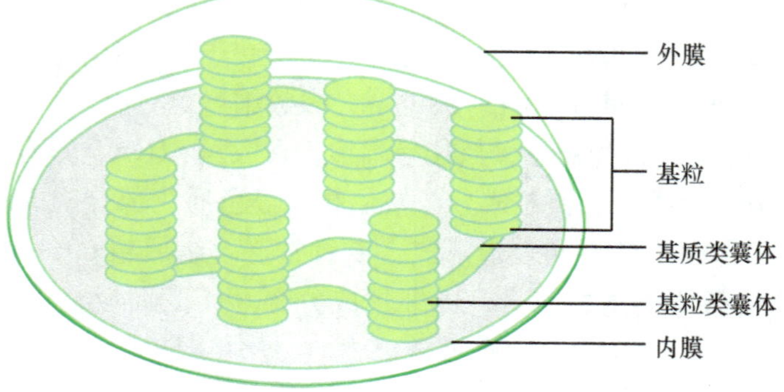

图1-8　叶绿体

的转运蛋白（transporter）才能通过内膜。

基质中悬浮有由膜囊构成的类囊体。类囊体是单层膜围成的扁平小囊，沿叶绿体的长轴平行排列。膜上含有光合色素和电子传递链组分，又称光合膜。许多类囊体像圆盘一样叠在一起，称为基粒（granum，复数 grana）。组成基粒的类囊体，叫做基粒类囊体。基粒直径 0.25～0.8μm，由 10～100 个类囊体组成。每个叶绿体中有 40～60 个基粒。贯穿在两个或两个以上基粒之间的没有发生垛叠的类囊体称为基质类囊体。

基质是内膜与类囊体之间的空间，主要成分包括：碳同化相关的酶类，如 1,5- 二磷酸核酮糖羧化酶 / 加氧酶（ribulose 1,5-bisphosphate carboxylase/oxygenase, Rubisco) 占基质可溶性蛋白总质量的 60%。此外，还有叶绿体 DNA、蛋白质合成体系、某些颗粒成分，如各类 RNA、核糖体等蛋白质合成的结构。颗粒成分有淀粉粒和植物铁蛋白等。

因此，叶绿体含有外膜、内膜、类囊体膜 3 种不同的膜及 3 种彼此分开的腔：膜间隙、基质和类囊体腔。

叶绿体含有的色素主要含有叶绿素、胡萝卜素和叶黄素，其中叶绿素的含量最多，遮蔽了其他色素，所以呈现绿色。几乎一切生命活动所需的能量都来源于太阳能。绿色植物的能量转换者是叶绿体这一完成能量转换的细胞器，它能利用光能同化二氧化碳和水，合成有机物并贮藏能量，同时产生氧。所以绿色植物的光合作用是地球上有机体生存、繁殖和发展的根本源泉。

2）有色体　有色体内含有叶黄素和胡萝卜素，呈红色或橙黄色。它存在于花瓣和果实中，在番茄和辣椒（红色）果肉细胞中可以看到。可以使植物的花和果实呈红色或橘黄色。有色体主要功能是积累淀粉和脂类。

3）白色体　白色体（leucoplast）不含可见色素，又称无色体，在光学显微镜下呈白色得名白色体。在贮藏组织细胞内的白色体，常积累淀粉或蛋白质，形成比它原来体积大很多倍的淀粉粒和糊粉粒，成了细胞里的贮藏物质。白色体在积累淀粉时，先从一处开始形成一个叫做“脐”的核心，以后围绕核继续累积，形成围绕脐的同心轮纹。由于一天内日照有强弱、温度有高低，往往使淀粉粒出现偏心轮纹。如观察马铃薯淀粉粒，可以看到。根据贮藏物质的种类，白色体可分为：造粉体（amyloplast，贮藏淀粉）、蛋白质体（proteoplast/proteinoplast，贮藏蛋白质）、油质体（elaioplast，贮藏脂质）。

质体的前身是前质体（proplastid）。分生组织细胞含有前质体，它们很少或完全没有内膜，没有叶绿素，光合作用所需的酶也不完全。在光的诱导下，原质体变为叶绿体（chloroplast）。如果种子在暗中萌发，原质体分化为黄化质体（etioplast），黄化质体含有淡黄绿色的原叶绿素。成熟的叶绿体在长期黑暗下也可以变为黄化质体。这些质体之间的关系见图 1-9。

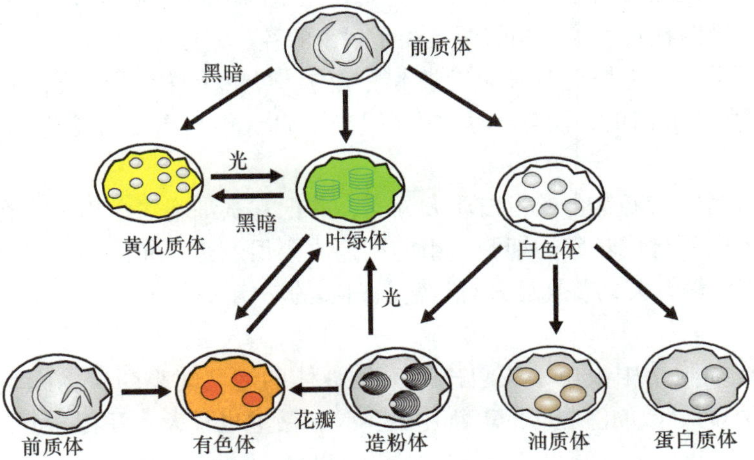

图1-9 质体间的关系

4. 线粒体

线粒体（mitochondrion）很小，直径 0.5～1μm，长 1～2μm。成球形、颗粒状或短杆状。线粒体的数目随不同细胞而不同。代谢活跃的细胞，每个细胞可以达到几百个（图 1-10）。

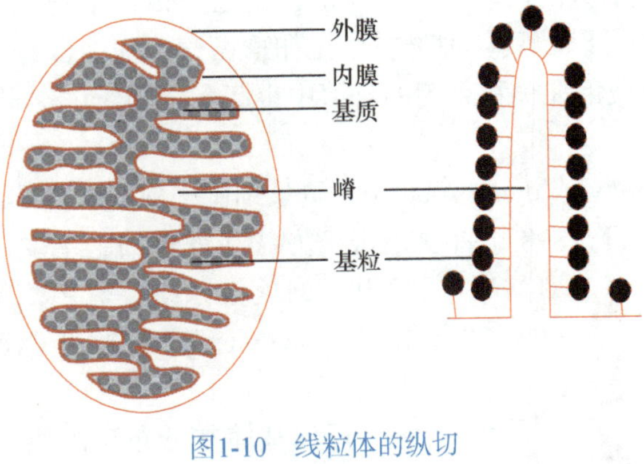

图1-10 线粒体的纵切

在电镜下，线粒体是由内外两层膜包裹的囊状细胞器，膜间有腔，囊内为基质（图 1-10）。外膜平整，内膜向内弯曲形成嵴（cristae）。嵴的存在增加了内膜与基质的表面积，内膜上有许多带柄的小球，称基粒。基粒是 ATP 合成酶复合体（ATP synthetase complex），主要功能是合成 ATP。

线粒体基质中有环状的 DNA 和核糖体。此 DNA 就是线粒体基因组，能够合成 10% 的线粒体蛋白质。线粒体中的核糖体比细胞质中的核糖体小一些。植物雄性不育的基因就存在于线粒体上。

线粒体是细胞呼吸和能量代谢的中心，含有细胞呼吸所需要的各种酶和电子传递载体。电子传递发生在内膜表面。

5. 内质网

内质网（endoplasmic reticulum，ER）是真核细胞内由膜构成的扁囊、小管或小泡连接形成的连续的三维网状膜系统。相邻两膜间是扁平的腔、囊或池。

内质网分两类，一类是膜上附着核糖体颗粒的，叫粗糙型内质网或粗面内质网（rough ER）；另一类是膜上光滑的，没有核糖体附在上面，叫光滑型内质网或光面内质网（smooth ER）。

粗糙型内质网的功能是合成蛋白质大分子，并把它从细胞输送出去或在细胞内转运到其他部位。凡蛋白质合成旺盛的细胞，粗糙型内质网很发达。光滑型内质网的功能与糖类和脂类的合成和分解有关，并且还具有运输蛋白质的功能。

6. 液泡

液泡是存在细胞质中由单层膜包围的充满液体的泡。幼小的植物细胞（分生组织细胞），具有许多小而分散的液泡。随着细胞的生长，液泡也长大，互相并合，最后在细胞中央形成一个大的中央液泡，它可占据细胞体积的 90% 以上。具有一个大的中央液泡是成熟的植物生活细胞的显著特征，也是植物细胞与动物细胞在结构上的明显区别之一。

植物液泡中的液体称为细胞液（cell sap），其中含有无机盐、氨基酸、糖类及各种色素，特别是花青素（anthocyanin）。细胞液是高渗的，所以植物细胞才能经常处于吸涨饱满的状态。细胞液中的花青素与植物颜色有关。花、果实和叶的紫色、深红色都是花青素决定的。此外，液泡还是植物代谢废物屯集的场所，这些废物以晶体的状态沉积于液泡中。

液泡的功能是调节细胞的内环境，充盈的液泡还可以使细胞保持一定的渗透压；维持细胞的紧张度；液泡还可以贮藏各种物质，比如蔗糖；液泡中含有水解酶，它可以吞噬消化细胞内破坏的成分。液泡在植物细胞的自溶中也起一定的作用。

7. 高尔基体

高尔基体（Golgi body 或 dictyosome）是真核细胞中内膜系统的组成之一，为意大利细胞学家高尔基（Golgi）于 1898 年首次用银染方法在神经细胞中发现。高尔基体是由光面膜组成的囊泡系统，它由扁平膜囊（saccules）、大囊泡（vacuoles）、小囊泡（vesicles）三种基本成分组成（图 1-11）。

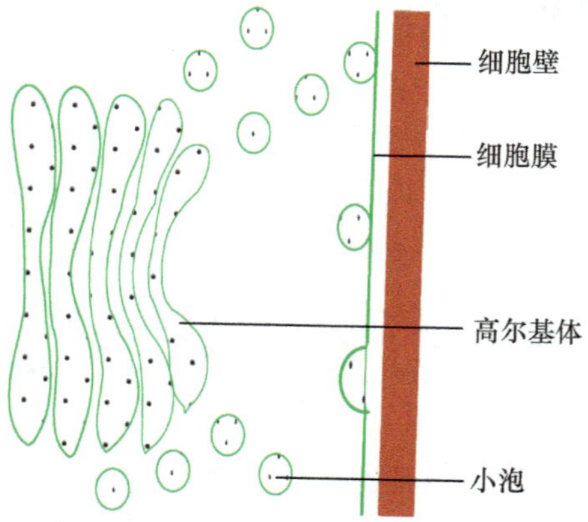

图1-11　高尔基体的分泌作用

高尔基体常分布于内质网与细胞膜之间，呈弓形或半球形，凸出的一面对着内质网称为形成面（forming face）或顺面（cis face）。凹进的一面对着质膜称为成熟面（mature face）或反面（trans face）。顺面和反面都有一些或大或小的运输小泡，在具有极性的细胞中，高尔基体常大量分布于分泌端的细胞质中。因其看上极像光滑型内质网，因此有科学家认为它是由光滑型内质网进化而来的。

高尔基体的主要功能是对内质网合成的蛋白质进行加工、分类、与包装，然后送到细胞的特定部位或分泌到细胞外。高尔基体是细胞分泌物（如分泌蛋白）最后加工和包装的场所。从内质网送来的小泡与高尔基体膜融合，将内含物送入高尔基体腔中，对新合成的蛋白质肽链继续完成修饰和包装。高尔基体还合成一些分泌到胞外的多糖和修饰细胞膜的物质。

8. 溶酶体

溶酶体（lysosome）是真核细胞中的一种细胞器，为单层膜包被的囊状结构。直径0.025～0.8μm，内含多种水解酶，可以分解各种外源和内源的大分子物质，其标志酶为酸性磷酸酶。1955 年由比利时学者德迪夫（de Duve）等在鼠肝细胞中发现。

根据内含物和形成阶段的不同，溶酶体可分为两大类，具有均质基质的颗粒状溶酶体称为初级溶酶体（primary lysosome）；含有复杂的液泡状溶酶体称为次级溶酶体（secondary lysosome）。初级溶酶体，直径 0.2～0.5μm，膜厚 7.5nm，内含物均一，无明显颗粒，是高尔基体分泌形成的。含有多种水解酶，但没有活性，只有当溶酶体破裂，或其他物质进入，才有酶活性。次级溶酶体含有水解酶和相应的底物，是一种将要或正在进行消化作用的溶酶体。次级溶酶体可分为异噬溶酶体（heterophagic lysosome）和自噬溶酶体（autophagolysosome），前者消化外源物质，后者消化来自细胞本身的各种组分物质。

溶酶体在细胞分化过程中，对消除不必要的结构组分及细胞衰老过程中原生质体消失也起特定作用。如导管、纤维等细胞在成熟过程中，原生质体的解体与溶酶体有一定的关系。

9. 圆球体

圆球体（spherosome）是植物细胞中来源于内质网的小泡，是贮藏脂质的细胞器。直径 0.5～1μm，在电镜下圆球体为半单位膜包围，其化学组成主要是脂类和蛋白质。脂类约占 40%。圆球体含有酸性水解酶，与溶酶体的性质相似，但它有聚集脂肪的功能。

圆球体发育增大，积累脂肪，就失去其中的蛋白质颗粒，就成为脂肪粒。当大量脂肪积累了以后，圆球体便变成透明的，内部颗粒随之消失。圆球体含有脂肪酶，在一定条件下，脂肪酶能够将脂肪水解成甘油和脂肪酸。因此，圆球体在一定程度上也具有溶酶体的性质。

10. 微体

微体（microbody）是由单层膜围绕的内含一种或几种氧化酶类的异质性细胞器。其形态、大小及功能常因生物种类和细胞类型不同而异。在植物细胞中，根据微体内含有的酶的不同，可以将微体分为过氧化物酶体（peroxisome）和乙醛酸循环体（glyoxysome）。

过氧化物酶体存在于高等植物的叶肉细胞内，它与叶绿体、线粒体相配合，参与乙醇酸循环，将光合作用过程中产生的乙醇酸转化为己糖。

乙醛酸循环体主要出现在油料种子萌发时，它与圆球体和线粒体相配合，把储藏的脂肪转化成糖类。有些微体中还含有小的颗粒、纤丝或晶体等。

11. 核糖体

核糖体是细胞内一种核糖核蛋白颗粒（ribonucleoprotein particle），无膜结构，主要由 RNA（rRNA）和蛋白质构成。蛋白质由大亚基和小亚基组成。功能是按照 mRNA 的指令将氨基酸合成蛋白质多肽链，是细胞内蛋白质合成的分子机器（图 1-12）。

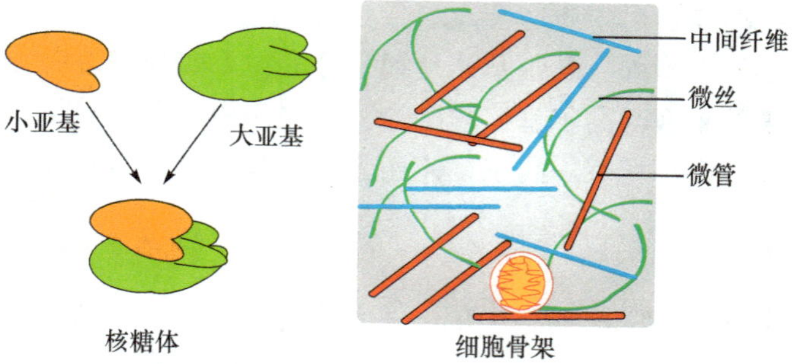

图1-12　核糖体和细胞骨架

按核糖体存在的部位可分为三种类型：细胞质核糖体、线粒体核糖体、叶绿体核糖体。

按照细胞中的分布分类，分为游离核糖体（free ribosome）和附着在内质网的表面的膜旁核糖体或附着核糖体。游离核糖体位于细胞质基质中，主要合成胞内蛋白，分泌在细胞内；附着核糖体主要附着在糙面内质网上，负责合成外运蛋白，分泌在细胞外。

核糖体是细胞蛋白质合成的中心，氨基酸在核糖体上有规则的组装成蛋白质，所以说蛋白质合成旺盛的细胞中，核糖体更多。

12. 细胞骨架

细胞骨架是细胞内有蛋白质纤维组成的网状系统，可以使细胞形状稳定，使细胞质组织化，并且能够进行细胞运动和物质运输。细胞骨架有三种类型：微管、微丝和中间纤维（图 1-12）。

1）微管　微管（microtubule）是直径 24nm 的中空长管状纤维。由球状的微管蛋白聚合组装而成。微管蛋白可以解体成 α 亚基和 β 亚基。

微管分布在细胞壁附近，与细胞内的小泡运输到细胞壁有关。微管还与植物细胞有丝分裂的纺锤体和成膜体的形成有关，在染色体的运动中起作用。微管参与细胞壁的形成，可以维持细胞的形状，还与某些细胞的鞭毛、纤毛的运动有关。

2）中间纤维　中间纤维（intermediate filament）是由角蛋白组成的直径在 8～11nm 的中空管状纤维。中间纤维外面与细胞连接，内与核膜连接，构成网架系统。中间纤维与细胞分化有关。

3）微丝　微丝（microfilament）是实心的纤维，直径 7nm。由肌动蛋白、肌球蛋白和肌动蛋白结合蛋白组成。肌球蛋白具有 ATP 酶活性。微丝能够使细胞具有稳定的结构。微丝有多种肌动蛋白结合蛋白，其中一种是马达蛋白，在胞质环流中起作用。

13. 胞质溶胶

细胞质（cytoplasm）是指存在于质膜与核被膜之间的原生质，包括透明的黏液状的胞质溶胶及悬浮于其中的细胞器。当使用电子显微镜观察植物细胞时，科学家发现在光学显微镜下认为是细胞质的区域含有更多的细胞器，如线粒体、叶绿体、高尔基体、微体、过氧化物体、内质网等，所以科学家又提出了“胞质溶胶”（cytosol）来代替细胞质。胞质溶胶也称为细胞基质（cytoplasmic matrix），它是指细胞质内除细胞器外的原生质。胞质溶胶中含有很多蛋白质。有些蛋白质是酶，可以催化很多化学反应，细胞代谢活动的场所就是胞质溶胶。

（二）细胞壁

细胞壁（cell wall）是植物细胞原生质体外的一层坚韧的包被，是植物细胞特有的结构。真菌、藻类和原核生物也都具有细胞壁，只是细胞壁的组成成分不同。细胞壁在细胞膜的外面，细胞壁之厚薄常因组织、功能不同而异。细胞壁本身结构疏松，外界可通过细胞壁进入细胞中（图 1-13）。

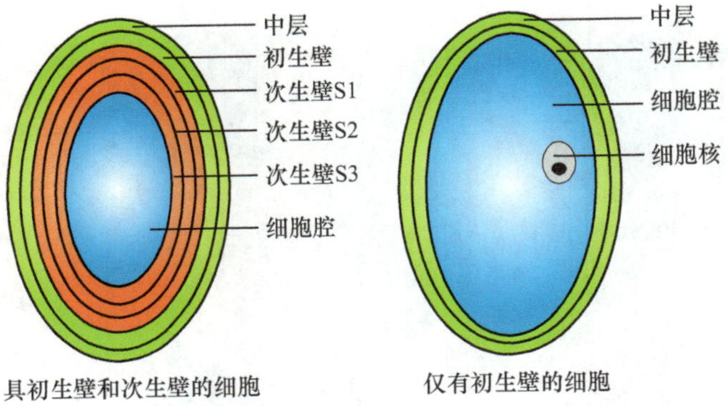

图1-13　细胞壁模式图

细胞壁分为 3 层，即中层（胞间层 intercellular layer）、初生壁（primary wall）和次生壁（secondary wall）（图 1-13）。胞间层是在细胞分裂产生新细胞时形成的，是相邻两个细胞间所共有的一层薄膜。它的主要成分是果胶质。胞间层将相邻细胞粘连在一起，同时可缓冲细胞间的挤压，也不会影响细胞生长。

在细胞分裂末期胞间层形成后，原生质体就分泌纤维素、半纤维素和少量的果胶质，添加在胞间层上，构成细胞的初生壁。初生壁有弹性，能随着细胞的生长不断增加面积。这种在细胞生长时形成的细胞壁，叫做初生壁，植物细胞都有初生壁。薄壁细胞仅具有初生壁（图 1-14）。

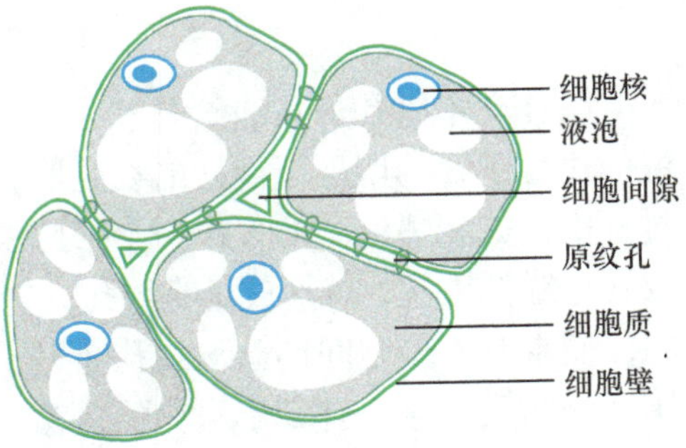

图1-14　薄壁细胞

细胞停止生长后，原生质体仍继续分泌纤维素和其他物质，增添在初生壁内方，使细胞壁加厚，这种加厚的细胞壁就叫次生壁。次生壁在初生壁里面，次生壁越厚，壁内的细胞腔就越小（图 1-13）。植物体的部分细胞中有次生壁，如纤维细胞、石细胞、管胞和导管等有明显增厚的次生壁。

细胞壁的主要组成成分是纤维素，它形成细胞壁的框架，这种框架是由一层层纤维素微丝即微纤丝组成，每一层微纤丝基本上是平行排列的，每添加一层，微纤丝排列的方位就不同，层与层之间微纤丝的排列交错成网。微纤丝之间的空间通常被其他物质填充。

此外，在一些植物表皮细胞壁中，常有蜡质、角质、木栓质。在一些成熟和加厚的细胞壁中，常沉积木质素。在禾本科、木贼科植物的表皮细胞壁中含有硅。在真菌类的细胞壁中还有甲壳质。

细胞壁上有纹孔，是因为在细胞生长过程中，初生壁随着细胞的生长而不断伸展，但壁的增厚是不均匀的，形成了许多壁薄的区域，叫做初生纹孔场（图 1-15）；初生纹孔场上细胞壁薄的区域称为原纹孔。细胞产生次生壁时，增厚也不均匀，一般在初生纹孔场的原纹孔部位不再加厚，细胞壁上就形成纹孔的结构。相邻细胞壁上的纹孔常对应地形成纹孔对（图 1-16）。

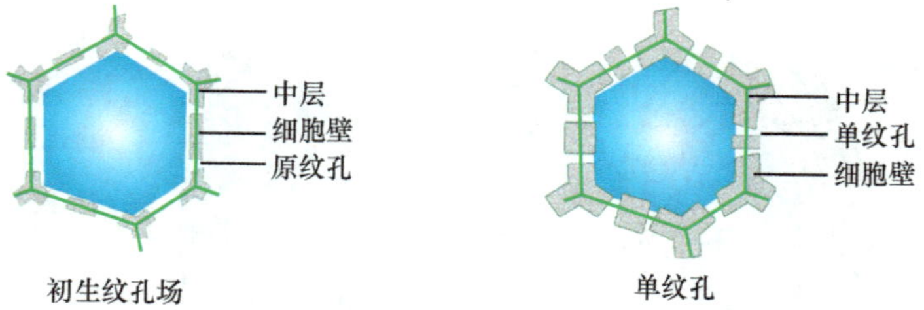

图1-15　初生纹孔场和单纹孔

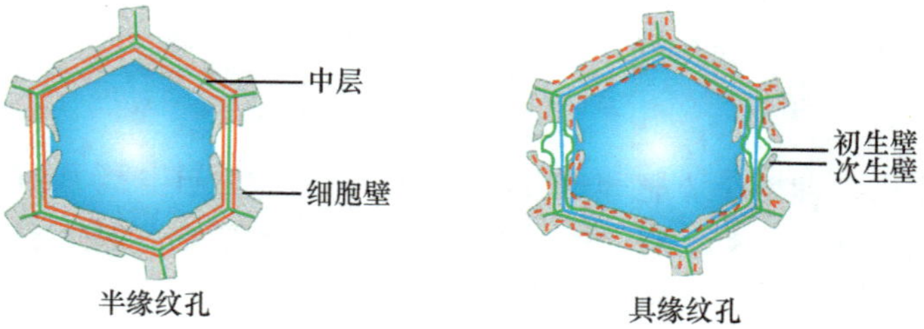

图1-16　半缘纹孔和具缘纹孔

纹孔有单纹孔、具缘纹孔和半缘纹孔三种（图 1-15 和图 1-16）。植物细胞在形成次生壁的过程中，仍留下原纹孔的纹孔腔，这样的纹孔很简单，称作单纹孔。在细胞壁增厚的过程中，如相邻细胞的仅仅一个细胞纹孔边缘拱起，就形成半缘纹孔；如两个相邻细胞的纹孔边缘都拱起，就形成具缘纹孔，它是裸子植物管胞纹孔的重要特征。

通常有许多胞间连丝从纹孔通过，胞间连丝又跟细胞质中的内质网连接，从而沟通细胞间的物质交流，有利于水分的运输。因此，细胞壁上的纹孔是细胞间联系的通道，使整个植物体在生命活动中能成为有机的统一体。

细胞壁能维持细胞形状，控制细胞生长。细胞壁增加了细胞的机械强度，并承受着内部原生质体由于液泡吸水而产生的膨压，从而使细胞具有一定的形状。这不仅对保护原生质体有重要作用，而且维持了器官与植株的固有形态。另外，细胞壁控制着细胞的生长，因为细胞要扩大和伸长的前提是要使细胞壁松弛和不可逆伸展。

在物质运输与信息传递方面，细胞壁允许离子、多糖等小分子和低分子量的蛋白质通过，而将大分子或微生物等阻于其外。因此，细胞壁参与了物质运输、降低蒸腾作用、防止水分损失（次生壁、表面的蜡质等）、植物水势调节等一系列生理活动。细胞壁上纹孔或胞间连丝的大小受细胞生理年龄和代谢活动强弱的影响，故细胞壁对细胞间物质的运输具有调节作用。另外，细胞壁也是化学信号（激素、生长调节剂等）、物理信号（电波、压力等）传递的介质与通路。

细胞壁中的酶类广泛参与细胞壁高分子的合成、转移、水解、细胞外物质输送到细胞内以及防御作用等。细胞壁也参与细胞间的相互粘连，即“胞间连丝”。细胞壁还参与了植物与根瘤菌共生固氮的相互识别作用。此外，细胞壁中的多聚半乳糖醛酸酶和凝集素还可能参与了砧木和接穗嫁接过程中的识别反应。

应当指出的是，并非所有的细胞的细胞壁都具有上述功能，每一类细胞的细胞壁功能都是由其特定的组成和结构决定的。例如，传递细胞（transfer cell）的次生细胞壁具内突生长，在细胞腔内形成许多指状突起，这样使紧贴在细胞壁内侧的质膜的面积大大增加，有利于对物质的吸收和传递。传递细胞的细胞质浓，富含线粒体，与相邻细胞之间有发达的胞间连丝，能迅速地将物质向外转运。传递细胞普遍存在于溶质短途密集运输的部位，如小叶脉周围，种子的子叶、胚乳、胚柄等处，都有传递细胞的出现。

三、原核细胞、古核细胞与真核细胞

1977 年，Woese 和 Fox 根据核糖体小亚基 16S rDNA 核苷酸顺序的比较，将细胞分为原核细胞（prokaryotic cell）、古核细胞（archaea cell）和真核细胞（eucaryotic cell）。

（一）原核细胞

原核细胞没有膜包被的细胞核（图 1-17）。遗传信息存在于环状的 DNA 分子中。细胞体积小，进化地位原始。30 亿～35 亿年前出现在地球上。它的细胞膜的脂类主要有甘油酯组成。原核细胞包括细菌、放线菌、蓝菌等多种类型。

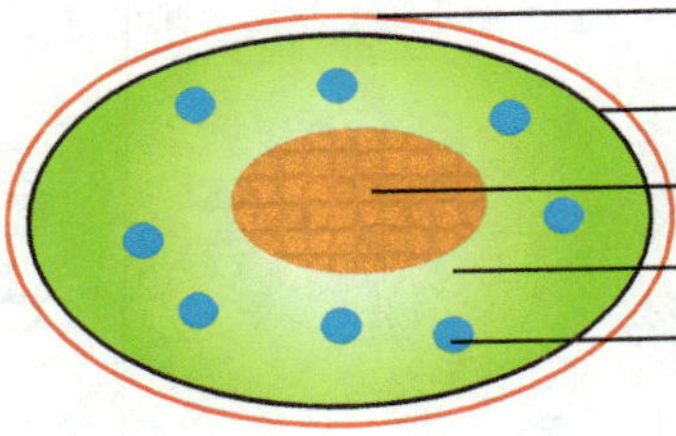

图1-17 原核细胞

（二）古核细胞

古核细胞也叫古细菌或原细菌（archaeobacteria）。古核细胞也没有核膜，在外观上与细菌不能区分，它的遗传结构和遗传信息传递与真核细胞类似。核糖体小亚基 16S rDNA 核苷酸顺序与真核相似。它的 DNA 含有重复序列，DNA 可以组装成类似核小体的结构。它的细胞膜中的脂类由甘油醚构成，这也许是一些古细菌对超高温环境的适应。

在系统进化树上，古细菌更加接近真核细胞，与典型的细菌的亲缘关系更远一些。古细菌一般生活在极端环境，如温泉和海洋热泉、盐湖或海洋中。产甲烷菌是古细菌的代表。

（三）真核细胞

真核细胞具有典型的细胞核，遗传信息大。真核细胞种类繁多，在地球上出现的时间是 12 亿～16 亿年前。在细胞中具有多种膜包被的细胞器和没有膜包被的细胞骨架。上一节介绍的主要是真核细胞的结构。

第四节 细胞的后含物

植物细胞后含物（ergastic substance）通常指细胞内的贮藏物质和代谢产物。它的种类很多，包括糖类（carbohydrate）（淀粉粒）、蛋白质（protein）（糊粉粒或蛋白体）、脂质

(fat)(脂肪与油)、在液泡中的盐类晶体(crystal)、某些有机化合物等。

有些后含物在医疗上具有重要的价值，是植物可供药用的主要因素，有些是具有营养价值的贮藏物，是人类食物的主要来源，有些是细胞的废物。这些物质有的存在于植物细胞的原生质体中，有的存在于细胞壁上。这些后含物对人类具有极其重要的价值。

一、淀粉

淀粉是葡萄糖分子聚合而成的长链化合物，是植物体中贮存的养分，主要贮存在种子和块茎中，各类植物中的淀粉含量都较高。当它在细胞中颗粒状态存在，称为淀粉粒。

淀粉主要在质体内形成，在白色体内积累，形成贮藏淀粉。它的积累过程是：首先在白色体内一处沉积，形成中心脐点，以后围绕它以同心层的形式不断沉积。当质体破裂后，淀粉粒只能在紧靠白色体部分继续沉积，破裂处停止沉积。

一个质体可以形成一个淀粉粒，称为单粒淀粉粒(图 1-18)。如一个质体内由于多个脐点而形成多粒淀粉粒，称为复粒淀粉粒(图 1-18)。有些复粒淀粉粒在形成过程中，又形成几个共同层包围在外面，就称为半复粒淀粉粒。淀粉粒含有的多糖占 90.1%～97.6%，此外还含有少量的矿物质(以磷酸为主)和脂肪酸。

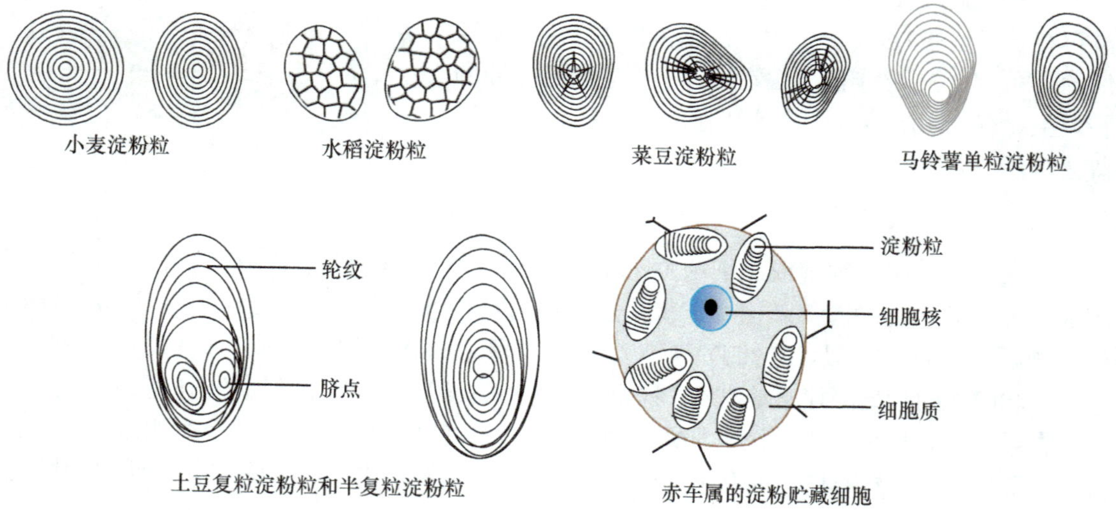

图1-18　光学显微镜下的淀粉粒

所有薄壁细胞中都有淀粉粒存在，尤其在各类贮藏器官中更为集中，如种子的胚乳和子叶中，植物的块根、块茎和根状茎中都含有丰富的淀粉粒。

二、蛋白质

细胞中的储藏蛋白呈固体状态，生理活性比较稳定，其形态可以是结晶蛋白或者是无定形蛋白。蛋白质结晶往往以糊粉粒状态存在。遇碘呈黄色，一般用考马斯亮蓝(Coomassie brilliant blue)作为染色剂。

结晶蛋白常具有晶体和胶体的二重性，因此结晶蛋白又称为拟晶体(crystalloid)。拟晶体常具有不同的形状，但常常是方形形态（图 1-19）。

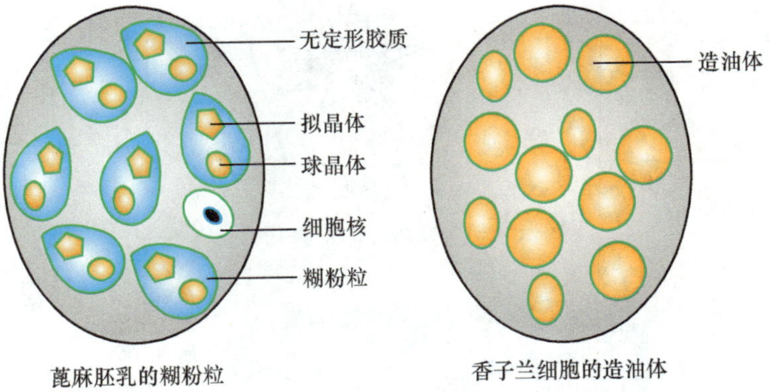

图1-19　光学显微镜下的糊粉粒和造油体

糊粉粒通常存在于许多富含脂肪的种子中，它是细胞内的一种卵形结构，大小为1～60μm。它具有蛋白质性质的外膜，里面也以蛋白质物质为基础，一部分蛋白质结晶出来成蛋白质结晶。如蓖麻胚乳细胞内的糊粉粒的蛋白质结晶有球晶体和拟晶体。另一部分蛋白质呈不定形状态，是无定形胶质。另外，糊粉粒中还有由磷酸盐组成的球形小体。

关于糊粉粒的来源，不少学者认为是由液泡来的，即这些蛋白质的后含物先形成在小液泡中，后来种子逐渐干燥，液泡中水分减少，整个小液泡就变成了糊粉粒。在植物的种子的胚乳或子叶中含有较多的糊粉粒，有时糊粉粒也集中在某些特殊的细胞层，构成糊粉层。

三、脂质

脂肪和油类统称为脂质，是含能量最高、体积小的储藏物质。脂类合成的部位可能在线粒体、叶绿体和内质网中。脂肪在常温下通常为固体，油类通常为液体。脂质是种子、胚、分生组织细胞中主要的储藏物质。通常为固体或者液体的小滴，存在于细胞质内，可以形成造油体（elaioplast）（图 1-19）或者单层膜包被的圆球体。一些香精油或者挥发性油一般在特化的分泌组织中形成、如分泌腔、分泌道和分泌细胞。此外，细胞壁表面和壁内的蜡质、角质和木栓也是脂肪性物质。脂类遇到苏丹红-Ⅲ或苏丹红-Ⅳ呈橙红色。

四、晶体

晶体（crystal）通常由无机盐形成。植物中最常见的晶体是草酸钙晶体，但有些植物也含有碳酸钙晶体。晶体的形成对植物体细胞是有益处的，一般认为一些无机盐是新陈代谢的废物，当形成晶体时便避免了对细胞的伤害。

晶体可分为单晶（monocrystal）、簇晶（cluster crystal）和针晶（needle crystal）三类（图 1-20）。

单晶一般呈棱柱状或角锥状；簇晶是由许多的单晶联合成的复式结构，呈球状，每个单晶的尖端都突出于球的表面；针晶是两端尖锐的针状，并聚集成束。无花果（*Ficus carica* L.）叶片皮层内的钟乳体（cystolith）是碳酸钙的结晶（图 1-21）。

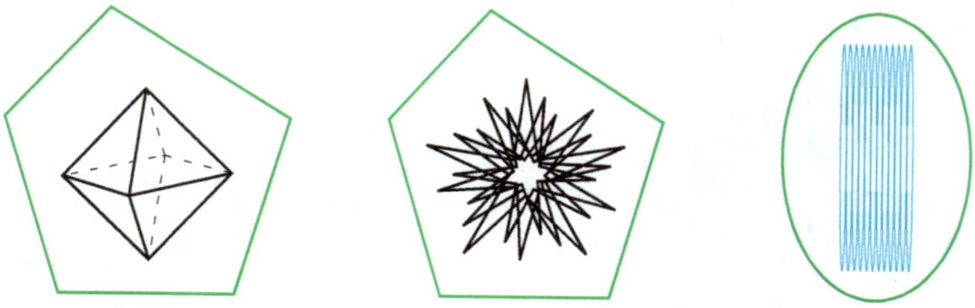

图1-20　植物细胞内的草酸钙结晶体

图1-21　无花果叶片皮层中的钟乳体

五、橡胶

橡胶（rubber）是一种高分子的不饱和碳水化合物。橡胶主要存在于植物细胞的液泡内，以橡胶颗粒的状态存在于植物的乳汁中。这些颗粒一般呈球形、棒形、梨形等。橡胶是工业上重要的一种原料。

六、单宁

单宁（tannin）广泛分布在植物体内，除了幼小的分生组织细胞以外，几乎所有组织都含有单宁。单宁存在于细胞质和液泡中，也可能充满在细胞壁中。它们可在某一组织的许多细胞内，或者形成分散的特殊细胞，如单宁异细胞，或者形成一种膨大的单宁囊细胞。单宁可能是植物抗病的一种重要手段，植物受病原体侵袭以后，细胞组织中的酚类化合物可以大量增加。另外，在植物化学分类上，酚类化合物可作为种、属分类关系的一种补充指标。同时，单宁作为商品，长期以来用于加工兽皮的鞣革工业。

七、生理活性物质

生理活性物质一般存在于细胞质基质中。细胞质基质（cytoplasmic matrix）是细胞质中除去能分辨的细胞器和颗粒以外的胶状物质，现又称胞质溶胶（cytosol）。胞质溶胶约占细胞总体积 55%，其中存在几千种酶。大多数中间代谢（包括糖酵解，糖原异生作用及糖、脂肪酸、核苷酸和氨基酸的合成）都是在胞质溶胶中进行的。

胞质溶胶内质量的约 20% 是蛋白质。许多蛋白质可能直接或间接地与细胞骨架相结合，蛋白质分子之间也可能有选择性的亲和。因此，细胞质基质实质上是一个在不同层次均有高度组织结构的系统，而不是一种简单的溶液。然而，在普通透射电子显微镜下，看不到细胞质基质内的有形构造。

细胞质基质是活细胞进行新陈代谢的主要场所。它为新陈代谢的进行，提供所需要的物质，如酶；它为细胞器提供稳定的微环境，还可以影响细胞的形状。

第五节 细胞的分裂

植物个体的生长、繁衍是以细胞分裂为基础。细胞分裂是生命有机体的主要特征。细胞分裂的方式分为有丝分裂（mitosis）、减数分裂（meiosis）、无丝分裂（amitosis）三种。在有丝分裂和减数分裂过程中，细胞核内发生着极其复杂的变化，形成染色体等一系列结构；而无丝分裂是一种简单的分裂方式。

一、细胞周期

细胞周期（cell cycle）是指连续分裂的细胞从一次有丝分裂结束开始到下一次有丝分裂结束之间所经历的全部过程。细胞周期可以划分为分裂间期和分裂期，间期又分为三期，即 DNA 合成前期（G_1 期）、DNA 合成期（S 期）和 DNA 合成后期（G_2 期）（图 1-22）。

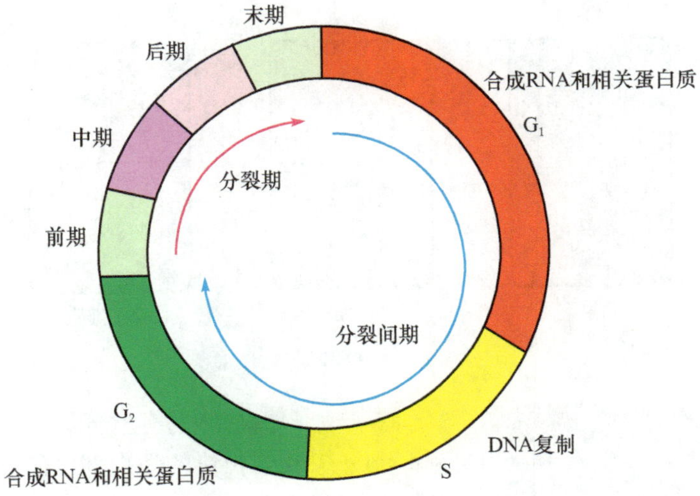

图1-22 细胞周期

1）G_1 期（first gap） 从有丝分裂到 DNA 复制前的一段时期，又称合成前期，此期主要合成 RNA 和核糖体。该期特点是物质代谢活跃，迅速合成 RNA 和蛋白质，细胞体积显著增大。这一期的主要意义在于为下阶段 S 期的 DNA 复制作好物质和能量的准备。

2）S 期（synthesis） 即 DNA 合成期，在此期，除了合成 DNA 外，同时还要合成组蛋白。DNA 复制所需要的酶都在这一时期合成。

3）G_2 期（second gap） 为 DNA 合成后期，是有丝分裂的准备期。在这一时期，DNA 合成终止，大量合成 RNA 及蛋白质，包括微管蛋白和促成熟因子等。

4）M 期 有丝分裂时期，是细胞形态结构发生急速变化的时期，包括一系列核的变化、染色质的浓缩、纺锤体的出现，以及染色体精确均等地分配到两个子细胞中的过程，使分裂后的细胞保持遗传上的一致性。

M 期分为前期（prophase）、中期（metaphase）、后期（anaphase）和末期（telophase）。M 期虽是形态变化最为显著的时期，但其呼吸作用反而降低，蛋白质合成明显下降，RNA 合成及其他代谢周转停止，这是由于有丝分裂期所需要的能量和其他基本物质均在间期内合成和储备好了。

二、有丝分裂

有丝分裂（mitosis）是最常见最普通的分裂方式，植物的生长一般都是以这种方式进行。有丝分裂的特点是有纺锤体染色体出现，子染色体被平均分配到子细胞，这种分裂方式普遍见于高等动、植物中（图 1-23 和图 1-24）。

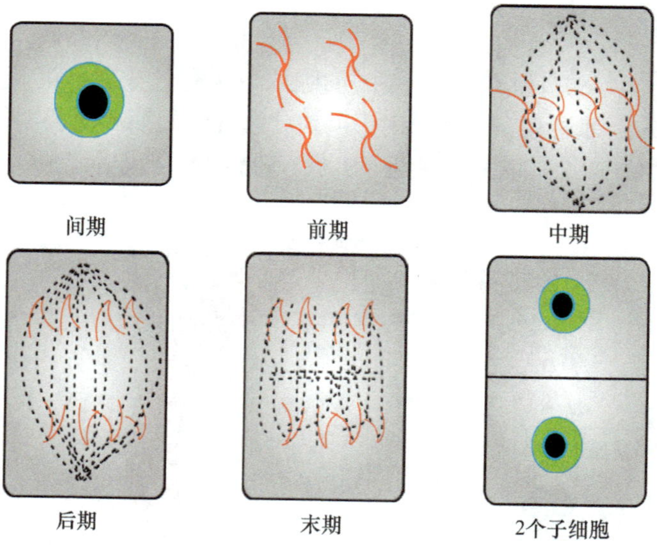

图1-23　有丝分裂的过程示意图

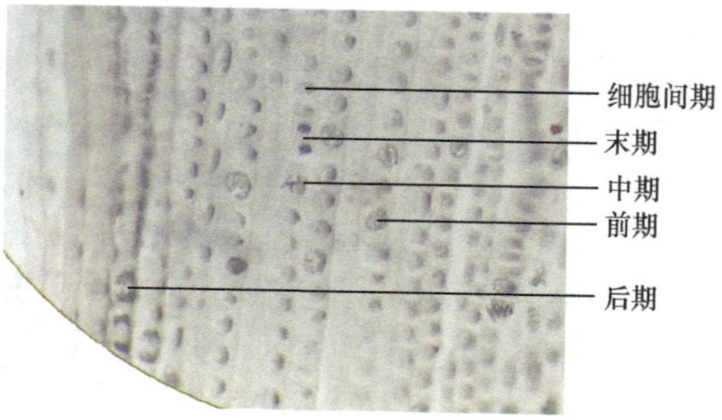

图1-24　洋葱根尖的有丝分裂

植物体的有丝分裂主要发生在根尖、茎尖及生长快的幼嫩部位的细胞中。植物的生长主要靠有丝分裂增加细胞的数量。在分裂期间，细胞核的结构具有明显的核膜、核仁及染色质的变化。

有丝分裂包括细胞核分裂和细胞质分裂，细胞核分裂主要分为四个时期，即前期、中期、后期和末期。其过程如下。

（1）前期：核膜消失，核仁解体。两级发出纺锤丝形成纺锤体，染色质高度螺旋化，变成光镜下可见的染色体，散乱地排列在细胞内。每条染色体由连接在一个中心体上的两条姐妹染色单体构成。

（2）中期：着丝点排列在赤道板上（细胞中心的假想平面）。此时染色体螺旋化程度最高，是观察染色体形态和数目的最佳时期。

（3）后期：着丝点分裂，姐妹染色单体分开成为两条子染色体，被纺锤丝牵引着分别移向两极。

（4）末期：在两极核膜和核仁重新出现，形成新的细胞核，纺锤丝消失，染色体解螺旋恢复为染色质丝形态，在原来赤道板的位置出现细胞板，细胞板向四周延伸成为新的细胞壁，原来一个细胞分裂为两个子细胞。

细胞质分裂（cytokinesis）是在两个新子核之间形成新细胞壁，把母细胞分成两个子细胞的过程。胞质分裂通常是在核分裂后期之末、染色体接近两极时开始，这时在分裂面两侧，由密集的、短的微管相对呈圆盘状排列，形成一桶状结构，称为成膜体（phragmoplast）。此后形成细胞板（cell plate），细胞板在成膜体的引导下向外生长直至与母细胞侧壁相连。内质网小泡膜形成质膜，管状内质网穿过两个子细胞之间形成胞间连丝，胞间层形成后，子细胞原生质体开始沉积初生壁物质到胞间层内侧，同时也沿各个方向沉积新的细胞壁物质，使整个外部的细胞壁连成一体。

植物细胞的有丝分裂是植物体细胞重要的生命活动，植物细胞的有丝分裂是植物体生长、发育、繁殖、遗传的基础。有丝分裂的结果是产生两个与亲代细胞相同的子细胞，保证了遗传的稳定性。

新细胞壁的形成是在细胞分裂末期的赤道面上，分裂的母细胞先形成成膜体。在染色体分向两极时，高尔基器分离出的小泡与微管集合在赤道面上成为细胞板。新的多糖物质沉积在细胞板上就逐渐形成胞间层。其后细胞内合成一些纤维素组成微纤丝沉积在胞间层的两侧，就出现了初生壁。当细胞成熟停止生长以后，一层层新的纤维素和半纤维素以及木质素陆续添加在初生壁上，就建成了次生壁。初生壁每添加一层，微纤维排列的方向就可不同（纵向或横向），形成了不规则的交错网状，称为多网生长。这样加厚的结果使整个植物体的机械支持有了基础（图 1-25）。

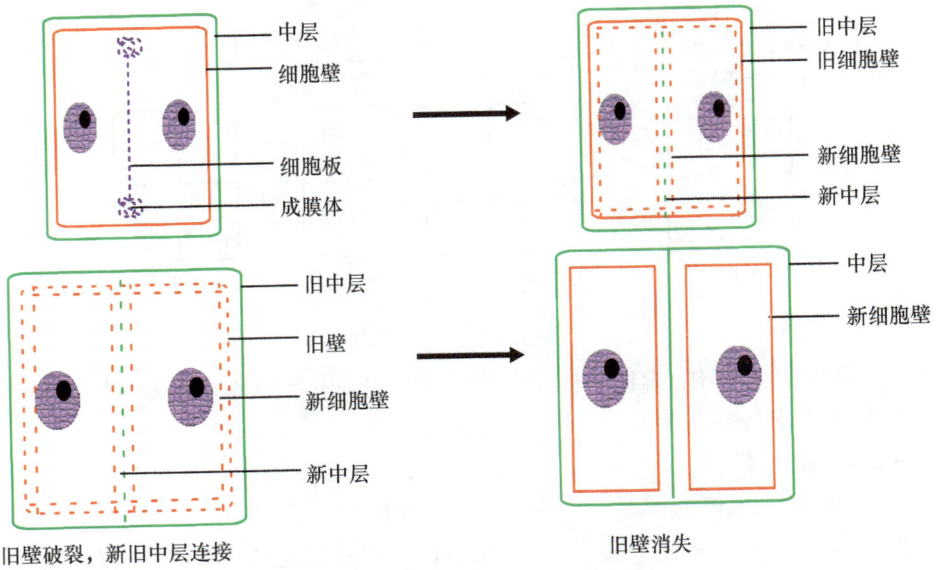

图1-25　细胞分裂后细胞壁的产生和旧细胞壁的消失

三、无丝分裂

无丝分裂（amitosis）又叫直接分裂，细胞核中不出现染色体和纺锤体，直接分裂为大小大致相等的两部分的细胞分裂方式（图 1-26）。相对于有丝分裂，无丝分裂速度较快而且耗能少。植物在胚乳形成、表皮发育、胚中子叶的发育过程中都有无丝分裂现象。

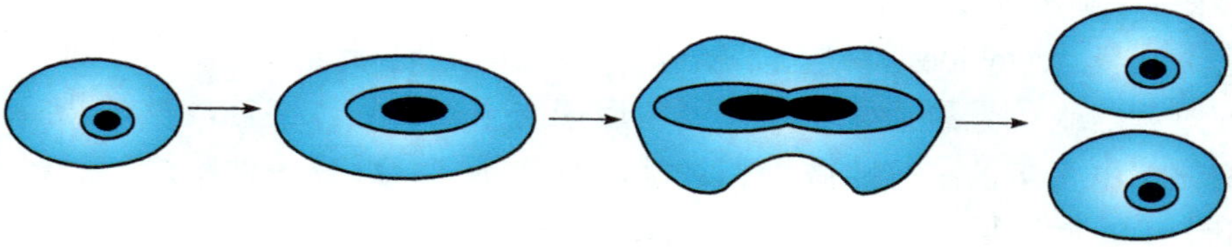

图1-26　无丝分裂

四、减数分裂

减数分裂是生物细胞中染色体数目减半的分裂方式。减数分裂过程中染色体仅复制一次，细胞连续分裂两次，两次分裂中将同源染色体与姐妹染色单体均分给子细胞，使最终形成的配子中染色体仅为母细胞的一半（图 1-27）。

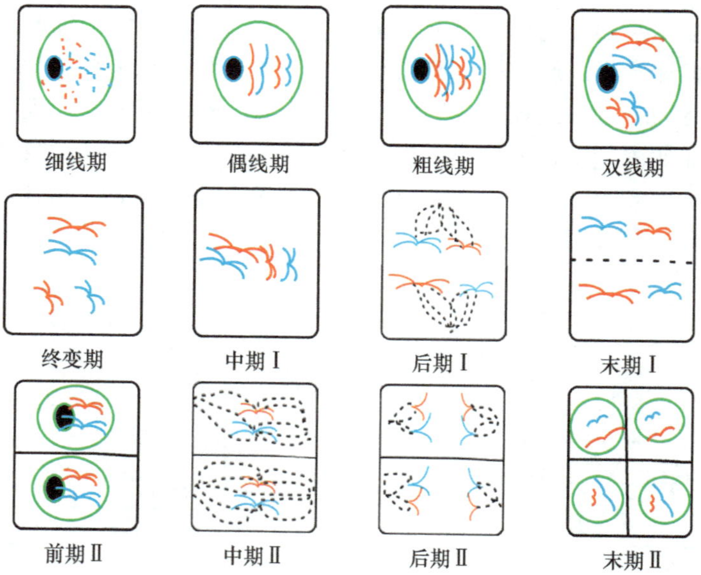

图1-27　减数分裂的过程

减数分裂可以分为两个阶段，间期和分裂期，其中分裂期又分为减数第一次分裂期（减一），减数第二次分裂期（减二）。其过程如下。

1. 减数第一次分裂

1）前期　根据染色体的形态，可分为以下 5 个阶段。

（1）细线期（leptotene）。细胞核内出现细长、线状染色体，细胞核和核仁体积增大。每条染色体含有两条姐妹染色单体。

（2）偶线期（amphitene）。又称配对期。细胞内的同源染色体两两侧面紧密配对，这一现象称作联会。由于配对的一对同源染色体中有 4 条染色单体，称为四分体（或“二联体”）。

（3）粗线期（pachytene）。染色体连续缩短变粗，四分体中的非姐妹染色单体之间发生 DNA 的片段交换，从而导致父母基因的互换，产生基因重组，但每个染色单体上仍都具有完全相同的基因。

（4）双线期（diplotene）。发生交叉的染色单体开始分开。由于交叉常常不止发生在一个位点，因此，染色体呈现“V”、“X”、“8”、“O”等各种形状。

（5）终变期（diakinesis）。染色体变成紧密凝集状态并向核的周围靠近。随后，核膜、核仁消失，最后形成纺锤体。

2）中期　各成对的同源染色体双双移向细胞中央的赤道板，着丝点成对排列在赤道板两侧，细胞质中形成纺锤体。

3）后期　由于纺锤丝的牵引，使成对的同源染色体各自发生分离，并分别移向两极。

4）末期　到达两极的同源染色体又聚集起来，重现核膜、核仁，然后细胞分裂为两个子细胞。这两个子细胞的染色体数目只有原来的一半。重新生成的细胞紧接着发生第二次分裂。

2. 减数第二次分裂

减数第二次分裂与减数第一次分裂紧接，也可能出现短暂停顿。染色体不再复制。每条染色体的着丝点分裂，姐妹染色单体分开，分别移向细胞的两极，有时还伴随细胞的变形。

1）前期　与减数第一次分裂前期相似，染色体首先是散乱地分布于细胞之中。而后再次聚集，核膜、核仁再次消失，再次形成纺锤体。

2）中期　染色体的着丝点排列到细胞中央赤道板上。注意此时已经不存在同源染色体了。

3）后期　每条染色体的着丝点分离，两条姐妹染色单体也随之分开，成为两条染色体。在纺锤丝的牵引下，这两条染色体分别移向细胞的两极。

4）末期　重现核膜、核仁，到达两极的染色体，分别进入两个子细胞。两个子细胞的染色体数目与初级精母细胞相比减少了一半。至此，第二次分裂结束。

减数分裂保证了有性生殖生物个体世代之间染色体数目的稳定性。通过减数分裂导致了性细胞（配子）的染色体数目减半，即由体细胞的 $2n$（n 为一个染色体组中染色体数）条染色体变为 n 条染色体的雌雄配子，再经过两性配子结合，合子的染色体数目又重新恢复到亲本的 $2n$ 水平，使有性生殖的后代始终保持亲本固有的染色体数目，保证了遗传物质的相对稳定。

减数分裂又为有性生殖过程中创造变异提供了遗传的物质基础，主要表现在：通过非同源染色体的随机组合，以及非同源染色体之间以自由组合进入配子，形成的配子可产生多种多样的遗传组合，雌雄配子结合后就可出现多种多样的变异个体，使物种得以繁衍和进化，为人工选择提供丰富的材料；在减数分裂的粗线期，由于非姐妹染色单体上对应片段可能发生交换，使同源染色体上的遗传物质发生重组，形成不同于亲代的遗传变异。

第六节 细胞的生长和分化

生长（growth）指植物细胞、组织和器官在数量上的不可逆的增加。分化（differentiation）是在生长过程中发生细胞的特化，即从同一性质的细胞类型转变成结构上与功能上不相同的细胞，如薄壁细胞分化成厚壁细胞、木质部、韧皮部等。

一、细胞的生长

生物的生长，不仅是由于细胞数量的增加，而且也与细胞体积的生长有密切的关系。细胞体积的增长，包括细胞纵向的延长和横向的扩展。由于细胞的这种生长，就使植物体表现出明显的伸长或扩大，如根和茎的伸长，细胞生长常常在其中起主要的作用。

植物细胞在生长过程中，除了细胞体积明显扩大，在内部结构上也发生相应的变化，其中最突出的是液泡化程度明显增加，即细胞内原来小而分散的液泡逐渐长大和合并，最后成为中央液泡，细胞质的其余部分成为紧贴细胞壁的一薄层，细胞核随细胞质由中央移向侧面。

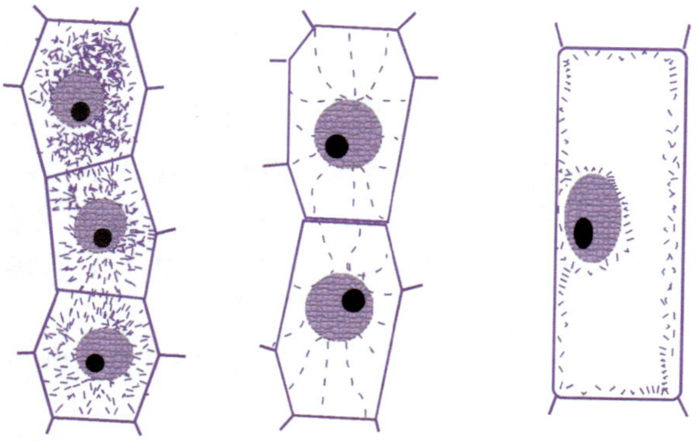

图1-28 洋葱根尖细胞的长大

在细胞生长时，细胞的鲜重和干重都随着体积的增加而增加。细胞生长时细胞内的其他细胞器，在数量和分布上也发生着各种变化，如内质网增加。原生质体在细胞生长过程中还不断地分泌壁物质，使细胞壁随原生质体长大而延展，同时壁的厚度和化学组成也发生变化，细胞壁（初生壁）厚度增加，并且由原来含有大量的果胶和半纤维素转变成有较多的纤维素和非纤维素多糖（图 1-28）。

但是植物细胞的生长是有一定限度的，当体积达到一定大小后，便会停止生长。细胞最后的大小，随植物的种类和细胞的类型而异，这说明生长受遗传因子的控制。

另外，细胞生长的速度和细胞的大小，也会受环境条件的影响。例如，在水分充足、营养条件良好、温度适宜时，细胞生长迅速，体积亦较大，在植物体上反映出根、茎生长迅速，植株高大，叶宽而肥嫩。

二、细胞的分化

细胞分化是指导致细胞形成不同结构、引起功能改变或潜在发育方式改变的过程。细胞分化的结果是建成各种组织和器官。从营养体到生殖体的转变即花芽分化，是植物一生中十分重要的分化过程。细胞分化使多细胞植物中细胞功能趋向专门化，这样有利于提高各种生理功能的效率，分化是进化的表现。

植物细胞同样也有死亡。细胞没有死亡，将导致细胞无限制的增殖。植物细胞的死亡分为坏死（necrosis）与细胞程序性死亡（programmed cell death，PCD）。

坏死是由外来因素引起的偶然的细胞死亡，如创伤胁迫后特定的植物毒素分子的积累引起的细胞死亡。因此，坏死是一种被动的、随机的、无选择性的并且无法逆转的伤害。其特征是，细胞质的膨胀，细胞组分的减少。

坏死往往是细胞受到强烈理化或生物因素作用引起细胞无序变化的死亡过程。细胞坏死的表现为细胞胀大，胞膜破裂，细胞内容物外溢，核变化较慢，DNA 降解不充分，细胞器肿胀，线粒体溶酶体破裂等，而且细胞坏死不出现 DNA 梯状条带等特征。

细胞程序性死亡是具有信号或一系列分子参与，并且由细胞内在的死亡程序介导的有序过程。细胞程序性死亡是细胞的一种基本生物学现象，这对多细胞生物去除不需要的或异常的细胞起着必要的作用。

细胞程序性死亡启动后，细胞内开始产生一系列的结构变化，首先是细胞体积缩小，连接消失，与周围的细胞脱离，然后是细胞质密度增加，通透性改变，释放细胞色素 C 到细胞质，核质浓缩，核膜核仁破碎，DNA 降解成为片段；胞膜有小泡状形成，膜内侧磷脂酰丝氨酸外翻到膜表面，胞膜结构仍然完整，最终可将凋亡细胞遗骸分割包裹为几个凋亡小体，无内容物外溢等。

细胞程序性死亡在植物生长发育和抵御外界胁迫中具有重要作用。例如，胚胎发育过程中胚柄的消失；种子萌发时糊粉层的退化消失，叶片细胞死亡等都是细胞凋亡的过程。它是植物体自我调节的主动自然死亡过程，可以保证植物体进行正常生长发育，维持内环境稳定及进行防御。细胞程序性死亡可清除多余的与植物体不适应的，并对植物体正常发育造成威胁的细胞，从而确保植物体整体的安全。

由此可见，细胞程序性死亡是一种生物体内发生的积极的生物学过程，对植物体生长发育具有十分重要的意义，是长期进化的结果。

本章部分思维导图

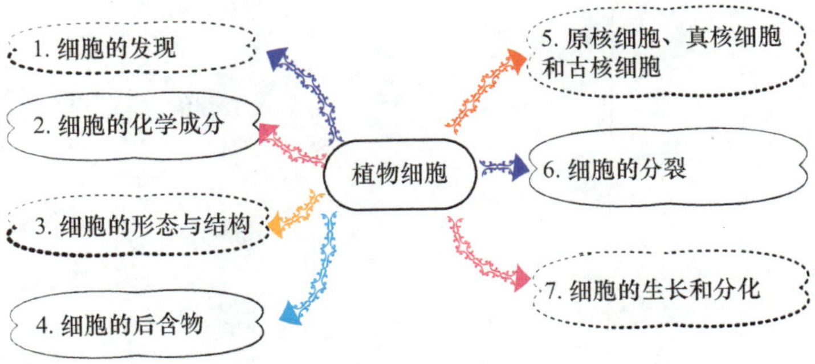

第二章

植物组织

组织（tissue）是具有相同来源的同一类型或不同类型细胞组成的结构和功能单位。

第一节　组织的分类

根据组成组织的细胞类型，组织可分为简单组织和复杂组织。由一种类型的细胞构成的组织称为简单组织（simple tissue）；由多种类型细胞构成的组织称为复合组织（complex tissue）。

根据发育程度、生理功能和形态结构，植物组织可分为分生组织（meristematic tissue）和成熟组织（mature tissue）两大类。分生组织可以产生新细胞。成熟组织是由分生组织产

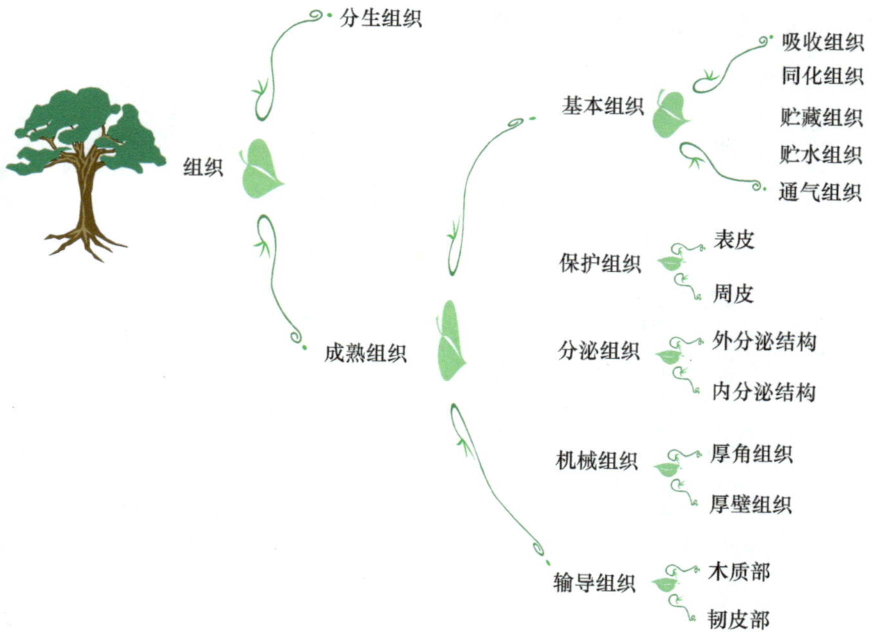

图2-1　组织的分类

生的，经过分化和生长，逐渐丧失分裂能力的组织。根据功能，成熟组织又可分为基本组织（ground tissue）、保护组织（protective tissue）、分泌组织（secretory tissue）、机械组织（mechanical tissue）和输导组织（conducting tissue）（图 2-1）。各种成熟组织的分化程度不同，某些成熟组织的细胞仍具分裂潜能。例如，基本组织在一定条件下可脱分化而恢复分裂活动，转变为分生组织。

第二节　分生组织

分生组织（meristem）是指其细胞永久地或较长时间地保持细胞分裂能力，能够产生新细胞的组织。分生组织使植物体长期保持生长的能力或潜能。

分生组织细胞排列紧密，一般无细胞间隙；细胞代谢活跃，有旺盛的分裂能力；细胞壁为初生壁，由果胶质和纤维素构成；原生质体分化程度低，具有较多细胞器和发达的膜系统，通常缺乏储藏物质和结晶体；质体处于前质体阶段。

按分生组织的位置，可分为顶端分生组织、侧生分生组织（lateral meristem）和居间分生组织（intercalary meristem）三类（图 2-2）；按其来源和性质可分为原分生组织（promeristem）、初生分生组织（primary meristem）和次生分生组织（secondary meristem）。

位于根和茎或其分枝顶端的分生组织称为顶端分生组织，又称为生长点。顶端分生组织活动的结果是使根和茎不断伸长，并形成新的侧枝，使植物扩大营养面积。它包括根尖顶端分生组织和茎尖顶端分生组织。顶端分生组织细胞体积小，近于等径，薄壁，细胞壁位于中央并占有较大体积，液泡小而分散，细胞质丰富，细胞内通常缺少后含物。双子叶植物和单子叶植物顶端分生组织的位置见图 2-2。

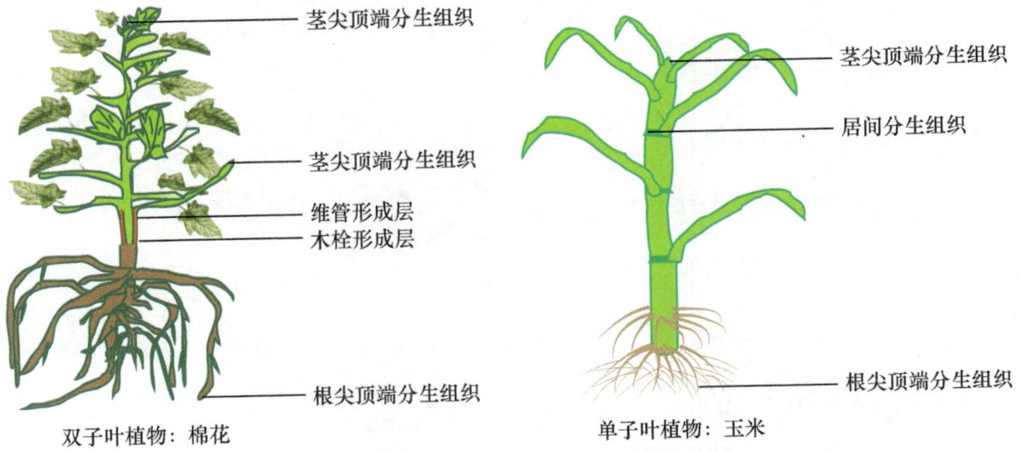

图2-2　双子叶植物和单子叶植物分生组织的位置

位于根和茎接近外周的分生组织，称为侧生分生组织，包括维管形成层（vascular cambium）和木栓形成层（cork cambium），为裸子植物和双子叶植物所有。例如，榆树的维管形成层有两种类型的细胞，纺锤状原始细胞和射线原始细胞（图 2-3）。纺锤状原始细胞可以分裂产生次生木质部的导管和韧皮部的筛管等细胞，射线原始细胞可以分裂产生次生木质部和韧皮部的薄壁细胞。维管形成层细胞多为长纺锤形，少数细胞近等径，有三种分裂方式。主要进行平周分裂。维管形成层细胞产生的细胞分化为次生韧皮部和次生木质部（图 2-4 和图 2-5）。木栓形成层由薄壁细胞脱分化而来，为一层长轴状细胞，分裂活动时间较短，产生的细胞分化为木栓层（phellem）和栓内层（phelloderm），在器官表面形成一种新的保护组织——周皮（periderm）（图 2-6）。

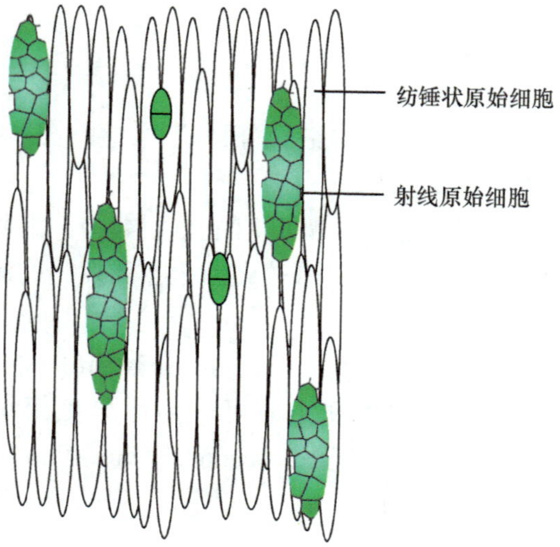

图2-3　榆树形成层

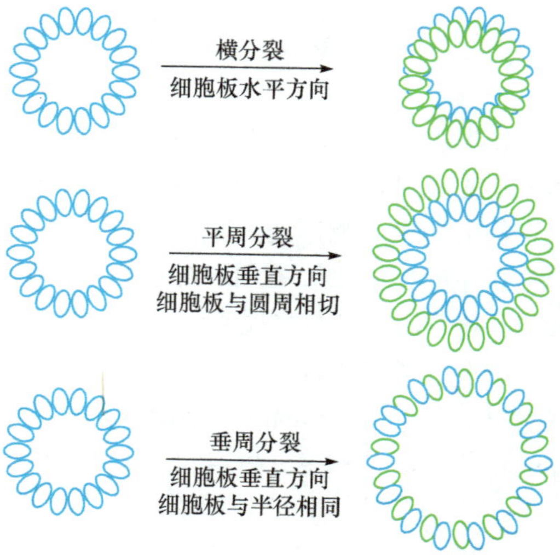

图2-4　维管形成层的分裂方式

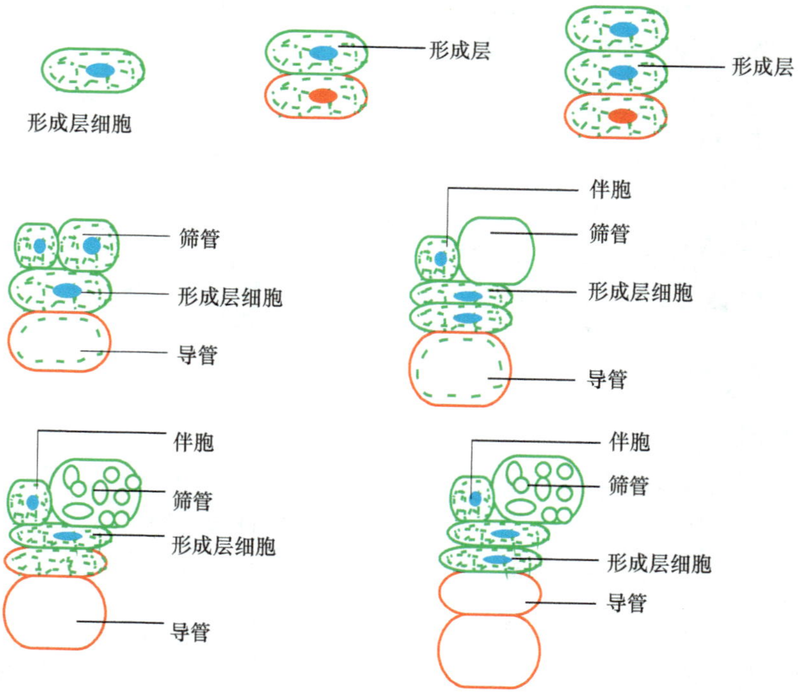

图2-5　形成层细胞形成导管和筛管

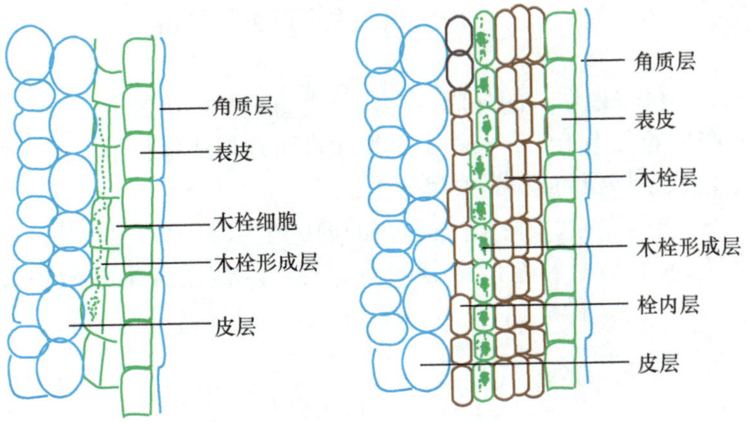

图2-6 茎部周皮的产生

某些单子叶植物特别是禾本科植物茎的节间基部和叶或叶鞘的基部的分生组织叫居间分生组织。居间分生组织的生长使小麦拔节生长，叶鞘基部和茎的节间基部居间分生组织的活动使倒伏后的小麦麦秆重新直立。葱、韭菜的叶割断后仍能继续生长，也是居间分生组织活动的结果。居间分生组织细胞核大，细胞质浓；主要进行横向分裂，使器官沿纵轴方向细胞数目增加；细胞持续活动时间较短，分裂一段时间后，所有细胞完全分化为成熟组织。

此外，居间分生组织还位于茎、叶、子房柄、花梗、花序等器官的成熟组织之间，该组织在种子植物中并不普遍存在，只能保持一定时期的分裂能力。

原分生组织位于根和茎的最前端，是从胚胎中保留下来的，具有永久分裂能力的细胞群。细胞较小，近于等直径，细胞核相对体积大，细胞质浓，细胞器丰富，有持续分裂能力。

初生分生组织是由原分生组织刚衍生的细胞组成的，位于原分生组织的后部，如根尖稍后部分的原表皮、原形成层和基本分生组织都是初生分生组织（图 2-7）。细胞仍具有很强的分裂能力，但细胞已经开始初步分化，细胞的形态彼此逐渐有所不同。因此，

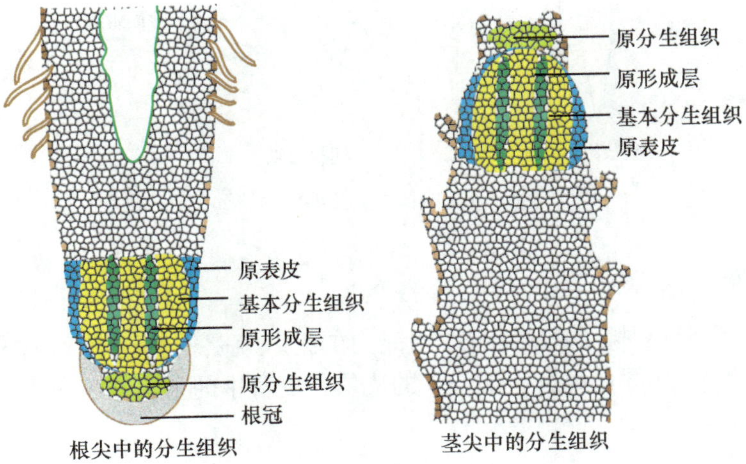

图2-7 分生组织

初生分生组织是一种边分裂、边分化的组织，也可以看作是由分生组织向成熟组织过渡的组织。

次生分生组织多位于根和茎的外周。次生分生组织是由已经分化成熟的薄壁组织恢复细胞分裂能力所产生的分生组织，与根、茎增粗和重新形成保护层有关。根和茎的木栓形成层和维管形成层（简称形成层）是次生分生组织。

广义的顶端分生组织在位置上与根和茎的原分生组织和初生分生组织相当，狭义的顶端分生组织在位置上与根和茎的原分生组织相当。侧生分生组织一般是指次生分生组织。

第三节　基本组织

基本组织（ground tissue，fundamental tissue）是植物体的重要组成部分，它们具有同化、贮藏、通气和吸收等功能。基本组织主要薄壁细胞组成，又称薄壁组织（parenchyma）。细胞壁薄，细胞质少，液泡较大，细胞体积大，多为等直径的形状，细胞排列松散，有较大的细胞间隙（intercellular space）。当细胞壁中一部分中层分解，细胞壁分开形成的细胞间的空隙就是细胞间隙，间隙中一般充满空气。基本组织分化程度低，可恢复分生能力。根据功能，基本组织可分成以下不同类型。

一、吸收组织

能从外界吸收水分和营养物质的薄壁组织就是吸收组织（absorptive tissue）。例如，根尖外层的表皮，其细胞壁和角质膜均薄，且部分外壁突出形成根毛（图 2-8），具有显著的吸收功能。

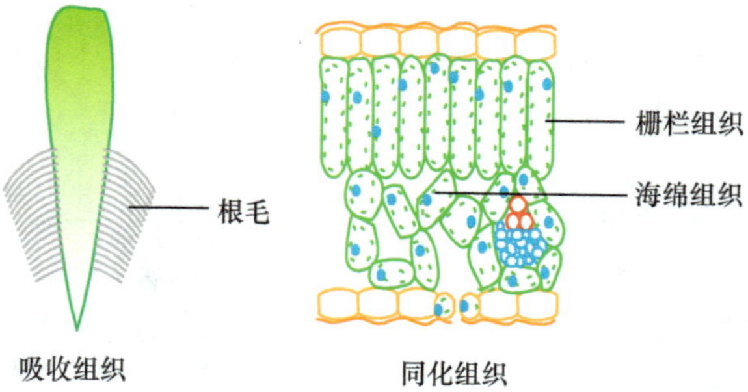

图2-8　吸收组织和同化组织

二、同化组织

细胞具有大量叶绿体，具有光合作用能力的组织就是同化组织（assimilating tissue）。它分布在植物体的一切绿色部分，如幼茎的皮层，发育中的果实和种子中，尤其是叶片的叶肉中（图 2-8）。

三、贮藏组织

细胞中贮藏淀粉、蛋白质、糖类和油类等的组织就是贮藏组织（storage tissue）（图2-9）。它主要存在于各类贮藏器官，如块根、块茎、球茎、鳞茎、果实和种子中；根、茎的皮层和髓。

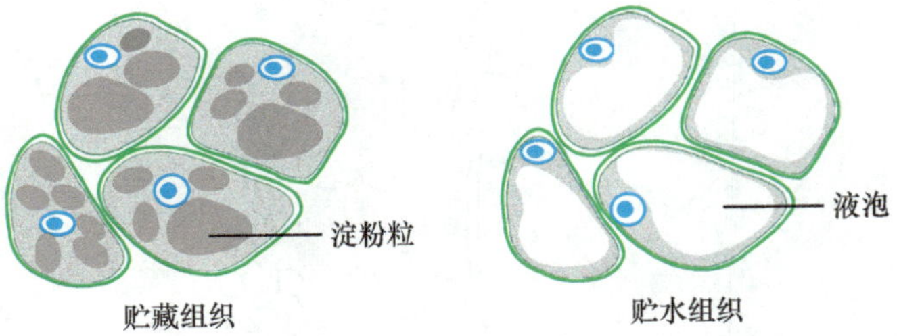

图2-9　贮藏组织和贮水组织

四、贮水组织

贮藏大量水分的组织就是贮水组织（aqueous tissue）（图2-9）。细胞较大，细胞壁薄，液泡大且充满黏性汁液，利于植物适应干旱环境。一般存在于旱生的肉质植物中，如仙人掌、景天和芦荟等。

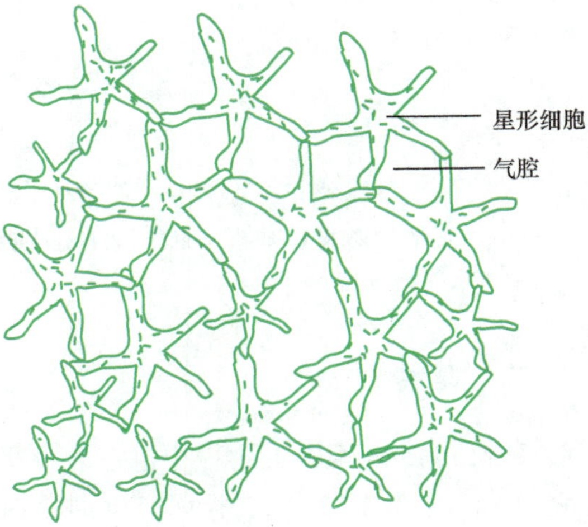

图2-10　灯心草茎中的通气组织

五、通气组织

具有大量细胞间隙的薄壁组织就是通气组织（aerenchyma）。细胞间隙在发育过程中逐渐互相连接，形成气腔和气道（图2-10）。通气组织在水生和湿生植物中特别发达，存在于水稻、莲、睡莲等的根、茎和叶中。通气组织还与在水中的浮力和支持作用有关。

第四节　保护组织

保护组织覆盖于植物的外表，起保护作用，它能减少植物失水，防止病原微生物的入侵，还控制着植物与外界的气体交换。按其来源和形态结构可分为初生保护组织——表皮和次生保护组织——周皮。

一、表皮

表皮（epidermis）分布于幼茎、叶、花和果实的表面，一般由一层细胞组成。有的植物中也可由多层细胞组成复表皮。表皮由表皮细胞、组成气孔器的保卫细胞和副卫细胞、表皮毛或腺毛等附属物组成。

表皮细胞为活细胞，扁平而形状不规则，无细胞间隙。根、茎表皮细胞常为圆柱体，这些细胞排列紧密，没有细胞间隙，而且在与空气接触的纤维素的细胞壁上有角质，使水分不容易从细胞壁向外逸出，防止植物体内的水分损失，另外也有防止微生物侵入的能力。有些植物在表皮的外壁上有蜡质（如葡萄、苹果的果实上），也起着保护作用。在表皮上还常有气孔、表皮毛等结构（图 2-11）。

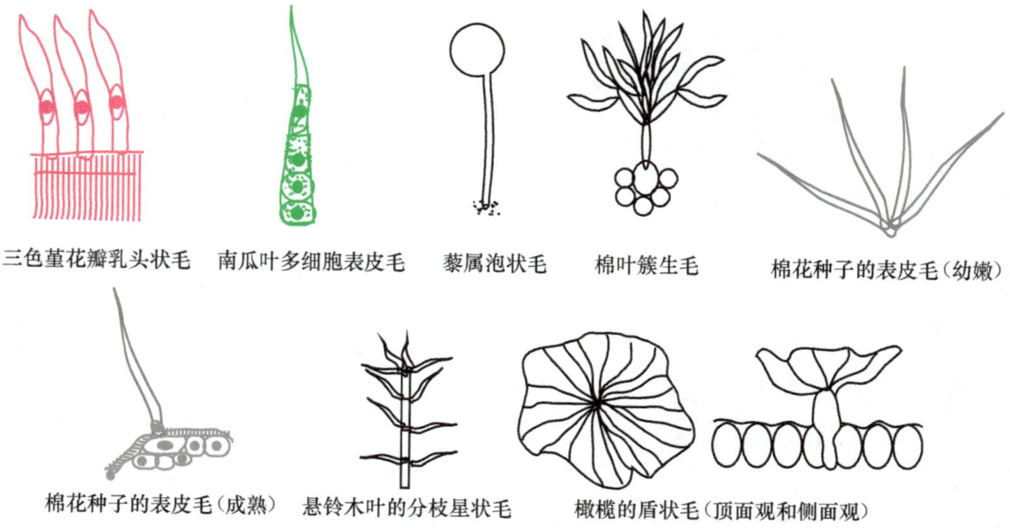

图2-11　植物的表皮毛

二、周皮

在植物根和茎加粗过程中，在表皮下又有新的保护组织出现，这种组织叫做周皮（periderm）（图 2-12）。在器官产生周皮时，一些成熟的细胞恢复分裂能力，形成木栓形成层，进行切向分裂，向外形成大量的木栓层，向内形成少量的薄壁细胞，叫栓内层（图 2-13）。木栓层、木栓形成层和栓内层合在一起叫周皮。周皮是次生保护组织。木栓层由多层细胞构成，细胞扁平，没有细胞间隙，细胞壁高度栓质化。

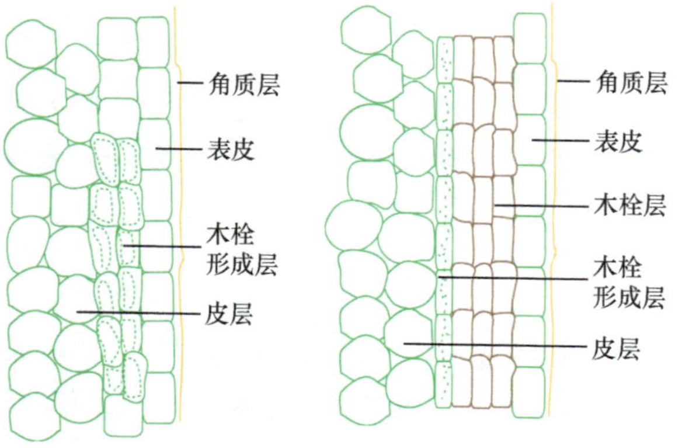

图2-12　植物茎周皮的形成

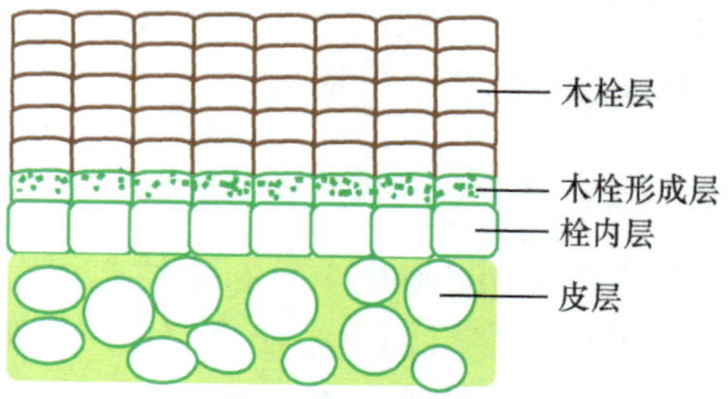

图2-13　梨树茎外周横切

在已形成周皮的茎上，肉眼可以看到一些褐色或者白色的圆形、椭圆形、方形或其他形状的突出斑点，称为皮孔（lenticel）（图 2-14）。这是由于周皮形成时，气孔下方的木栓形成层产生的细胞不是正常的木栓层，而是排列疏松的球形细胞，具有发达的细胞间隙，它们以后栓化或非栓化形成的细胞，称为补充细胞（complementary cell）（图 2-14）。补充细胞组成的组织称为补充组织。补充细胞突破周皮和木栓层形成唇形突起。补充细胞外方的木栓层也称为封闭层。欧洲甜樱桃茎上的周皮就是如此。皮孔是周皮形成后植物与外界环境进行气体交换的通道。不同植物的周皮结构也完全不同，几种植物茎的周皮结构见图 2-14 至图 2-16。

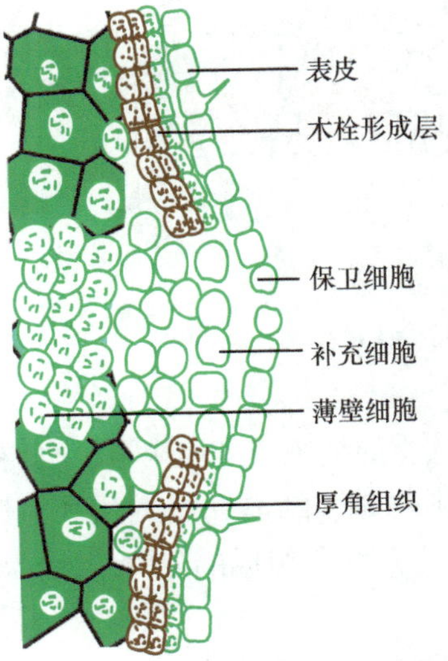

欧洲女贞幼茎

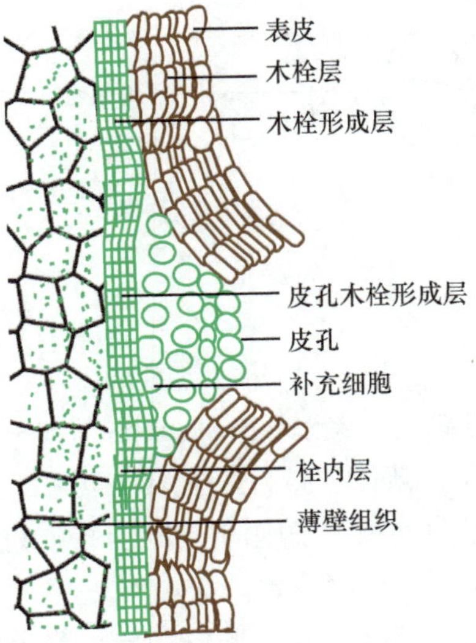

接骨木幼茎

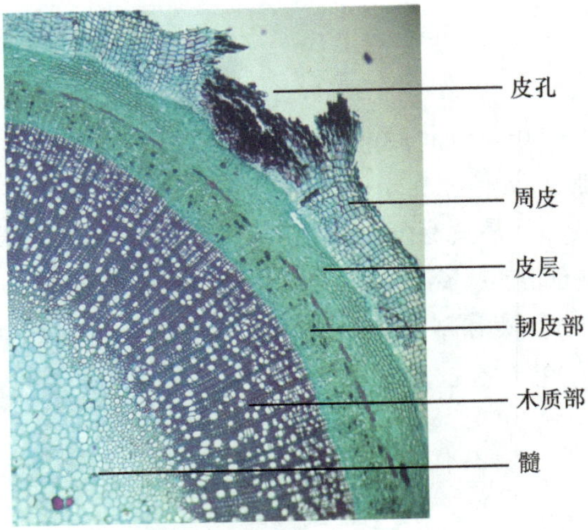

接骨木幼茎横切

图2-14　接骨木茎周皮上皮孔的形成示意图和光镜图

多年生植物每年都在生长，每一年植物也在产生新的周皮。多年以后，产生周皮的木栓形成层可以是韧皮部的薄壁细胞分裂产生，如栎属植物茎的周皮（图 2-16）。

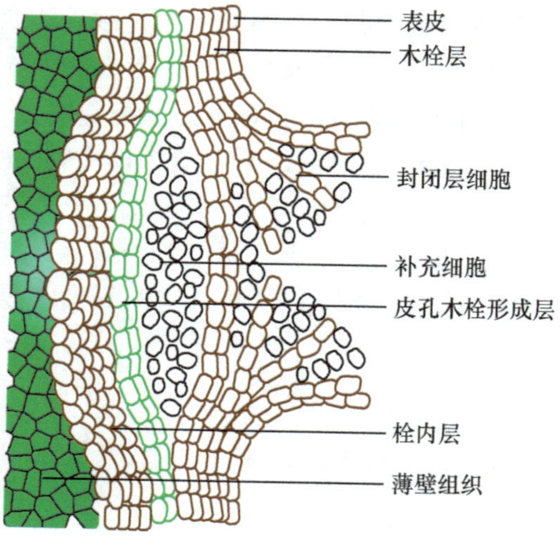

图2-15　欧洲甜樱桃茎外周横切

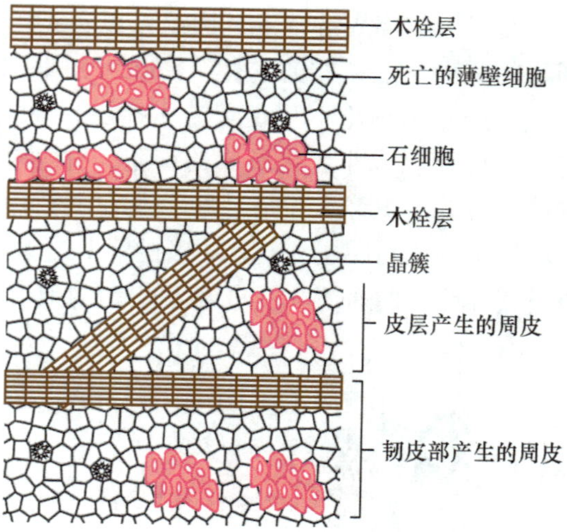

图2-16　栎属植物树皮横切

第五节　分泌组织

分泌结构（secretary structure）是一类能产生分泌物质的细胞或细胞组合。分泌的物质有挥发油、糖类、蜜汁、乳汁、树脂、单宁、黏液、生物碱、结晶、盐类和其他汁液等。这些分泌物聚积在细胞内、细胞间隙或腔道中，或通过一定细胞组成的分泌结构排出体外，这种现象称为分泌现象。

根据分泌结构发生部位和分泌物溢排情况，分泌结构可分为外分泌结构和内分泌结构两类。

一、外分泌结构

外分泌结构（external secretary structure）分布于植物体的外表，能将分泌物排于体外。常见的有腺毛、腺鳞、盐腺、蜜腺、腺表皮、排水器等。

1）腺毛（glandular hair）　是具有分泌作用的毛状体，通常包括头部和柄部两部分。头部是分泌物质的部位，由单细胞或多细胞组成。开始时分泌物储存于细胞壁和角质层之间，以后角质层破裂而向外分泌黏液和精油，对植物具有保护作用，如烟草、番茄、泡桐、棉等的幼茎或叶表面有腺毛存在（图 2-17）。

图2-17　植物的腺毛

2）腺鳞（glandular scale） 腺鳞的顶部分泌细胞较多，呈鳞片状排列，唇形科植物常具腺鳞（图 2-18）。

图2-18 腺鳞和盐腺

3）盐腺（salt gland） 其分泌物是盐类。盐生植物如补血草属等的茎，叶上具有泌盐的盐腺，调节植物体内盐分（图 2-18）。

4）蜜腺（nectary） 能分泌糖液，由细胞质浓厚的一至数层分泌细胞群组成，位于植物体表面的特定部位。蜜腺包括常位于虫媒植物花上的花蜜腺（floral nectary）和位于营养体上的花外蜜腺（extrafloral nectary），如油菜花托上的花蜜腺，棉叶中脉和蚕豆托叶上的花外蜜腺（图 2-19）。

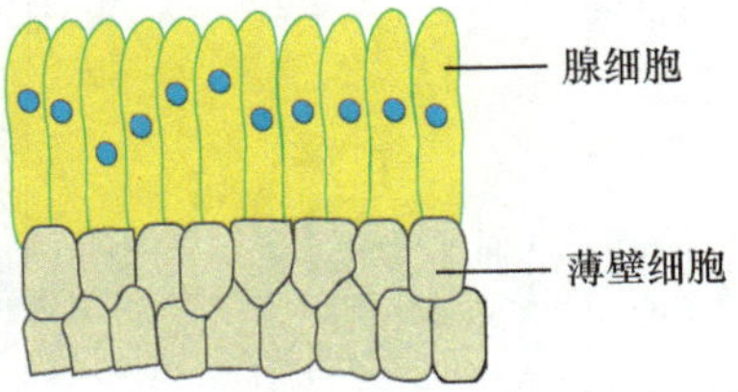

图2-19 大戟属植物的蜜腺

5）腺表皮（glandular epidermis） 它是植物某些部位具有分泌功能的表皮细胞，如矮牵牛、漆树等许多植物花的柱头表皮均为腺表皮。其能分泌糖、氨基酸、酚类化合物等，利于黏着花粉并促进花粉萌发。

6）排水器（hydathode） 是植物将体内过多水分排出体外的结构。它的排水过程称为吐水（guttation）。排水器常分布在叶尖和叶缘，由水孔和通水组织构成（图 2-20）。水孔和气孔相似，但它的保卫细胞分化不完全，不能自动调节开闭，始终开放着。通水组织是排列疏松而无叶绿体的叶肉组织、细胞较小，与脉梢的管胞相连。水从木质部管胞经通水组织到水孔排出体外，这种现象可作为根系正常活动的一种标志。

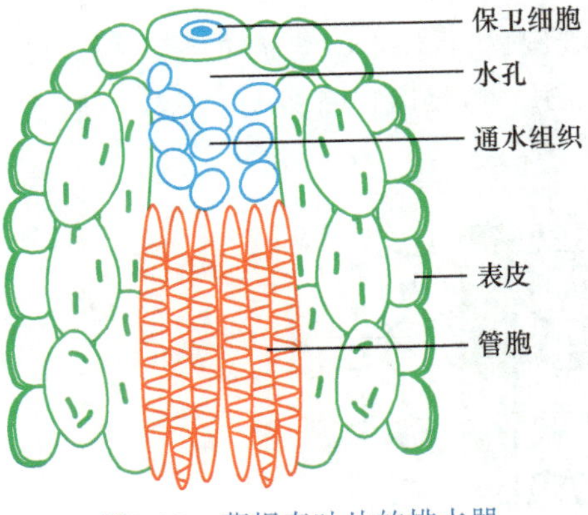

图2-20 藏报春叶片的排水器

二、内分泌结构

内分泌结构（internal secretary structure）及其分泌出的物质均存在于植物体内部。常见的有分泌细胞、分泌腔、分泌道和乳汁管。

1）分泌细胞（secretary cell） 常单个分散于薄壁组织中，细胞较大，内含特殊分泌物质。根据分泌物质的类型，可分为油细胞（樟树、木兰科、腊梅科等的茎、叶）、黏液细胞（仙人掌科、锦葵科）、含晶细胞（桑科、石蒜科、鸭跖草科等）、鞣质细胞（葡萄科、景天科、豆科、蔷薇科等）及芥子酶细胞（白花菜科、十字花科）等。

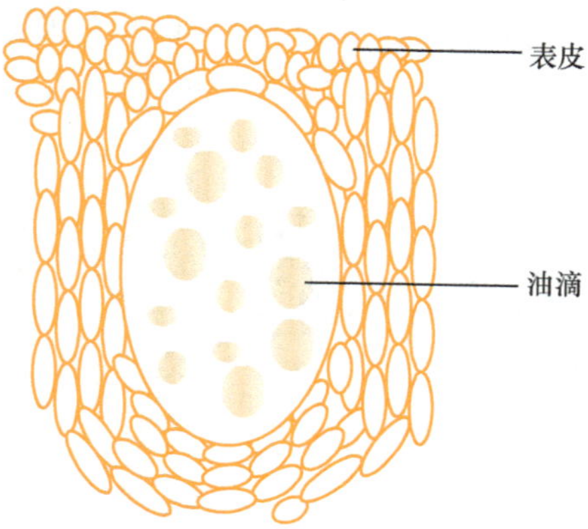

图2-21　橘子果皮的溶生式的分泌囊

2）分泌腔（secretary cavity）　是一群最初有分泌能力的细胞围绕形成的囊状内分泌结构。分泌物储存于囊中分泌囊可以是部分细胞溶解形成（溶生），或细胞分离形成（裂生），或两种方式结合形成（裂溶生）。柑橘叶和果皮中透明的小圆点，就是溶生分泌腔（图 2-21）。

分泌道是分泌细胞的胞间层溶解而形成的纵向或横向长形细胞间隙，有溶生和裂生两类。溶生分泌道是细胞的胞间层溶解形成；裂生分泌道是细胞的胞间层溶解且细胞分离形成。例如，松柏类木质部中树脂道和漆树韧皮部的漆汁道是裂生型分泌道，完整的分泌细胞衬在分泌道周围，排出的树脂或漆油积累在管道中（图 2-22）。

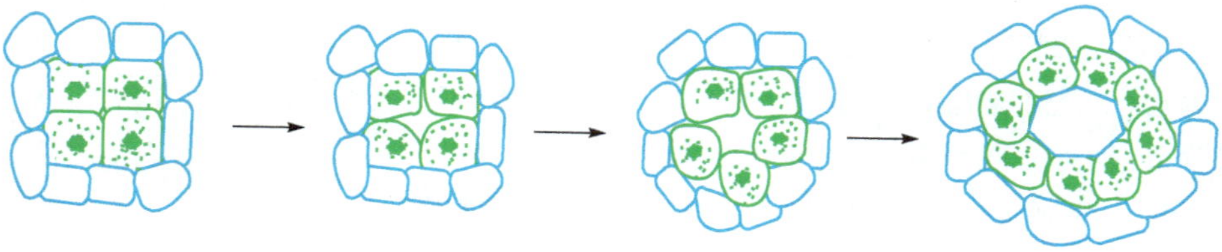
图2-22　松裂生型树脂道的形成

乳汁管（laticifer）是分泌乳汁的管状细胞，分为无节乳汁管（nonarticulate laticifer）和有节乳汁管（articulate laticifer）。无节乳汁管由一个细胞发育而成，可以伸长和分枝，贯穿于植物体内，长度可达几米，如桑科、夹竹桃科、大戟属植物的乳汁管。有节乳汁管由许多管状细胞在发育过程中彼此相连，连接壁消失而形成，如菊科、番木瓜科、芭蕉科、旋花科及橡胶树属等植物的乳汁管。乳汁通常为白色或乳白色，少数植物为黄、橙色甚至红色。乳汁成分很复杂，有橡胶、蛋白质、淀粉、糖类、酶、植物碱、有机酸、盐类、脂类、单宁等物质（图 2-23）。

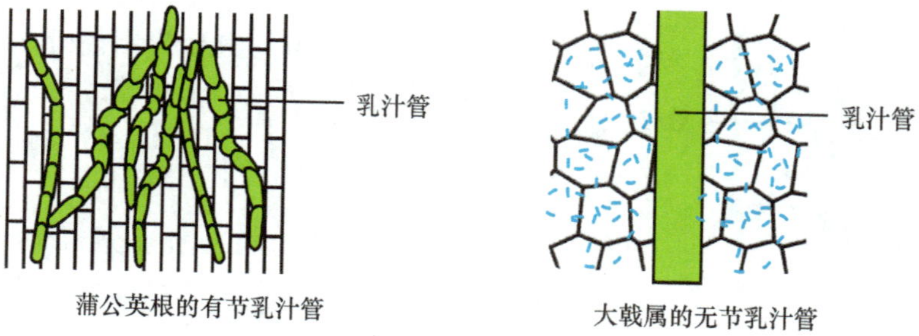

图2-23　乳汁管

分泌组织的分泌物（蜜汁和芳香油）能引诱昆虫，有利于传播花粉和果实；有的能溢出多余盐分，使植物免受高盐的危害；某些植物分泌物能抑制或杀死某些病菌及其他生物来保护自身；有的分泌物质是重要的药物，香料或工业原料，具有重要的经济价值。

第六节 机械组织

在植物体内起支持的作用的组织就是机械组织（mechanical tissue）。机械组织的细胞大都为细长形，有加厚的细胞壁。根据细胞壁加厚方式不同，机械组织分为厚角组织和厚壁组织两种。

一、厚角组织

厚角组织（collenchyma）的细胞是活细胞，细胞长形，细胞壁在细胞的角隅处加厚（图 2-24）。细胞壁主要由纤维素组成，还含有果胶，但不含木质，是初生壁性质，硬度不强，支持力弱，延展性强，能随植物器官生长而延伸。厚角组织支持力较弱，多分布在幼嫩植物的茎或叶柄内，如芹菜叶柄中的厚角组织。厚角组织也有的呈板状加厚（图 2-25）。

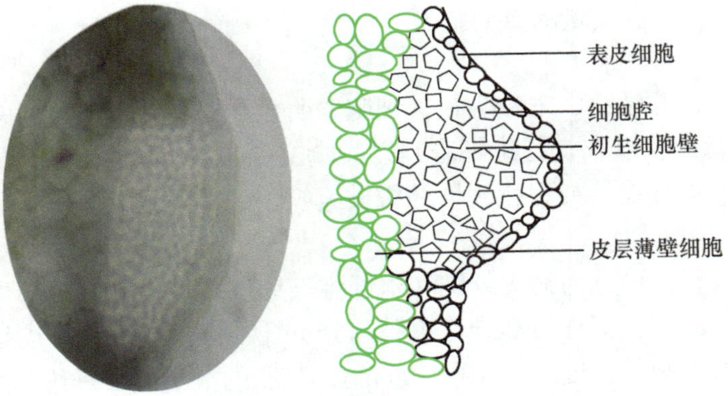

图2-24　芹菜叶柄的厚角组织光镜图和示意图

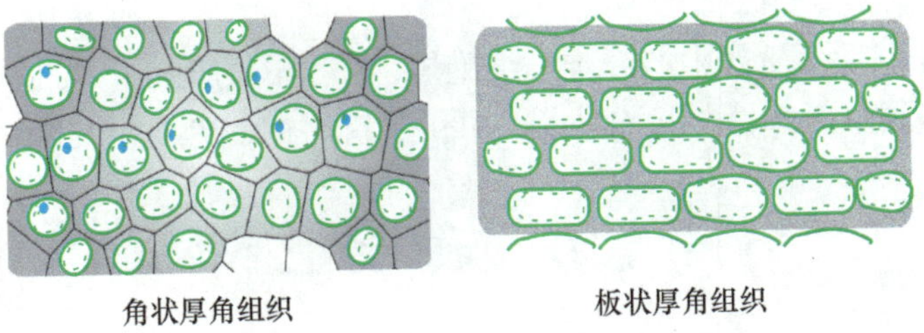

图2-25　两种厚角组织示意图

二、厚壁组织

厚壁组织（sclerenchyma）的细胞多为细长形或等直径形状，细胞壁全面加厚，并木质化，当细胞成熟后即死亡。木质化是细胞纤维素微纤丝间沉积了一种含苯丙氨酸和酪氨酸的坚硬多聚分子——木质素（lignin）。厚壁组织机械支持能力很强，是植物体的主要支持组织。因其形状的不同又可分为石细胞（sclereid）和纤维（fiber）两类（图 2-26）。

1. 石细胞

一般为死细胞。石细胞的形状不规则，或稍伸长，或呈星芒状，但多为等径的（图 2-25）。

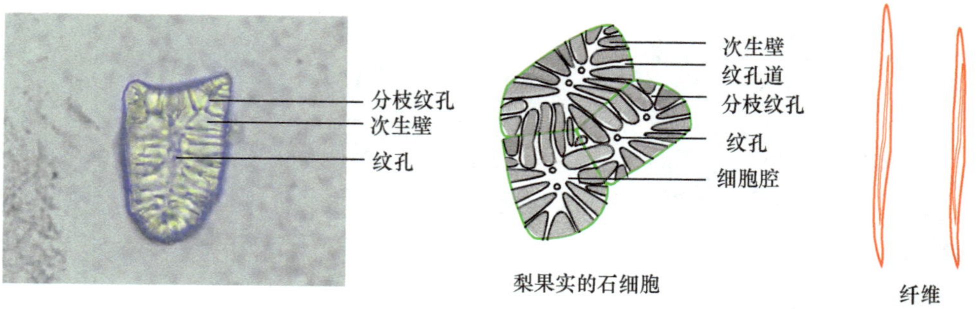

图2-26　石细胞和纤维电镜图及示意图

细胞壁增厚的成分主要为木质，有时也可有栓质参加。壁上可出现同心层纹，或形成分枝的纹孔道。石细胞可单个或成群分布，或形成连续的坚硬组织，植物的茎，叶，果实和种子中均常有存在，少数植物的根中也有发现。例如，杜仲、樟树茎的韧皮部内，睡莲的根和叶中，茶叶叶肉细胞之间，以及梨的果实，桃、李、椰子果实的坚硬的“核”，菜豆、蚕豆的种皮等部位均存在着大量的石细胞。

2. 纤维

纤维细胞狭长，腔狭小，末端尖锐，细胞壁明显增厚。原生质体通常解体消失；细胞壁上有少数小的缝隙状纹孔。纤维细胞互以尖端交错连接，成束成片地分布于植物体中，形成植物体内主要加强支持或强化韧性的机械组织。有的纤维很少木质化，有的则木质化程度很高。

根据纤维的位置，可分为韧皮纤维和木纤维。韧皮纤维是指韧皮部中发生的纤维，但有时将木质部以外的（包括皮层和维管束鞘部分）纤维概括地称为韧皮纤维。韧皮纤维很长，大麻单个纤维细胞的长度可达 10～100mm，苎麻的个别最长纤维细胞可长达 550mm，细胞壁的加厚成分全为纤维素，是优良的纺织原料。黄麻纤维细胞较短，长 8～40mm，一般可作搓麻绳、织麻袋等用。

木纤维是被子植物木质部中的纤维。细胞短，一般长约 1mm。细胞壁木质增厚，细胞腔狭小。木纤维坚硬且无弹性，脆而易断，可供建筑用材、造纸或人造纤维之用。

第七节　输导组织

输导组织（conducting tissue）是植物体内长途运输水分和各种物质的组织。细胞呈长管形，细胞间以不同方式相互联系，在整个植物体的各器官内成为一个连续的系统。

根据运输物质的不同，分为输导水分及溶解于水中物质的导管和管胞，输导有机物质的筛管和筛胞。

一、木质部

植物体内，导管、管胞常和薄壁细胞、纤维聚合在一起，构成一种复合组织，叫木质部皮部（xylem）。木质部的主要功能是运输水分，另外，还有支持功能。

许多管状死细胞以端壁连接而成的结构称为导管（vessel）。组成导管的每一个细胞称为导管分子（vessel member）。导管普遍存在于被子植物木质部中。

导管分子幼时是生活细胞，含有原生质体，有微管、内质网和高尔基体等细胞器。在细胞成熟过程中，直径大，细胞内出现大液泡，在微管集中分布的部位逐渐形成次生壁。不久，释放水解酶，原生质体被分解，细胞质和细胞核消失，细胞间的横壁渐次溶解，最后横壁消失，形成穿孔（perforation）。穿孔有大的单穿孔，也有数个孔穴组成的复穿孔。具有复穿孔的端壁称为穿孔板。穿孔的形成使导管中的横壁打通，成为一贯通的长管（图 2-27）。导管的长度通常有几厘米到 1m 左右。在一些藤本植物中，导管可长达数米，如紫藤的导管可长达 5m 多。

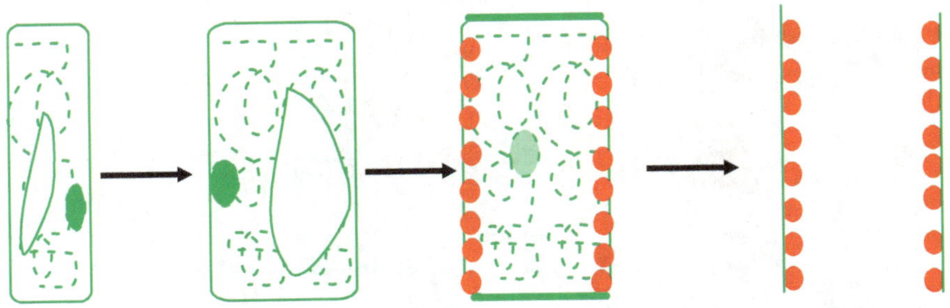

图2-27　导管分子的形成过程

根据导管的发育先后和侧壁木化增厚的方式，可将导管分为环纹、螺纹、梯纹、网纹和孔纹 5 种（图 2-28）。

图2-28　植物导管分子的类型

环纹导管（annular vessel），每隔一定距离有一环状木质化次生壁加厚于导管初生壁内侧。螺纹导管（spiral vessel），木质化次生壁呈螺旋带状。梯纹导管（scalariform vessel），木质化增厚的次生壁部分呈横条状隆起，与未增厚的初生壁相间排列，呈梯形。网纹导管（reticulated vessel），侧壁呈网状木化增厚，“网眼”为未增厚的初生壁。孔纹导管（pitted vessel），侧壁大部分木质化增厚，未增厚部分形成孔纹。

导管分子的形态及其端壁穿孔的类型多样。外形扁宽、端壁近于垂直侧壁、形成单穿孔的，比外形狭长、末端斜尖、形成复穿孔的更为进化。前者较后者的输导能力更强，更适于通过较大的水液流量（图 2-29）。

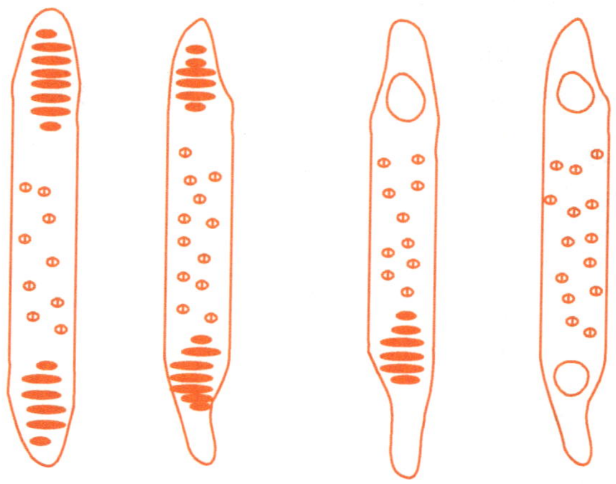

图2-29　导管分子的穿孔

环纹和螺纹导管直径小，输水能力弱，抗性小，容易破坏，在器官早期生长过程中出现，主要分布在原生木质部中。梯纹、网纹和孔纹导管壁的增厚较多，细胞壁的延展性大为降低。这三种导管的直径较大，输导效率显著提高，出现于器官组织分化的后期，主要分布在后生木质部和次生木质部中。

植物的水分运输是分段经过多条导管曲折连贯向上运输，而不是由一条导管由根到顶。导管输导功能有一定有效期，有效期长短因种而异，有的多年生植物可达数年，有的可达十余年。

老导管会在新导管形成后因导管四周薄壁细胞增大，通过导管壁上的纹孔侵入导管腔内，形成大小不等的囊泡状突起，充满导管腔而相继失去输导能力。这种突入生长的囊泡状结构为侵填体（tylosis）（图 2-30）。侵填体包含单宁、晶体、树脂和色素等物质，甚至薄壁细胞的细胞核和细胞质。侵填体堵塞导管在双子叶植物中，尤其木本植物中更为常见，如栃属、洋槐属、葡萄属、桑属等；一些草本植物，如南瓜、木薯、茄、甘蔗等也存在。侵填体的形成降低了木材的透性，增强抗腐能力，防止病菌侵害，对增强木材的坚实度和耐水性具有一定作用。

管胞细胞两头尖，在两管胞间不形成穿孔，而是靠细胞壁上的纹孔相连通。同时管胞细胞直径小。管胞是绝大多数蕨类植物和裸子植物唯一的输水机构。在大多数被子植物中与导管同时存在于木质部。

在细胞成熟过程中细胞次生壁也不均匀加厚并木质化，形成环纹、螺纹、梯纹、网纹和孔纹五种类型的管胞，细胞成熟后也死亡（图 2-31）。管胞输导水分的能力比导管要小得多。管胞除了运输水分和无机盐外，还有一定的支持功能（图 2-32）。

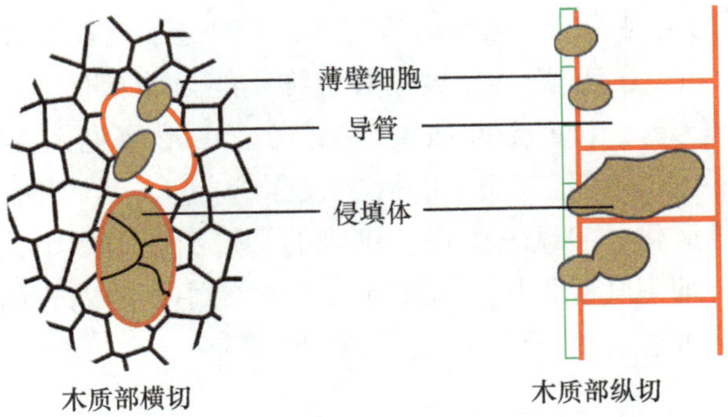

图2-30 侵填体

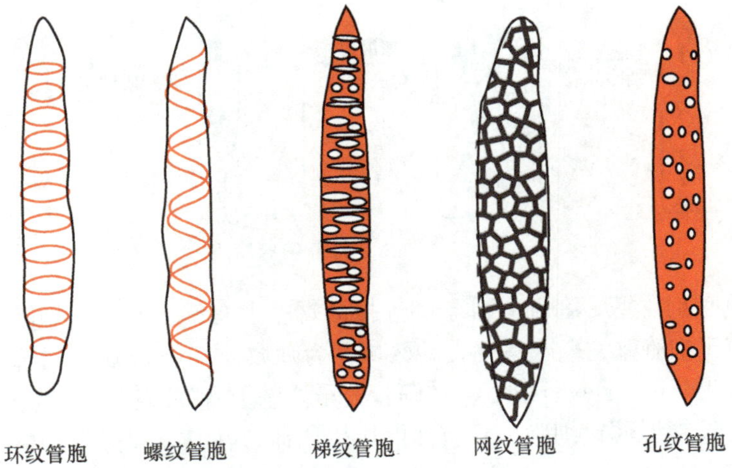

图2-31 管胞的种类

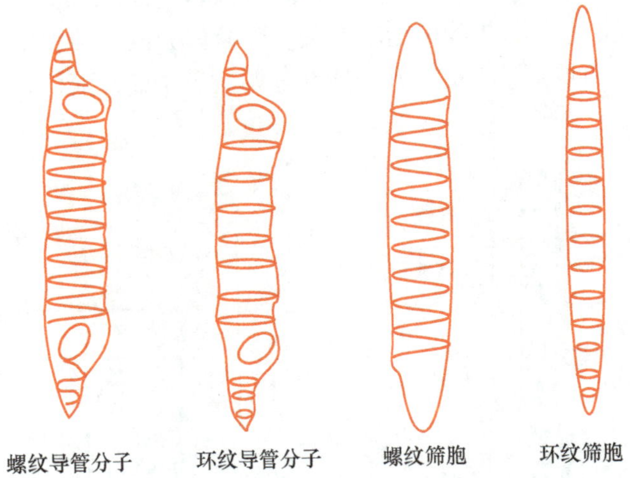

图2-32 导管分子和管胞的区别

二、韧皮部

植物体内，筛管、伴胞常和薄壁细胞、纤维聚合在一起，构成一种复合组织，叫韧皮部（phloem）。韧皮部的主要功能是运输有机物质，另外还有支持功能。

筛管（sieve tube）是一连串的具有运输有机物质能力的管状细胞的总称。每一个单独的细胞叫做筛管分子（sieve tube member）。筛管分子的形成见图2-33。首先是一个细胞分裂，变成一大一小两个细胞。大细胞以后变成筛管分子，小细胞变成伴胞（companion cell）。大细胞的细胞核退化，出现P蛋白。细胞的端壁出现很多小孔。小细胞再分裂一次产生2个细胞，这2个细胞就是伴胞。大细胞端壁上的小孔的内表面堆积很多胼胝质，形成了筛孔。筛管分子纵向连接，分布于被子植物韧皮部。

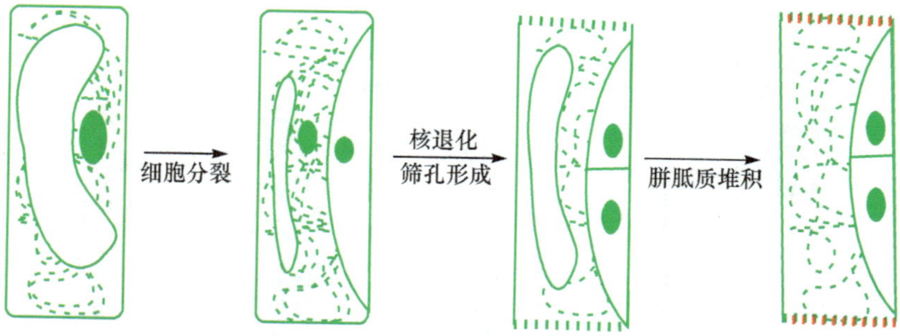

图2-33　植物筛管分子的形成

筛管分子只有初生壁，在筛管分子间连接的端壁上有许多孔，叫做筛孔（sieve pore）。筛孔常成群分布于细胞壁，壁上具筛孔的区域称为筛域（sieve area）。分布一至多个筛域的具有筛管的端壁叫筛板（sieve plate）。在筛管分子侧壁上有许多特化筛域。

筛管分子为长管形薄壁细胞，具有活的原生质体，在其发育过程中，细胞核与液泡膜解体，线粒体和内质网退化，核糖体和高尔基体逐渐消失。随着核的解体，会出现含蛋白质的黏液体（slime body），其含有的特殊蛋白质称P蛋白（phloem protein）。有人认为P蛋白是一种收缩蛋白，与有机物的运输有关。黏液体分散在细胞中，并呈细丝状联络索（connecting strand），通过筛板上的筛孔连接相邻筛管分子的黏液体，从而构成有机物质的运输通道（图2-34）。

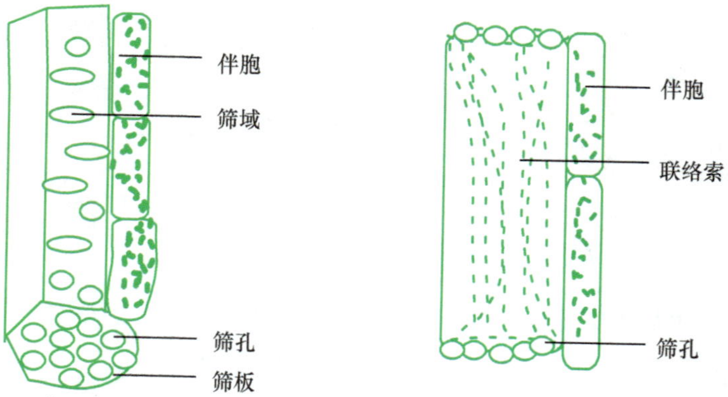

图2-34　筛管

筛孔周围有胼胝质，随筛管成熟老化，胼胝质不断增多，在筛孔附近形成垫状物，堵住筛孔。联络索相应变细，以至完全消失。这种垫状物称为胼胝体（callosity）（图 2-33）。单子叶植物整个活动周期内筛管都不丧失输导功能，而一些多年生双子叶植物在冬天来临前，形成胼胝体，筛管暂时失去输导能力。来年春天，胼胝体溶解，筛管功能恢复。当植物受到损伤等外界刺激时，筛管分子能迅速形成胼胝质封闭筛孔，阻止营养物的流失。

一般筛管长 0.1～2mm，宽 10～70μm。同化产物的输送速度可达 10～100cm/h，甚至 2m/h。运输方向可上可下，一般由营养物质丰富的部位向含量较低的部位输送。

在筛管分子中的一侧有一个或几个小型、细长、两头尖的薄壁细胞相伴生在一起，称为伴胞（companion cell）。伴胞和筛管分子共同起源于一个细胞（也就是由一个细胞分裂而来的），细胞有浓厚的细胞质和细胞核，具有多种细胞器，有许多小液泡，尤其含有大量线粒体，质体内膜分化较差。伴胞与筛管侧壁之间有胞间连丝相通，它对维持筛管质膜的完整性，进而维持筛管功能有重要作用。在某些双子叶植物中，伴胞发育出内褶的细胞壁，具有传递细胞的特点，有效加强了短途运输。

筛胞（sieve cell）是裸子植物运输有机物的结构。它的两端不形成筛板，仅依靠细胞壁上的筛域运输有机物，细胞质中也没有 P 蛋白。

裸子植物和蕨类植物韧皮部中没有筛管，只有筛胞（sieve cell）。筛胞与筛管的主要区别是端壁不形成筛板，而以筛域与另一个筛胞相通，有机物质通过筛域输送；原生质体中也没有 P 蛋白。筛胞的运输效率低，是比较原始的类型。

三、维管束

在蕨类和种子植物中，以输导组织为主体，由输导、机械、薄壁等几种组织组成的复合组织，即维管组织（vascular tissue）。当维管组织在器官中呈分离的束状结构存在时，就称为维管束（vascular bundle），如叶片中的叶脉、柑橘果皮内的橘络、丝瓜的瓜络等。维管束是植物进化到高级阶段才出现的组织。蕨类植物、裸子植物和被子植物具有维管束，它们被称为维管植物（vascular plant）。

维管束主要由韧皮部和木质部构成，韧皮部主要由筛管、伴胞、筛胞、韧皮薄壁细胞与韧皮纤维构成；木质部由主要由导管、管胞、木薄壁细胞与木纤维构成。

双子叶植物和裸子植物根和茎的维管束，在韧皮部和木质部之间有形成层（cambium），能不断增生长大，称为无限维管束或开放性维管束（open bundle）（图 2-35）。单子叶植物和蕨类植物根和茎的维管束没有形成层，不能增生长大，称为有限维管束或闭锁性维管束（closed bundle）。

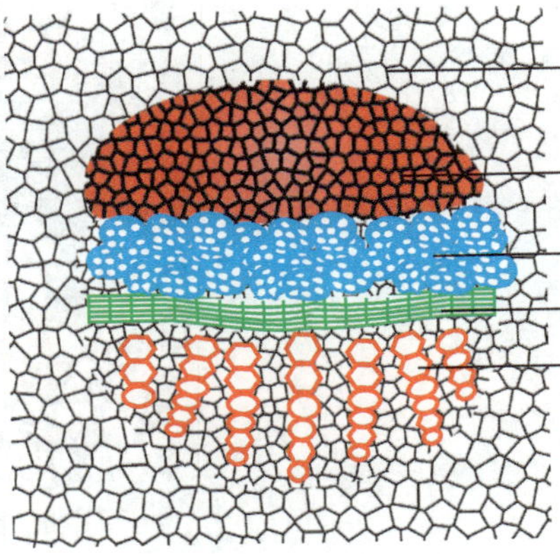

图2-35　菊芋茎中的无限维管束

根据维管束中木质部和韧皮部相互排列方式的不同，以及形成层的有无，维管束可分为下列几种类型。

1）*周木维管束*　韧皮部在中间，木质部围绕在韧皮部的四周的维管束是周木维管束。常见于百合科、鸢尾科、天南星科、莎草科、仙茅科等植物的根茎中，如鸢尾、菖蒲、石菖蒲、铃兰、香附等的根茎（图 2-36）。

2）周韧维管束　木质部在中间，韧皮部围绕在木质部的四周的维管束是周韧维管束。常见于百合科、禾本科、棕榈科、蓼科及某些蕨类植物（图 2-36）。

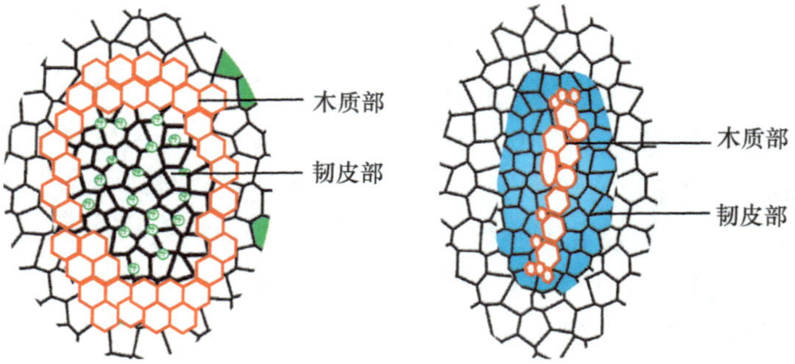

鸢尾根状茎的周木维管束　　蕨类植物的周韧维管束

图2-36　鸢尾的周木维管束和蕨类的周韧维管束

3）双韧维管束　木质部的内外都有韧皮部，并在外侧韧皮部和木质部之间有形成层。常见于茄科、葫芦科、夹竹桃科、旋花科、桃金娘科等植物的茎中，如颠茄、南瓜茎的维管束（图 2-37）。

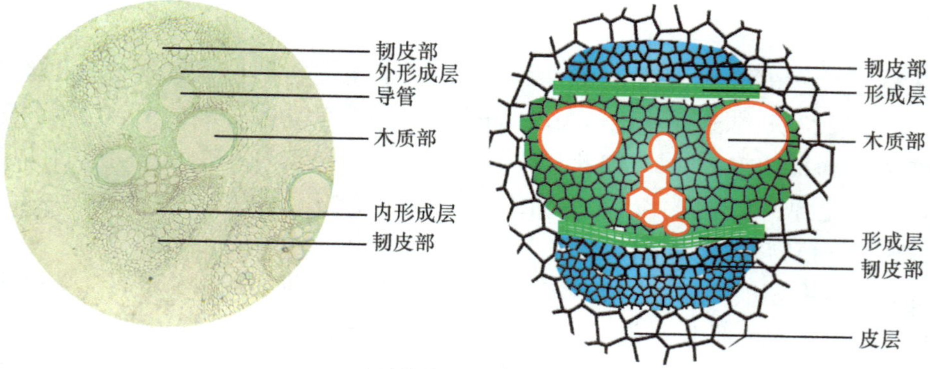

南瓜茎的双韧维管束

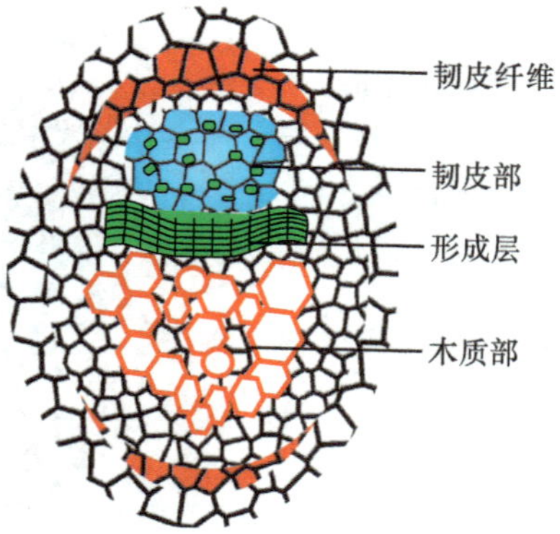

毛茛茎的无限外韧维管束

图2-37　南瓜茎中的双韧维管束光镜图与示意图及毛茛茎中的外韧维管束示意图

4）无限外韧维管束　与有限外韧维管束的不同点是韧皮部和木质部之间有形成层，这样的维管束能不断增粗，如裸子植物和双子叶植物茎中的维管束（图 2-37）。

5）有限外韧维管束　韧皮部位于外侧，木质部位于内侧，两者并行排列，中间无形成层，如单子叶植物茎的维管束（图 2-38）。

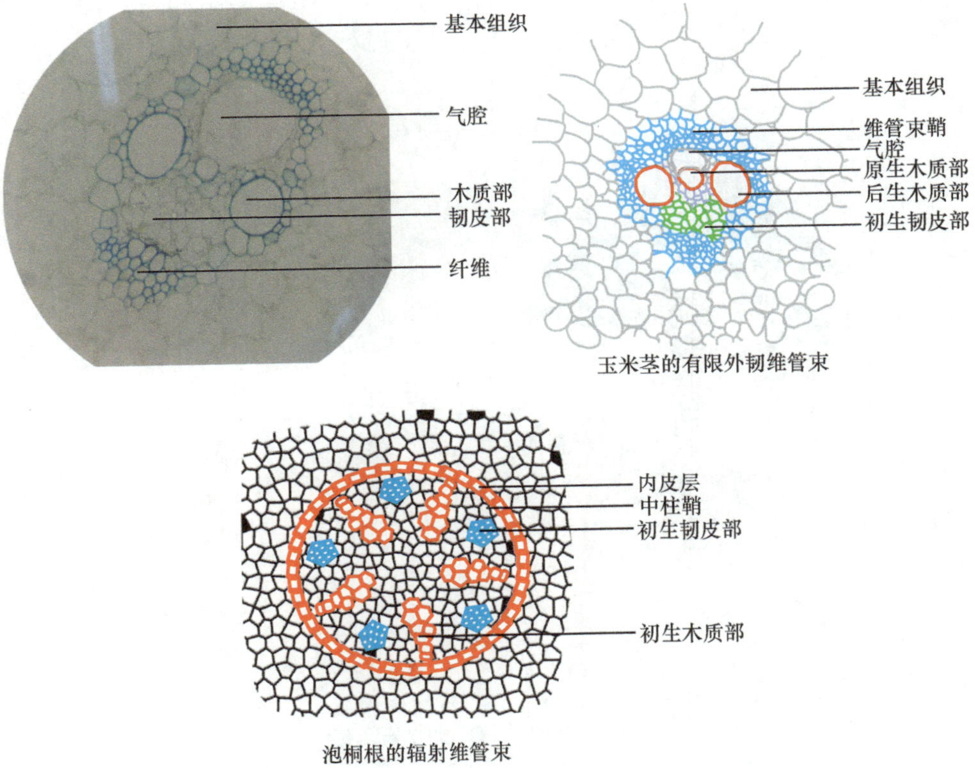

图2-38　有限外韧维管束光镜图和示意图及辐射维管束示意图

此外，在根的初生结构中，木质部有若干辐射角，韧皮部间生于辐射角之间，两者交互呈辐射排列，不相连接，不形成维管束，可称为辐射排列的维管组织（图 2-38）。韧皮部中纤维一般成束存在，形成纤维束。纤维束的结构见图 2-39。

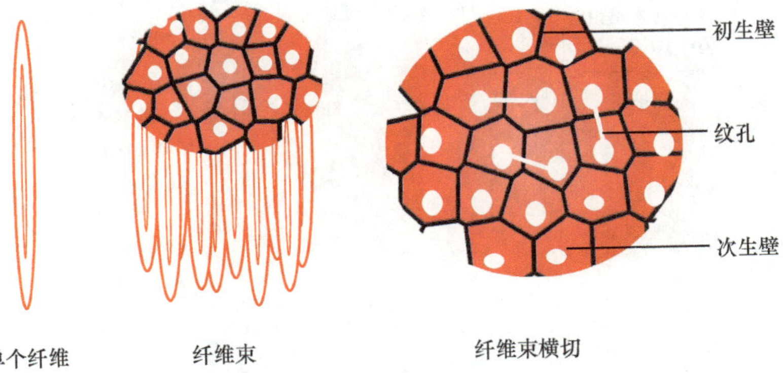

图2-39　纤维束的结构

植物体内的一些复合组织可以进一步组成复合单位，称为组织系统（tissue system）。植物的组织系统根据功能分为：皮组织系统、维管组织系统、基本组织系统，分别简称皮系统、维管系统、基本系统。这三大系统可以按照一定的方式结合在一起，形成具有一定的外部形态和内部结构，执行特定生理机能的器官。被子植物的器官可以分为六种，分别为：根、茎、叶、花、果实、种子（图 2-40）。根、茎、叶是营养器官；花、果实、种子是繁殖器官。

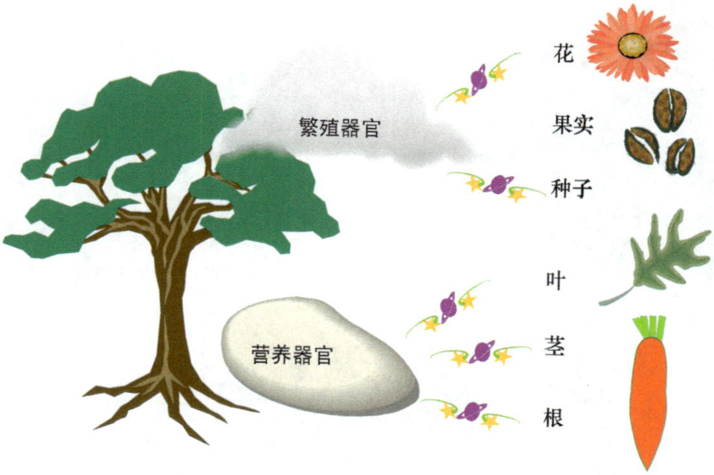

图2-40　植物的器官

本章部分思维导图

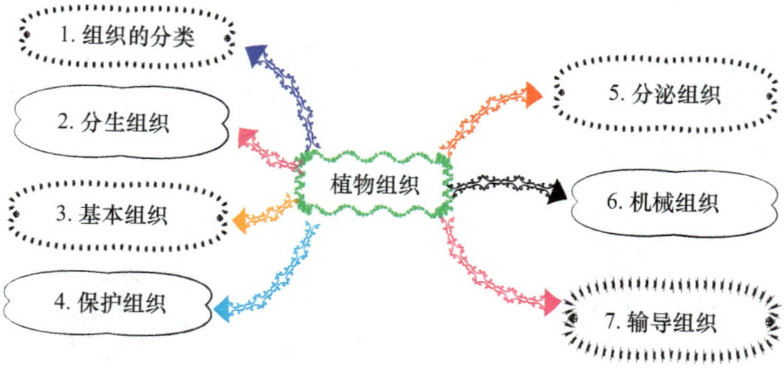

第三章

植物种子的萌发与幼苗

种子（seed）是裸子植物和被子植物特有的繁殖器官。种子能抵抗不良条件，适于传播，为植物的种族延续创造了良好的条件。种子萌发后形成幼苗。

第一节　种子的种类

植物的种类不同，种子的形状、颜色和条纹各异。种子一般由种皮、胚和胚乳 3 部分组成，有的植物成熟的种子只有种皮和胚两部分。根据成熟种子内胚乳的有无，可将种子分为两种类型，即有胚乳种子和无胚乳种子（图 3-1）。

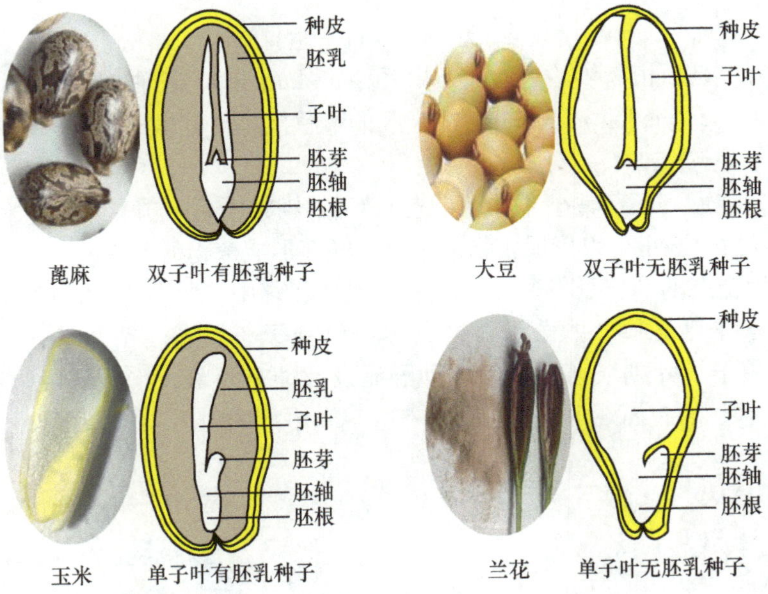

图3-1　种子的类型

有胚乳种子（albuminous seed）的胚乳占种子大部分，胚较小。养分主要贮存在胚乳中，子叶相对较小，如玉米、小麦等。

无胚乳种子（exalbuminous seed）由种皮和胚组成，子叶肥厚，贮藏大量的营养物质，代替了胚乳的功能。许多双子叶植物如花生、棉花、豆类、瓜类和柑橘类的种子，属于这种类型（图 3-1）。

一、种皮

种皮（seed coat）是种子外面的保护结构，使种子不受外力机械损伤和防止病虫害入侵，常由多层细胞组成。种皮表皮细胞常为厚壁的，但也有薄壁的，如石榴种子的表皮细胞肉质化，是果实的可食部分。

种脐（hilum）是种子与种柄脱离时留下的痕迹；种孔是原来胚珠（ovule）珠孔（micropyle）留下的痕迹；种脊（raphe）是种皮上的一条棱状突起，是种脐到合点（chalaza）之间的隆起线（图 3-2）。倒生胚珠的种脐长，弯生或横生胚珠的种脐短，直生胚珠无种脊。

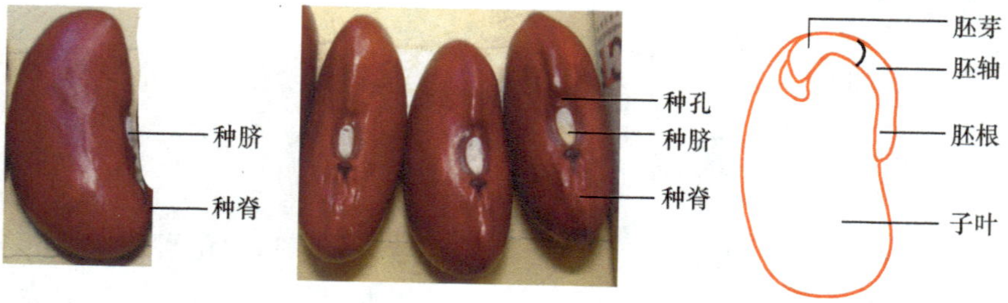

图3-2　菜豆种子的构造

二、胚

胚（embryo）是新植物体的原始体，由胚芽（plumule）、胚轴（embryonic axis）、胚根（radicle）和子叶（cotyledon）四部分组成。胚的形状极多，有呈椭圆形、长柱形、马蹄形、螺旋形等。

胚根一般呈锥形。胚芽常呈雏叶的形态。胚轴连接于胚根与胚芽之间，同时又与子叶相连。种子萌发后，胚根可以形成植物的主根，胚芽形成植物的茎和叶。

子叶是一种变态的叶，具有贮藏营养物质或从胚乳中吸收营养物质的功能。例如，蚕豆、花生等种子子叶肥厚，贮藏大量的营养，供种子萌发和幼苗生长；而小麦、玉米、番茄及蓖麻等种子子叶则成薄片状，在种子萌发时能分泌酶，消化和吸收胚乳中的养料（图 3-3）。小麦籽粒的腹面观可以看到顶端有冠毛和中部的沟。

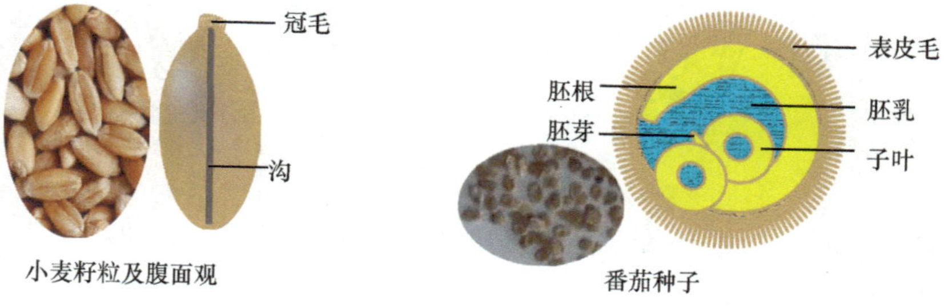

图3-3　小麦种子和番茄种子

种子中具一枚子叶的被子植物称为单子叶植物，如小麦、玉米、韭菜、葱等，在禾本科植物中这一枚子叶叫做盾片。具两枚子叶的被子植物称为双子叶植物，如棉花、蓖麻、蚕豆等。裸子植物种子内的子叶有的两片，如银杏；有的3～8片，如冷杉属；也有3～18片的，如松属。

蓖麻种子一端有海绵状突起，称为种阜（caruncle），它由外种皮延伸而成的，有吸收和储藏水分的作用，有利于种子的萌发（图3-4）。

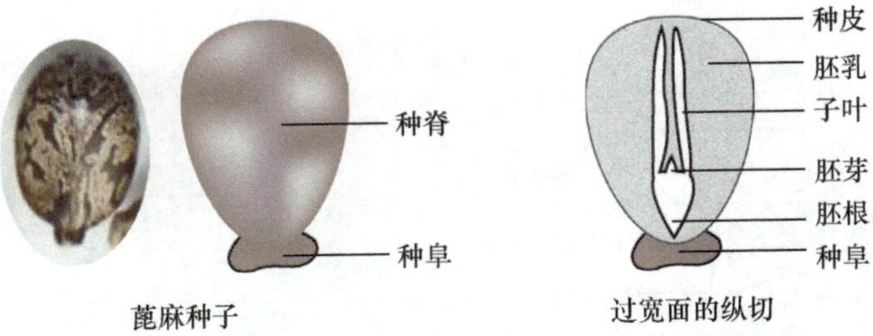

图3-4　蓖麻种子

当种子萌发时，胚轴也随之一起生长。由子叶着生处到第一片真叶的一段称为上胚轴，由子叶着生处到胚根的一段胚轴称为下胚轴（图3-5）。

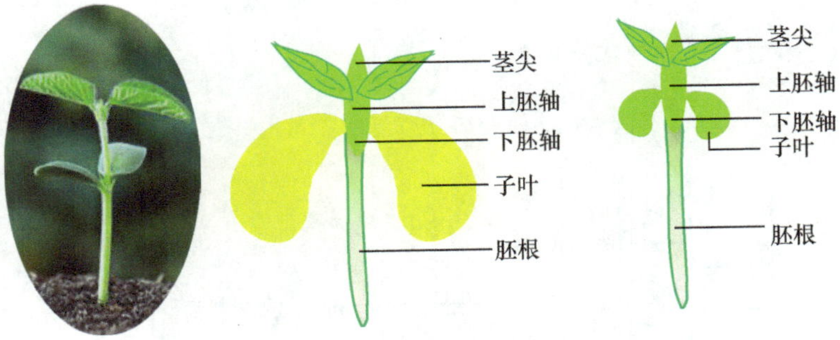

图3-5　黄豆芽和绿豆芽

三、胚乳

胚乳（endosperm）是种子内贮藏营养物质的组织，通常由薄壁细胞组成，细胞排列十分紧密，细胞之间无细胞间隙。胚乳细胞内含有大量的营养物质，如淀粉、脂肪、蛋白质等。

在种子植物中有不少种类的种子是无胚乳的，如花生、油菜、棉花、柑橘等。无胚乳种子有两种情况，一是根本不产生胚乳，如兰科等；二是初生胚乳核逐渐被发育中的胚所吸收，营养物质主要贮藏在子叶里面，如蚕豆、花生等植物。

少数植物的种子在其形成发育过程中，珠心组织未被完全吸收，而保留于种子中，形成外胚乳（perisperm），外胚乳亦贮藏有丰富的营养，如甜菜种子。

根据贮藏物质的主要成分，植物种子可分为淀粉类种子，如水稻、小麦、玉米等；脂肪类种子，如花生、油菜、芝麻等；蛋白质类种子，如大豆等。

第二节　种子的内部构造

本节以小麦种子为例，介绍种子的内部结构（图 3-6）。小麦种子的种皮和果皮愈合，不能区分（图 3-7）。紧贴种皮内部的细胞是蛋白质含量丰富的糊粉层。糊粉层的里面是含有大量淀粉的胚乳细胞。胚乳细胞内具有丰富的淀粉粒。胚芽具有胚芽鞘，胚根由胚根鞘包被。

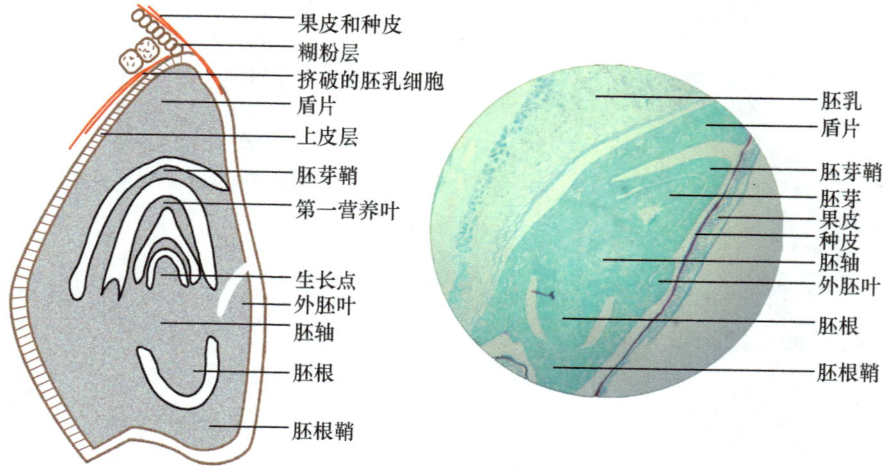

图3-6　小麦胚的纵切示意图和光镜图

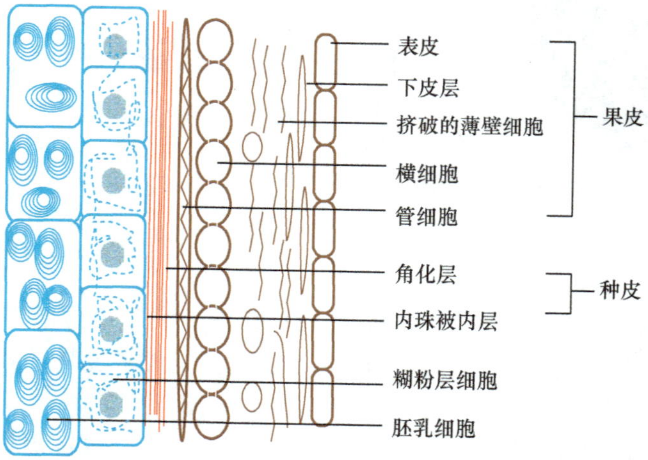

图3-7　小麦果皮和种皮的构造

小麦籽粒是小麦种子和果实的合称。它由麦皮、麦胚、胚乳三部分构成。麦皮包括小麦的果皮和种皮（图 3-7）。果皮由外向内依次为表皮、下皮层、挤破的薄壁细胞、横细胞和管细胞。横细胞较短，管细胞很长。种皮由外向内依次为角化层和内珠被内层细胞。角化层细胞的角质层很厚，是由外珠被和内珠被的外层发育而来。在小麦制粉过程中，果皮和种皮成为麸皮。胚乳就成为人类食用的面粉。

玉米也是常见的粮食作物和蔬菜作物。玉米籽粒的结构见图 3-8。它的果皮和种皮也是紧密愈合，不能区分。

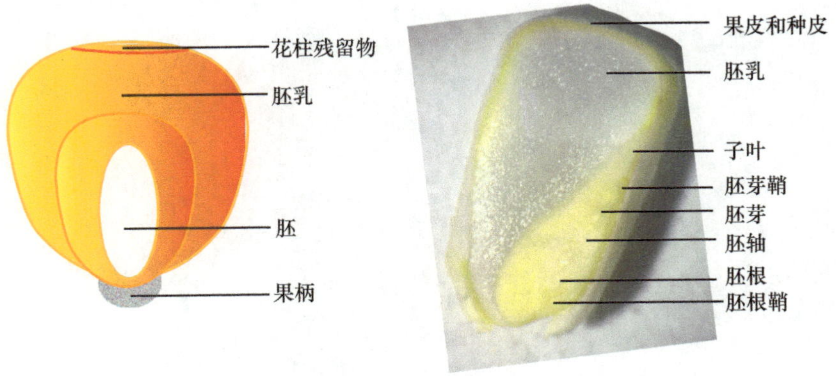

图3-8　玉米果皮和种皮的构造

第三节　种子的萌发

种子保持发芽能力的期限称为植物种子的寿命。种子的寿命因植物的不同而不同。杨树、柳树等植物种子的寿命只有数天或数星期之久，而榆树种子的寿命可以保持数月之久。在一般的保存条件下，多数作物种子的寿命为 1～3 年。

种子萌发（seed germination）是指种子从吸水到胚根突破种皮，并形成幼苗的过程。影响种子萌发的外因主要有水分、温度、氧气，有些种子的萌发还受光的影响。

根据种子萌发时子叶的位置，将幼苗分为子叶出土幼苗（epigaeous seedling）和子叶留土幼苗（hypogaeous seedling）两大类（图 3-9）。

有些种子的子叶在种子萌发后露出地面，进行短期的光合作用，制造养分，供胚芽和胚根生长用，这种萌发叫子叶出土萌发，如菜豆（图 3-9）、黄豆、棉花、向日葵等。有些种子的子叶在种子萌发后埋在土里，不露出地面，这种萌发叫子叶留土萌发，如蚕豆（图 3-9）、玉米（图 3-10）、小麦等（图 3-11）。

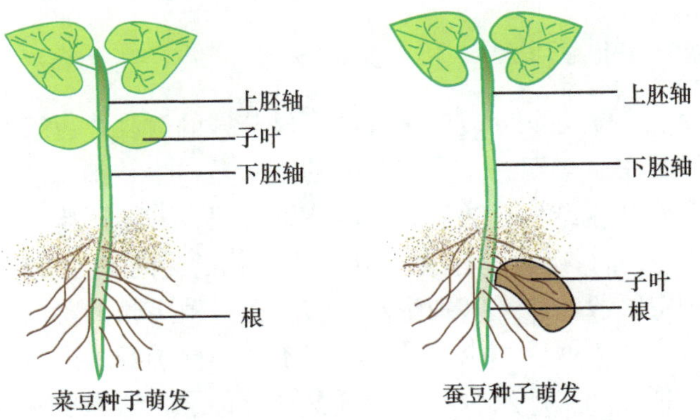

图3-9　菜豆种子的出土萌发和蚕豆种子的留土萌发

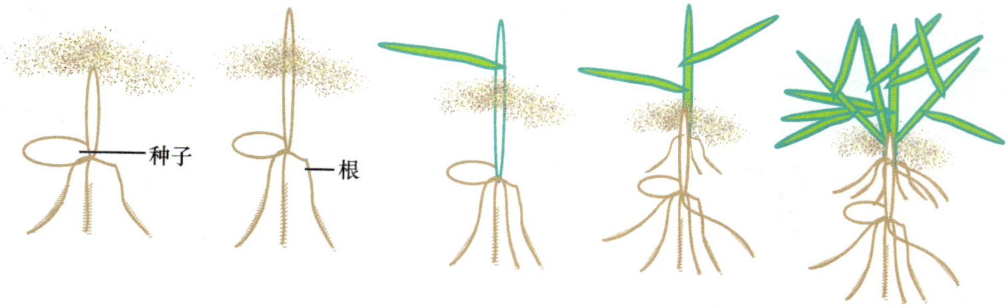

图3-10　小麦种子萌发

图3-11　玉米种子萌发

有些植物的种子成熟后能够立即萌发，如小麦、玉米、豌豆等。但大多数植物的种子脱离母体后并不能立即萌发，必须经过一定的时期后才能够萌发，叫做种子的休眠（seed dormancy）。种子的休眠可以使种子避开不利的生活环境。

种皮的机械压迫，对水、气的不透性；胚未发育成熟，缺少必需的激素或含有代谢抑制物质，胚乳的合成、积累、转化等尚未完成等，都可以引起种子休眠。

第四节　幼　　苗

幼苗是指种子萌发后生长初期的幼小植物体。种子萌发产生的幼苗是物种延续的开始。幼苗细胞从少变多主要通过有丝分裂进行。不同植物的幼苗与人类的关系各不相同。

一、幼苗细胞分裂的方式

幼苗形成的过程主要是有丝分裂的过程。有丝分裂的过程一直持续到开花、结果的阶段。在有丝分裂的过程中，早期有丝分裂产生的结构是初生结构。此时通过根尖和茎尖部位的横切都可以观察到初生结构。随着幼苗的逐渐长粗，开始产生次生结构。次生结构主要是由维管形成层产生的。各种植物开始产生次生结构的时间也各不相同。

当幼苗生长到一定阶段，就进入到生殖生长。在生殖生长的阶段，被子植物的植株会开花，经过减数分裂产生大孢子和小孢子。大孢子和小孢子经过少数的有丝分裂产生分别产生卵细胞和精子，精卵融合产生合子。合子发育成种子。从种子萌发到产生种子，从而完成了整个的生活史。这个过程不断地循环，让地球上的生物生生不息，充满生机。

二、幼苗与人类的关系

有的植物带着子叶幼苗可以作为蔬菜，如豆苗和豆芽（图 3-12）。

有的植物带着子叶幼苗不能作为蔬菜，如南瓜带着子叶的幼苗，非常苦，不适合食用。人类食用的叶菜类蔬菜，如白菜、生菜、油麦菜等一般是营养生长到一定阶段的植株。

有的植物营养生长期间的苗，不适合人类食用，但它们的种子却可以作为人类的粮食，如小麦、水稻、玉米等植物。

有的植物营养生长期间的苗不适合人类食用，种子也不能作为人类的粮食，但它们却非常漂亮，如兰花、郁金香、玫瑰等植物。它们作为花卉，美化人类的生活。

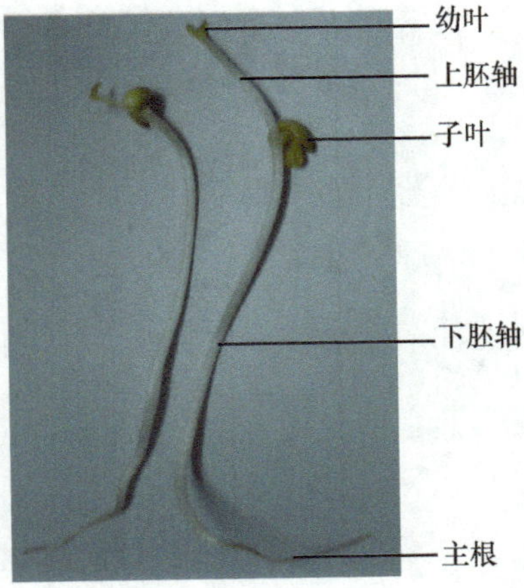

图3-12　黄豆的豆芽

有的植物营养生长期间的苗不适合人类食用，种子也不能作为人类的粮食，也并不漂亮，如苜蓿、早熟禾等植物。它们却作为牛羊的饲料，让牲畜长得肥壮。这些动物的肉美味，是人类的食品。世间各种植物，有的虽然并不引人注意，但总有它们的用处。

下一章，我们开始介绍种子萌发成幼苗的地下部分的根。观察它们的外部形态和内部结构，了解各种不同类型的根。

本章部分思维导图

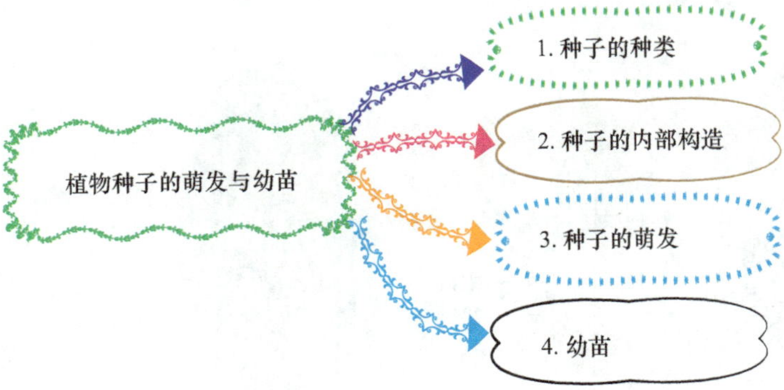

第四章

植物的根

大多数种子植物和蕨类植物具有根。除气生根生长在空气中外，多数植物的根生长在土壤里。根将植物体固着在土壤中，并把从土壤中吸收的水分和矿物质，并运输到地上部分。

第一节 根的种类

按照来源，根可分为主根和侧根两大类（图 4-1）。由胚根细胞分裂和伸长所形成的垂直向下生长的根，称为主根（main root），又称为初生根（primary root）。当主根生长到一定长度，在一定部位上从内部生出许多分枝，称为侧根（lateral root）。侧根又分为一级侧根或次生根（secondary root）、二级侧根或三生根（tertiary root），依此类推。

一株植物地下部分根的总体称为根系（root system）。根系可分为直根系（tap root system）和须根系（fibrous root system）两种（图 4-1）。主根和侧根能明显区别的根系称为直根系。大多数双子叶植物和裸子植物是直根系。须根系各条根的粗细差不多，呈丛生状态。单子叶植物多为须根系。

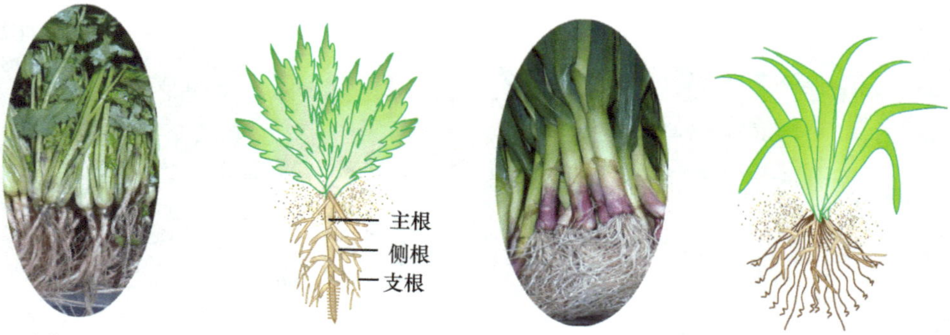

香菜的直根系　　蒲公英的直根系　　蒜苗的须根系　　小麦的须根系

图4-1　植物根系的种类

按发生部位，根可分为定根和不定根两大类。定根（normal root）是从植物体固定部位长出来的根，有主根和侧根两种。从茎、叶、老根和胚轴上也能产生根，这些根的发生位置不固定，称为不定根（adventitious root）（图 4-2）。

图4-2 玉米茎的不定根

第二节 根的外部形态

植物的根在环境适宜的条件下，可以一直生长。只有在低温、干旱等恶劣条件下，才停止生长。根尖（root tip）是从根顶端到着生根毛的部分。它是根中生命活动最旺盛的部分。根尖是根进行吸收、合成、分泌等作用的主要部位。根据根尖各部位细胞的形态结构和生理功能不同，通常分为根冠（root cap）、分生区（meristematic zone）、伸长区（elongation zone）和成熟区（maturation zone）四个区，总长1～5cm（图4-3）。

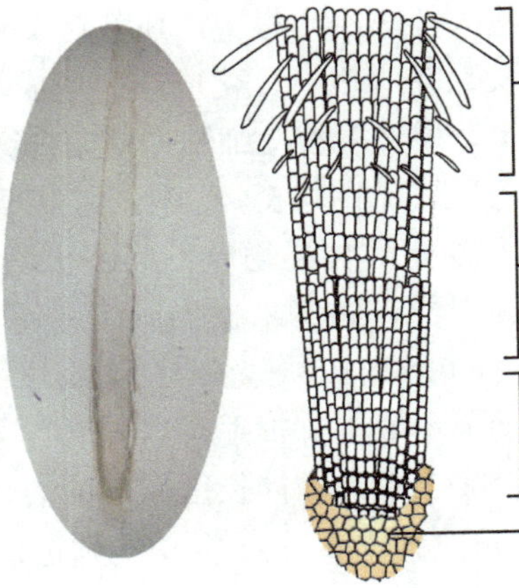

图4-3 植物根尖表面观

一、根冠

根冠位于根尖的最先端，是一个保护根尖的帽状结构，覆盖在分生区之外，保护着幼嫩分生组织。根冠外部细胞可产生、分泌大量黏液，使根在生长过程中容易深入土层。黏液含有糖类、有机酸类、维生素类、酶类和氨基酸类等。黏液可保护根尖分生区免受损伤、防止根尖干燥、抑制其他植物根的生长、增加根的润滑作用、促进水和矿物质吸收。重1g的根每天可分泌100mg左右的黏液。

二、分生区

分生区又称为生长锥或生长点（growing point），位于根冠的内部，约长1mm，由顶端分生组织构成，在植物的一生中始终保持分裂能力，根的其他结构是由分生区细胞分裂产生的。分生区由原分生组织和初生分生组织组成。原分生组织位于最前端，细胞分化较少，在原分生组织的最前端有一团细胞，其分裂的频率明显低于周围的细胞，这一区域叫做不活动中心或静止中心（quiescent center）。初生分生组织位于原分生组织的上方，细胞已出现初步的分化。根据细胞的形状、大小及液泡化程度的不同，分为原表皮、基本分生组织

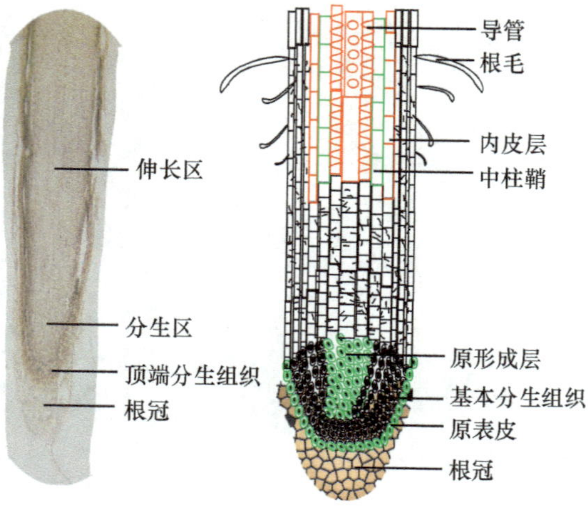

图4-4　洋葱根尖纵切

和原形成层3个部分。原表皮以后发育成表皮，原形成层位于中央，以后发育成维管柱，基本分生组织位于原形成层和原表皮之间，以后发育成皮层（图 4-4）。

三、伸长区

伸长区位于分生区和成熟区之间，是分生区分裂产生的细胞逐渐生长和分化形成各种成熟组织的过渡区。细胞沿根的长轴方向迅速伸长生长，使根尖不断向土壤推进，使根不断生长到新环境，吸取更多营养物质；同时逐渐分化出不同的组织（图 4-4）。

四、成熟区

成熟区外部密生根毛。成熟区又称根毛区（root hair zone），位于根尖最上方，细胞已停止生长，并且多已分化成熟，形成筛管、导管及薄壁细胞等各类成熟组织，构成了根的初生结构。根毛由表皮细胞外壁向外突出形成的盲管状结构，长 0.5～10mm（图 4-4）。

根毛形成见图 4-5。根毛的细胞壁薄且较柔软，能有效地吸收土壤中的水分和有机养料。根毛能分泌酸类物质，溶解土壤中难于溶解的物质以利于根的吸收。根毛的数量因植物种类而异，如玉米根尖成熟区每 1mm^2 约有 230 条根毛，而豌豆约为 420 条。根毛对外界环境的变化非常敏感，在湿润环境中，根毛数量多；在淹水情况下，根毛很少或不发育；在干旱环境中，根毛难以发育，甚至会引起根毛萎蔫与枯死。根毛的寿命很短，一般只有几天或十几天。伸长区后端的表皮细胞不断产生新根毛来补充和代替死亡的根毛。而失去根毛的成熟区，其主要功能则是输导和支持。

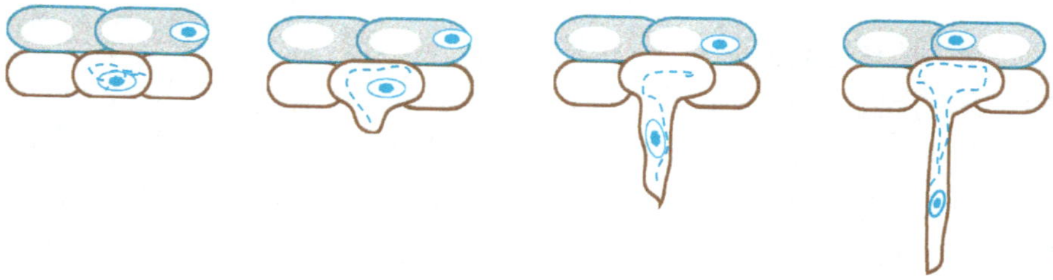
图4-5　植物根毛形成的过程

第三节　双子叶植物根的内部构造

为了观察根的内部构造，需要将根切开。根的切面有横切、径向和切向三种。根的三个切面见图 4-6。

由顶端分生组织活动所进行的生长称为初生生长（primary growth）。由顶端分生组织的细胞分裂产生的细胞经生长分化形成的结构，称为根的初生结构（primary structure）。根据细胞的分裂方向，分生组织细胞的分裂也分为平周分裂、垂周分裂和横分裂。平周分裂后产生内、外两圈细胞。垂周分裂后一圈的细胞数目增加。横分裂后，产生上、下两层细胞。观察根的初生结构可以通过对根尖的成熟区的横切进行观察。

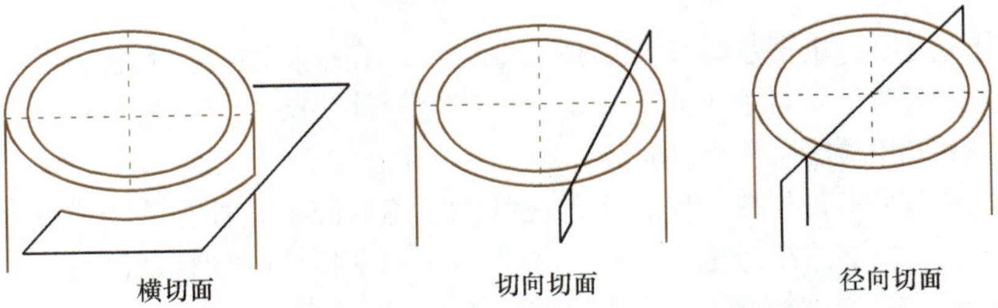

图4-6 根的三个切面

一、初生结构

通过根尖的成熟区作横切面，可以看到根的初生结构由外至内可分为表皮（epidermis）、皮层（cortex）和维管柱（vascular cylinder）三部分（图 4-7）。

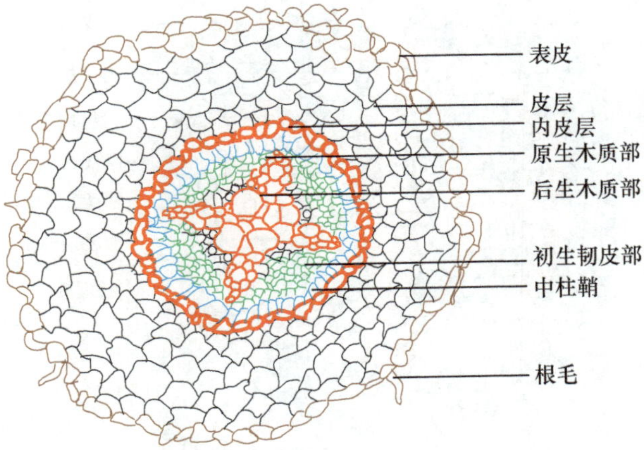

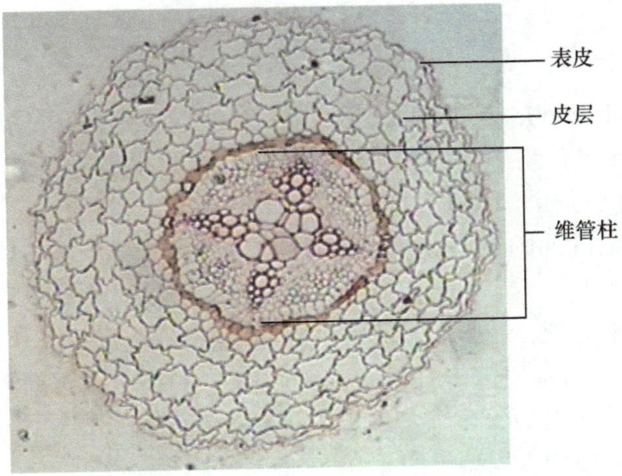

图4-7 棉花幼根横切的模式图与光镜图

1. 表皮

表皮细胞排列紧密，细胞之间无细胞间隙，细胞壁薄，角质化不明显，细胞具有通透性。一般没有气孔。表皮的一部分外壁突起形成根毛，扩大了根的吸收面积。

2. 皮层

表皮之内是皮层，由多层薄壁细胞所组成。皮层在横切面上占有较大的宽度。细胞间排列疏松，细胞壁薄，具有细胞间隙。皮层一般分为外皮层（hypodermis）、皮层薄壁组织（parenchyma cell）和内皮层（endodermis）。

内皮层的细胞紧密排列成一圈，细胞之间无细胞间隙。其细胞的径向壁（两侧的细胞壁）和横向壁（上、下的细胞壁）上有一条木质化和木栓化的带状增厚结构，称为凯氏带（Casparian strip），是德国植物学家凯斯伯里（Caspary）于1865年首次发现（图4-8）。在横切面的径向壁上则呈现点状增厚，称为凯氏点（Casparian dots）。凯氏带使根对物质的吸收具有选择性。因为由根毛吸收的水分和矿物质，必须经过内皮层细胞具选择性的质膜，经共质体途径（symplast pathway）进入维管柱。凯氏带还能防止维管柱内的营养物质向外扩散。

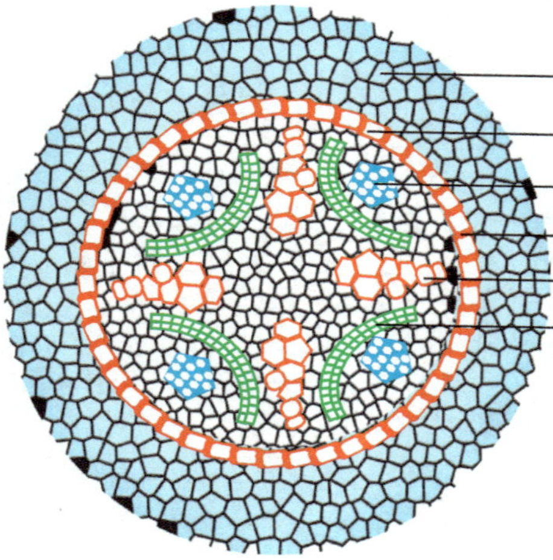

图4-8　蚕豆四原型幼根横切

3. 维管柱

维管柱也叫中柱（stele），是皮层以内所有组织的统称。分为中柱鞘（pericycle）、初生木质部（primary xylem）、初生韧皮部（primary phloem）和薄壁组织等部分。中柱是根进行物质运输的主要部位。

中柱鞘是维管柱最外面的一层或几层薄壁细胞，具有潜在的分裂能力，可以脱分化转变为分生组织，形成侧根、不定根、不定芽、部分维管形成层及木栓形成层。

初生木质部主要由导管、管胞、木薄壁细胞和木纤维组成。它们在维管束中排列成束，在横切面上呈星芒状，叫木质部脊（xylem ridge）。脊的多少在各类植物相对稳定，如萝卜、甜菜有两个脊，称为二原型木质部；相应地，蚕豆为四原型（图4-8）；泡桐、棉花为五原型（图4-9）；油橄榄为六原型（图4-10）。

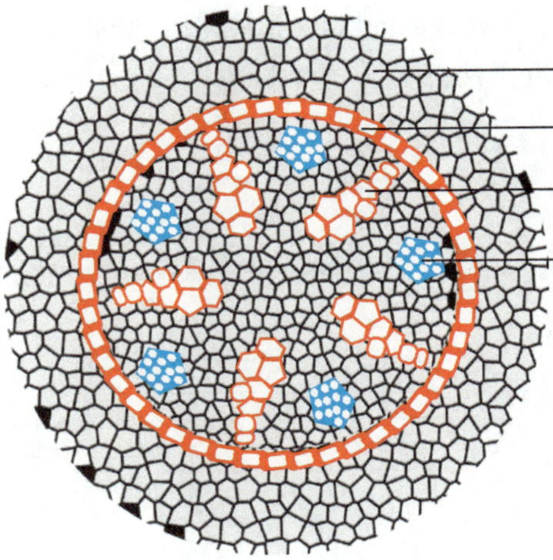

图4-9　泡桐五原型幼根横切

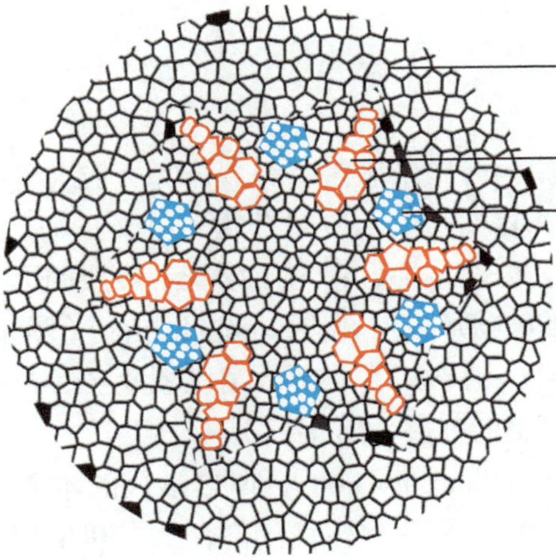

图4-10　油橄榄六原型幼根横切

初生木质部的分化、成熟过程是由外向内进行的，称为外始式（exarch），即紧邻中柱鞘、位于外方的细胞先发育成熟，叫原生木质部（protoxylem），而靠近中央的细胞后发育成熟，叫后生木质部（metaxylem）。

初生韧皮部主要由筛管、伴胞、韧皮纤维和韧皮薄壁细胞组成，位于木质部脊之间，与初生木质部相间排列。初生韧皮部的发育方式与初生木质部一样，也属于外始式。在外方的为原生韧皮部（protophloem），在内方的为后生韧皮部（metaphloem）。在木质部与韧皮部之间为薄壁细胞，在根生长过程中，它们可以转变为形成层。

二、次生结构

大多数双子叶植物和裸子植物的根，在生长过程中会产生次生分生组织。由次生分生组织产生的细胞经生长分化形成的结构，叫做次生结构（secondary structure）。形成次生结构的生长过程叫做次生生长（secondary growth）。次生生长是侧生分生组织－维管形成层

（vascular cambium）和木栓形成层（cork cambium）共同活动的结果。根的次生结构包括次生维管组织和次生保护组织（周皮）两部分（图 4-11）。

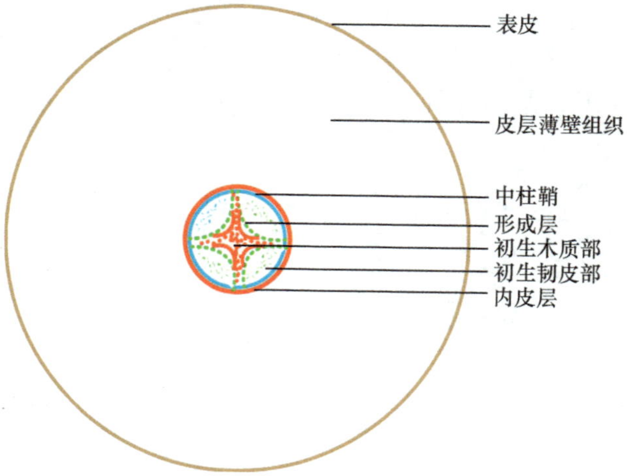

图4-11　双子叶植物次生结构产生

1. 次生维管组织

初生木质部与初生韧皮部之间的薄壁细胞恢复分裂能力，成为维管形成层。维管形成层最初是条状，逐渐向两侧扩展，直到初生木质部脊处，在该处与中柱鞘相接（图 4-11）。此时这些部位的中柱鞘细胞也恢复分裂能力，参与了维管形成层的形成。至此，条状的维管形成层彼此相衔接，成为连续的波状形成层环（cambium ring）（图 4-12）。由于位于韧皮部内侧的维管形成层分裂快，所产生的次生木质部的细胞数量多，把凹陷处的形成层向外推移，使整个形成层环成为一个完整的圆形（图 4-13）。

维管形成层进行平周分裂（periclinal division），向内形成的木质部叫次生木质部，加在初生木质部的外方。向外形成的韧皮部叫次生韧皮部，加在初生韧皮部的内方。次生木质部和次生韧皮部合称次生维管组织（图 4-14）。

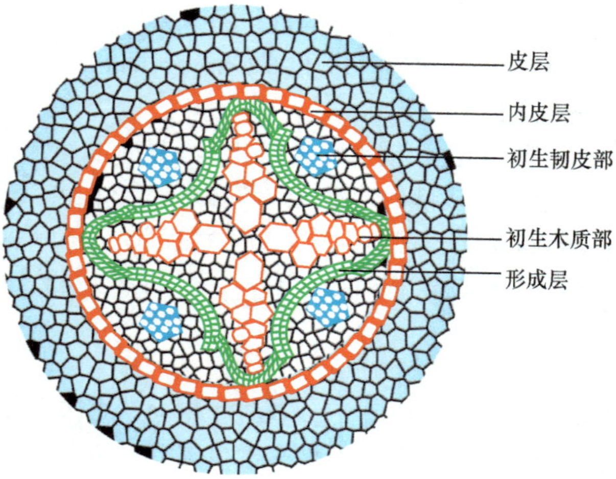

图4-12　菜豆四原型幼根中的波浪形成层

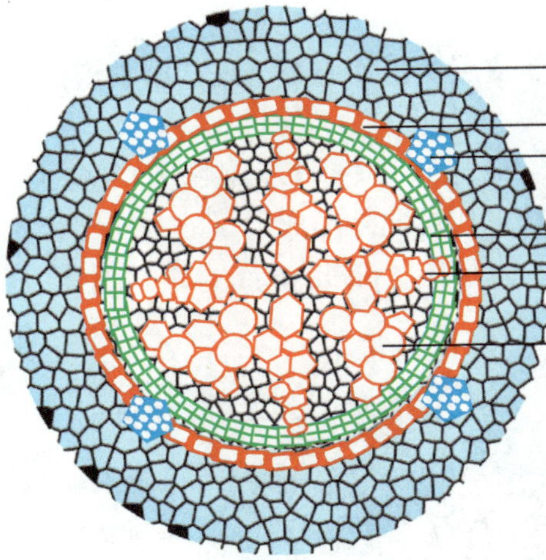

图4-13 菜豆四原型幼根中的圆环形成层

图4-14 双子叶植物根产生次生结构

次生维管组织中的径向排列的薄壁细胞，叫维管射线（vascular ray），位于木质部的叫木射线（xylem ray），位于韧皮部的叫韧皮射线（phloem ray）。射线是横向运输的通道。次生维管组织不断产生，使根不断加粗（图 4-15）。

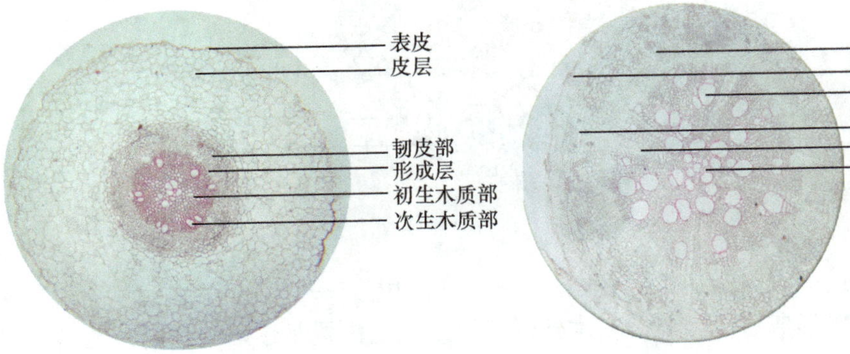

图4-15 蓖麻根的横切

2. 次生保护组织

随着次生生长的进行，表皮、皮层受挤而破坏，这样根就产生新的保护组织，即次生保护组织，起保护作用。

在根产生次生保护组织时，最先是中柱鞘细胞恢复分裂能力，成为木栓形成层（phellogen 或 cork cambium）。木栓形成层向外形成大量的木栓层细胞，向内形成少量的薄壁细胞，即栓内层（phelloderm）。木栓层（phellem 或 cork）、木栓形成层和栓内层合在一起称为周皮（图 4-16）。

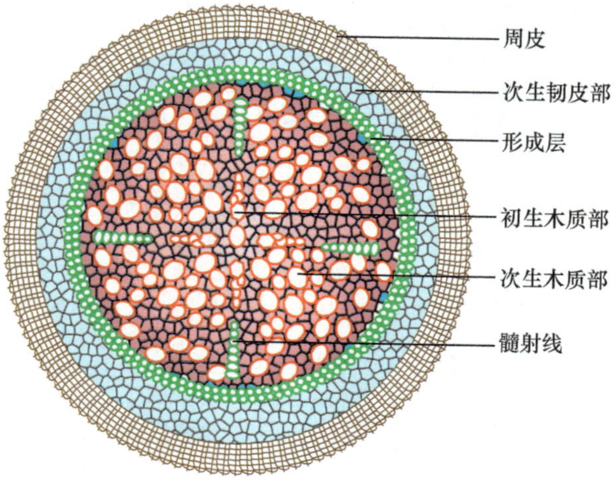

图4-16　苜蓿老根横切

周皮是次生保护组织，周皮中的木栓细胞成熟时细胞壁栓质化，原生质体解体消失。木栓层不透水、不透气，使其外方的组织如皮层等因营养断绝而死亡脱落（图 4-17）。

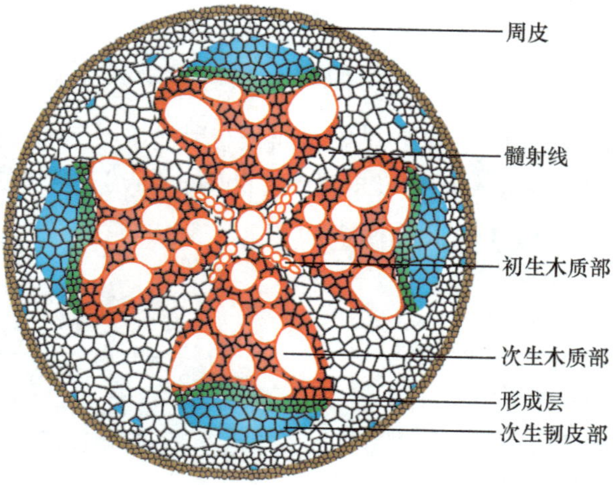

图4-17　南瓜老根横切

木栓形成层过一段时间后也会死亡。在栓内层的内方一些薄壁细胞会继续恢复分裂能力，变成新的木栓形成层。因此，新木栓形成层发生的位置是逐渐内移的，最后可深达次生韧皮部的外方。部分植物根次生结构横切见图 4-18 至图 4-24。

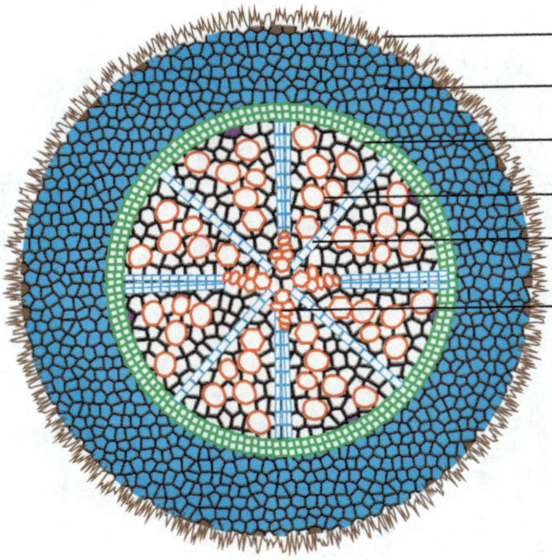

图4-18 大豆老根横切

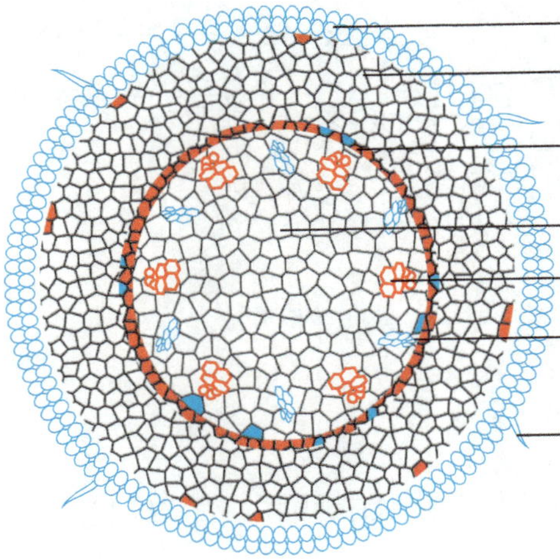

图4-19 油茶幼根横切

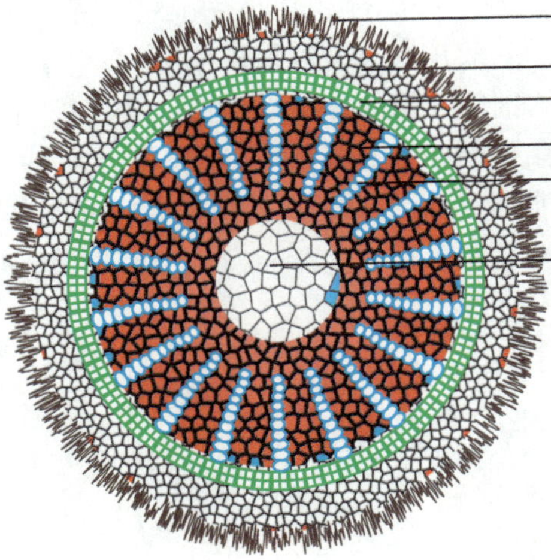

图4-20 油茶幼根横切（髓刚刚分化）

第四节　单子叶植物根的内部构造

单子叶植物的根只有初生生长，只具有初生结构。单子叶植物的根不会产生维管形成层和木栓形成层，不能进行次生生长，不产生次生结构。单子叶植物的根分为表皮、皮层和维管柱 3 个部分（图 4-21）。

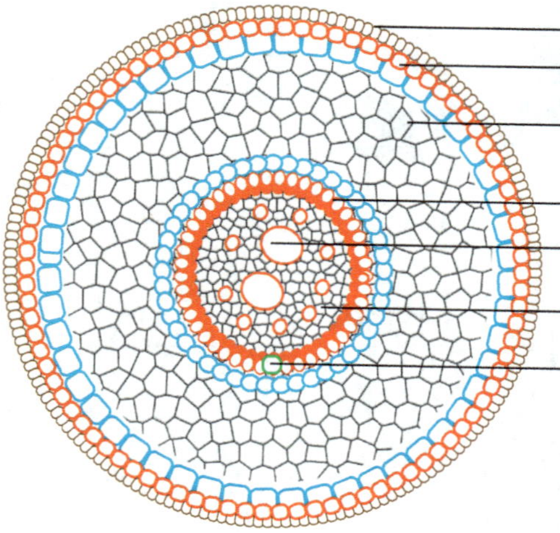

图4-21　水稻幼根横切

一、表皮

表皮为最外一层细胞，寿命较短。当根毛枯死后，表皮细胞往往解体而脱落。

二、皮层

皮层中靠近表皮的一至数层细胞，细胞体积较小，排列紧密，称为外皮层。在根发育后期，常形成栓化的厚壁组织，替代表皮起支持和保护作用。

皮层中间为皮层薄壁组织，细胞排列疏松，间隙明显，特别是水稻等湿生植物，其老根有明显的气腔，这是适应淹水条件的一种有利结构（图 4-22）。

在根发育后期，内皮层的细胞壁五面增厚，在横切面上呈马蹄形。正对着原生木质部的那个内皮层细胞的细胞壁不增厚，称通道细胞（passage way），是根吸收水分和无机盐的主要通道。

三、维管柱

维管柱最外层为中柱鞘，最初是薄壁细胞，到发育后期细胞壁增厚并木质化而成为厚壁组织，产生侧根的能力减弱。

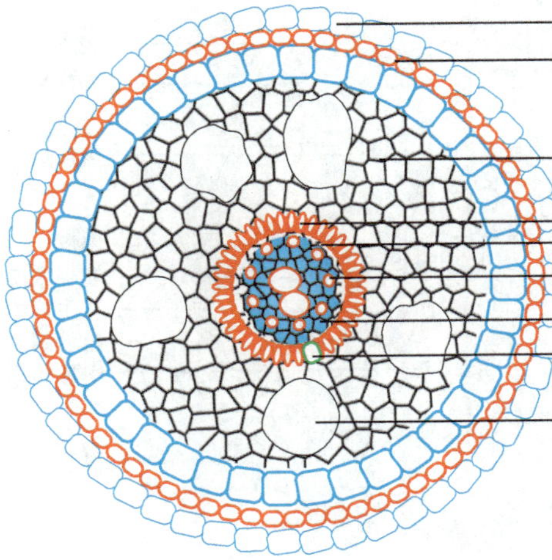

图4-22 水稻老根横切（产生了通气组织）

初生木质部与初生韧皮部呈相间排列，初生木质部一般为多原型（图 4-23），如玉米、小麦木质部脊数目有十多个。初生木质部与初生韧皮部的分化成熟方式为外始式。位于初生木质部与初生韧皮部之间的薄壁细胞，在根的发育后期转变为厚壁组织，增强根的支持能力。维管柱的中央常被薄壁细胞占据，称为髓。在发育后期，髓也转变为木化的厚壁组织，增加机械支持力。在水稻、小麦的种子根中，其维管柱中央常被 1～2 个大型后生木质部的导管占据，故无髓（图 4-23）。

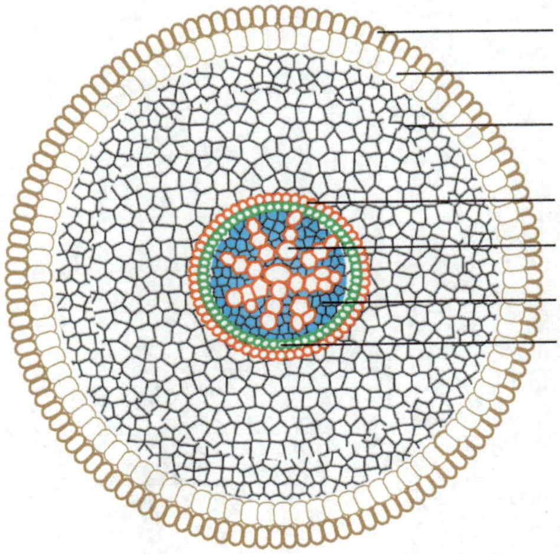

图4-23 洋葱幼根横切

其他一些单子叶植物根的结构见图 4-24 至图 4-25。

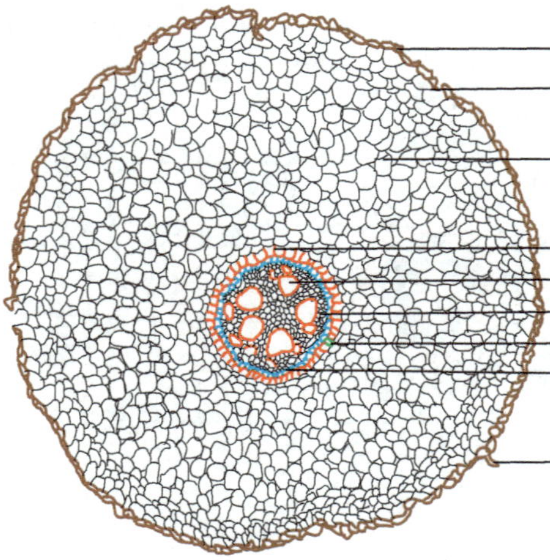

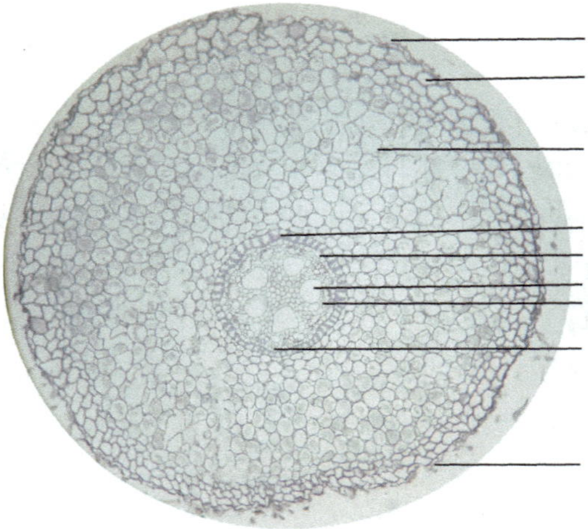

图4-24　鸢尾幼根横切

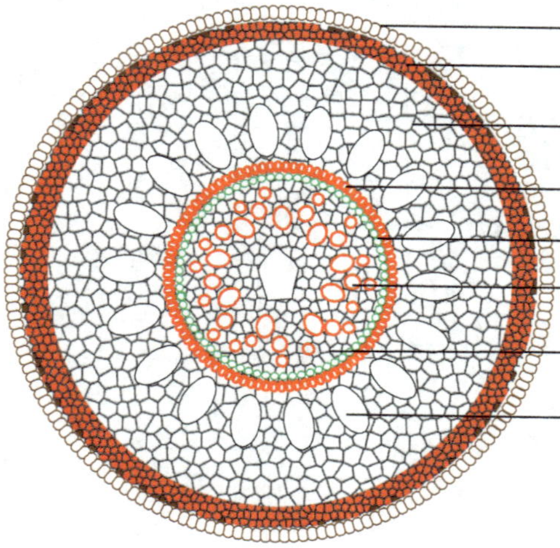

图4-25　竹子老根横切

第五节 裸子植物根的内部构造

裸子植物根的初生结构和次生结构，与被子植物稍有不同。区别主要是韧皮部和木质部的组成有所不同。裸子植物的韧皮部一般没有筛管和伴胞，而以筛胞执行输导作用。裸子植物的木质部一般没有导管，只有管胞，无典型的木纤维，管胞兼输导水分和支持的双重作用。水杉幼根的初生结构见图 4-26，水杉根皮层内的结构见图 4-27，水杉根的次生结构见图 4-28。

由于裸子植物次生生长形成的木材主要由管胞组成，因而木材结构均匀细致，易与双子叶植物木材区分。

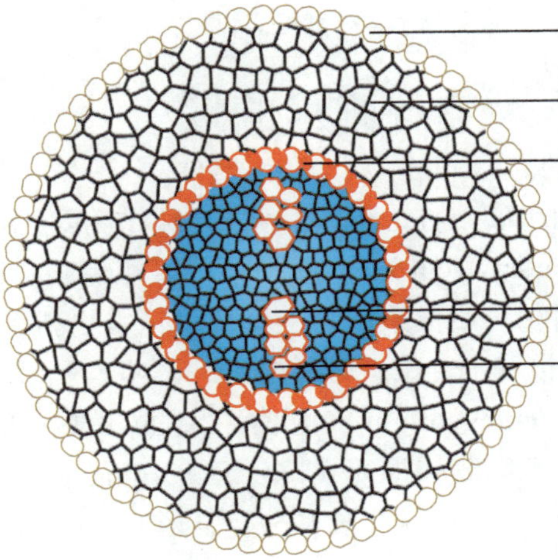

图4-26 水杉幼根横切

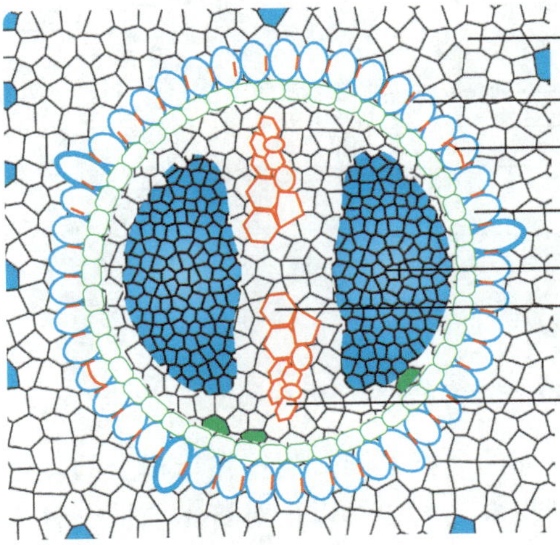

图4-27 水杉幼根皮层以内的横切

图4-28　水杉老根横切

第六节　侧根的发生

从主根、不定根所产生的细小的根称为侧根。侧根可以继续产生小的侧根。因此侧根又分为一级侧根或次生根（secondary root）、二级侧根或三级侧根（tertiary root），依此类推。侧根可以扩大吸收范围和面积，使根系所处土壤环境经常更新，同时加强了固着、支持和输导等能力。产生侧根的主根和不定根就是母根。

侧根的形成是内起源（endogenous origin），通常由中柱鞘的一部分细胞经脱分化、恢复分裂能力形成（图 4-29）。先产生侧根原基（root primordium），细胞进行分裂、生长，形成生长锥和根冠，生长锥细胞继续分裂、生长和分化，形成侧根。

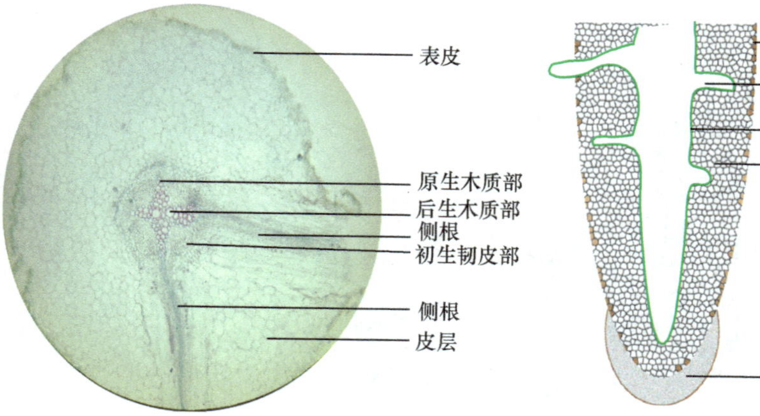

图4-29　蓖麻侧根产生部位

由于不同植物的根初生木质部的类型不同，侧根在母根上的发生部位也不同。二原型的根，侧根发生于木质部与韧皮部之间，可以正对着木质部维管束的脊，也可以不对着木质部维管束的脊，因而可以产生二直行或者四直行的侧根，如萝卜、胡萝卜的侧根（图 4-30）。

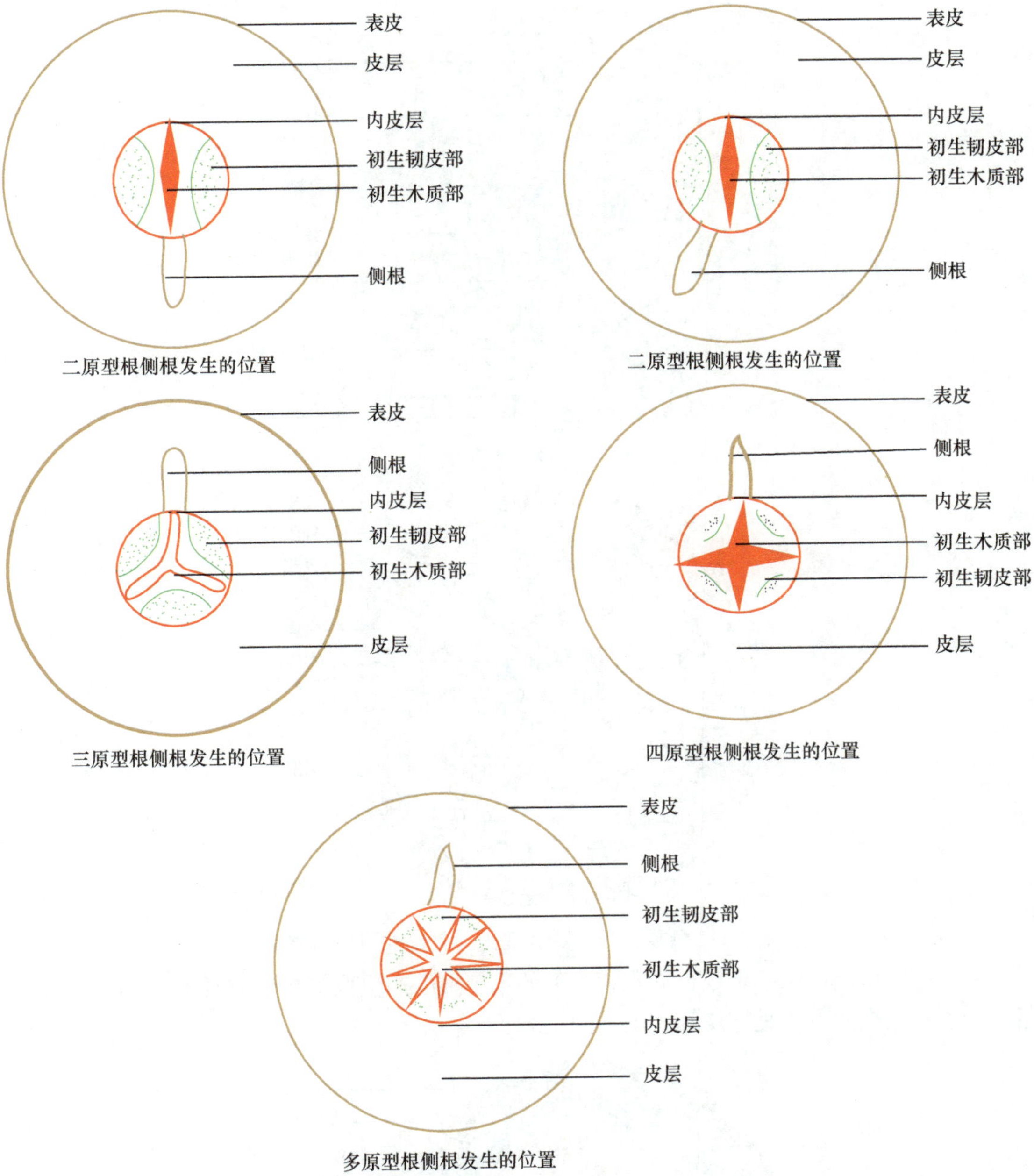

图4-30　不同类型的根侧根产生部位

二原型根可以产生二直行的侧根或者四直行的侧根；三原型根可以产生三直行的侧根；四原型根可以产生四直行的侧根；多原型根可以产生多（等于木质部束数）直行的侧根

在三原型和四原型的根中，侧根在正对着木质部的位置发生，如毛茛、蚕豆的侧根（图 4-31），三原型根可以产生三直行的侧根。四原型的根则能够产生四直行的侧根。在多原型根中，侧根在正对着原生韧皮部或原生木质部的位置发生，多原型的根则能够产生多直行的侧根，如水稻、小麦的侧根（图 4-32）。由于侧根的位置一定，所以在母根的表面，侧根常较规律地纵向排列成行。侧根的解剖结构与主根相同。

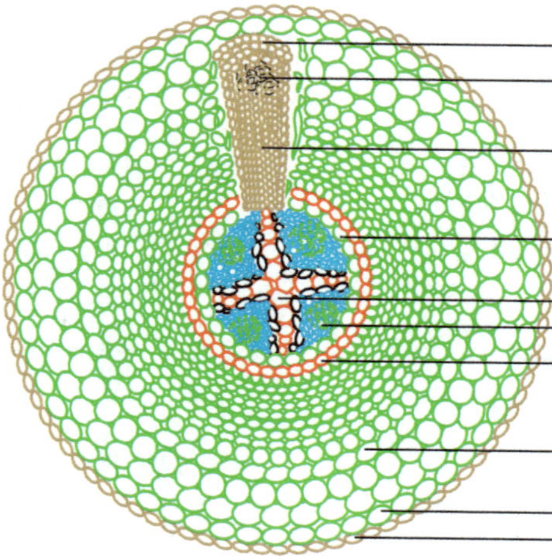

图4-31　毛茛侧根的发生

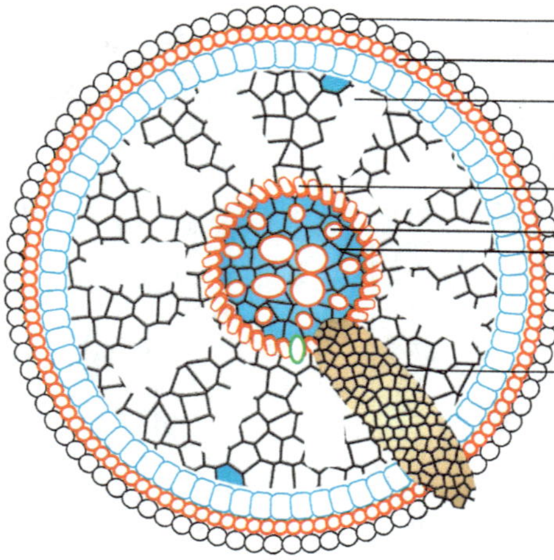

图4-32　水稻侧根的发生部位：韧皮外侧的中柱鞘

有的植物可以产生不定根，如水杉茎上的不定根的产生位置是形成层（图 4-33）。甘薯茎上产生不定根的位置是韧皮部（图 4-34）。

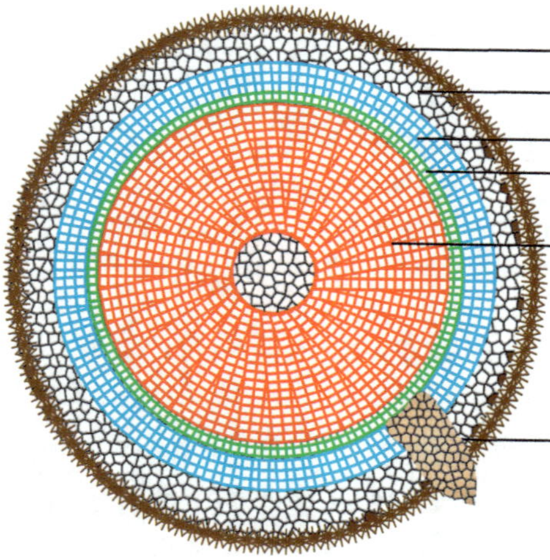

图4-33　水杉老茎上不定根的产生部位：形成层

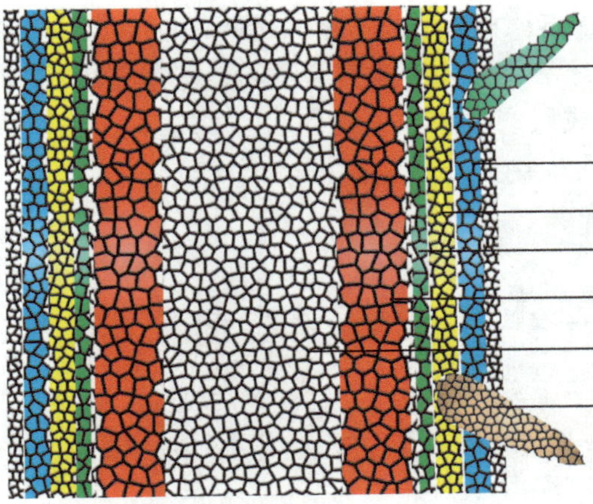

图4-34 甘薯茎上不定芽和不定根的发生

第七节 根的变态

植物的器官因生理机能的改变，形态结构也发生可遗传的改变，称为变态（modification）。发生变态的根称为变态根（abnormal root）。

一、贮藏根

贮藏根（storage root）常肉质化，贮藏大量的营养物质，如胡萝卜、甘薯、木薯、何首乌等。根据来源可分为肉质直根（fleshy tap root）和块根（root tuber）两种类型（图 4-35）。

图4-35 萝卜、胡萝卜和红萝卜

肉质直根由主根发育而成，一株植物有一个肉质直根。肉质直根有多种形状。圆锥状的根，如胡萝卜、白芷、桔梗等；圆柱状的有萝卜、菘蓝、丹参等；圆球状的，如芜菁的根。肉质直根的上部由下胚轴发育而成，这部分没有侧根发生。下部由主根基部发育而成，具有二或四纵列侧根。

块根由不定根和侧根发育而成，一株上可形成多个块根，不包括下胚轴和茎的部分，如甘薯、木薯、大丽花等。甘薯、大丽花等的块根能产生不定芽，可进行营养繁殖。

萝卜食用部位主要是次生木质部，它的横切结构见图 4-36。形成层产生的次生木质部含有大量的薄壁细胞和少量的导管。次生木质部中的一些薄壁细胞恢复分裂能力，变成副形成层（三生形成层）。副形成层产生的导管就是三生木质部。

胡萝卜食用部位主要是次生韧皮部，它的横切结构见图 4-37。形成层产生的次生韧皮部含有大量的薄壁细胞和筛管。

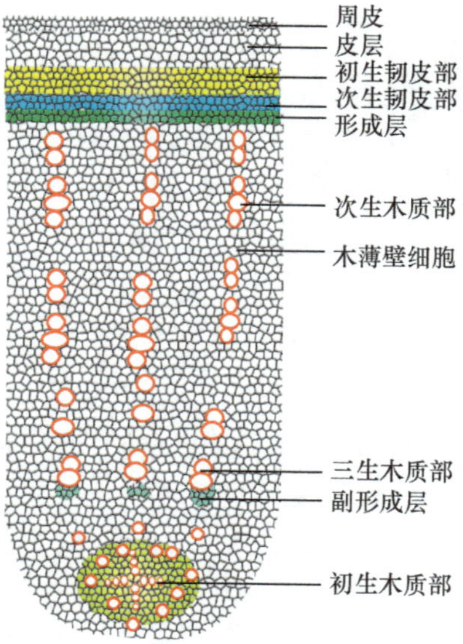

图4-36 萝卜根的横切

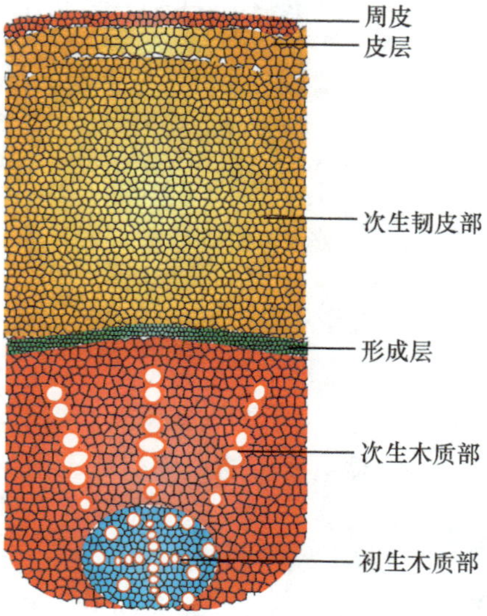

图4-37 胡萝卜根的横切

甜菜的根发育过程见图 4-38 至图 4-40。甜菜根的中柱鞘细胞恢复分裂能力，产生次生形成层。次生形成层细胞分裂产生次生木质部、次生韧皮部和大量的薄壁细胞。薄壁细胞恢复分裂能力产生三生形成层。三生形成层分裂产生三生木质部、三生韧皮部和大量的薄壁细胞，薄壁细胞继续产生分裂产生三生形成层，继续产生三生维管组织，从而使甜菜的根不断变粗。

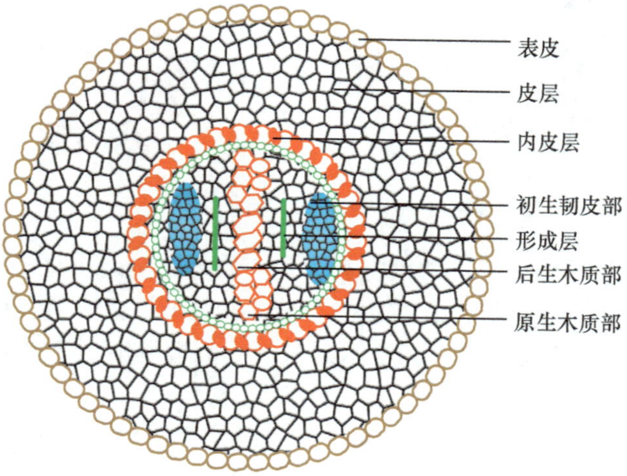

图4-38 甜菜幼根的横切

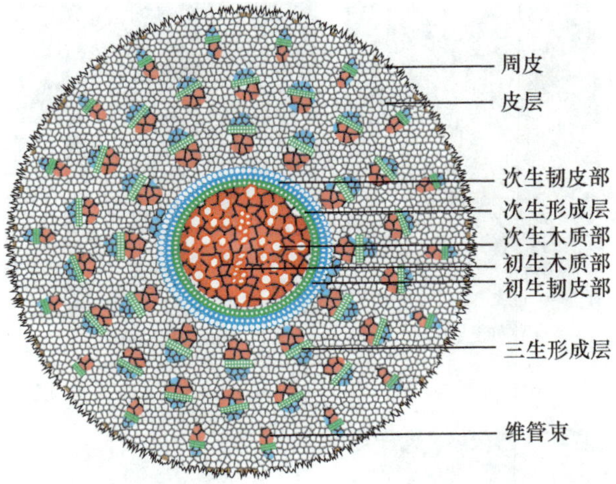

图4-39　甜菜老根的横切有三个三生形成层

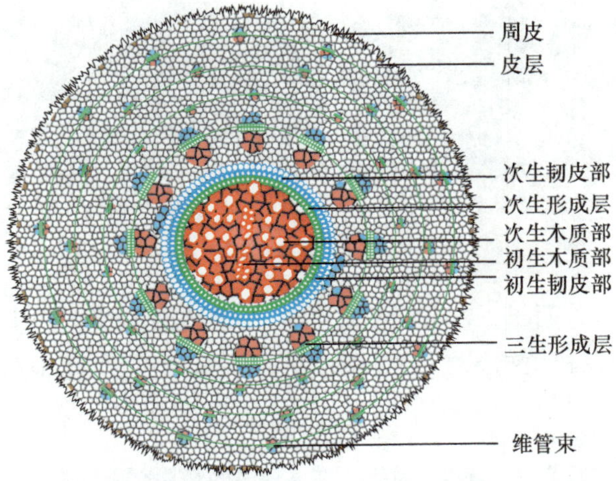

图4-40　甜菜根有四个三生形成层

二、气生根

露出地面、生长在空气中的根气生根（aerial root）。按照气生根的生理功能分为支柱根、攀缘根和呼吸根。

从靠近地面的茎节上产生许多不定根，并向下伸入土壤中，形成支持植物体的辅助根，如玉米、甘蔗、高粱等茎节或榕树枝上产生的不定根是支柱根（prop root）（图 4-41）。支柱根还可以从土壤中吸收水分和无机盐类。

攀缘植物地上茎会生出不定根，使植物攀附于石壁、墙壁、树干或其他物体表面上，这种根称为攀缘根（climbing root），如常春藤、络石、凌霄等（图 4-42）。

生长在沼泽或热带海滩的植物会产生一些垂直向上生长、伸出地面的呼吸根（respiratory root），如水松、红树等（图 4-42）。呼吸根组织疏松，能输送和贮存空气，有利于根进行呼吸。

高粱的支柱根　　高山榕的支柱根

图4-41　支柱根

绿萝的攀缘根　　海桑的呼吸根

图4-42　攀缘根和呼吸根

南方的尖叶杜英、人面子、木棉等植物会的接近地面的茎上产生板状的结构，称为板根（图 4-43）。此外，兰科植物凤兰也生有很多气生根。它的气生根可以直接从空气中吸收水分和营养。

尖叶杜英的板根　　高山榕的气生根

图4-43　板根和气生根

三、寄生根

一些营寄生生活的植物，其茎上生长不定根，可以伸入寄主体内，与寄主维管组织相连通，吸取寄主的有机养料和水分，供其自身生长发育需要，这种根叫寄生根（parasitic root），如菟丝子、列当的寄生根（图 4-44）。寄生根穿过寄主的表皮皮层，形成吸器

（haustellum）。吸器直接伸入到木质部中，从寄主的木质部吸收水分和营养物质。

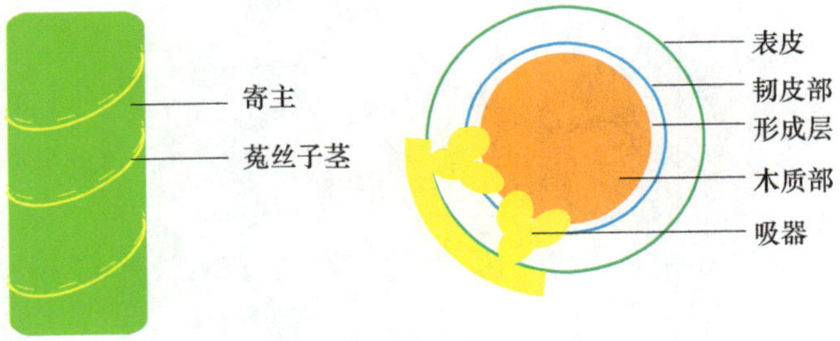

图4-44　寄生根

四、根瘤

豆科植物的根部一般有球状小瘤，称为根瘤。它由根瘤菌侵入根部形成，可以吸收空气中的氮气（图 4-45）。

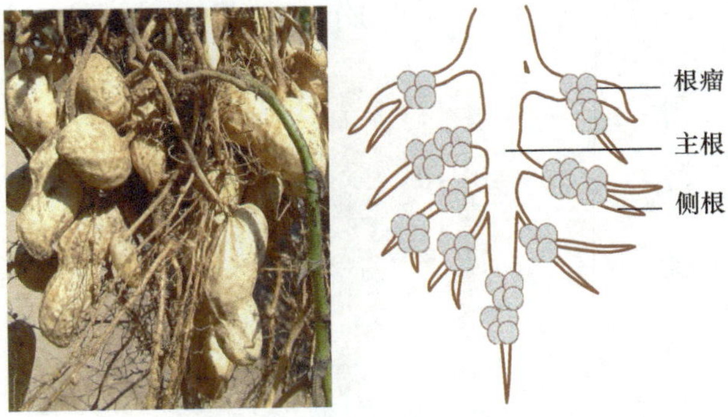

图4-45　豆科植物的根瘤

五、菌根

土壤中某些真菌与植物根的共生，植物的根称为菌根。菌根有内生菌根和外生菌根两种类型。内生菌根的菌丝生长在植物根的细胞内（图 4-46）。外生菌根的菌丝生长在植物根细胞间隙（图 4-47）。

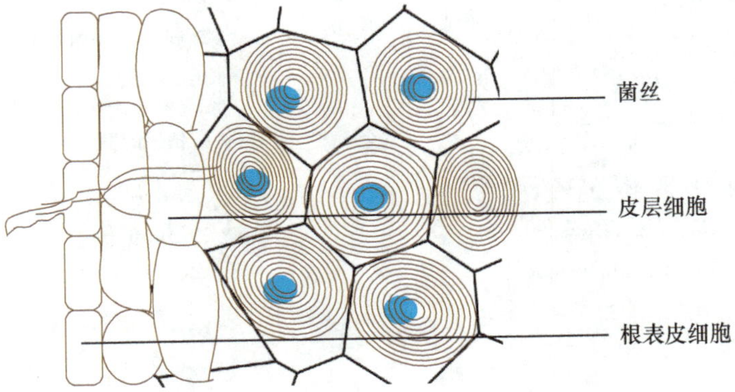

图4-46　二叶舌唇兰幼根的内生菌根

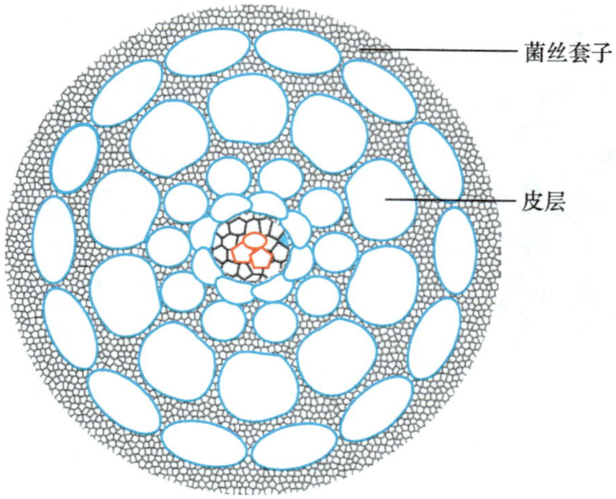

图4-47 白云杉幼根的外生菌根

从各种类型的根可以看出根具有 7 大功能（图 4-48）。但要注意，一种植物的根并不是同时具有这 7 大功能，不同类型的根起不同的作用。

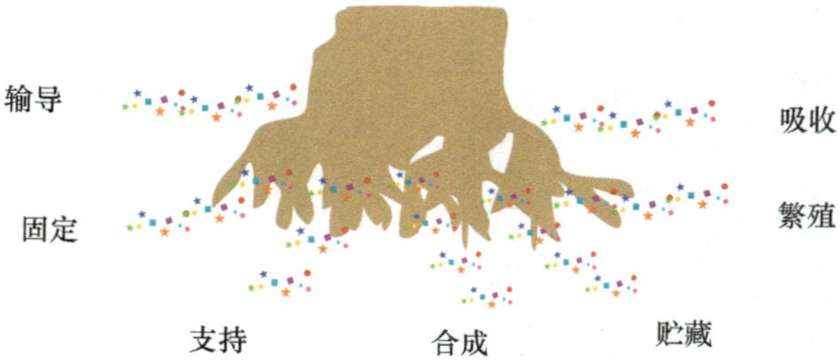

图4-48 根的功能

本章部分思维导图

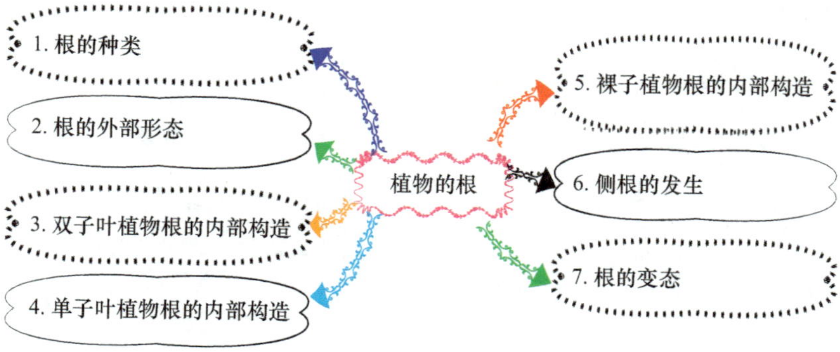

第五章

植物的茎

茎（stem）是植物联系根和叶的营养器官，主要起输送水分、无机盐和有机养料的作用。茎由种子幼胚的胚芽和胚轴发育而来，顶端向上生长，并产生分枝，形成了植物体的整个地上部分。

第一节　茎的外部形态

植物的茎多呈圆柱形，但也有三棱形（如莎草、量天尺）、方柱形（如蚕豆、薄荷）和扁柱形（如昙花、仙人掌）。茎的长短也有很大区别。

茎有节和节间之分。茎上着生叶和芽的位置叫节（node），两节之间的部分为节间（internode）（图 5-1）。茎的节上着生叶或芽，这是根和茎在外形上的主要区别。大多数植物只是在叶着生的部位稍膨大，节并不明显，但有些植物（如玉米等）的节却膨大成一圈。在茎的顶端和节上叶腋处还生有芽（bud），茎上叶子脱落后在节上留下的痕迹称为叶痕（leaf scar）。不同植物的叶痕形状、颜色和大小各不相同。

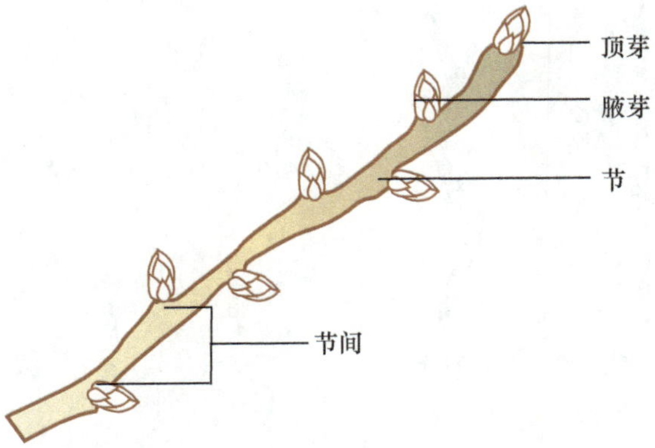

图5-1　榆树冬天的枝条

一、芽

芽是幼态未伸展的枝、花或花序。发育成枝的芽称为枝芽（branch bud）；发育成花或花序的芽称为花芽（floral bud）。根据芽的位置、性质、结构和生理状态，可以将芽分为不同的类型。

根据芽的着生位置，分为定芽（normal bud）和不定芽（adventitious bud）。在茎上一定的位置生长的芽是定芽，可分为顶芽（terminal bud）和腋芽（axillary bud）。顶芽是生长在主干或侧枝顶端的芽。腋芽在生长叶腋内的芽，亦称侧芽。大多数植物的每一叶腋只有一个腋芽。但有些植物（如金银花、桃、枫杨、葡萄等）的叶腋基部可产生两个或几个芽，除一个腋芽外，其余的芽都称为副芽（accessory bud）。

不定芽是在不固定位置生长的芽，如大丽菊块根上的芽，秋海棠叶上的芽，柳、桑等的茎枝或创伤切口上产生的芽。

依芽鳞的有无，芽分为裸芽（naked bud）和被芽（protected bud）。草本植物和生长在热带潮湿气候的木本植物常形成裸芽。裸芽是芽的外面无鳞片包被的芽，多见于草本植物，如茄、薄荷；有芽鳞保护的芽，称为被芽或鳞芽（scaly bud），如木本植物的木兰、枫杨等。

按芽所形成的器官，将芽分为叶芽（leaf bud）、花芽（flower bud）和混合芽（mixed bud）。叶芽发育为营养枝；花芽发育为花或花序；混合芽能发育为枝、叶和花（或花序），如梨和苹果的顶芽便是混合芽。花芽和混合芽通常比较肥大，易与叶芽相区别。

按芽的生理活动状态，将芽分为活动芽（active bud）和休眠芽（dormant bud）。能在当年生长季节中萌发的芽，称为活动芽。休眠芽是长期保持休眠状态而不萌发的芽，亦称潜伏芽（latent bud）。

二、分枝

分枝是植物茎生长时向一定方向伸展，使植物形成了庞大的枝系。种子植物的分枝方式一般有单轴分枝（monopodial branching）、合轴分枝（sympodial branching）、二叉分枝（dichotomous branching）和假二叉分枝（false dichotomous branching）四种类型（图 5-2）。

图5-2　茎的分枝

主茎顶芽不断向上生长形成直立而粗壮的主干，同时侧芽亦以同样方式形成各级分枝的是单轴分枝。主干的伸长和加粗比侧枝强得多，因而主干极明显，如银杏、松、柏、杨等。

主干的顶芽在生长季节发育缓慢或死亡，或顶芽变为花芽，由紧接着顶芽下面的腋芽代替顶芽发育形成粗壮的侧枝，每年同样地交替进行，这种主干是由许多腋芽发育而成的侧枝联合组成，故称合轴分枝，如番茄、苹果、桃、马铃薯、桑等。

顶端的分生组织平分为两个，各形成一个分枝，称为二叉分枝。这种方式多见于低等植物，是一种原始的分枝方式，如地钱、石松等苔藓和蕨类植物中可见（图 5-3）。

图5-3　植物的二叉分枝

顶芽停止生长或顶芽是花芽，由近顶芽下面的两侧腋芽同时发育成两个相同的分枝，外形似二叉分枝，故称假二叉分枝，如丁香、石竹、曼陀罗等。

三、茎的类型

依茎的质地，茎分为木质茎、草质茎和肉质茎。木质茎（woody stem）是质地坚硬、木质部发达的茎。具木质茎的植物称木本植物（ligneous plant）。植株死亡后茎秆仍然直立，如厚朴、杜仲、小檗、酸枣等。草质茎（herbaceous stem）是质地较柔软、木质部不发达的茎。具草质茎的植物称为草本植物（herbaceous plant）。草本植物死亡后，茎秆多倒伏，如红花、马齿苋、白菜、萝卜、人参、黄连、麦冬等。肉质茎（succulent stem）是质地柔软多汁、肉质肥厚的茎，如仙人掌、芦荟、景天等（图 5-4）。

图5-4　多肉植物的肉质茎

依茎的生长习性，茎可以分为直立茎（erect stern）、缠绕茎（twining stem）、攀缘茎（climbing stem）和匍匐茎（creeping stem）四种类型。直立生长于地面的茎是直立茎。常见的多数植物为直立茎，如玉米、紫苏、杜仲、松、杉等。依靠缠绕他物做螺旋状向上生长的细长茎是缠绕茎，如菜豆、五味子、忍冬的茎呈顺时针方向缠绕；牵牛、马兜铃的茎呈逆时针方向缠绕；猕猴桃、何首乌的茎则无一定规律。

靠卷须、不定根、吸盘或其他特有的攀缘结构依附他物上升的茎是攀缘茎，如葡萄、栝楼的攀缘结构是茎卷须；豌豆的攀缘结构是叶卷须；爬山虎的攀缘结构是吸盘；钩藤、葎草的攀缘结构是钩、刺；络石、薜荔的攀缘结构是不定根。细长平卧地面，沿水平方向蔓延生长，节上生出不定根的茎是匍匐茎，如草莓、甘薯、连钱草、积雪草等（图 5-5）。如节上不产生不定根则称为平卧茎，如蒺藜、马齿苋等。

图5-5　缠绕茎、攀缘茎和匍匐茎

第二节　茎　　尖

茎的最先端部分称为茎尖。茎尖是顶端分生组织。茎的顶端分生组织由原分生组织和初生分生组织组成的。初生分生组织由原表皮、基本分生组织和原形成层组成。

一、顶端分生组织

关于茎顶端分生组织的形态和结构，主要有三种学说：组织原学说（histogen theory）、原套－原体学说（tunica-corpus theory）和细胞组织学分区学说（cytohistological zonation theory）。

组织原学说认为被子植物的茎端是由表皮原、皮层原和维管柱原组成，它们分裂分化分别形成表皮、皮层和维管柱。

原套－原体学说认为被子植物的茎端是由原套（tunica）和原体（corpus）组成，原套的细胞分化形成表皮。原套细胞分裂时的细胞板呈垂直方向。原体区域的细胞分化形成皮层和维管柱。原体细胞分裂时的细胞板呈水平方向（图 5-6）。

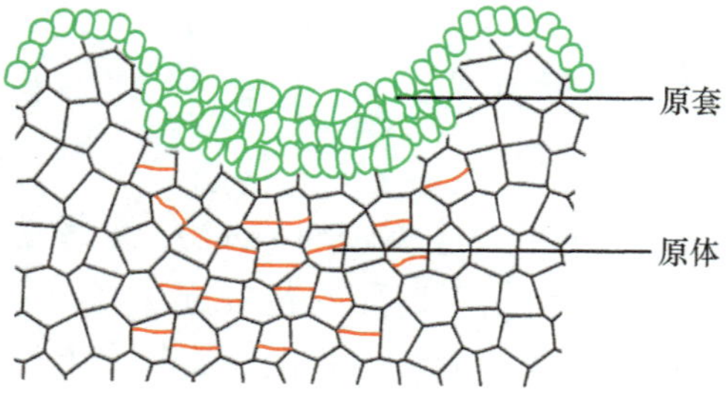

图5-6　蚕豆顶端分生组织

细胞组织学分区学说认为裸子植物茎端的顶端由原始细胞群、中央母细胞区、过渡区和髓分生组织组成，这些区域的细胞分化形成了叶原基、皮层和维管柱。

二、叶原基和芽原基

在裸子植物和大多数被子植物中，顶端分生组织表层细胞或其下面的第一层或第二、三层细胞平周分裂，向周围增加了细胞的数目，形成了突起。突起表面的细胞进行垂周分裂，里面的细胞进行各个方向的分裂，形成叶原基。叶腋处的细胞进行垂周分裂和平周分裂，形成突起，即腋芽原基。叶和芽均起源于茎顶端分生组织表面，这种起源方式为外起源。芽的外面有幼叶或芽鳞包被、覆盖着（图 5-7）。

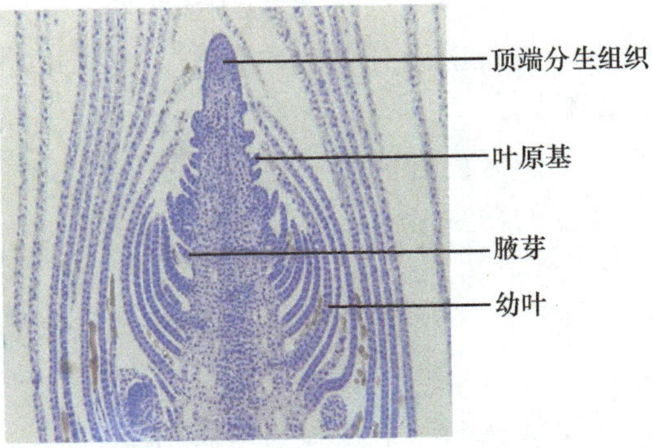

图5-7　一种水生植物芽的纵切

三、茎尖的分区

枝芽是短缩的枝条。通过枝芽纵切面可以看到茎尖可分为分生区、伸长区和成熟区（图 5-8）。

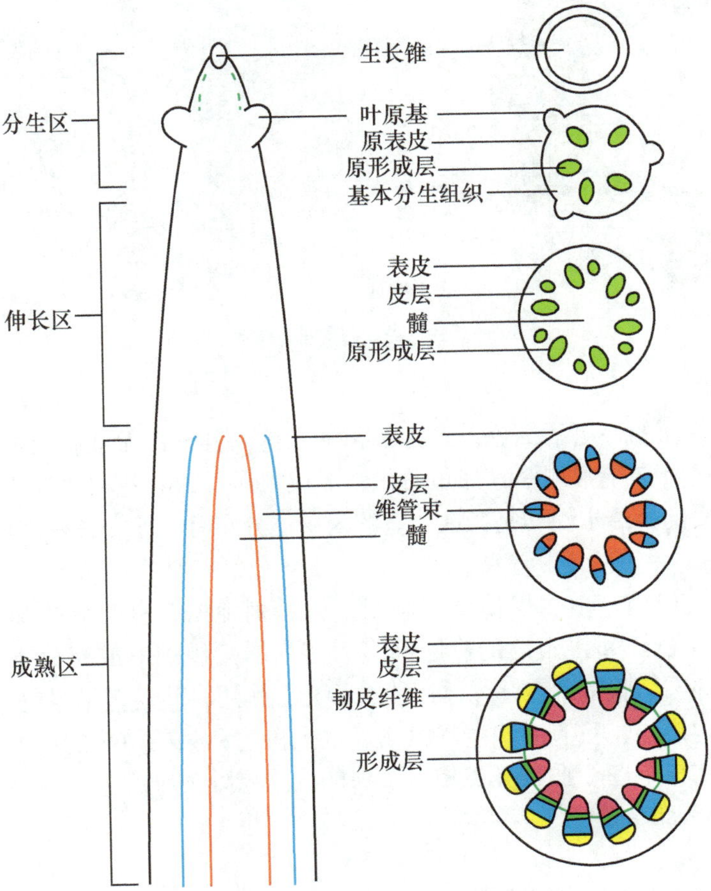

图5-8　茎尖的结构模式图

茎尖最前端的圆锥形区域即分生区，一般为半球形的结构，由原分生组织构成。在茎尖顶端后部，逐渐分化为原表皮、原形成层和基本分生组织等初生分生组织。

伸长区的特点是细胞的迅速伸长，长度常包含几个节与节间，其长度远远大于根的伸长区。伸长区已分化成原表皮、基本分生组织和原形成层三部分，并且细胞有丝分裂活动逐渐减弱。

成熟区内部的细胞有丝分裂和伸长生长都趋于停止，各种组织已基本分化成熟，已具备幼茎的初生结构。

第三节　双子叶草本植物茎的内部构造

茎顶端的初生分生组织所衍生的细胞，经过分裂、生长、分化而形成的组织，称为初生组织（primary tissue），由这种组织组成茎的初生结构（primary structure）。

双子叶草本植物茎的初生结构由表皮、皮层和维管柱三部分构成，如南瓜（图 5-9）。

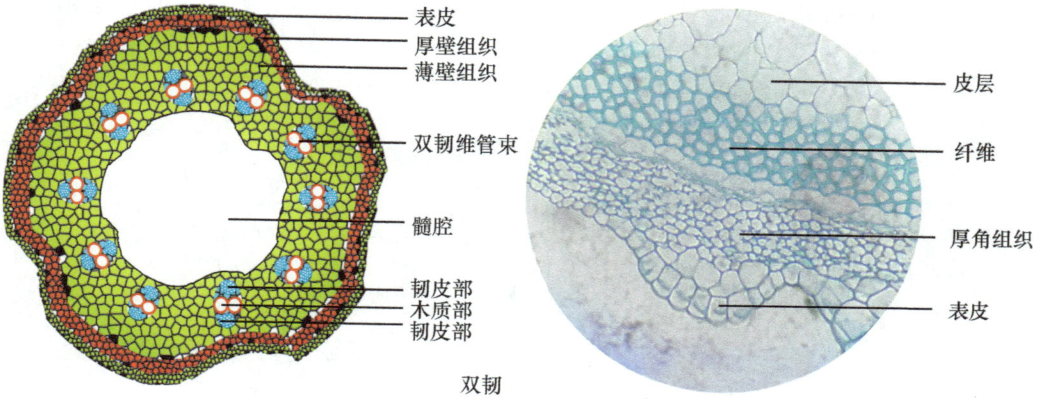

图5-9　南瓜茎的横切及局部放大

1. 表皮

表皮是幼茎外面的一层活细胞，多为狭长形，排列紧密，无细胞间隙，由原表皮发育而来。表皮细胞的外向壁常加厚，并角质化，形成角质层；有些植物在角质层外面还有蜡质，可以增加表皮的不透水性和坚韧性。茎的表皮还分布有气孔和各种表皮毛（图 5-10）。

2. 皮层

皮层位于表皮以内，由多层薄壁细胞组成，排列疏松，有明显的细胞间隙。在横切面上占有很小的比例。邻接表皮的皮层细胞大多为厚角组织，成束分布，形成茎的棱角（图 5-11）。皮层外围细胞常含有叶绿体，能进行光合作用，使幼茎呈绿色。

茎一般没有内皮层，只有一些草本植物、水生植物和某些植物的地下茎中才具有内皮层。有些植物，如旱金莲、蚕豆等在相当于根的内皮层处的细胞中富含淀粉粒，这层细胞称为淀粉鞘（starch sheath）。

3. 维管柱

维管柱位于皮层之内，包括维管束（vascular bundle）、髓（pith）和髓射线（pith ray）

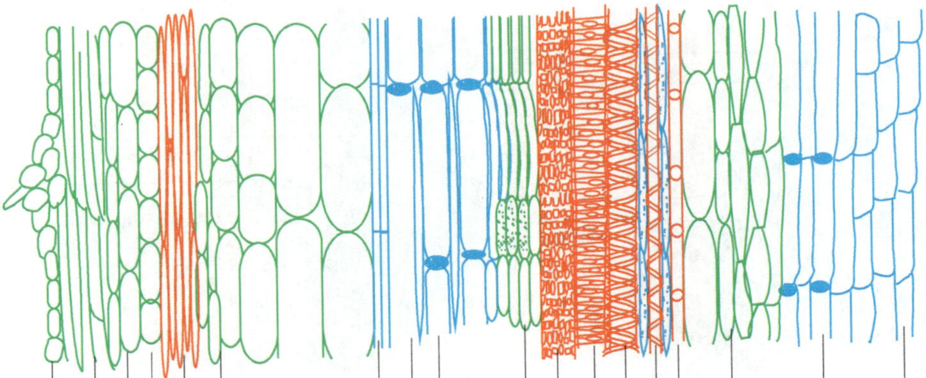

图5-10 南瓜茎的纵切示意图

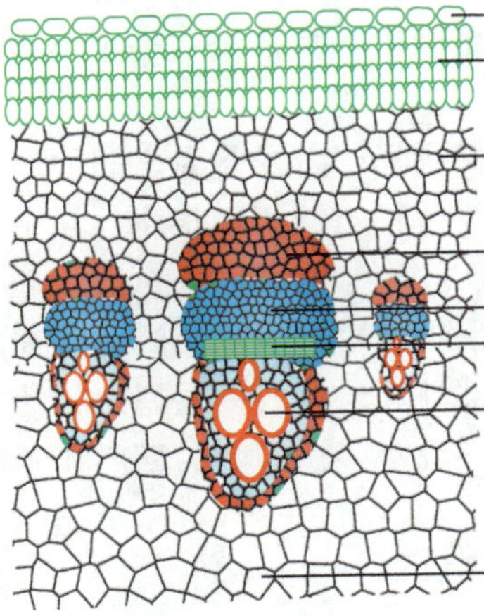

图5-11 大丽花茎横切的局部放大

等部分。与根相比，茎一般没有显著的内皮层和中柱鞘。在茎的横切面上的面积，如向日葵幼茎的横切，维管束有十多束，维管束之间就是髓射线，维管束的里面围绕形成的一个薄壁细胞组成的髓（图 5-12）。

初生木质部由导管、管胞、木纤维和木薄壁细胞组成，位于维管束的内侧，输导水分和无机盐，并兼有机械支撑作用。茎初生木质部的发育方式是内始式（endarch），即从内部开始逐渐向外顺序发育成熟。

初生韧皮部由筛管、伴胞、韧皮纤维和韧皮薄壁细胞组成，位于维管束的外侧。茎初生韧皮部的发育方式与根的相同，为是外始式（exarch），即原生韧皮部在外方，后生韧皮部在内方。

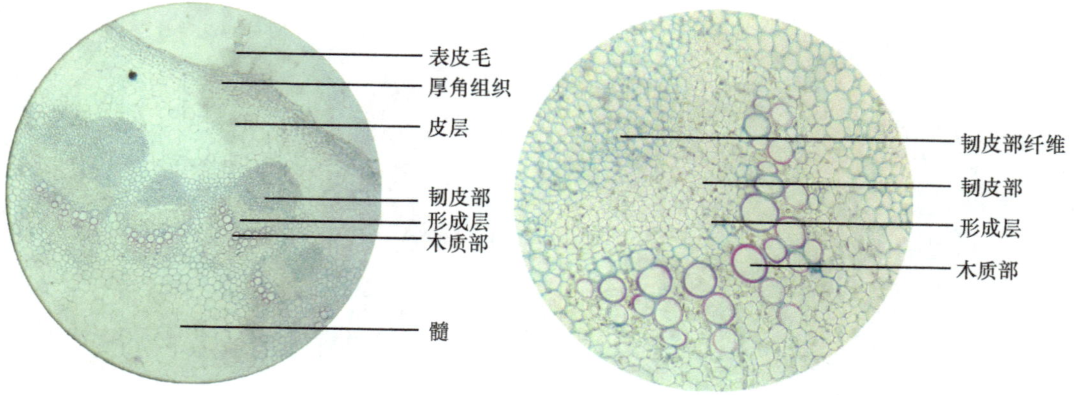

图5-12　向日葵幼茎横切及单个维管束的放大

束中形成层分布在初生木质部和初生韧皮部之间，是顶端分生组织分化为成熟组织时留下的一层具有潜在分裂能力的细胞，在茎的增粗中起主要作用。双子叶植物茎一般为外韧无限维管束。外韧无限维管束的特征是：一个维管束的外方是韧皮部，内方是木质部。有些植物如曼陀罗、颠茄、烟草、甘薯、桉树、南瓜、马铃薯等，在初生木质部的内外两侧均有韧皮部，为双韧维管束。双韧维管束的特征是：一个维管束的外方和内方都是韧皮部，韧皮部的中间是木质部。

双子叶草本植物的幼茎维管束呈椭圆形。各维管束之间的距离较大，它们环形排列于皮层的内侧。多数木本植物幼茎内的维管束彼此间距很小，几乎连成完整的环。每个维管束由初生木质部、初生韧皮部和束中形成层构成。

髓位于茎的中央，被维管束紧紧围绕，由排列疏松的薄壁细胞组成，有的髓中具石细胞，如樟的茎。有些植物的髓部呈局部破坏，形成一系列片状的横隔膜，如多数植物茎的髓部没有消失，是实心的，如扶桑等。也有些植物茎的髓部在发育过程中往往消失，形成中空的茎，如水稻、南瓜等（图 5-13）。

图5-13　髓的种类

髓射线是维管束之间的薄壁组织，外起皮层，内达髓部，在茎的横切面上呈放射状排列，主要执行物质的横向运输和贮藏养料的功能。

其他一些草本植物的茎的横切示意图见图 5-14 至图 5-18。草质茎的植物生长期短，次生生长有限，次生结构不发达或不存在，木质部较少。

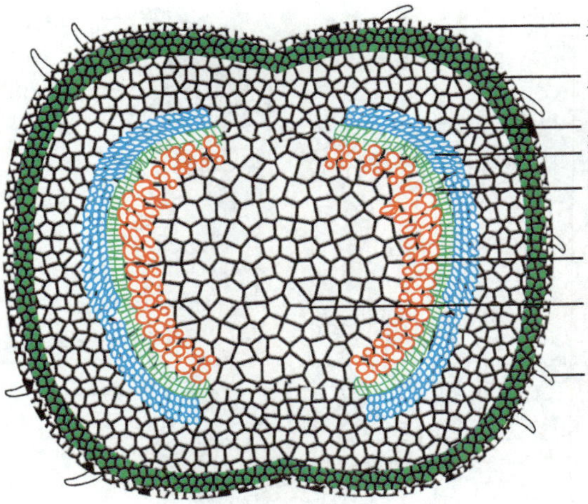

图5-14　芝麻四方形茎的横切

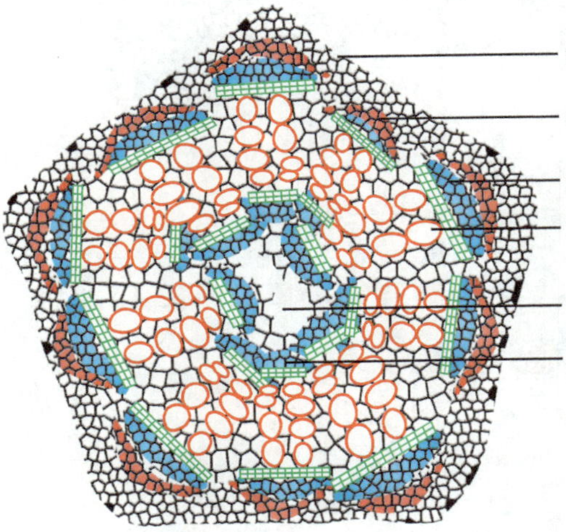

图5-15　苦瓜五棱形茎的横切

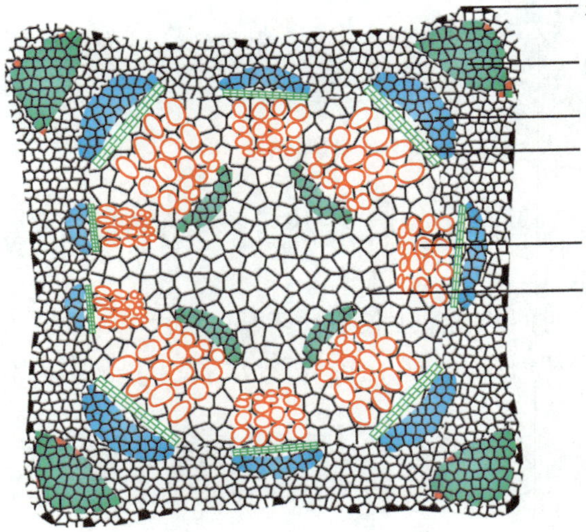

图5-16　苜蓿四棱茎的横切

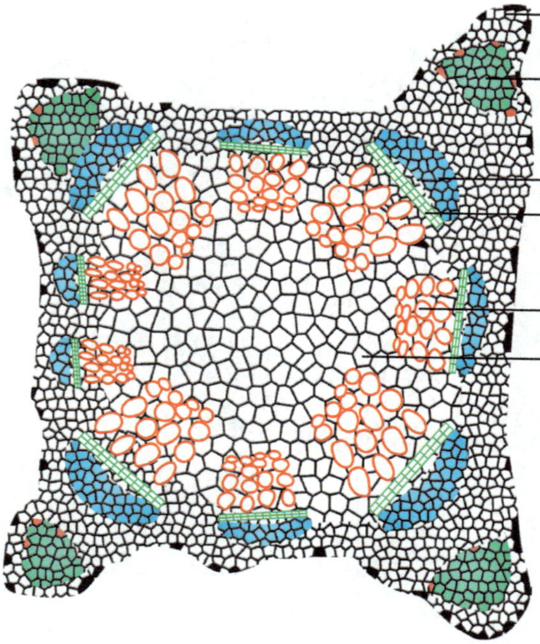

图5-17　甘薯不规则茎的横切

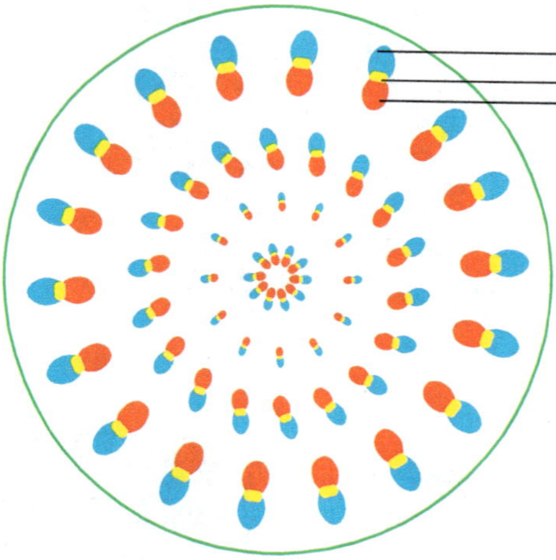

图5-18　碱蓬茎的横切

第四节　双子叶木本植物茎的内部构造

木本植物的茎经过一段时间的初生生长后，还要进行次生生长，产生次生结构。茎的次生结构包括次生维管组织和周皮，分别由维管形成层和木栓形成层分裂产生次生维管组织和次生保护组织。

一、次生维管组织

当茎进行次生生长时，邻接束中形成层的髓射线细胞恢复分裂能力，转变为束间形成层（interfascicular cambium），并与束中形成层相连接，共同构成圆环状的维管形成层。维管形成层向外产生次生韧皮部，向内产生次生木质部。

1. 维管形成层

维管形成层的细胞有纺锤状原始细胞和射线原始细胞两种类型。维管形成层中的纺锤原始细胞开始进行切向（平周）分裂，向内形成次生木质部，加在初生木质部的外方；向外形成次生韧皮部，加在初生韧皮部的内侧。射线原始细胞也不断分裂形成薄壁细胞，即次生射线细胞，贯穿于次生木质部与次生韧皮部，形成横向的联系组织，称为维管射线。形成层的束间部分，或产生维管组织，或继续产生薄壁组织，以增加髓射线的长度。在茎加粗生长的同时，形成层细胞也进行径向分裂和横向分裂，增加细胞的数量，扩大自身的圆周，以适应内部木质部的增大。形成层的位置逐渐向外推移（图 5-19）。

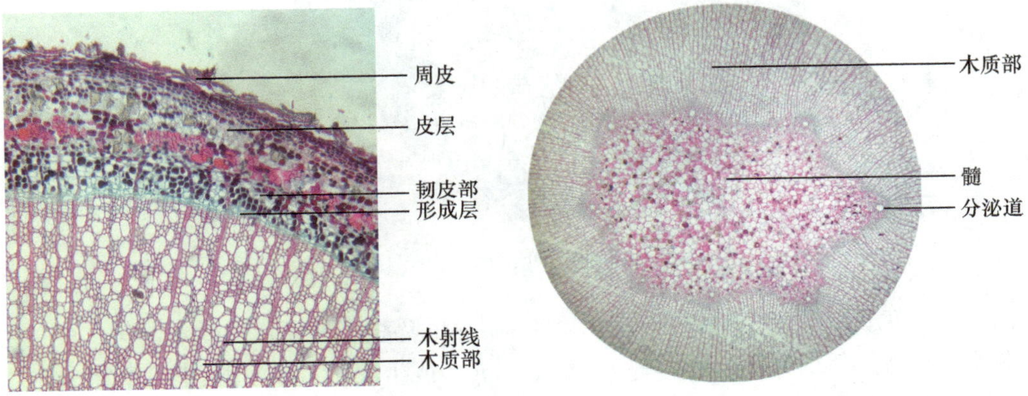

图5-19 枫香茎髓及木质部的横切

2. 次生韧皮部

次生韧皮部的组成包括筛管、伴胞、韧皮薄壁细胞和韧皮纤维，有时还具有石细胞（如肉桂、麻栎）或乳汁管（如夹竹桃、杜仲、三叶橡胶）。此外，还具有韧皮射线。次生韧皮部形成时，初生韧皮部被挤压到外方，形成颓废组织（obliterated tissue）。

维管形成层产生次生木质部的数量远多于次生韧皮部的数目。

3. 次生木质部

次生木质部是由导管、管胞、木薄壁细胞、木纤维和木射线组成。次生木质部中的导管主要是梯纹导管、网纹导管和孔纹导管，以孔纹导管最为普遍。由形成层的纺锤状原始细胞所产生的细胞有导管、管胞、木薄壁细胞和木纤维。由形成层的射线原始细胞衍生的细胞，径向延长，形成维管射线，位于次生木质部内的部分称为木射线。木射线常有多列细胞，有的只有一列细胞的，细胞为保持生活状态的薄壁细胞，但其细胞壁常木质化。

就木本植物来说，茎的绝大部分是次生木质部。树干越粗，次生木质部所占的比例也越大，而初生木质部和髓所占比例就越小。次生木质部是树干的主要输水结构和支持结构，也是木材的主要来源。

维管形成层的活动受季节影响很大。温带春季和热带雨季形成层活动旺盛，所产生的木质部细胞体积较大，细胞壁薄，导管直径大，数目多，纤维较少，材质较疏松，色泽较淡，称为早材（early wood）或春材（spring wood）；温带夏末、秋初或热带旱季，由于温度降低，水分减少，形成层活动逐渐减弱，产生的木质部细胞体积较小，细胞壁较厚，导管直径小，数目少，纤维较多，而且管胞数量较多，质地紧密，色泽较深，称为晚材（late wood）或秋材（autumn wood）（图 5-20）。

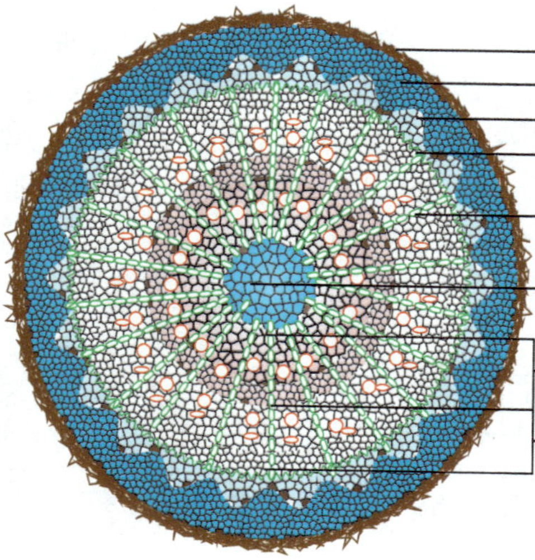

图5-20　板栗老茎的横切（二年生）

在一年中早材和晚材是逐渐转变的，没有明显的界线。但当年的秋材与第二年的春材界限分明，形成一同心环层，称年轮（annual ring）或生长轮（growth ring）（图 5-21）。但有的植物（如柑橘）一年可以形成 3 轮，称为假年轮（false annual ring）。这是由于形成层有节奏地活动，每年有几个循环的结果。一年中气候变化特殊，或被害虫吃掉了树叶，也可以产生假年轮。

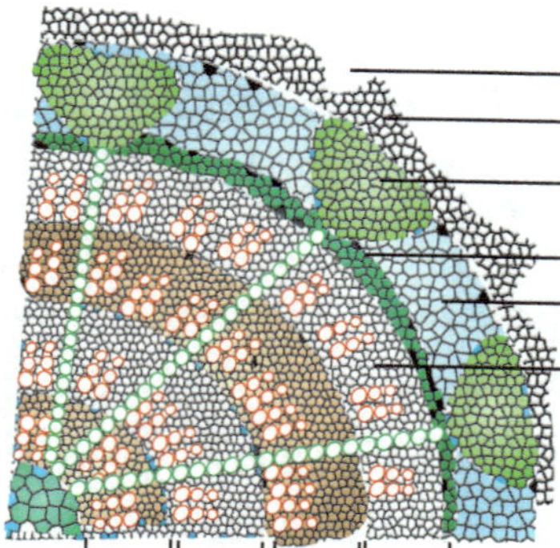

图5-21　四年生椴树茎的横切

在木质茎（木材）横切面上，次生木质部靠近形成层的部分，颜色较浅，质地较松软，称为边材（sap wood）。边材具有输导和贮藏功能。而中心部分颜色较深，质地较坚固，称为心材（heart wood）。心材中常积累一些代谢产物，如挥发油、单宁、树胶、树脂、色素等，使心材中导管和管胞被堵塞，失去输导能力。心材比较坚固，不易腐烂（图 5-22）。

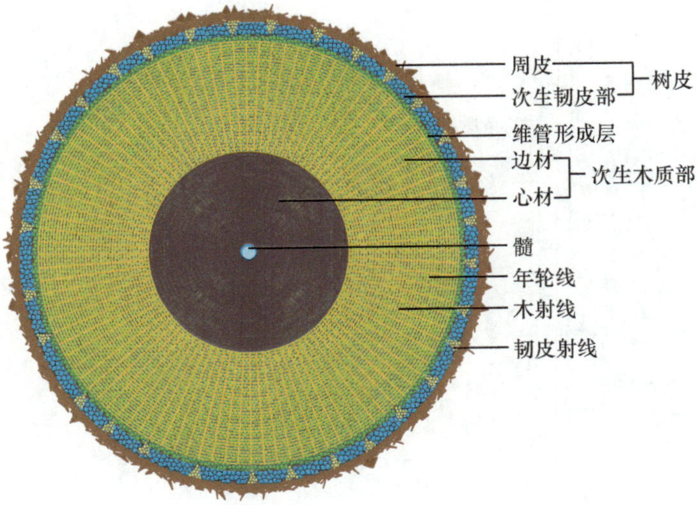

图5-22 黄花梨木茎的横切

根据次生木质部中导管的形态和分布，木材可分为散孔材和环孔材。如早材和晚材中的导管大小基本相等，均匀分布的木材是散孔材，如悬铃木、柳树等（图 5-23）；如早材中的导管大，晚材中的导管小，形成具有明显年轮的木材，就是环孔材，如板栗等（图 5-24）。

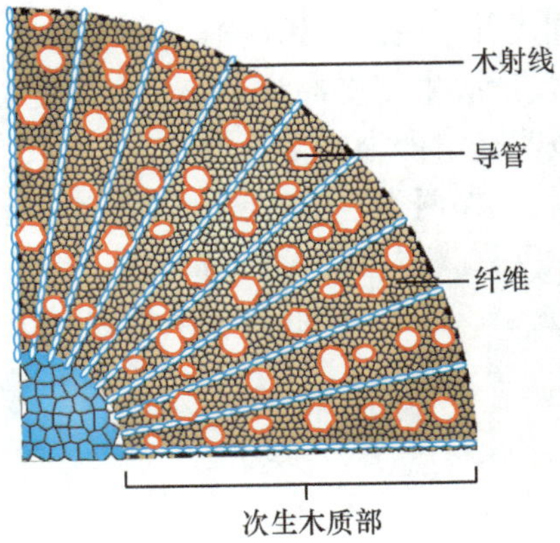

图 5-23 柳树茎的横切（散孔材）

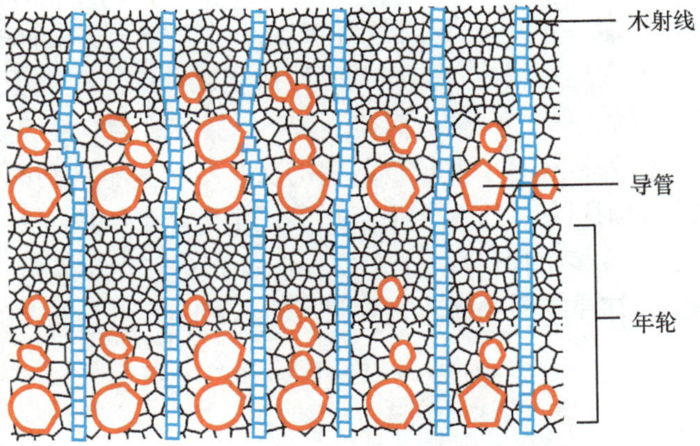

图 5-24 板栗茎的横切局部放大（年轮明显）

二、次生保护组织

1. 木栓形成层

随着茎的变粗，表皮内侧的皮层薄壁组织细胞恢复分生能力，形成木栓形成层，产生周皮，代替表皮行使保护作用。

茎中第一次木栓形成层的发生部位通常由紧接表皮的一层皮层细胞转变而成，如榆、胡桃、杨树等（图 5-25）；也可以由皮层的第二、第三层细胞转变而成，如马兜铃、刺槐等；还有的直接由表皮细胞转变而成，如欧洲夹竹桃、苹果等；另外一些则由近韧皮部内的薄壁细胞转变而成，如石榴、葡萄等。

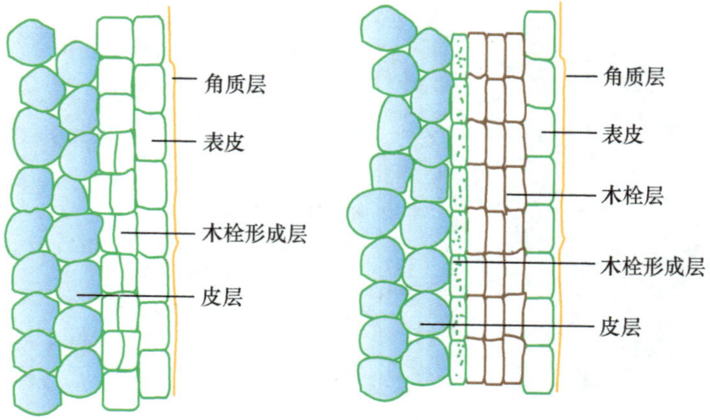

图5-25　茎周皮的形成

2. 树皮

一般木栓形成层的活动时间只有数月，多数树木又可依次在其内方产生新的木栓形成层，形成新的周皮。如此反复进行，最后木栓形成层的产生部位可深达次生韧皮部。老周皮以内的组织被新周皮隔离后，由于水分和营养供应的终止，相继全部枯死，这些周皮及其被隔离的颓废组织的综合体因常剥落，故被称为落皮层（rhytidome）。落皮层就是狭义的树皮。有的落皮层呈鳞片状脱落，如白皮松；有的呈环状脱落，如白桦；有的裂成纵沟，如柳、榆；有的呈大片脱落，如悬铃木。但不少植物的周皮并不脱落，如黄柏、杜仲等。

广义的"树皮"是指维管形成层以外的所有组织，包括次生韧皮部和周皮。多数皮类药材，如厚朴、杜仲、肉桂、黄柏、秦皮、合欢皮等茎皮类药材即为广义的树皮。

此外，还有一些植物的茎的次生结构呈不规则的形状，如西番莲等植物。西番莲的茎成不规则形状，次生木质部呈不规则的星形（图 5-26）。豆科藤本植物 *Machaerium* 的茎呈带状，有多个韧皮部（图 5-27）。无患子（*Sapindus mukorossi* Gaertn.）的茎成不规则形状，由多个次生木质部组成，有明显的木射线（图 5-28）。

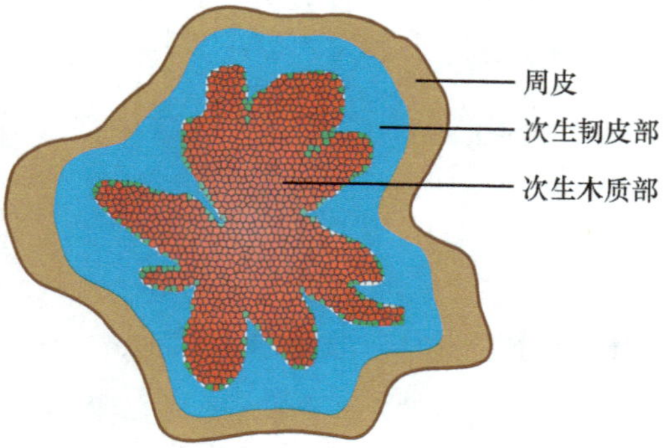

图5-26　西番莲茎的横切（异常次生结构）

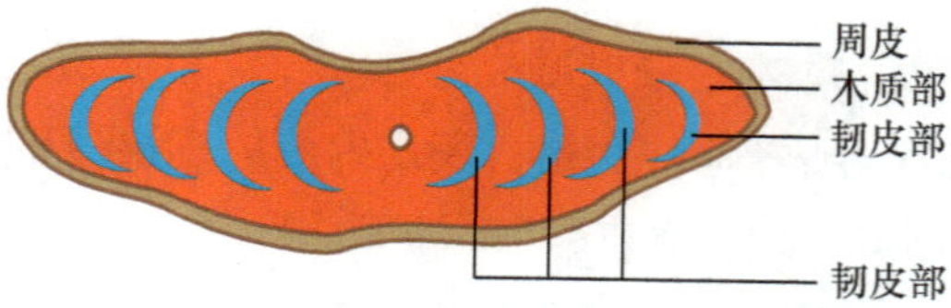

图5-27　*Machaerium*（豆科藤本植物）茎的横切（带状茎）

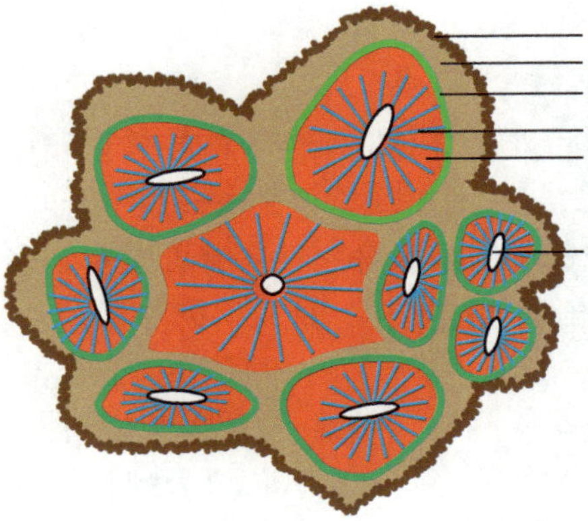

图5-28 无患子茎的横切

第五节 单子叶植物茎的内部构造

一、草本植物

大多数单子叶植物茎只有伸长生长和初生结构，茎的构造比双子叶植物的简单。单子叶植物茎的结构由表皮、基本组织和维管束构成（图 5-29）。

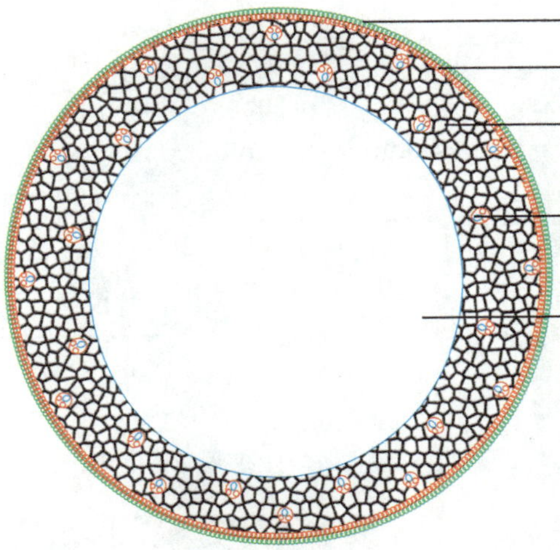

图5-29 水稻茎的横切

1. 表皮

表皮由长细胞、短细胞两种细胞组成。长细胞是角质化的细胞，构成表皮的大部分；短细胞位于两个长细胞之间，分为木栓化的栓质细胞（cork cell）和含有二氧化硅的硅质细胞（silica cell）两种。此外，表皮上还有由保卫细胞和副卫细胞组成的气孔器。

2. 基本组织

表皮以内为基本组织，主要由薄壁细胞组成，维管束散生在其中。靠近表皮常分布着厚壁细胞，起机械支持作用。幼嫩的茎中，表皮内方的薄壁细胞常含有叶绿体，能进行光合作用。有些植物茎中央组织解体，形成髓腔，周围分布着多层石细胞。基本组织具有皮层和髓的功能。

3. 维管束

横切面上，维管束近卵圆形，外面常有纤维构成的维管束鞘（bundle sheath）。木质部和韧皮部内外排列，没有形成层，这种有限维管束是大多数单子叶植物茎的结构特点。

韧皮部在维管束外方，韧皮部中的细胞排列整齐，可以看到多边形的筛管和长方形的伴胞。韧皮部的外侧有一条被挤毁的模糊结构，是原生韧皮部。

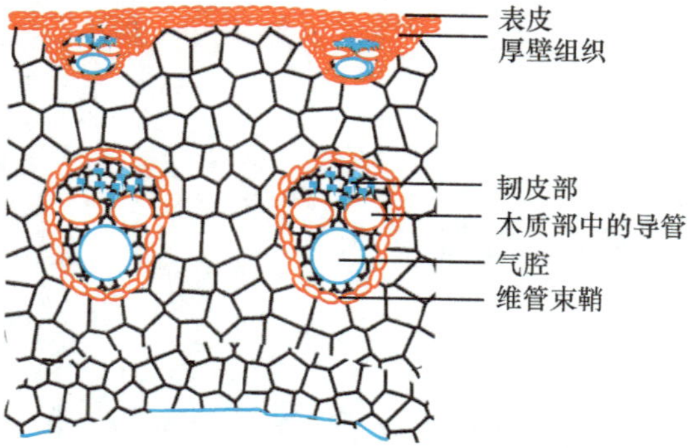

图5-30 水稻茎的横切局部放大

木质部在维管束内方，维管束中的木质部呈“V”形分布，主要由几个导管组成。“V”形的尖端部分由1～3个孔径较小的环纹或螺纹导管组成，为原生木质部。在茎的生长过程中原生木质部导管常被拉坏，留下一个空腔，称为气腔，气腔中常残留有环纹或螺纹导管的加厚壁。在“V”形的两侧各有一个孔径较大的孔纹导管，为后生木质部（图5-30）。

另外一些单子叶植物如玉米、小麦等植物茎的横切示意图见图5-31至图5-35。

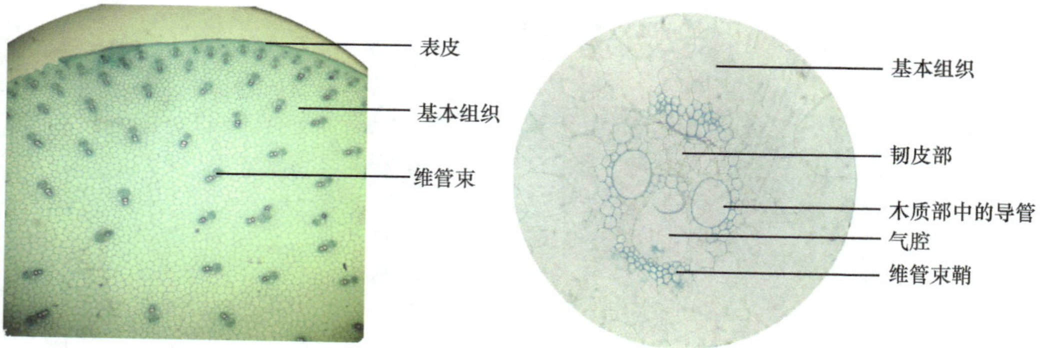

图5-31 玉米茎的横切及单个维管束的放大

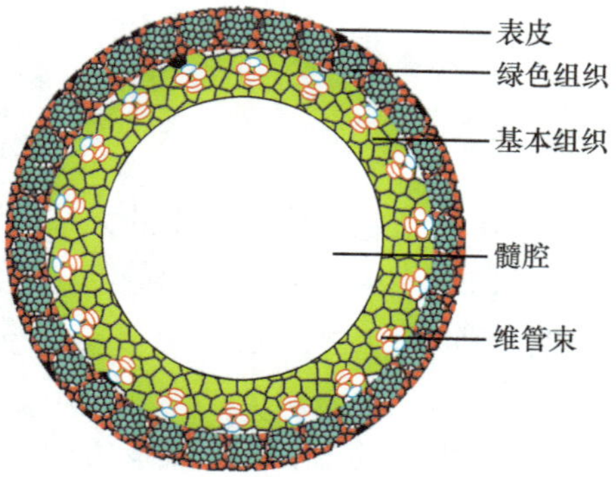

图5-32 小麦茎的横切

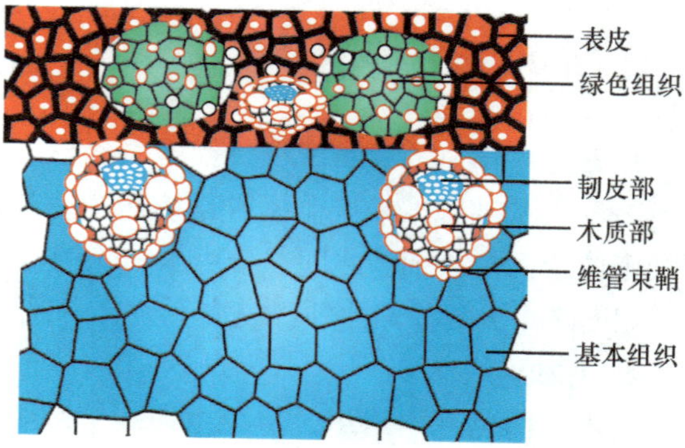

图5-33 小麦茎的横切局部放大

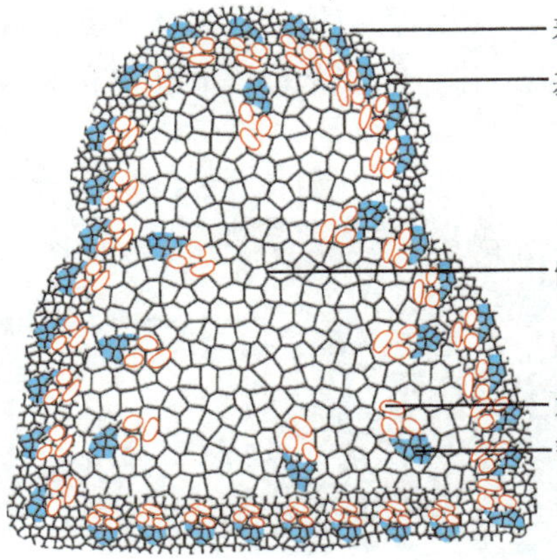

图5-34 香附子三棱茎的横切

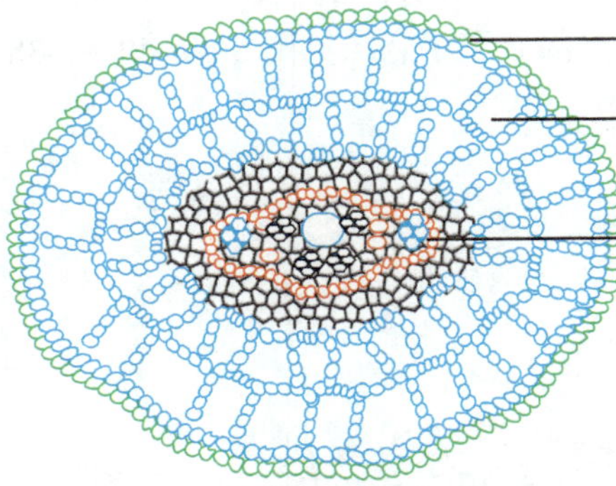

图5-35 菹草茎（单子叶沉水植物）的纵切

二、木本植物

大多数单子叶植物是没有次生生长的，因此没有次生结构。它们茎的增粗是由于细胞的长大或初生加厚，是分生组织平周分裂的结果。

少数热带或亚热带的单子叶植物茎，有次生生长和次生结构的出现，如龙血树、芦荟、丝兰、朱蕉等的茎亦产生形成层，进行次生生长，但它们的形成层的起源和活动情况与双子叶植物有很大的区别。例如，龙血树维管束外方的薄壁细胞恢复分裂能力，向外产生少量的薄壁组织细胞，向内产生一圈基本组织，在这一圈组织中，有部分细胞直径较小，细胞较长，并且成束出现，将来能分化成次生维管束。这些次生维管束是散列的，比初生的更密，韧皮部的量较少，木质部由管胞组成，并包于韧皮部的外周，形成周木维管束。而初生维管束为外韧维管束，木质部是由导管组成的（图 5-36）。竹子的茎也很硬，但它并没

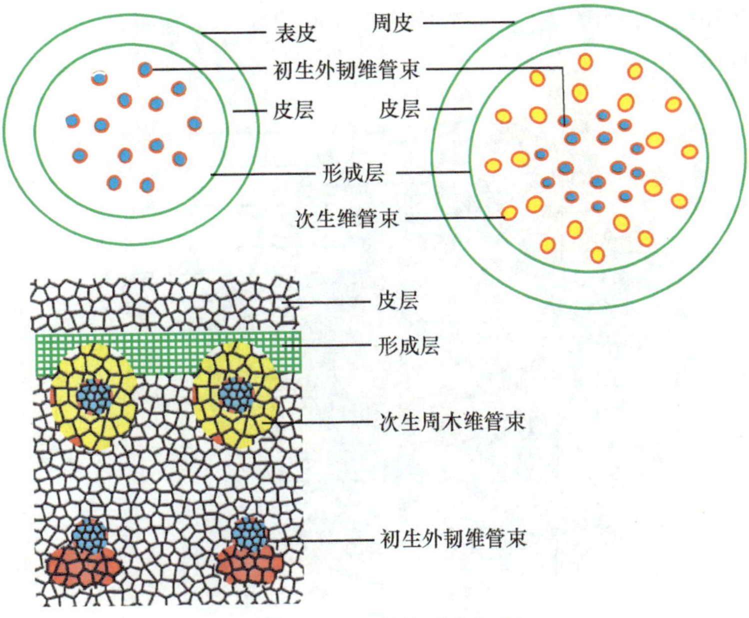

图5-36 龙血树的次生加粗

有形成层，没有次生结构。竹子的茎主要由表皮、基本组织和维管束构成。基本组织的中央具有一个非常大的髓腔。表皮下面具有很厚的厚壁细胞，让竹子非常硬。竹子茎的横切示意图及局部放大示意图见图 5-37 和图 5-38。

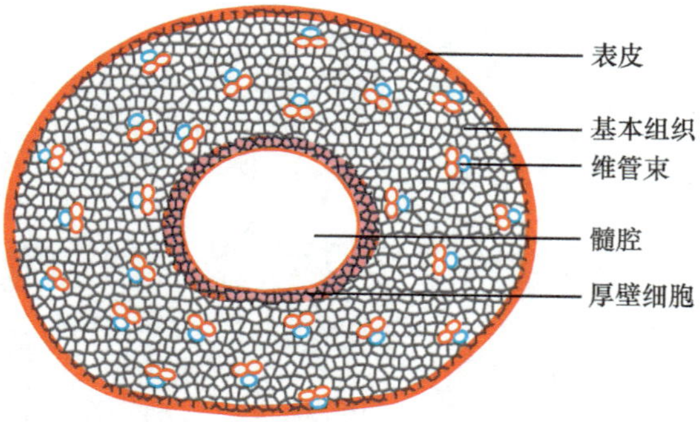

图5-37　竹子茎的横切

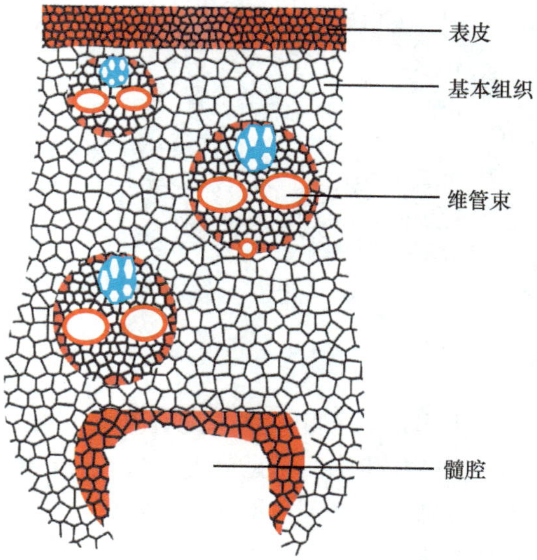

图5-38　竹子茎的横切局部放大

第六节　裸子植物茎的内部构造

裸子植物茎为人类提供了优质的木材。裸子植物的茎也分为初生结构和次生结构。内部构造与双子叶木本植物的构造非常类似。裸子植物的茎的木质部没有导管，只具有管胞。韧皮部仅仅具有筛胞。一年生松茎的横切示意图见图 5-39，在皮层和木质部中有分泌树脂的树脂道（图 5-40）。

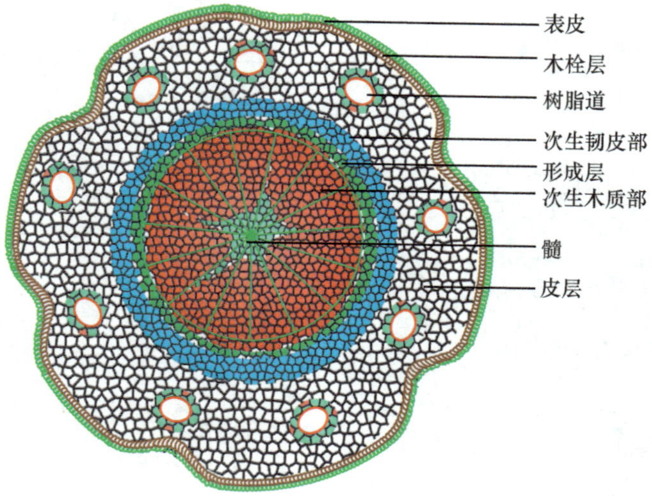

图5-39　松茎次生木质部的横切

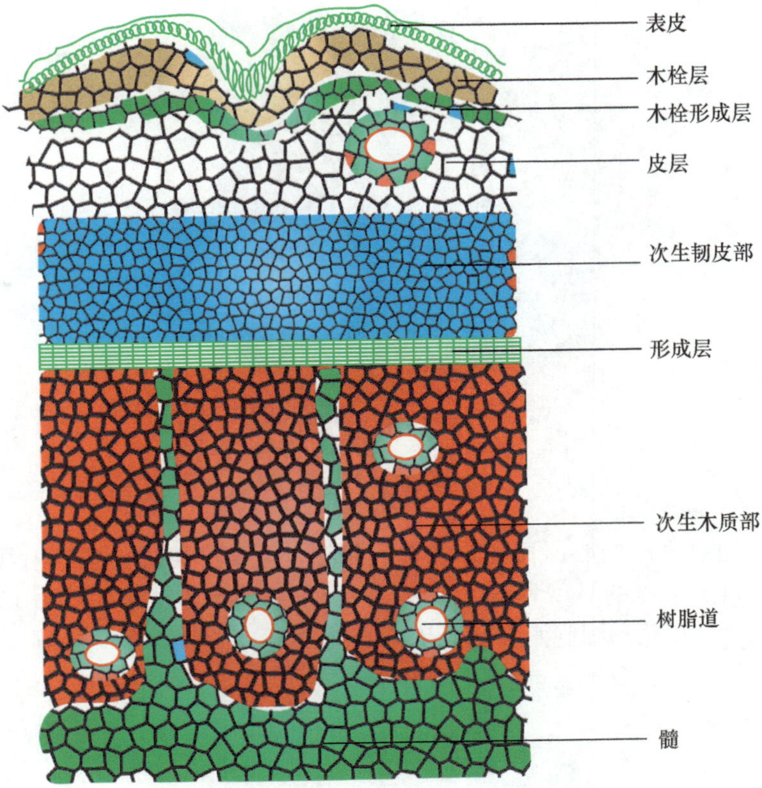

图5-40 一年生松茎横切局部放大

裸子植物木材的内部构造可以通过茎的三切面，即横切面（transverse section）、径向切面（radial section）、切向切面（tangential section）来进行观察。

在横切面上，年轮为同心环状，射线为纵切面，呈辐射状排列，可见射线的长度和宽度（图 5-41）。切向切面是不通过茎的中心而垂直于茎的半径所做的切面。在切向切面上，年轮呈 U 形的波纹，射线为横切面，细胞群呈纺锤状，呈不连续地纵行排列。在此切面上可以看见射线的宽度和高度及细胞列数（图 5-42）。

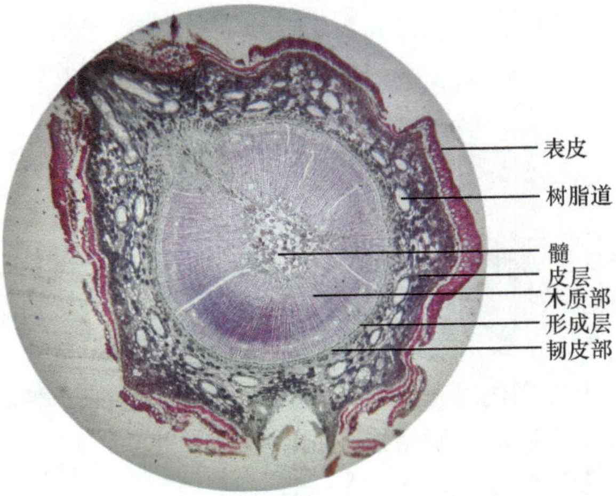

图5-41 松茎的横切面及局部放大

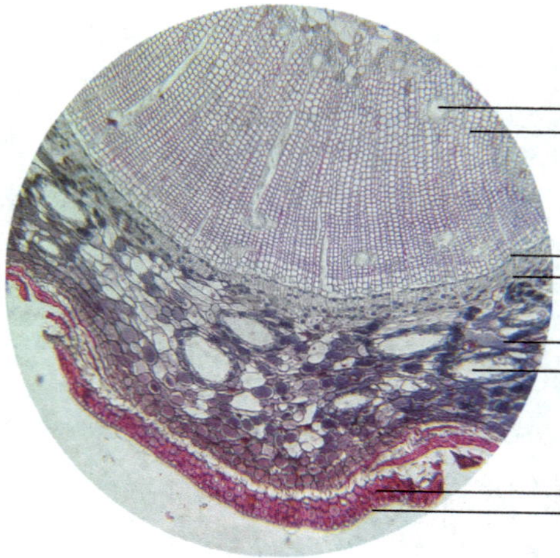

图5-41　松茎的横切面及局部放大（续）

径向切面是通过茎的中心所做的纵切面。年轮呈垂直平行的带状，射线则横向分布，与年轮呈直角，可见射线的高度和长度，可以看见导管、管胞、木纤维和木薄壁细胞等纵切面的长度、宽度、纹孔和细胞两端的形状（图 5-42）。看到的导管、管胞、木纤维和木薄壁细胞等的形态与径向切面相似。

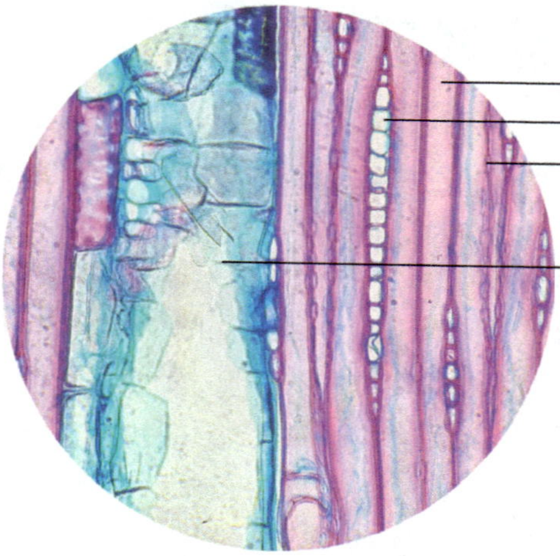

图5-42　松茎的径向切面

第七节　根与茎的连接

根和茎中的维管组织的排布并不相同，它们的连接的部位是根茎转换区。通过转换区，韧皮部和韧皮部相连，木质部和木质部相连。发生这一转变的部位称为过渡区（transition region），一般在下胚轴下方的一定部位。

转变时维管柱有增粗的变化过程，木质部或韧皮部，或两者都发生分叉、旋转、靠拢和并合的变化过程。转变之后的维管组织在根茎之间就建立起了统一联系。二原型根和四原型根茎转换的示意图见图 5-43 至图 5-46。

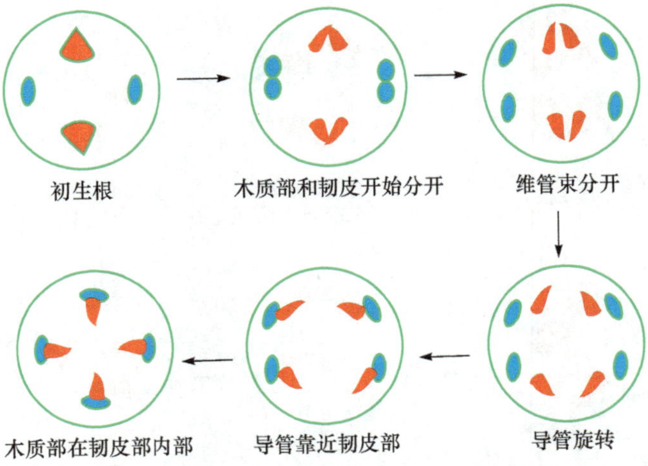

图5-43　二原型根的根茎转换示意图（1）

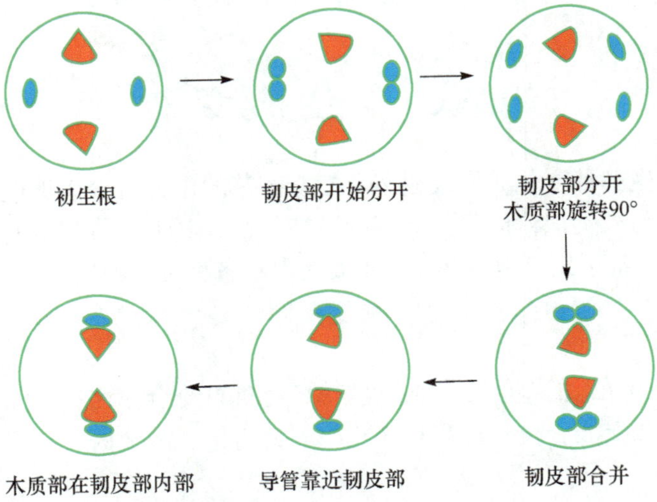

图5-44　二原型根的根茎转换示意图（2）

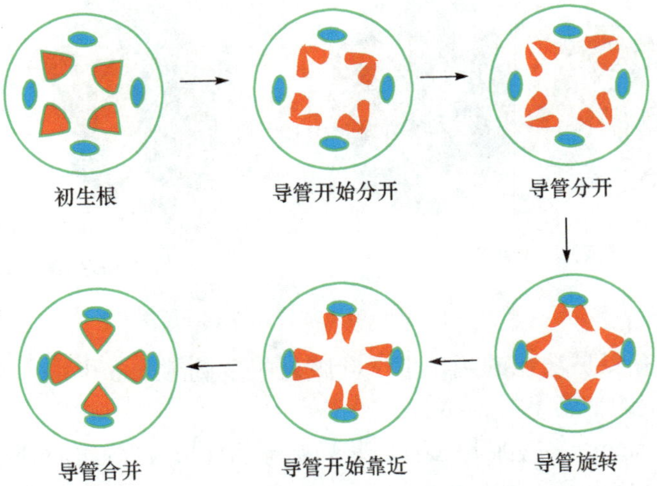

图5-45　四原型根的根茎转换示意图（1）

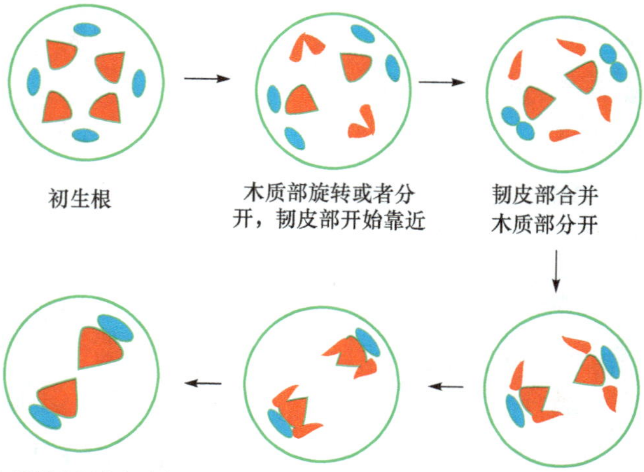

图5-46　四原型根的根茎转换示意图（2）

第八节　茎的变态

茎的结构常发生各种变化，形成变态。按变态茎的位置可分为地上茎变态与地下茎变态两大类。地下茎与根类似，但仍具有茎的一般特征，其上有节和节间，并具退化鳞叶及顶芽、侧芽等，可与根区别。地下茎变态主要为贮藏各种营养物质。

一、地上茎

叶状茎（cladophyll）的茎呈绿色的叶状体，可进行光合作用；叶完全退化或不发达；但节与节间明显，节上能分枝、长叶和开花，如天门冬、假叶树、竹节蓼、文竹等植物的茎（图 5-47）。

蟹爪兰的叶状茎

竹节蓼的叶状茎

图5-47　叶状茎

变态茎形成具有保护功能的刺，生于叶腋处叫茎刺（stem thorn）。茎刺可以有分枝，如山楂、柑橘、皂荚的茎刺（图 5-48）。

肉质茎（fleshy stem）的茎肥厚多汁，呈扁圆形、柱形或球形等多种形态，能进行光合作用，如仙人掌、乌羽玉等（图 5-49）。

皂荚的茎刺　　柑橘的茎刺

图5-48　皂荚和柑橘的茎刺

图5-49　仙人掌肉质茎

有些攀缘植物的茎细长柔软，不能直立，部分茎和茎端变态形成卷须叫茎卷须（stem tendril）。卷须多发生于叶腋处，即由腋芽发育形成，如栝楼、黄瓜、南瓜等。也有些植物的卷须由顶芽发育而成，如葡萄的茎卷须（图 5-50）。

黄瓜的茎卷须　　葡萄的茎卷须

图5-50　茎卷须

钩状茎（hook-like stem）由茎的侧轴变态而来，通常弯曲呈钩状，粗短坚硬无分枝，位于叶腋，如钩藤（图 5-51）。

有些植物的腋芽常形成小块茎，形态与块茎相似，叫小块茎（tubercle）。例如，山药的珠芽，薯蓣、秋海棠的腋芽形成的肉质小块茎，半夏叶柄上的不定芽也可形成小块茎。

有些植物在叶腋或花序处由腋芽或花芽形成小鳞茎，如卷丹腋芽形成小鳞茎，洋葱、大蒜花序中花芽形成小鳞茎（bulblet）。小块茎和小鳞茎均有繁殖作用。

图5-51　钩状茎

二、地下茎

横卧地下，肉质膨大呈根状的茎叫根状茎（rhizome）。根状茎有明显的节和节间，节上有退化的鳞片叶，先端有顶芽，节上有腋芽，向下常生不定根，如莲、姜、芦苇、三七、人参等的根茎（图 5-52）。

姜的根状茎

莲的根状茎

图5-52　根状茎

短而膨大呈不规则块状的地下茎叫块茎（tuber）。节间很短，节上有芽，叶退化成小的鳞片或早期枯萎脱落，如天麻、半夏、菊芋、马铃薯（图 5-53）等。

肉质肥大呈球状或扁球状的茎叫球茎（corm）。节和节间明显，节间缩短，上有膜质鳞叶，芽发达，腋芽常生于上半部，基部具不定根，如慈姑、芋、荸荠（图 5-53）等。

马铃薯的块茎

荸荠的球茎

图5-53　块茎和球茎

呈球状或扁球状，茎极度缩短的茎叫作鳞茎（bulb）。鳞茎上生有许多肉质肥厚的鳞片叶，顶端有顶芽，鳞片叶内生有腋芽，基部具不定根。鳞茎可分为无被鳞茎和有被鳞茎，前者鳞片狭，呈覆瓦状排列，外面无被覆盖，如贝母、百合等；后者鳞片阔，内层被外层完全覆盖，如大蒜和洋葱等（图 5-54）。

图5-54　鳞茎

从各种类型的茎，可以看出茎具有四大功能，可总结如图 5-55。一种植物的茎并不是同时具有这四大功能，不同类型的茎起不同的作用。

图5-55　茎的功能

本章部分思维导图

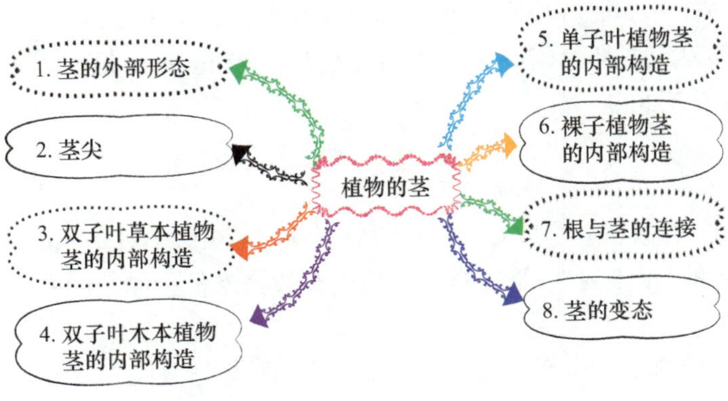

第六章

植物的叶

叶（leaf）是着生在植物茎的节处的器官，一般暴露在空气中。

第一节　叶的外部形态

一、叶的组成

叶一般由叶片（blade 或 lamina）、叶柄（petiole）和托叶（stipule）3 部分组成（图 6-1）。叶柄位于叶片的基部，连接叶片和茎。托叶通常是位于叶柄基部两侧（或上部）的成对附属物。托叶在叶发育早期起协助保护幼叶的作用。

图6-1　扶桑的叶片

叶片、叶柄和托叶 3 部分俱全的叶，称为完全叶（complete leaf），如桃、棉等植物的叶；仅具其中一部分或两部分的叶，称为不完全叶（incomplete leaf），如丁香、茶、油菜、白菜等植物的叶缺少托叶。

二、叶片的形态

叶片的大小差别极大。例如，王莲的叶片直径可达 1.8～2.5m，叶面能负荷重量 40～70kg，小孩坐在上面像乘小船一样；小的仅有数毫米长，如柏的鳞叶长仅 1～2mm。

1. 叶形

如果叶片在发育过程中长度的生长量占绝对优势，则呈剑形（ensiform）、线形

（linear）等；若长度与宽度的生长量接近，或长度略长一些，而且最宽处在叶片中部，则呈椭圆形（elliptical）、圆形（orbicular）等；若最宽处偏在叶片的基部，则呈披针形（lanceolate）、卵形（ovate）等；若最宽处偏在叶片顶端，则呈倒卵形（obovate）、倒披针形（oblanceolate）等。常见的叶片形状还有：细辛的叶为心形（cordate）、松树的叶为针形（acicular）、文殊兰的叶为带形（banded）、积雪草的叶为肾形（reniform）、莲的叶为盾形（peltate）、菠菜的叶为戟形（hastate）、慈姑的叶为箭形（sagittate）等（图 6-2）。卵形和圆形等叶片见图 6-3。

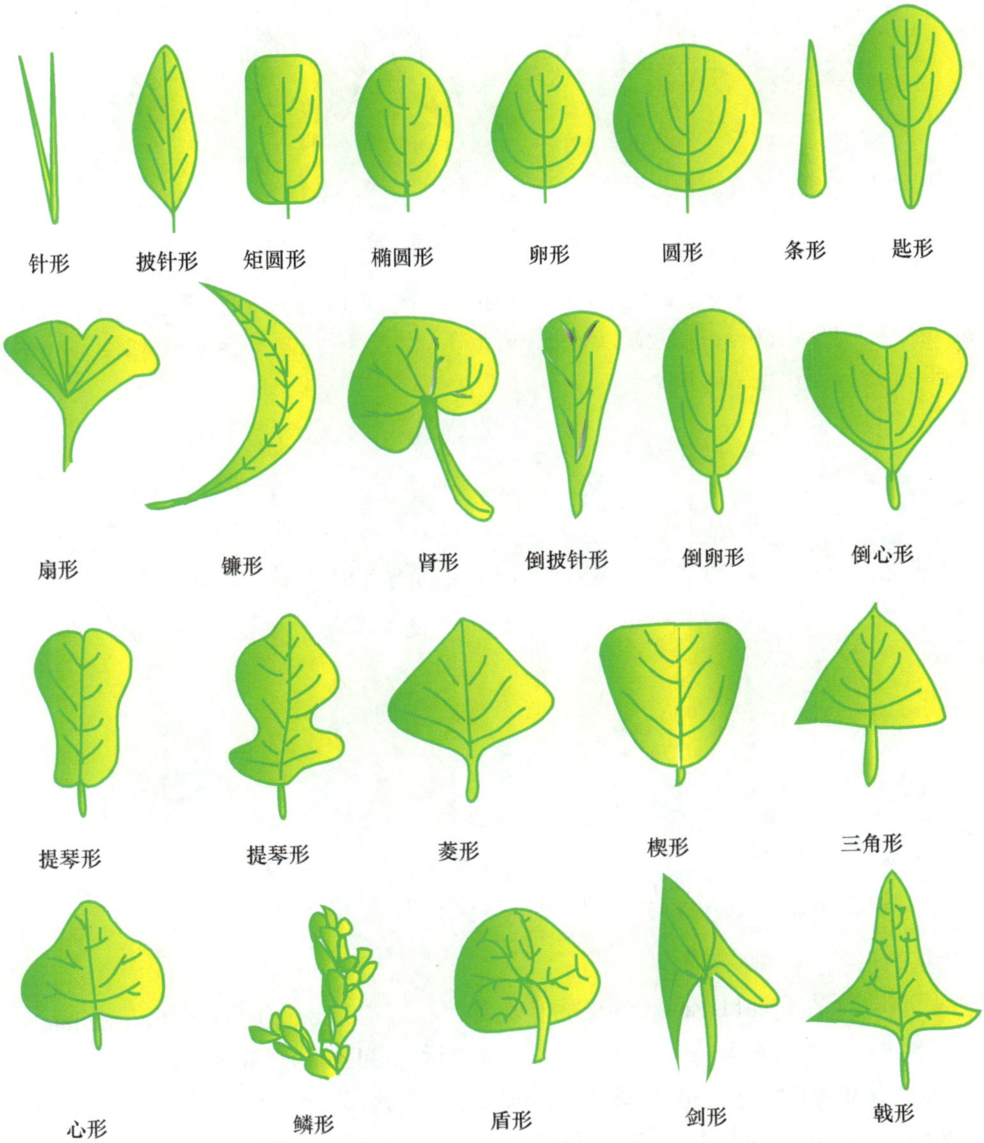

图6-2　叶形的种类

2. 叶尖的形状

叶片的先端即叶尖（leaf apex）。叶尖的形状有：圆形（rounded）、钝形（obtuse）、截

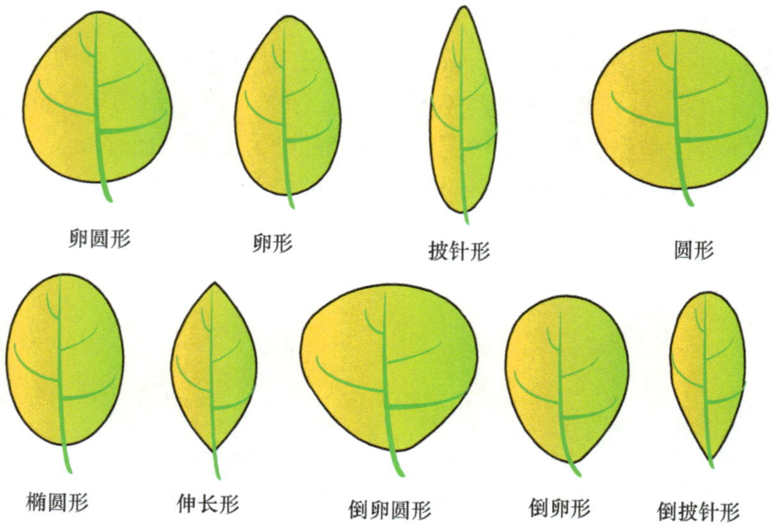

图6-3　卵、圆形等叶片

形（truncate）、急尖（acute）、渐尖（acuminate）、尾状（caudate）、芒尖（aristate）、短尖（mucronate）、微凹（retuse）、微缺（emarginate）、倒心形（obcordate）、骤尖（cuspidate）、渐狭（attenuate）等（图 6-4）。

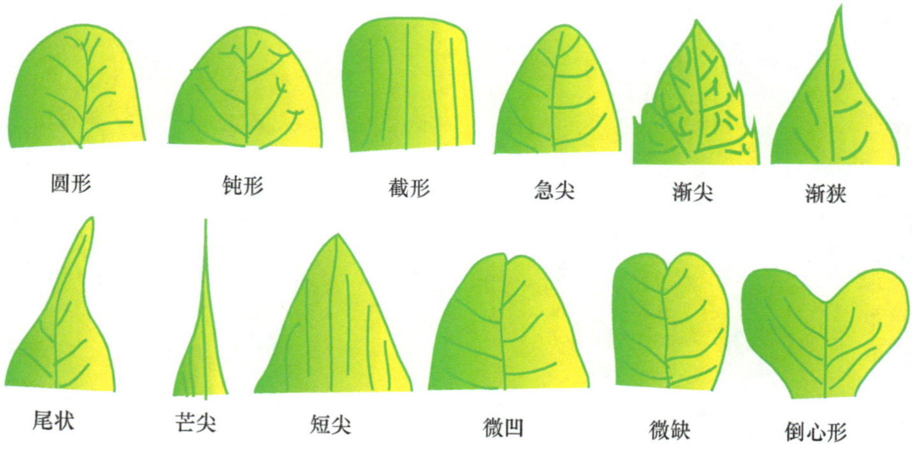

图6-4　叶尖的形状

3. 叶基的形状

叶片基部即叶基（leaf base）。常见的叶基有：心形（cordate）、耳形（auriculate）、戟形（hastate）、箭形（sagittate）、盾形（peltate）、偏斜形（oblique）、抱茎（amplexicaul）、穿茎（perfoliate）、贯穿（throughout）、楔形（cuneate）、渐狭形（attenuate）、下延（decurrent）、钝圆（obtuse）、截形（truncate）等（图 6-5）。

4. 叶缘的形状

叶片的边缘即叶缘（leaf margin）。常见的形状有：全缘（entire）、锯齿缘（serrate）、重锯齿缘（double serrate）、牙齿缘（dentate）、钝齿缘（crenate）、浅波缘（undulate）、深波

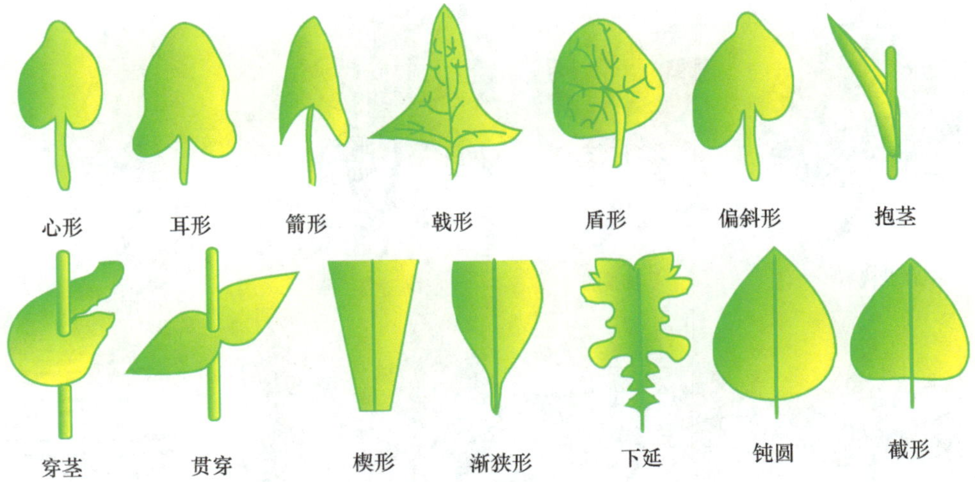

图6-5　叶基的形状

缘（sinuate）等（图 6-6）。

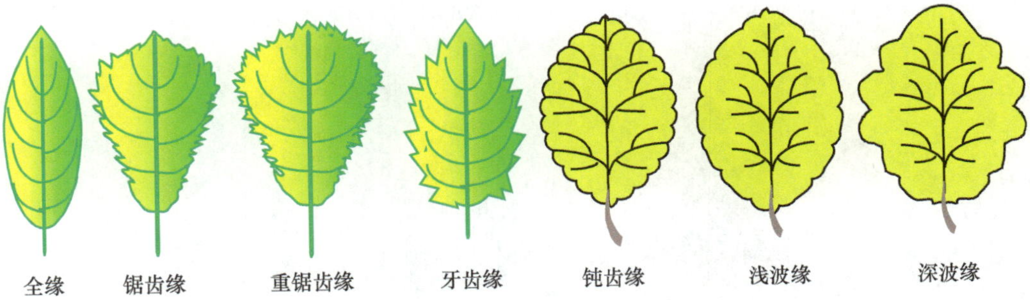

图6-6　叶缘的类型

5. 叶片的分裂

有些植物的叶片叶缘缺刻深而大，形成分裂状态。常见叶片分裂有羽状分裂（pinnately divided）、掌状分裂（palmately divided）和三出分裂（ternate divisions）3 种。缺刻呈羽片状排列的为羽状分裂；缺刻呈掌状排列的为掌状分裂；叶片分裂成 3 部分的为三出分裂。

依据叶片裂隙的深浅不同，又分为浅裂（lobate）、深裂（parted）和全裂（divided）（图 6-7）。浅裂为叶裂深度不超过或接近叶片宽度的 1/4，如药用大黄、南瓜；深裂为叶裂深度一般超过叶片宽度的 1/4，如唐古特大黄和荆芥的叶；全裂为叶裂深度几乎达到主脉或叶柄顶部，形成数个全裂片，如大麻和白头翁的叶。

6. 叶脉

叶脉（vein）是叶肉内的维管束。叶脉在叶片上有规律地分布，其分布形式称脉序（venation）。在种子植物中脉序主要有网状脉序（netted venation）、平行脉序（parallel venation）和叉状脉序（dichotomous venation）等几种类型（图 6-8）。

具有明显的主脉，由主脉分支形成侧脉，侧脉再经多级分支，彼此连接成网状的脉序是网状脉序。多数双子叶植物具网状叶脉。如叶片有一条主脉，主脉全长上均有二级脉的分布，就像梳子的齿一样，称为羽状网脉（pinnate venation），如桂花和桃的叶脉；叶片有

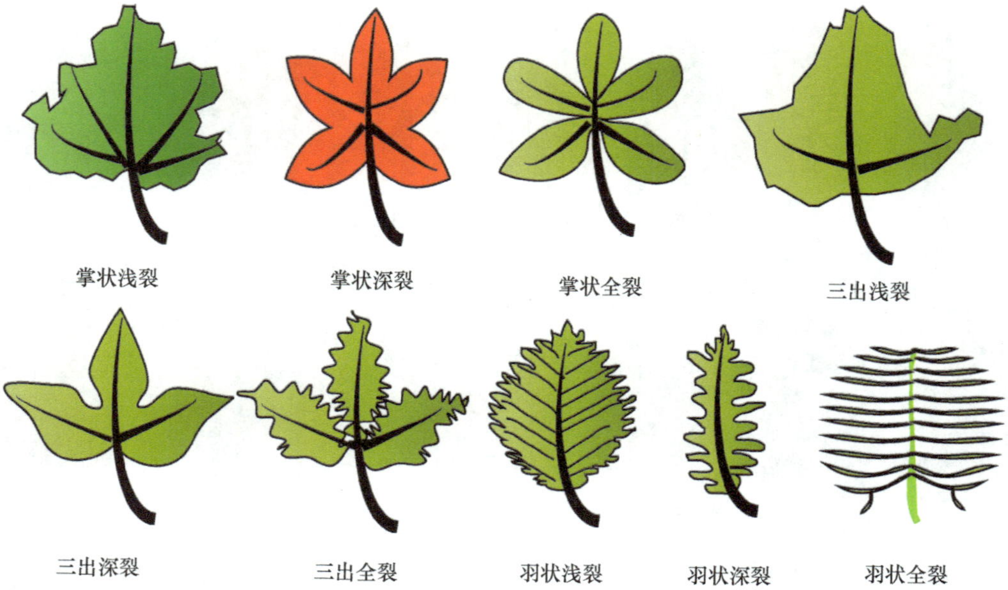

图6-7　叶片缺裂的种类

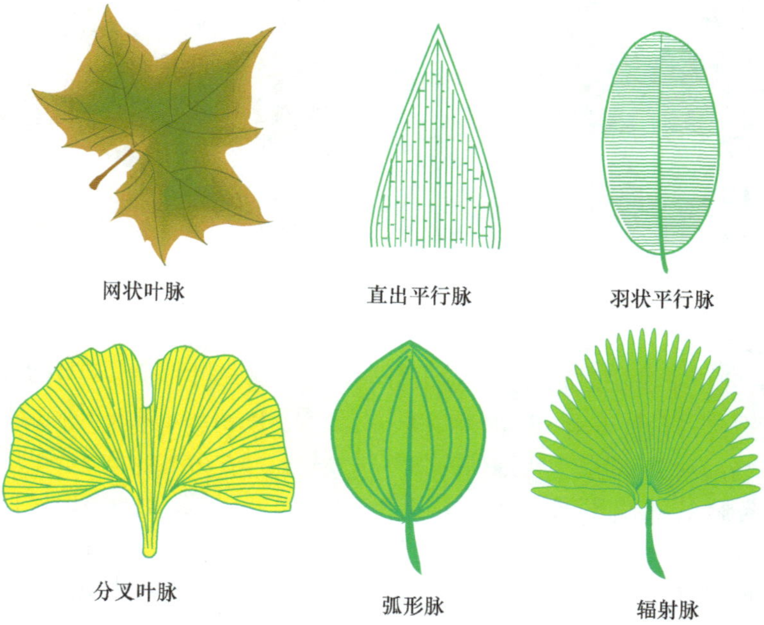

图6-8　叶脉的种类

多条主脉，主脉从叶基或近基部发散到叶片中，犹如手指对手掌，称为掌状网脉（palmate venation），如南瓜和蓖麻的叶脉。

各条叶脉平行或近于平行分布，是平行脉序。多数单子叶植物具平行脉序。主脉和侧脉从叶片基部平行伸出直到叶端者，称为直出平行脉（straight parallel venation），如淡竹叶的叶脉。若中央主脉明显，其两侧有许多平行排列的侧脉与主脉垂直，称为横出平行脉（pinnately parallel venation）或羽状平行脉，如芭蕉的叶脉。若各条叶脉均自基部以辐射状态伸出，称为辐射脉（radiate venation），如棕榈的叶脉。有些植物的叶脉从叶片基部直达叶尖，中部弯曲形成弧形，称为弧形脉（arc venation），如车前和黄精的叶脉。

每条叶脉均呈多级二叉状分枝，是叉状脉序。在蕨类植物中普遍存在，种子植物中的银杏亦具有这种脉序（图 6-8）。

三、单叶和复叶

1. 单叶

1 个叶柄上只着生 1 个叶片的，称单叶（simple leaf），如桃、厚朴、女贞、樟、李、柳等的叶。

2. 复叶

1 个叶柄上生有 2 个以上叶片的，称复叶（compound leaf），如月季、槐、五加、白扁豆等的叶。复叶的叶柄称总叶柄（common petiole），总叶柄以上着生叶片的轴状部分称叶轴（rachis）；总叶柄上着生的叶称小叶（leaflet），其叶柄称小叶柄（petiolule）。根据小叶的数量和排列方式，可将复叶分为三出复叶（ternately compound leaf）、掌状复叶（palmately compound leaf）、羽状复叶（pinnately compound leaf）和单身复叶（unifoliate compound leaf）4 种类型（图 6-9）。

图6-9 复叶的种类

叶轴上有 3 片小叶的复叶，如顶端的小叶柄较长的，称为三出羽状复叶，如大豆和胡枝子的叶；若三个小叶柄是等长的，称为三出掌状复叶，如酢浆草和半夏的叶。

叶轴缩短，在其顶端着生 3 片以上小叶，呈掌状展开，称掌状复叶，如五叶木通、五加、人参等的叶。

羽状复叶的叶轴长，小叶片在叶轴两侧呈羽状排列。羽状复叶的叶轴顶端生有 1 片小叶，是单（奇）数羽状复叶（odd-pinnatelycompound leaf），如槐、苦参、黄檗等的叶。羽状复叶的叶轴顶端具 2 片小叶，是双（偶）数羽状复叶（even-pinnately compound leaf），如蚕豆、决明、皂荚等的叶。叶轴作 1 次羽状分枝，在每一分枝上又形成羽状复叶，称二回羽状复叶（bipinnate leaf），如合欢和云实等的叶。叶轴作二次羽状分枝，在最后一次分枝上又形成羽状复叶，称三回羽状复叶（tripinnate leaf），如苦楝和南天竹等的叶。

单身复叶（unifoliate compound leaf）叶轴的顶端具有一片发达的小叶，两侧的小叶退化成翼状，其顶生小叶与叶轴连接处具一明显的关节，如柑橘、柠檬等芸香科柑橘属植物的叶（图 6-9）。

单叶和复叶的区分可由腋芽的位置来确定：单叶叶柄基部具有腋芽，而小叶基部没有腋芽。

复叶和生有单叶的小枝的区别：①复叶叶轴的先端没有顶芽，而小枝的先端具顶芽；②小叶叶腋内无腋芽，仅在总叶柄腋内有腋芽，而小枝上的每一单叶的叶腋均具腋芽；③复叶上的小叶在叶轴上排列在同一平面上，而小枝上的单叶与小枝常成一定的角度；④复叶脱落时，是整个脱落或小叶先脱落，然后叶轴连同总叶柄一起脱落，而小枝一般不脱落，只有叶脱落。

四、叶序和叶镶嵌

1. 叶序

叶在茎上都有一定的排列方式，称为叶序（phyllotaxy）。叶序有互生（alternate）、对生（opposite）、轮生（whorled，verticillate）和簇生（fascioled）4 种类型（图 6-10）。

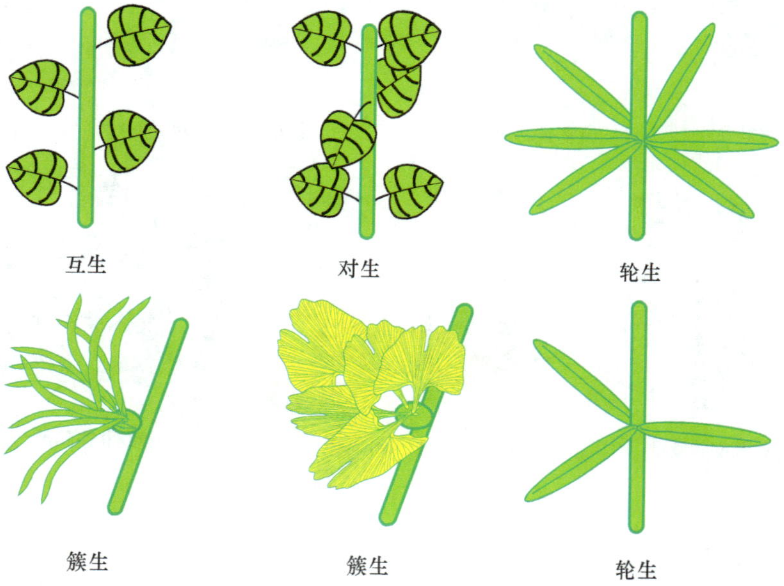

图6-10　叶序的种类

每节只生一片叶子，常沿茎做螺旋状排列的叶序是互生，如桑和樟等的叶序。

对生的叶成对着生于每节，每个叶位于茎的相对的一边，如小叶女贞、水杉、薄荷、忍冬、龙胆等的叶序。

轮生是三片或更多叶片着生在一个节上，如夹竹桃、直立百部、轮叶沙参等的叶序。

簇生的叶是两片或两片以上的叶着生在节间极度缩短的侧生短枝上，密集成簇，如银杏、落叶松、枸杞等的叶序。

同一植物可以同时存在 2 种或 2 种以上的叶序，如桔梗的叶序有互生、对生和轮生，栀子的叶序有对生和轮生。

2. 叶镶嵌

叶在茎上排列无论是哪一种方式，相邻两节的叶片都不重叠，它们总是利用叶柄长短的变化，或以一定的角度彼此相互错开排列，结果使同一枝上的叶以镶嵌状态排列而不会重叠，这种现象称为叶镶嵌（leaf mosaic）。叶镶嵌使叶片互不遮蔽，有利于植物进行光合作用，另外，叶的均匀排列也使茎的各侧受力均衡。

五、异形叶性

通常一种植物具有一定形状的叶。但某些植物却在同一植株上具有不同形状的叶，这种现象称为异形叶性（heterophylly）。异形叶性的发生有两种情况：一种是由于植株发育年龄的不同，所形成的叶形各异，如人参，一年生的只有 1 枚由 3 片小叶组成的复叶，二年生的为 1 枚掌状复叶（5 片小叶），三年生的有 2 枚掌状复叶，四年生的有 3 枚掌状复叶，以后每年递增 1 叶，最多可达 6 枚复叶（图 6-11）。半夏幼苗期的叶为单叶，而以后生长的叶为三全裂。另一种是由于外界环境的影响，引起叶的形态变化，如慈姑的沉水叶是线形，漂浮叶呈椭圆形，气生叶则呈箭形（图 6-12）；水毛茛气生叶扁平广阔，而沉水叶却细裂成丝状。

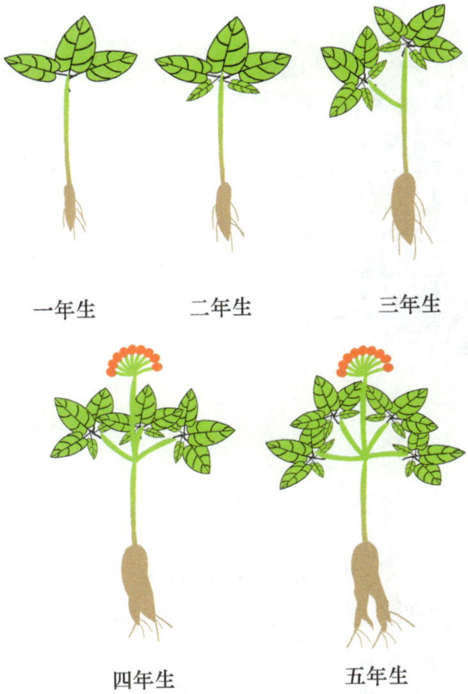

图6-11　人参

图6-12　慈姑的异形叶

第二节　双子叶植物叶的内部结构

叶是由叶原基（leaf primordium）发育而来，叶的初生组织分为原表皮层、基本分生组织和原形成层。叶片通过叶柄与茎相连。

植物的叶片多为绿色扁平体，呈水平方向伸展。一般将向光的一面称为上表皮（upper epidermis）或近轴面（adaxial surface），因其距离茎比较近而得名；相反的一面称之为下表皮（lower epidermis）或远轴面（abaxial surface）。

植物叶片通常由表皮（epidermis）、叶肉（mesophyll）和叶脉（vein）三部分组成。例如，冬青叶片过中脉横切如图 6-13 所示。

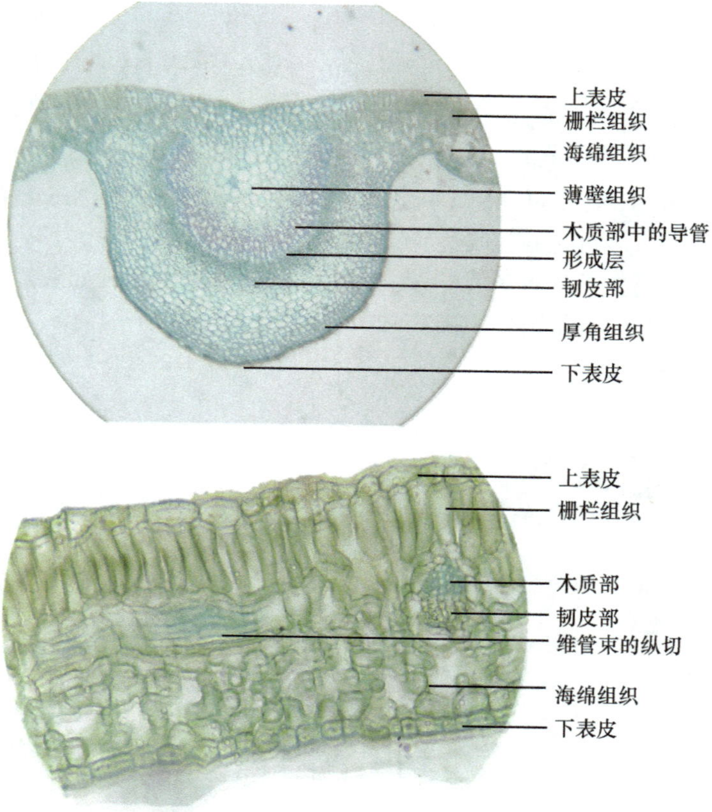

图6-13　冬青叶片过中脉横切及过侧脉横切

一、表皮

表皮覆盖着整个叶片，通常分为上表皮和下表皮。表皮通常由一层细胞，细胞内没有叶绿体；细胞紧密嵌合，细胞之间无细胞间隙。表皮细胞的表面观多呈不规则形，而横切面观呈长方形或方形，外壁较厚，并覆盖有角质层（图 6-14）。

多数植物种类的上下表皮均有气孔（单数 stoma，复数 stomata）分布，一般下表皮的气孔数量比上表皮多，但有些植物的上表皮甚至没有气孔分布（图 6-15）。

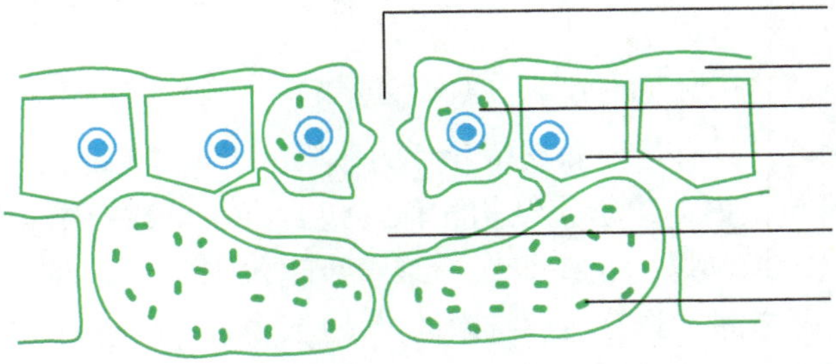

图6-14　叶片下表皮的横切

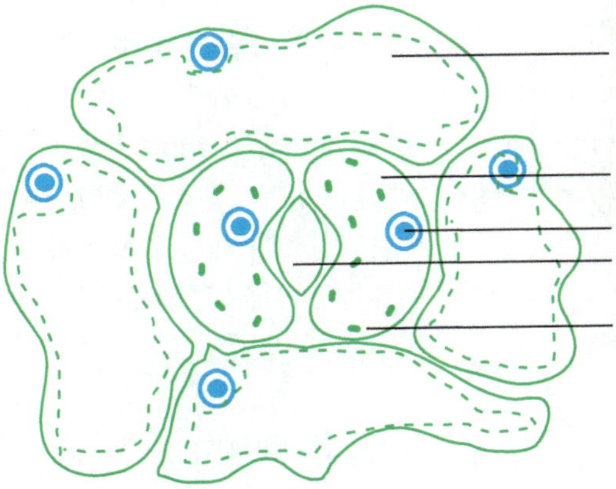

图6-15　植物叶片表面观

气孔是叶、茎及其他植物器官上皮上许多小的开孔，是植物表皮所特有的结构。狭义上常把保卫细胞（guard cell）之间形成的小孔称为气孔。保卫细胞区别于表皮细胞是结构中含有叶绿体，只是体积较小，数目也较少，片层结构发育不良，但能进行光合作用合成糖类物质。有时也伴有与保卫细胞相邻的 2～4 个副卫细胞（subsidiary cell）。把这些细胞包括在内是广义的气孔或气孔器（stomatal apparatus）。

表皮一般为一层细胞，但也有少数植物叶片的表皮是由多层细胞组成的，称为复表皮（multiple epidermis），如夹竹桃叶的复表皮为 2～3 层，而印度橡胶树叶的复表皮为 3～4 层。

二、叶肉

叶肉由绿色同化组织组成，细胞内富含叶绿体，是光合作用的场所。一般近上表皮的叶肉细胞为长柱形，垂直于叶片表面，排列整齐而紧密，呈栅栏状，称为栅栏组织（palisade tissue），通常 1～3 层，也有多层的。栅栏组织的细胞层数与细胞长度因植物而异，如棉为 1 层，长达叶片厚度的 1/3～1/2；甘薯 1～2 层；茶树因品种不同而有 1～4 层的变化。

海绵组织（spongy tissue）位于栅栏组织与下表皮之间，细胞形状不规则，排列疏松，形成短臂状突起并互相连接而形成较大的细胞间隙。

叶肉分为栅栏组织和海绵组织的叶片称为异面叶（dorsi-ventral leaf 或 bifacial leaf）。大多数双子叶植物和部分单子叶植物的叶为异面叶。有些植物的叶上下两面的外部形态和内部结构相似，均有气孔和栅栏组织等，这种叶称为等面叶（isobilateral leaf）。

三、叶脉

叶脉是叶片中的维管束，具有运输和支持叶片的作用。

主脉和大的侧脉结构与茎内的维管束结构相似，包含有一至数个维管束。维管束包埋在叶肉组织中，外有薄壁组织和厚壁组织组成的维管束鞘包围；木质部在近轴面，韧皮部在远轴面。木质部和韧皮部之间常具有活动有限的形成层，只产生少量的次生结构。

小型叶脉的形成层消失；维管束鞘为薄壁组织，并可以一直延伸到叶脉末端；木质部只有一个螺纹导管；韧皮部只有短而窄的筛管分子和伴胞；有些小型叶脉甚至只有木质部。

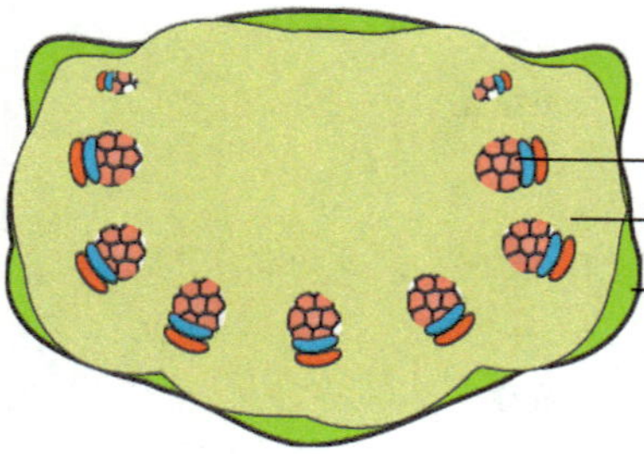

图6-16　甜菜叶柄的横切

叶柄的结构与茎的结构十分类似，也可分为皮系统、基本组织系统和维管组织系统。皮系统就是表皮；基本组织系统主要是由薄壁细胞组成；维管组织是多个维管束排列在叶脉四周。甜菜叶柄的横切如图 6-16 所示，多个维管束排列在叶脉的四周。

第三节　单子叶植物叶的内部结构

本节以禾本科植物的叶为例，介绍单子叶植物的叶片结构。单子叶植物的叶片由表皮、叶肉和叶脉三部分组成。甘蔗叶片的横切如图 6-17 所示。

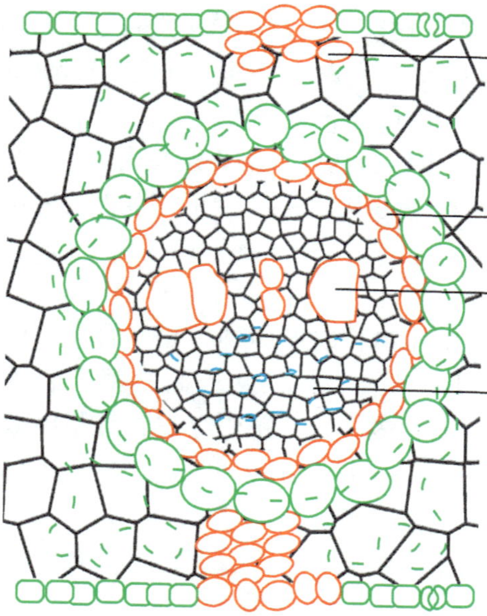

图6-17　甘蔗叶横切的局部放大（有限维管束）

一、表皮

表皮通常由一层细胞组成，形状规则，往往沿叶片的长轴平行排列。表皮通常由长、短两种类型的细胞构成：长细胞为长方形，其长径与叶的长轴方向一致，外壁角质化并含有硅质；短细胞为正方形或稍扁，夹在长细胞之间。短细胞又可分为硅质细胞和栓质细胞，硅质细胞充满硅质块；栓质细胞壁栓质化。长细胞和短细胞的形状、数量及分布情况因植物种类不同而异。

水稻叶片过主脉和过侧脉横切图见图 6-18 和图 6-19。在水稻上表皮中还分布有一些特殊大型的薄壁细胞，称为泡状细胞（bulliform cell）。干旱时由于这些细胞失水收缩，使叶子卷曲成筒，可减少水分蒸发，这种细胞与叶片的卷曲和张开有关，因此也叫做运动细胞（motor cell）（图 6-19）。

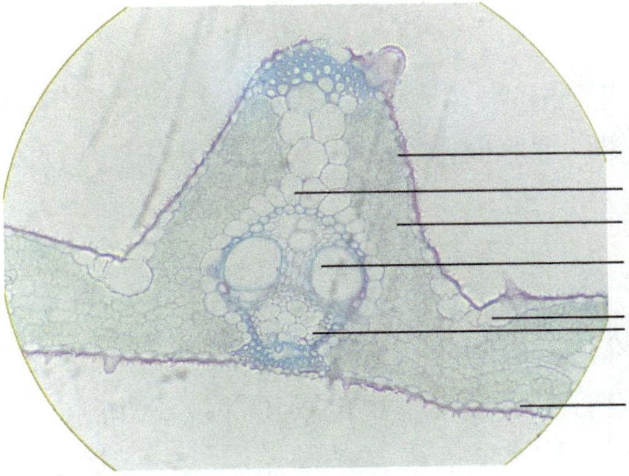

图6-18　水稻叶片过侧脉横切

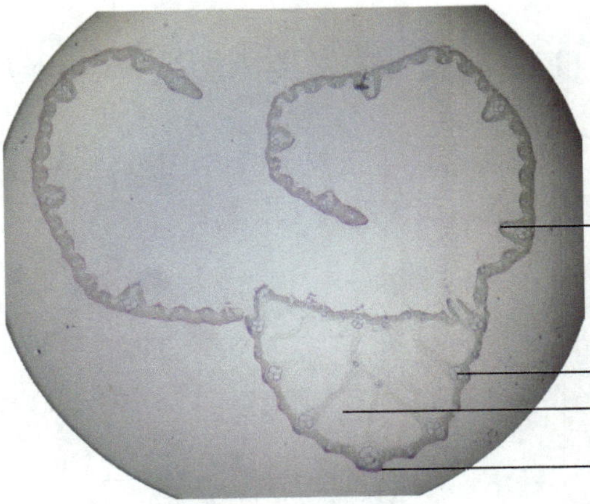

图6-19　水稻叶片过主脉横切

表皮上下两面均分布有气孔器，气孔器的保卫细胞呈哑铃形，每个保卫细胞的外侧具一个略呈三角形的副卫细胞甘蔗叶片和玉米叶片表皮上的气孔见图 6-20。

细胞外壁不仅角质化，并含有硅质，在表皮上常有乳头状突起、刺或茸毛，因此叶片表面比较粗糙。

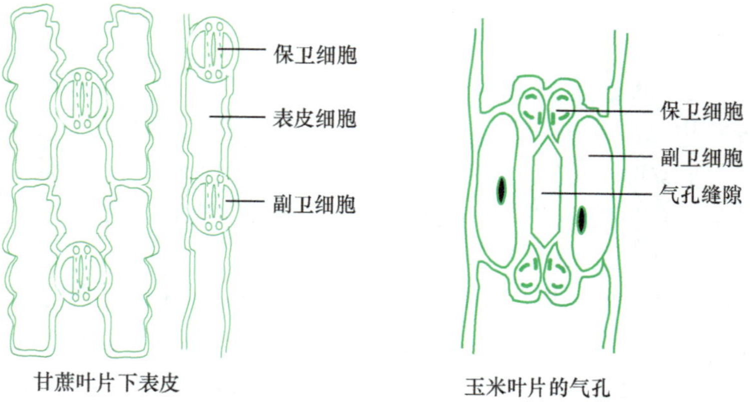

图6-20　甘蔗叶片下表皮和玉米叶片上的气孔示意图

二、叶肉

叶肉组织由均一的薄壁细胞构成，叶肉没有栅栏组织和海绵组织的明显分化，属于等面叶类型。叶肉细胞排列紧密，细胞间隙小，仅在气孔的内方有较大的胞间隙，形成气孔下室。

三、叶脉

叶内的维管束一般平行排列，中脉明显粗大，与茎内的维管束结构相似。维管束为有限外韧型维管束。有限外韧维管束是指维管束的韧皮部位于外侧，木质部位于内侧，中间没有形成层。在维管束与上下表皮之间有发达的厚壁组织，增加了机械支持力。在维管束外围常有一两层或多层细胞，这些细胞是薄壁组织或厚壁组织，这一结构叫维管束鞘。

第四节　裸子植物叶的内部结构

裸子植物多为常绿植物，叶多为针叶。以裸子植物中松属植物湿地松的针叶为例，松叶的结构包括表皮、叶肉组织和维管组织 3 部分（图 6-21）。

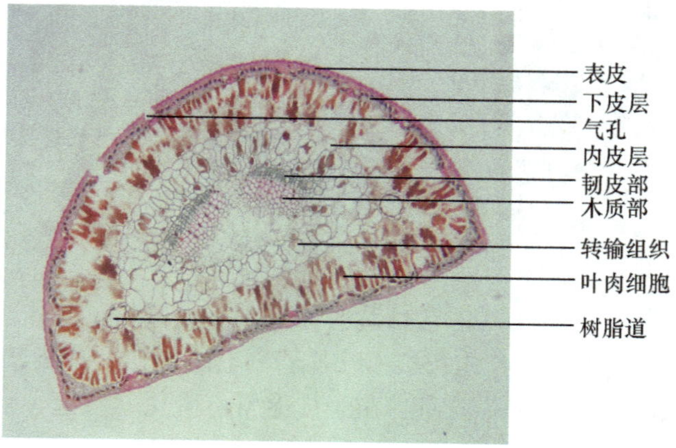

图6-21　湿地松叶的横切

表皮为一层厚壁细胞，细胞腔小，细胞壁木质化，有厚的角质层；气孔纵行排列，保卫细胞下陷到下皮层（hypodermis）中，其上方被副卫细胞盖着。下皮层在表皮下方，为一至多层木质化的厚壁细胞。

叶肉细胞排列紧密，细胞壁内陷，有无数的褶襞，叶绿体沿褶襞分布，扩大了叶绿体的分布面积，扩大了光合作用的面积。叶肉中常有树脂道（resin canal，resin duct）分布，其数目多少和分布位置是鉴别松属植物种类的依据之一。树脂道为分泌道的一种。由树脂细胞构成的分泌上皮细胞分泌树脂。叶肉组织的中央有明显的内皮层，其细胞内含有淀粉粒。两个相邻内皮层的细胞壁上有栓质加厚。

内皮层的内方为维管组织，有 1 个或 2 个维管束；木质部在近轴面，韧皮部在远轴面。维管束外面被转输组织（transfusion tissue）包围，该组织由转输管胞和转输薄壁细胞构成，有助于叶肉组织与维管组织之间的物质交流。转输管胞和转输薄壁细胞主要是起运输作用的管胞和薄壁细胞。

在维管组织中也有一些宽短的管胞状细胞。对于这些细胞的作用，不同的观察者有不同的解释：最早认为它们的内部充满了空气，后来或认为这些细胞可以运输水分到周围层，或认为这些管胞状细胞只有储水的作用。

在韧皮部还有一些蛋白细胞（albuminous cell）。蛋白细胞是指裸子植物韧皮射线或韧皮薄壁组织中在形态上和生理上与韧皮部有联系的细胞。与被子植物的伴胞相似，在起源上是来自韧皮部以外的因素。其结构和功能相当于被子植物的伴胞。蛋白细胞最早是由 Strasburger 于 1891 年发现并命名的，因此蛋白细胞也称为 Strasburger 细胞（Strasburger cell）。根据 Strasburger 的定义，这类细胞具有很大的细胞核和相当丰富的细胞质，功能盛期不含淀粉，与相邻筛胞通过纹孔相连，其功能是与筛胞相互协调，并在筛胞和其他细胞之间转运蛋白。

第五节　叶的生态类型

生长于不同环境下的植物，其植物体各部分结构都会发生变化，这是植物对不同环境的适应，并作为遗传性状固定下来。植物的叶在结构上的变异性和可塑性是最大的，以水分、光照的影响最为明显，形成水生植物、旱生植物、阴生植物和阳生植物等生态类型。

一、水生植物

水生植物（hydrophyte）全部或大部分生活在水中，环境中水分充足，但气体和光照明显不足。水生植物如黑藻、眼子菜等植物沉水叶的表皮细胞壁薄，无角质层或角质层很薄，无表皮毛和气孔，既能直接吸收水分和气体，而又可防止水流等异物直接进入叶内。

水生植物叶片的表皮细胞内还含有叶绿体，以充分利用微弱的光照。叶肉一般不发达、层次少、无栅栏组织和海绵组织的分化，胞间隙特别发达，形成通气组织，气腔中充满气体，以补充环境中空气之不足，如白睡莲（图 6-22）。

由于沉水植物的全部表面都能进行吸收，所以导管不发达，机械组织十分衰退，叶常裂成丝状，以减少流水的冲击力和增加与水的接触面。浮水叶只有上表皮具少量的气孔，如眼子菜的叶片（图 6-23）。

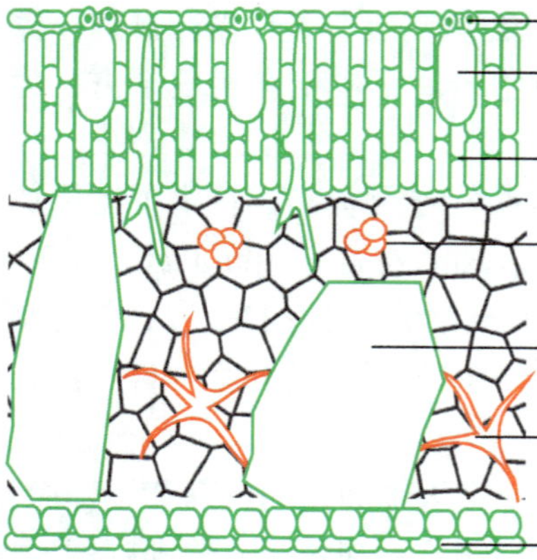

图6-22　白睡莲叶的横切

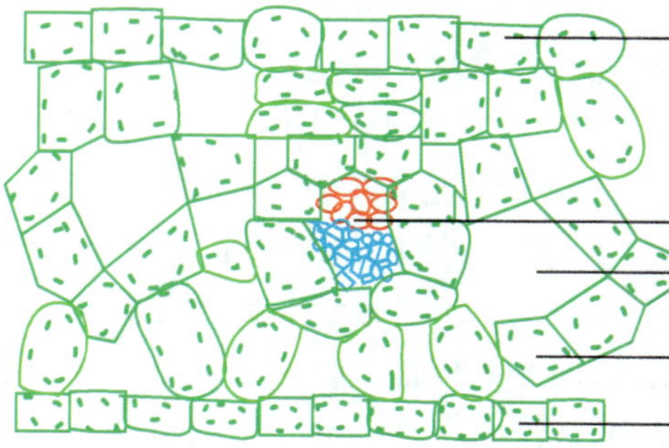

图6-23　水生植物眼子菜叶片的横切

二、旱生植物

在干旱条件下能正常生长的植物称旱生植物（xerophyte）。旱生植物通常植株矮小，根系发达，叶小而厚，或多茸毛。表皮高度角质化，并具表皮毛；其叶片的结构特点主要是朝着降低蒸腾和贮藏水分两个方面变化。

旱生植物叶的表皮细胞壁厚，角质层发达。有些种类的表皮由多层细胞组成，气孔下陷或生于气孔窝内（图 6-24）。一般栅栏组织层次较多，海绵组织却不发达，机械组织较多。旱生植物的叶脉比较稠密，适应在干旱的大气中得到较充足的水分。有些旱生植物具复表皮，或气孔陷入表皮平面之下，也有位于特殊气孔窝内（如夹竹桃）的叶（图 6-25）。这些特征可减少蒸腾面积或使蒸腾作用迟滞而抑制水分散失，以适应干旱的环境。

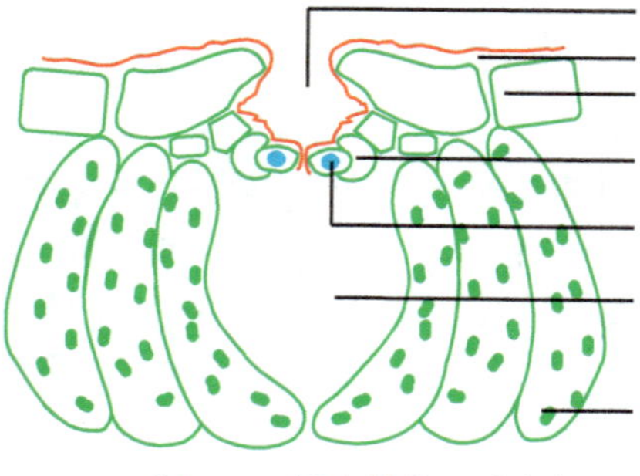

图6-24　旱生植物下陷的气孔

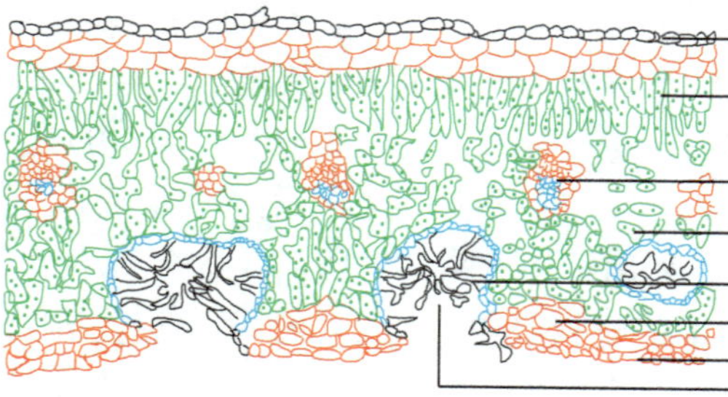

图6-25　夹竹桃叶片的横切

另一方面，旱生植物向贮藏水分方面发展，形成肉质植物。它们的特征是叶肥厚多汁；叶肉内有发达的薄壁组织，贮存了大量水分，以适应旱生环境，如猪毛菜（图 6-26）、仙人掌、景天、芦荟、马齿苋、菠萝、龙舌兰等。

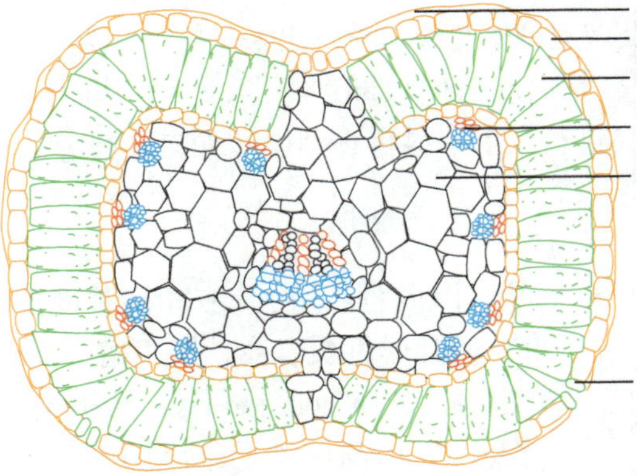

图6-26　猪毛菜叶片的横切

三、阴生植物

一些植物的光合作用适于在较弱的光照下进行，在强光照的条件下，光合作用强度反而降低，这类植物称为阴生植物（shade plant），其叶为阴叶（shade leaf），许多林下植物属阴生植物。

阴生植物的结构常倾向于水生植物的特点。叶片一般大而薄，角质层薄，栅栏组织发育不良，叶肉的大部分或全部都是海绵组织，细胞间隙发达，叶绿体较大，表皮细胞也常含有叶绿体。在光弱条件下吸收和利用散射光来进行光合作用。如果将阴生植物置于强光下，由于水分蒸腾过多，水分的供需失去平衡，植株容易发生萎蔫。同时，导致气孔关闭。

四、阳生植物

许多植物的光合作用适应于在强光下进行，在较弱的光照下不能进行光合作用，这类植物称为阳生植物（sun plant），其叶为阳叶（sun leaf），如大多数农作物。

阳生植物常倾向于旱生结构特点。叶片一般较厚而小，表皮的角质层较厚，气孔小而密集，栅栏组织、机械组织均较发达，海绵组织不甚发达，叶肉细胞间隙较小。阳生植物不等于旱生植物，如水稻既是水生植物又是阳生植物。阳生植物的气生环境与旱生植物相似。实际上，同一株植物的叶，一般顶部和向阳的叶倾向于阳叶结构，下部和荫蔽的叶倾向于阴叶结构。

第六节　落叶和离区

一、落叶

叶的生命周期从几天到许多年，但多数植物的叶只能生长一到两个生长季节。落叶植物（deciduous）的叶在生长季末脱落，如柳、杨树等；常绿植物（evergreen）全年具叶，如芒果、松树、棕榈等。一些叶片是凋萎型，它们在冬季或旱季枯萎但不脱落，如壳斗科的许多植物。

叶在脱落前，叶肉细胞间隙扩大、气孔提前关闭、光合效率下降、叶绿素降解，而不易被破坏的叶黄素、胡萝卜素及液泡中的花青素显现出来，使叶转为黄色、橙色或紫红色等。

叶的衰老，就整株而言，是由底部向顶部进行的；就单叶而言，则因植物类群而异，双子叶植物大多由叶基向叶尖进行，禾本科植物则由叶尖向叶基进行。

二、离区

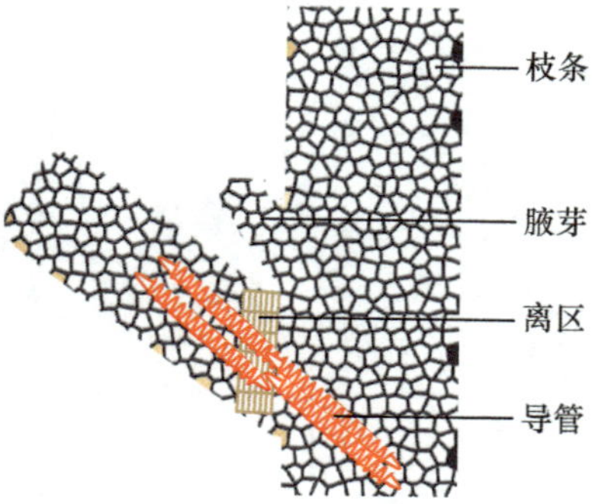

图6-27　桃树叶片离区的纵切

叶即将脱落时，在叶柄基部的某些细胞的形态结构和生物化学性质改变，产生离区（abscission zone）。离区包括离层（abscission layer）和保护层（protective layer）（图 6-27）。离区外层细胞的细胞壁胶化，细胞成为游离状态，只有维管束还连在一起，这个区域就称为离层或分离层。离层的支持力异样薄弱，当有外力作用时，叶就从离层脱落。叶脱落后，离层下面的细胞壁和细胞间隙中有木栓质形成，构成保护层，能避免水的散失和病虫的伤害。叶片脱落后，在茎节处留下叶痕和叶迹。

第七节　叶的变态

叶是植物器官中最容易随环境变化而发生形态结构改变的器官。叶的变态类型多种多样，主要有以下类型。

一、苞片

生于花或花序下面的变态叶称苞片（bract）。其中生在花序外围或下面的苞片称总苞片（involucre）；花序中每朵小花花柄上或花萼下的苞片称小苞片（bractlet）。苞片常较小，绿色，但也有大型而呈各种颜色的（图 6-28）。苞片有保护花和果实的作用，有些还有吸引昆虫的作用，如鱼腥草的大而白色的总苞片。

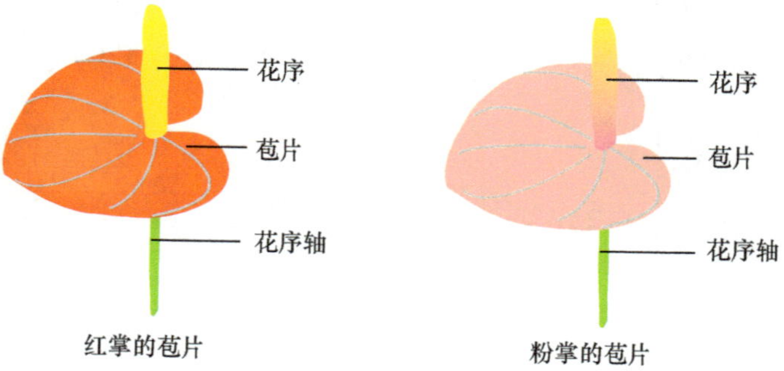

图6-28　苞片

二、鳞叶

叶特化或退化成鳞片状称鳞叶（scale leaf）。鳞叶有三种类型：一种是木本植物芽外的鳞叶，也称芽鳞，具保护作用；另一种是洋葱、百合鳞茎上肉质、肥厚，具贮藏功能的鳞叶（图 6-29）；还有一种是地下根茎上退化的鳞叶，如马铃薯块茎上的鳞叶。

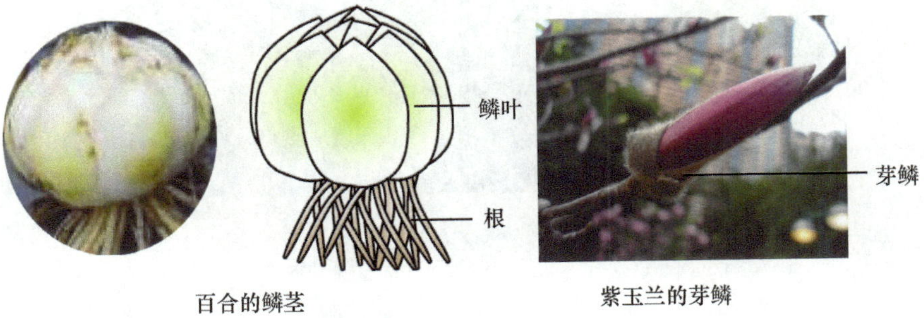

图6-29　鳞叶

三、叶刺

由叶或托叶变态成坚硬的刺状，称为叶刺（leaf thorn）。叶刺对植物有保护作用。例如，小檗的叶变为刺状叶，刺槐、酸枣的托叶变态为硬刺，仙人掌的叶退化成针刺状。叶刺和茎刺一样，都有维管束和茎相通（图 6-30）。

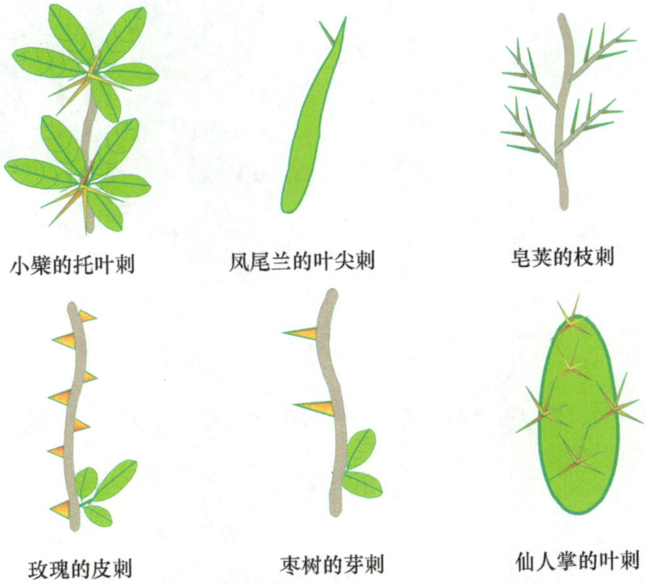

图6-30　刺的种类

四、繁殖叶

有的植物的叶除了光合作用的功能，还具有繁殖功能。例如，落地生根，在叶片边缘产生很多幼芽，幼芽落地后就成为新的植物（图 6-31）。

图6-31　落地生根的繁殖叶

五、叶卷须

叶的全部或一部分变为卷须状，借以攀缘他物，这样的叶就是叶卷须（leaf tendril）。例如，豌豆的卷须是由羽状复叶先端的一些叶片变成的（图 6-32）；菝葜的卷须是由托叶变成的。

图6-32　豌豆的叶卷须

六、叶状柄

有些植物的叶片退化，叶柄变为扁平的叶片状，并具有叶的功能，称为叶状柄（phyllode），如台湾相思树等。

七、捕虫叶

食虫植物的部分叶可特化成瓶状、囊状或其他形状，其上有分泌黏液和消化液的腺毛，能捕捉昆虫并将昆虫消化吸收，这种叶称为捕虫叶（insect-catching leaf），如猪笼草、瓶子草的瓶状捕虫叶（图 6-33）、茅膏菜的盘状捕虫叶（图 6-34）、狸藻的囊状捕虫叶及捕蝇草的贝壳状捕虫叶等（图 6-35）。

猪笼草的捕虫叶

瓶子草的捕虫叶

图6-33　猪笼草和狸藻的捕虫叶

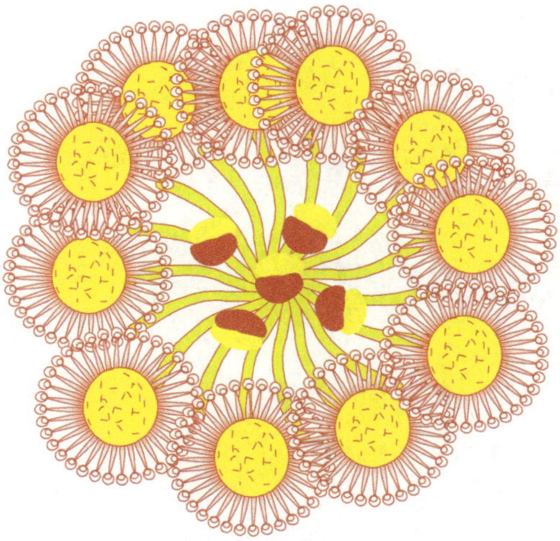

茅膏菜的捕虫叶

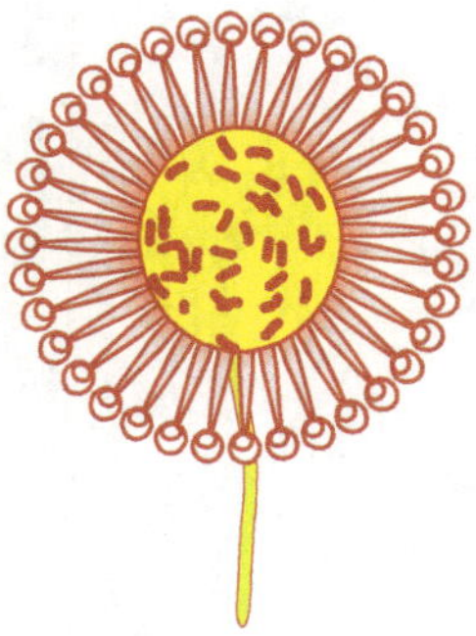

单个捕虫叶

图6-34　茅膏菜的捕虫叶

狸藻的捕虫叶

捕蝇草的捕虫叶

图6-35　捕蝇草的捕虫叶

八、根状叶

某些水生植物如槐叶萍、金鱼藻等，其沉浸于水中的叶常细裂变态成细须根状，称为根状叶（rhizomorphoid leaf）（图 6-36）。根状叶有吸收养料、水分的作用。

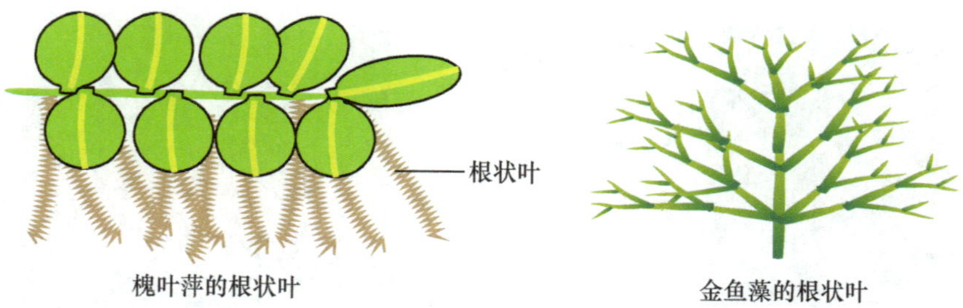

图6-36　根状叶

从各种类型的叶，可以看出叶具有七大功能（图 6-37）。一种植物的叶并不是同时具有这七大功能，不同类型的叶起不同的作用。

图6-37　叶的功能

本章部分思维导图

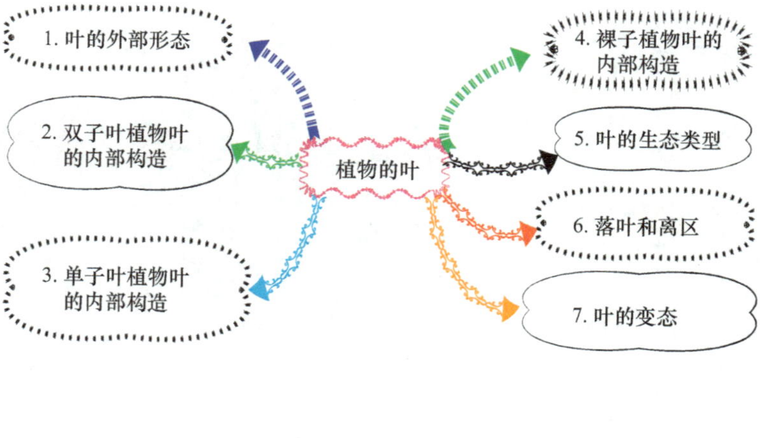

第七章

植物的繁殖器官

植物种类众多，苔藓植物和蕨类植物依靠孢子进行繁殖，裸子植物和被子植物依靠种子进行繁殖。本章主要介绍被子植物的繁殖器官。被子植物的繁殖器官主要包括花、果实和种子。

第一节　花的外部形态

一朵典型的花可分为五个部分，即花柄（flower stalk）、花托（receptacle）、花被（perianth）、雄蕊群（androecium）和雌蕊群（gynoecium）（图 7-1）。

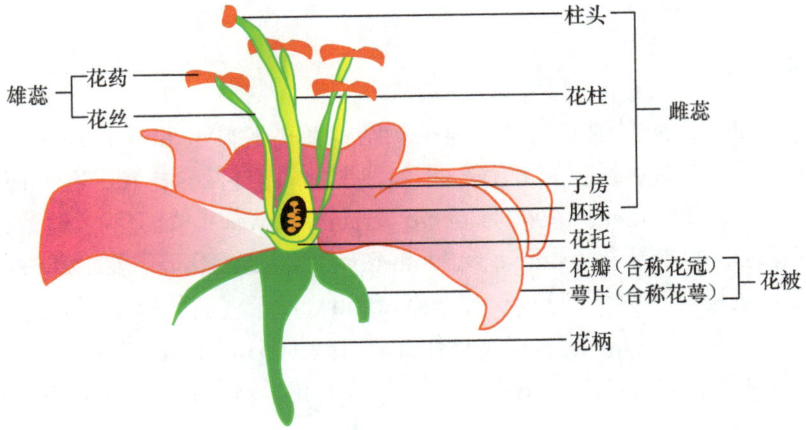

图7-1　花的结构

一、花柄

花柄（flower stalk）亦称花梗（pedicel），是着生花的小枝，连接花朵和茎。花柄的结构和茎的结构相同。

二、花托

花托（receptacle）是花柄的顶端部分。花托的形状随植物种类而各异，一般可以按形状分为 7 种类型（图 7-2）。

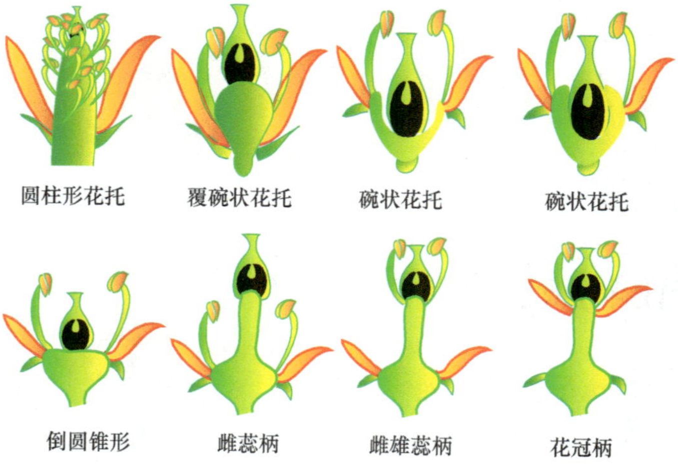

图7-2　花托的类型

圆柱状花托，如玉兰。覆碗状花托，如草莓。碗状花托，如很多蔷薇科植物；花托中央部分向下凹陷并与花被、花丝的下部愈合形成盘状、杯状或壶状的结构，称为托杯（hypanthium），如桃等。倒圆锥形花托，如莲。有的花托在雌蕊群基部向上延伸成为柄状，称雌蕊柄（gynophore），如落花生；雌蕊柄在花完成受精作用后迅速延伸，将先端的子房插入土中，形成果实。花托在花冠以内的部分延伸成柄，称为雌雄蕊柄或两蕊柄（androgynophore），如西番莲。花托在花萼以内的部分伸长成花冠柄（anthophore），如石竹。

三、花被

花被是着生在花托的周围或边缘的扁平状结构，是花萼（calyx）和花冠（corolla）的总称。花萼和花冠的形状、颜色和大小不同，呈明显的内外两轮排布，在外面的称为花萼，内侧的称为花冠，这样的花叫二被花（double perianth flower），如豌豆、油菜、番茄等。只有花萼，没有花冠，叫单被花（simple perianth flower），如大麻等。有的花被有两轮，内外瓣片在色泽等方面相同，称为同被花（the same flower），它们的每一瓣片称被片（tepal），如百合和丝兰等。完全没有花被的花，称作无被花（achlamydeous flower），也称裸花，如垂柳、胡椒和杜仲的花等（图 7-3）。花瓣层数很多的花是重瓣花（double flower），如月季。

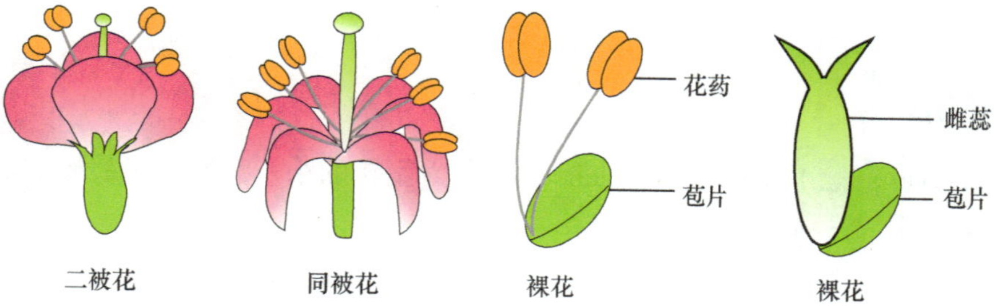

图7-3　花的类型

花被的卷叠式有四种：镊合状、旋转状、覆瓦状和双盖覆瓦状（图 7-4）。

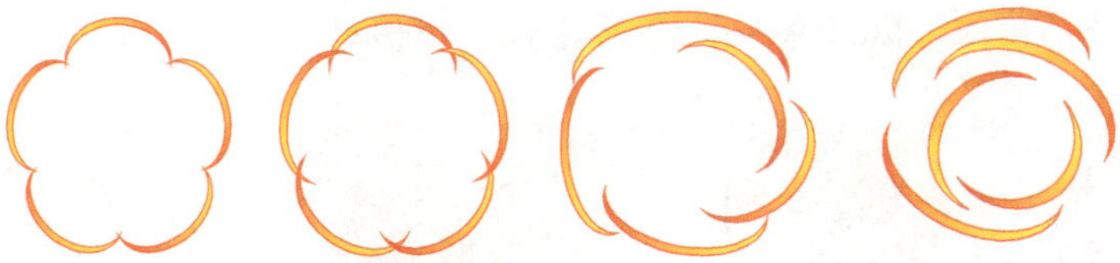

图7-4 花被卷叠式

1. 花萼

花萼位于花的最外轮，由若干萼片（sepal）组成（图 7-1）。花萼通常一轮，也有具有两轮的，外轮的花萼叫做副萼（calycle），如锦葵、棉和草莓等。萼片各自分离的花萼叫离生萼，如油菜；萼片彼此联合成筒状，称为合生萼，如樱花等。有些植物的合萼下端联合的部分叫做萼筒。有些植物的萼筒伸长成细长空管，称为距（spur），如凤仙花、旱金莲等植物的花萼。萼片形状相同，是整齐萼；萼片大小不同，是不整齐萼。萼片比花冠先脱落的称早落萼，如罂粟。有的花萼与花冠一起脱落称落萼，如油菜和桃。花萼常留在花柄上，和果实一起发育，称为宿萼，如茄子、番茄和辣椒等。

花萼具有保护幼蕾和幼果的作用，并能进行光合作用。有的花萼大且具有各种颜色，具有吸引昆虫传粉的作用，如铁线莲和绣球花。也有萼片退化形成毛状的冠毛（pappus），从而有助于果实和种子的散布，如蒲公英等植物的花萼。

2. 花冠

花冠位于花萼的上方或内侧，由若干花瓣（petal）组成，排列为一轮或多轮。花瓣细胞中含有花青素或有色体，因此具有鲜艳的颜色；两者都没的，则呈白色。花瓣分离的花是离瓣花（choripetalous flower），如苹果等；花瓣连合的花称为合瓣花（synpetalous flower）。有些合瓣花下部联合，上部仍然分离，如龙船花的花。

花冠的形状是多种多样的（图 7-5）。合瓣花有钟状花冠，如风铃草；有唇形花冠，如芝麻；有管状的，如马兜铃；有漏斗状的，如牵牛花；有舌状的，如菊花等。

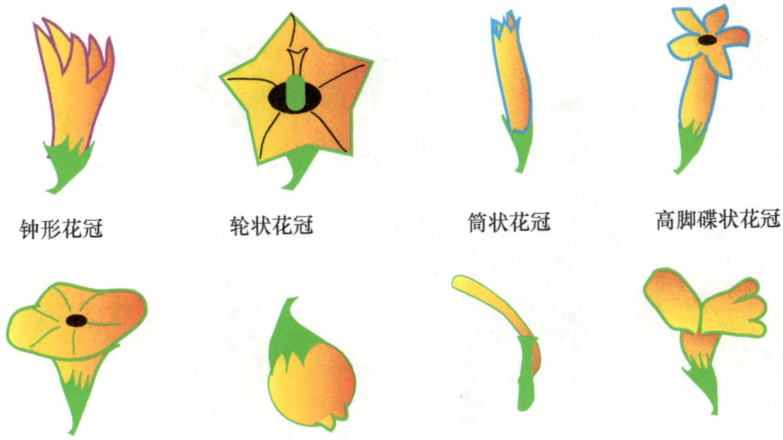

图7-5 合瓣花的花冠类型

离瓣花有十字形花冠，如油菜；有蝶形花冠，如豌豆等（图 7-6）。

图7-6　离瓣花的花冠类型

四、雄蕊群

雄蕊群（gynoecium）是一朵花中雄蕊的总称，由多数或一定数目的雄蕊（stamen）组成。雄蕊由花丝（filament）和花药（anther）两部分组成。

雄蕊的数目和长短随植物种类的不同而异，如花药着生在花冠上称为冠生雄蕊；雄蕊 6 个，外轮两个较短，内轮 4 个较长，叫做四强雄蕊（tetradynamous stamen），如十字花科植物；雄蕊 4 个，两长两短，称为二强雄蕊（didynamous stamen），如唇形科和玄参科植物；花药完全分离而花丝联合成一束的雄蕊是单体雄蕊（monodelphous stamen），如陆地棉和扶桑等；花丝如联合成两束的雄蕊是二体雄蕊（diadelphousstamen），如蚕豆的 10 个雄蕊，9 个联合，1 个分离，形成两束。花丝联合形成三束的雄蕊是三体雄蕊（tridelphous stamen）；花丝联合形成四体以上的雄蕊是多体雄蕊（polydelphous stamen），如蓖麻和金丝桃等；也有雄蕊的花丝分离而花药相互联合的雄蕊是聚药雄蕊（synantherous stamen），如向日葵（图 7-7）。

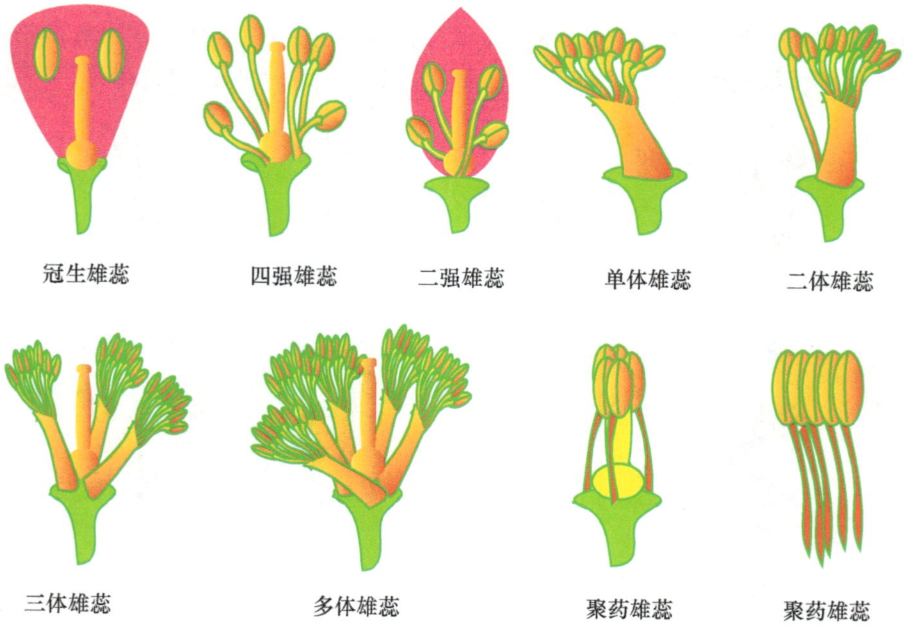

图7-7　雌蕊的类型

花药在花丝上的着生方式也有 6 种类型（图 7-8）：花药背部全部贴在花丝上，称为背着药，如油桐。花药全部着生于花丝上是全着药，如莲。花丝顶端直接连着花药基部，称为基着药。药室基部张开，上面着生于花丝顶上，呈“个”字，是个着药，在十字花科植物中较常见，如荠菜。花丝顶端与花药背面中部一点相连，花药可自由摆动，整个雄蕊呈“丁”字形，称作丁字着药，如小麦、水稻。药室完全分离成一直线，并着生于花丝顶端，是广歧药，如地黄。

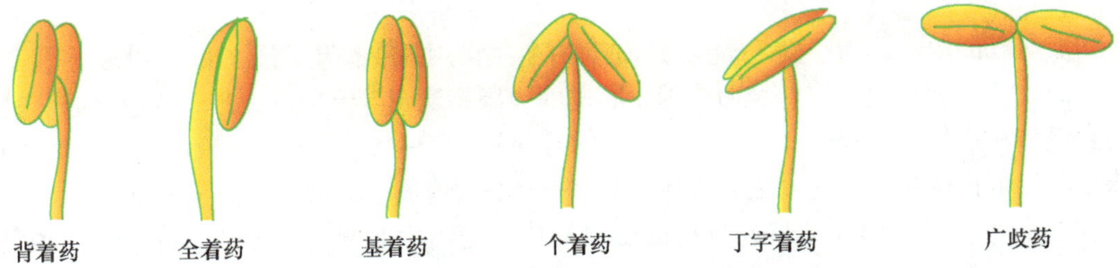

图7-8 花药着生方式

花药是产生花粉粒的地方，通常由 4 个或者 2 个花粉囊组成，分为两半，中间以药隔相连。花粉成熟后，花粉囊自行破裂，花粉从裂口处散出。花粉囊的破裂方式有 4 种（图 7-9）：沿花药中部横向裂开，称横裂，如木槿和蜀葵等；沿两粉囊交界处纵行裂开，叫纵裂，如油菜、百合和牵牛等；在花粉囊上端裂开一个孔，花粉由小孔散出，称孔裂，如番茄、杜鹃和马铃薯等；花药的侧壁裂成几个小瓣，花粉由瓣下小孔散出，称为瓣裂，如香樟等。

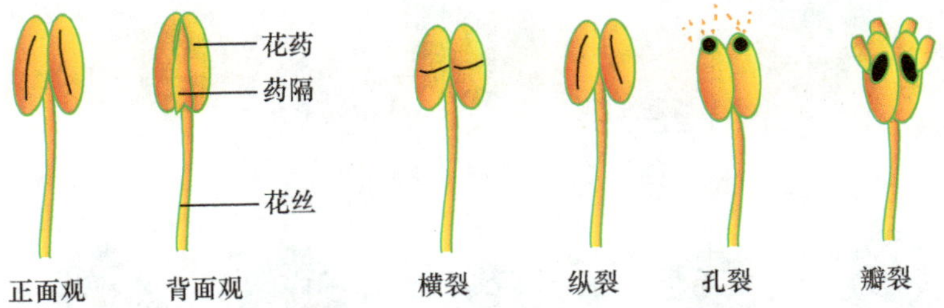

图7-9 花药正面观与背面观及开裂方式

五、雌蕊群

雌蕊群（gynoecium）是一朵花中雌蕊的总称，位于花的中央或花托顶部。雌蕊（pistil）由柱头（stigma）、花柱（style）和子房（ovary）组成。

子房着生在花托上，有些植物子房的底部和花托相连，叫做上位子房（superior ovary），如油菜、水稻等。有的子房和花托完全愈合，叫下位子房（inferior ovary），如南瓜等。也有子房下半部分和花托愈合，上半部分及花柱和柱头都是独立的，叫半下位子房，如蒲桃等（图 7-10）。因为有的植物花很小，肉眼不容易辨别子房的位置。此时可以采用观察果实上残留的花萼及花冠的痕迹来决定子房的位置。例如，市场上卖的茄科番茄的基部基本都有花萼，果实长在花萼的上方，所以番茄的花一定是上位子房下位花（图 7-10）。

图7-10　子房的位置

构成雌蕊的单位称为心皮（carpel），是具有生殖作用的变态叶（图 7-11）。也就是说心皮是变态的叶，雌蕊是由心皮卷合而成的。心皮的边缘相当于叶缘部分，当心皮卷合时，其边缘的合缝线称腹缝线（ventral suture），心皮的背部相当于中脉部分称背缝线（dorsal suture）。胚珠常着生于腹缝线上。一朵花中的雌蕊是由一个心皮构成，称为单雌蕊（simple pistil），如蚕豆和大豆等。雌蕊由几个彼此分离的心皮构成，是离生雌蕊（apocarpous pistil），亦属单雌蕊，如莲、草莓和玉兰等；雌蕊由几个相互联合的心皮组成，称为合生雌蕊（syncarpous pistil），属复雌蕊（compound pistil），如陆地棉和番茄，多数被子植物具有这种类型的雌蕊（图 7-12）。合生雌蕊各部分的联合情况不同：有的子房、柱头和花柱全部联合；也有子房、花柱联合而柱头分离；有的仅子房联合而花柱和柱头都是分离的（图 7-13）。

图7-11　心皮形成雌蕊的过程

图7-12　子房室横切

图7-13　雌蕊类型

子房内含有胚珠（ovule），胚珠是种子的前身。胚珠通常沿心皮的腹缝线着生在子房上。胚珠着生的部位叫做胎座。不同植物每个子房内胚珠的数目和位置也不同。根据胚珠在在子房内着生的位置，胎座可以分为以下 6 种类型（图 7-14）。

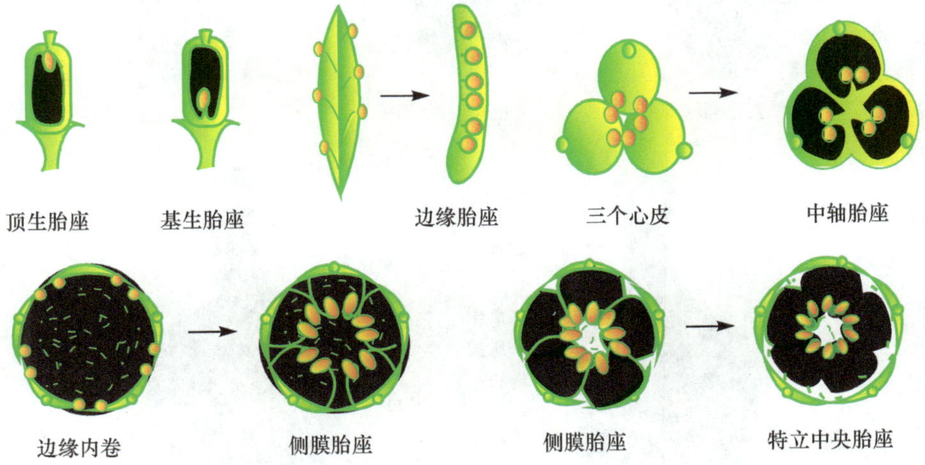

图7-14　胎座类型

（1）顶生胎座（apical placentation）：雌蕊由 2 心皮构成，子房 1 室，胚珠着生在子房的顶部呈悬垂状态，如桑等植物的胎座。

（2）基生胎座（basal placentation）：雌蕊由 2 心皮构成，子房 1 室，胚珠着生在子房的基部。如向日葵等植物的胎座。

（3）边缘胎座（marginal placentation）：雌蕊由单心皮构成，子房 1 室，胚珠着生在腹缝线上，如豆科植物的胎座。

（4）中轴胎座（axial placentation）：雌蕊由多心皮构成，各心皮互相连合，在子房中形成中轴和隔膜，子房室数与心皮数相同，胚珠着生在中轴上，如番茄的胎座。

（5）侧膜胎座（parietal placentation）：雌蕊由多心皮构成，各心皮边缘合生，子房 1 室，胚珠着生在腹缝线上，如葫芦科等植物的胎座。

（6）特立中央胎座（free-central placentation）：雌蕊由多心皮构成，子房 1 室，心皮基部与花托上部贴生并向子房中央伸出，成为特立于子房中央的中轴，中轴不到子房的顶部，胚珠着生在中轴上；有的因子房内隔或中轴上部消失而形成，前者如樱草，后者如石竹等植物的胎座。

子房由子房壁（ovary wall）、子房室（locule）、胚珠（ovule）和胎座（placenta）等组成。胚珠由珠心（nucellus）、珠被（integument）和珠柄（funiculus）所组成。珠心是形成胚珠的一群薄壁细胞。珠被是珠心基本细胞分裂产生的、并且包被珠心的细胞。多数植物的珠被有内珠被和外珠被之分。内外珠被在一端留下的一个小孔就是珠孔（micropyle）。珠柄是胚珠基部的小柄，胚珠借珠柄着生于胎座上，维管束经珠柄进入胚珠。在珠心基部或其一侧，珠被、珠心和珠柄汇合的部位称为合点（chalaza）。

不同植物，胚珠在子房内的位置也不同。根据胚珠在子房内的位置，胚珠分为直生胚珠、横生胚珠、弯生胚珠、曲生胚珠、倒生胚珠等类型（图 7-15）。

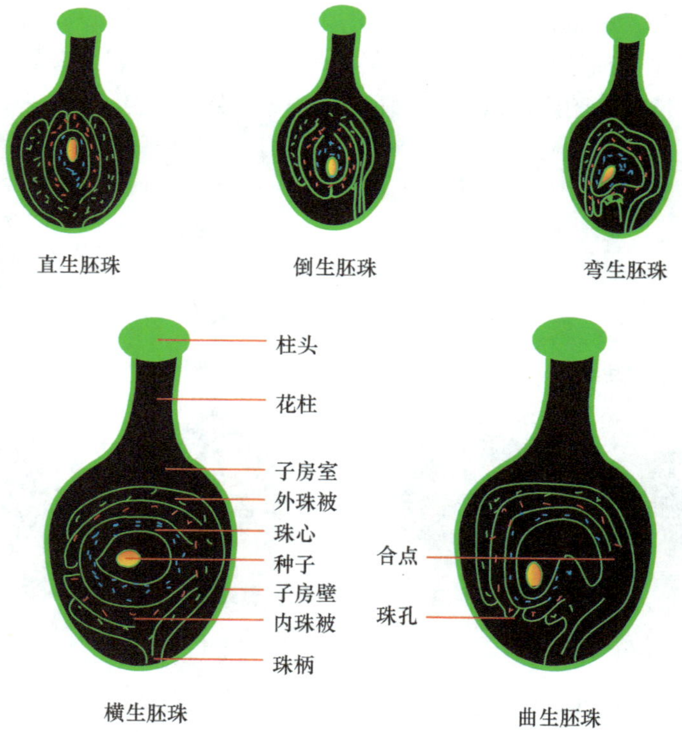

图7-15 胚珠的类型

（1）直生胚珠。整个胚珠直立地着生在株柄上，即珠孔、珠心、合点和珠柄处于同一直线上的胚珠是直生胚珠（atropous ovule 或 orthotropous ovule），如荞麦、胡桃胚珠。

（2）倒生胚珠。胚珠一侧生长快，另一侧生长慢，胚珠向生长慢的一侧倒转约 180°，珠孔在珠柄基部的一侧，合点在珠柄相对的一侧的胚珠是倒生胚珠（anatropous ovule），大多数的被子植物的胚珠属此类型，如稻、麦、百合、棉等的胚珠。

（3）弯生胚珠。胚珠下半部生长较均匀，上半部向生长慢的一侧弯曲，胚囊也有一定程度的弯曲，珠孔向珠柄方向下倾的胚珠是弯生胚珠（campylotropous ovule），如油菜、蚕豆、扁豆等豆类的胚珠。

（4）横生胚珠。胚珠的一侧生长较快，胚珠在珠柄上扭转约 90° 的胚珠是横生胚珠（hemianatropous ovule），如锦葵、毛茛等的胚珠。

（5）曲生胚珠。胚珠和珠心都弯曲的胚珠，如仙人掌属、漆树的胚珠。

六、花的类型

花的类型比较复杂，按照不同的分类标准，具有不同的类型。按照花的组成，如果一朵花中花萼、花冠、雌蕊、雄蕊 4 部分都有，叫完全花（complete flower），如苹果的花。如一朵花中花萼、花冠、雄蕊、雌蕊 4 部分，缺其中任何 1～3 部分，叫不完全花（incomplete flower），如南瓜的雄花。

按照雌蕊和雄蕊的有无和功能来分，如一朵花中雄蕊和雌蕊都存在且充分发育，叫两性花（bisexual flower），如大豆、小麦。如一朵花中只有雄蕊，叫雄花。只有雌蕊的花叫雌花。两者统称为单性花（unisexual flower）。雌花和雄花同生于一植株上的叫雌雄同株，如玉米。雌花和雄花不生于同一植株上的叫雌雄异株，如柳树、桑树、银杏等。如一朵花中雌蕊和雄蕊均不完整或缺少，叫中性花（neutral flower），如向日葵花盘缘生长的假舌状花。同一植株上或者同种植物不同植株上既有单性花也有两性花，就是杂性花（polygamous flower）。雌蕊发育正常，能够结出种子的花叫孕性花（fertile flower）。不能结出种子的花，即雌蕊发育不正常的花，叫不孕花（sterile flower）。

依花被的排列状况，如花被片大小、形状相似，通过它的中心可以切成 2 个以上相等的对称面，是辐射对称花（actinomorphic flower），如桃花、油菜、大红花、龙船花等。辐射对称花又称整齐花（regular flower）。花被片形状、大小不同，通过它的中心，只能按一定的方向，切成一个相等的对称面，是左右对称花（zygomorphic flower），如益母草、兰花、荷包花等。通过花的中心，不能作出对称面的花称为不对称花（non-symmetry flower），如美人蕉的花。

第二节　花　　序

多朵花按一定规律排列在花柄上，称为花序（inflorescence），总花柄称为花序轴或花轴（rachis）。花序上有简单的小苞片，像向日葵等植物的苞片密集在一起形成总苞。按照开花的先后顺序，花序可分为无限花序（indefinite inflorescence）和有限花序（definite inflorescence）。

一、无限花序

在开花期间，无限花序的花序轴（主轴）可继续生长，不断产生新的苞片并在其叶腋内形成花芽，花序轴基部的花最先开放，然后向顶端依次开放。若花序轴缩短则花从边缘向中央依次开放（图 7-16）。

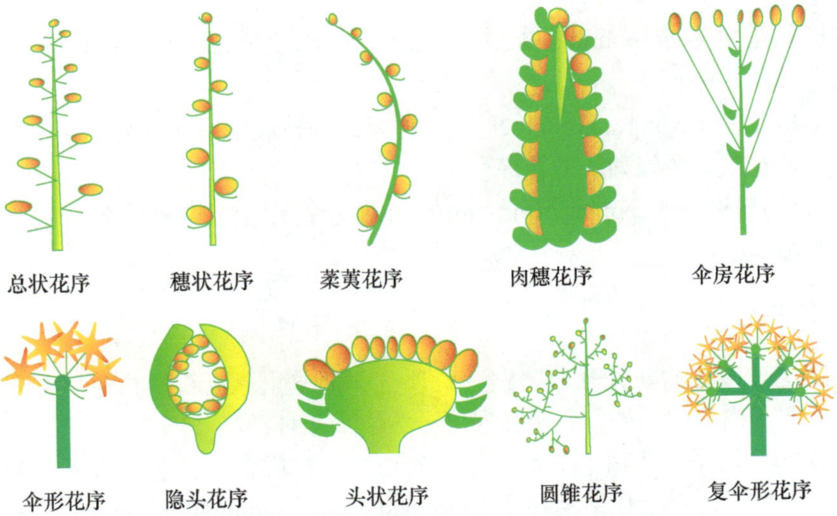

图7-16　无限花序的种类

无限花序有简单花序（simple inflorescence）和复合花序（compound inflorescence）之分。简单花序就是只有一个花序轴的花序。复合花序是由简单花序组合而形成的花序。一般而言，简单花序可分为以下 8 种类型。

（1）总状花序（raceme）：花轴单一，较长，自下而上依次着生有柄的花朵，各花的花柄大致长短相等，开花顺序由下而上，如紫藤、油菜等的花序。

（2）穗状花序（spike）：花轴直立，较长，上面着生许多无柄的两性花，如车前、马鞭草等的花序。

（3）葇荑花序（catkin）：花轴上着生许多无柄或短柄的单性花，如杨、柳、枫等的花序。

（4）肉穗花序（spadix）：花轴粗短，肥厚而肉质化，上面着生许多单性无柄的小花，如玉米的花序。

（5）伞房花序（corymb）：变形的总状花序，花柄长短不等，下层的花柄较长，各花排列在同一个平面上，如山楂、苹果、梨等的花序。

（6）伞形花序（umbel）：花轴缩短，花着生在花轴的顶端，如葱、韭菜、水仙、君子兰等的花序。

（7）隐头花序（hypanthium）：花轴特别肥大而呈凹陷状，很多无柄小花着生在凹陷的腔壁上，几乎全部隐没不见，仅留一小孔与外方相通，如无花果的花序。

（8）头状花序（capitulum）：花轴极度缩短而膨大，扁形，各苞叶常集成总苞，如菊、蒲公英、向日葵的花序。

有的植物的花序还可以是复合花序。如无限花序的花轴有分枝，每一分枝上又呈现上述的一种花序，称为复合花序。一般而言，复合花序可进一步分为下列 5 种类型。

（1）圆锥花序（panicle）：又称复总状花序（compound raceme）。在长花轴上分生许多小枝，每小枝自成一总状花序，如槐、丁香、水稻、燕麦等的花序。

（2）复伞形花序（compound corymb）：花轴顶端丛生若干长短相等的分枝，各分枝又成为一个伞形花序，如胡萝卜等的花序。

（3）复穗状花序（compound spike）：花轴有 1 或 2 次分枝，每小枝自成一个穗状花序，如小麦、高粱等的花序。

（4）复伞房花序（compound umbel）：花轴上的分枝成伞房状排列，每一分枝又自成一个伞房花序，如花椒、绣线菊等的花序。

（5）复头状花序（compound capitulum）：单头状花序上具分枝，各分枝又自成一头状花序，如合头菊等的花序。

二、有限花序

有限花序花轴顶端的花先开放，然后由顶花下部分化形成新的花芽。有限花序的花开放顺序是从上向下或从内向外。有限花序可分为以下 4 种类型（图 7-17）。

（1）单歧聚伞花序。花轴（主轴）顶端的顶芽发育成花后，其下形成一侧枝，在枝端又生一花，如此反复，叫单歧聚伞花序（monochasium，monochasial cyme）。根据分枝排列的方式不同，可分为螺状聚伞花序（helicoid cyme）和蝎尾状聚伞花序（scorpioid cyme）。

螺状单歧聚伞花序

蝎尾状单歧聚伞花序

二歧聚伞花序

多歧聚伞花序

图7-17 有限花序的类型

花轴向一个方向生长，就是螺状聚伞花序，如射干、琴叶珊瑚等的花序。花轴向左右两个方向生长，就是蝎尾状聚伞花序，如羊蹄甲、唐菖蒲的花序。

（2）二歧聚伞花序。主轴顶端发育成花后，其下面分出两个分枝，枝端各发育成一花，如此反复分枝，叫二歧聚伞花序（dichasium），如冬青、卫矛、石竹等的花序。

（3）多歧聚伞花序。主轴顶花下分出 3 个以上的分枝，侧枝长度超过主轴，各侧枝形成一小的聚伞花序，如此反复分枝，叫多歧聚伞花序（pleiochasium），如京大戟的花序。

自然界的花序是十分复杂的。有的植物的花序还可以是无限花序和有限花序的混合，成为混合花序。例如，益母草、夏枯草、紫苏的花序，多歧聚伞花序对生成轮形，称为轮状聚伞花序（verticillaster）（图 7-18）。图中的数字表示开花的顺序。数字 1 表示最先开花，以此类推。如果主花序轴是总状花序，每个分枝是螺状单歧聚伞花序，就是圆锥状聚伞花序（paniculate cymes），如紫丁香和七叶树的花序。如果主花序轴是总状花序，每个分枝是头状花序，就是圆锥状头状花序（paniculate capitulum），如菊科蓍草的花序（图 7-19）。

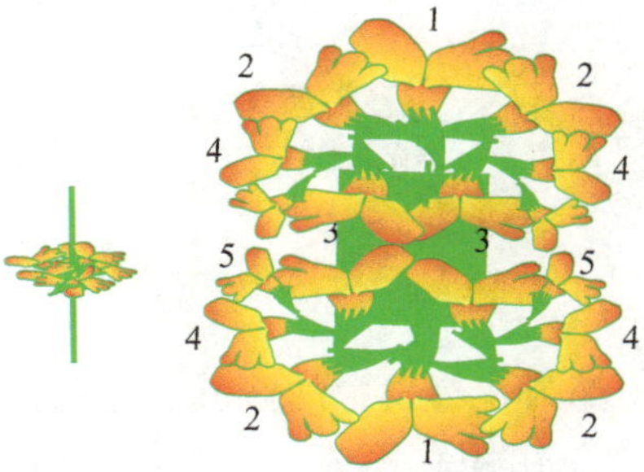

轮状聚伞花序（唇形科益母草等的花序）

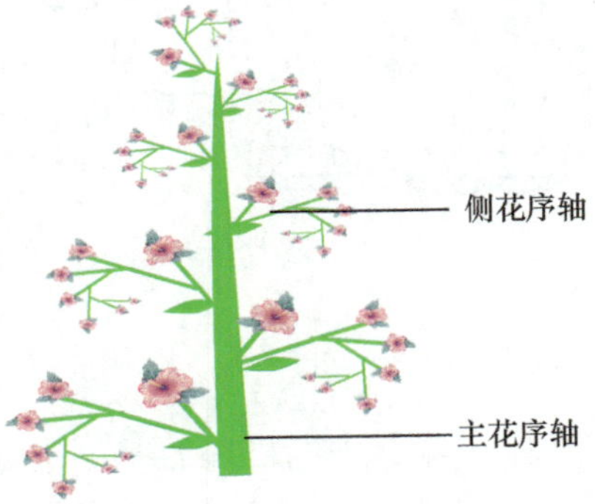

聚伞圆锥花序（蝎尾聚伞花序和圆锥花序组成）

图7-18 聚伞花序

图7-19　圆锥状头状花序

第三节　花的内部结构

一、雄蕊

雄蕊由花丝和花药两部分组成。花丝的结构简单。最外一层为表皮，内为基本组织，中央有一个维管束。花丝能向花药转运营养物质、支持花药、促进开花，使花药暴露在空中，有利于花药的开裂和传粉。

花药是雄蕊产生花粉的结构，由花粉囊（pollen sac）和药隔（connective）组成。花粉囊是产生花粉（pollen grain）的结构，多数植物的花药有 4 个花粉囊，少数植物为 2 个。药隔是花药中部连接花粉囊的部分，药隔由通入花丝的维管束和周围的薄壁细胞所组成。幼嫩花药发育成成熟花药的过程如图 7-20 所示。

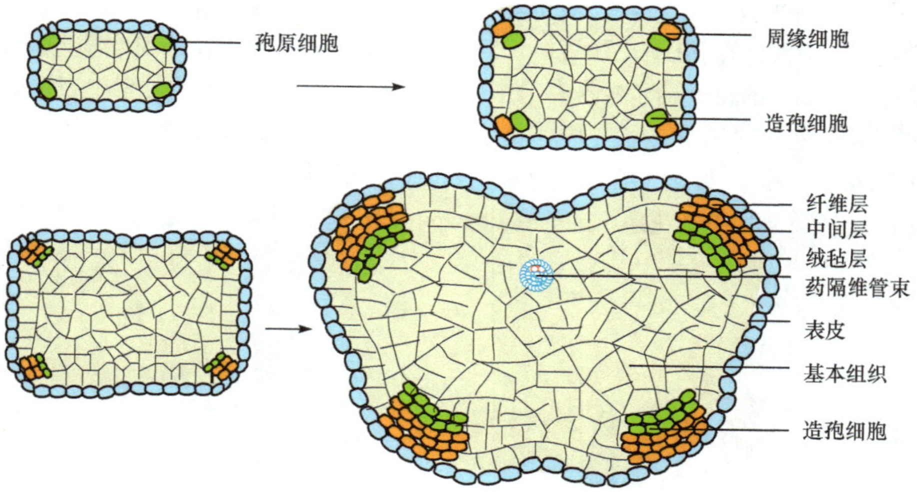

图7-20　花药的发育过程

雄蕊起始于花芽中的雄蕊原基，雄蕊原基的顶端为花药发育的区域。花药发育初期，结构简单，外层为一层原表皮，内侧为一群基本分生组织。不久，由于花药四个角隅处分裂较快，花药呈四棱形。以后在四棱处的原表皮下面分化出多列体积较大，核大、细胞质浓、径向壁较长的孢原细胞（archesporial cell）。随后孢原细胞进行平周分裂，成内、外两层。外层为初生周缘层（primary parietal layer），内层为初生造孢细胞（primary sporogenous cell）。初生周缘细胞进行平周分裂和垂周分裂，自外而内逐渐形成药室内壁（endothecium）、中层（middle layer）和绒毡层（tapetum），与表皮（epidermis）一起构成花粉囊壁。花药中部的细胞逐渐分裂，分化形成维管束和薄壁细胞，构成药隔。

花粉母细胞（pollen mother cell，PMC）由初生造孢细胞分裂产生；孢原细胞进行有丝分裂形成初生造孢细胞，初生造孢细胞一般经过几次分裂以后形成花粉母细胞，也有极少数植物的造孢细胞不经分裂直接成为花粉母细胞。

花粉母细胞体积较大、细胞核大、质浓且无明显的液泡。花粉母细胞发育到一定时期开始进行减数分裂，形成四分体，四分体的细胞逐渐彼此分离，形成四个单核的花粉粒（小孢子）。但有些植物由同一花粉母细胞形成的四个花粉粒始终结合在一起，保持四分体的状态，如杜鹃、香蒲的花粉。兰科、萝摩科的花粉粒多数胶着成块，叫做花粉块（pollinium）。

成熟的花药由药隔和花粉囊两部分组成。药隔是连接花丝和花粉囊的重要结构，包括表皮、药隔基本组织和药隔维管束三部分。花粉囊（或称药室）由花粉囊壁（分为药室外壁与药室内壁）和花粉室（花粉囊腔和花粉粒）组成（图 7-21）。

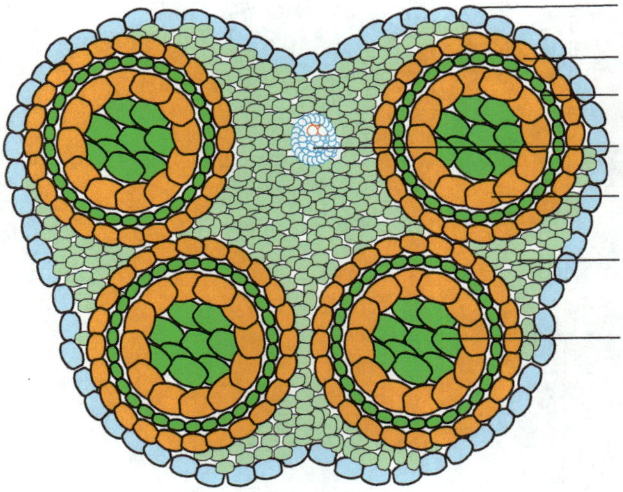

图7-21 百合未开裂花药的横切

表皮由原表皮（protoderm）分裂产生。在花药幼嫩时期，药室内壁（endothecium）细胞含有大量淀粉粒。当花药接近成熟时，细胞径向增大，储藏物质逐渐消失，细胞壁除外切向壁外其他各面壁产生不均匀的条状加厚，加厚的成分为纤维素，略有木质素。因此，药室内壁又称纤维层（fibrous layer）。同侧两个花粉囊交接处的药室内壁细胞，细胞壁无条状加厚，始终保持产生的拉力使花药在薄壁细胞处形成纵向裂口裂开，花粉弹散而出。在一些花药孔裂和闭花受精的植物中，药室内壁不发生条状加厚。

当花粉囊内造孢细胞发育成花粉母细胞，再进入减数分裂时，中间层（middle layer）内储藏物质被吸收，由于受到花粉囊内部细胞的增殖和体积扩大所产生的挤压，使中层细胞呈现扁平状。待花药成熟时，中层多已被吸收、解体并消失。少数植物如百合，花药中层细胞壁有一定程度的条状加厚，故成熟时中层仍有部分保留。

绒毡层（tapetum）是花药壁的最内一层，具独特的分泌功能，它的作用对花粉粒的发育是必不可少的。绒毡层细胞较大，细胞器丰富，初期具单核，后来发生核分裂不伴随新壁的形成，故成为双核、多核或多倍体细胞，这些特性表明绒毡层具有高度的生理活性。此外，细胞中含有较多的 RNA、蛋白质和酶，并有脂类、胡萝卜素和孢粉素等物质。绒毡层的物质为花粉粒的发育提供了重要的作用：分泌的胼胝质酶，能适时地分解花粉母细胞和四分体的胼胝质壁，使小孢子彼此分离；合成的蛋白质运送到花粉壁，成为花粉外壁蛋白，在与雌蕊柱头的相互识别中起作用；合成的孢粉素形成花粉粒壁物质，具有坚硬、抗性强的特性，若绒毡层发育不正常，常会出现雄性不育现象。

花粉粒成熟后，纤维层细胞失水，所产生的机械力使花药在裂口处断开，随后花药室开裂。花粉粒由裂口处纵轴形成的裂缝散出。药室裂开部位左右两侧的细胞就是唇细胞（lip cell）。花粉囊壁因绒毡层的解体而消失，或仅存痕迹，只剩有表皮及纤维层（图 7-22）。

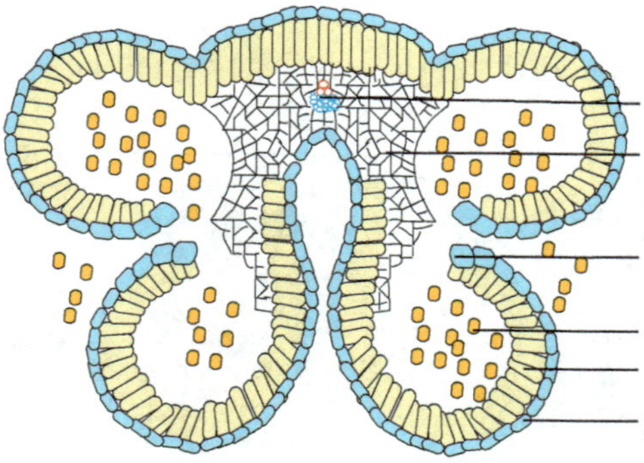

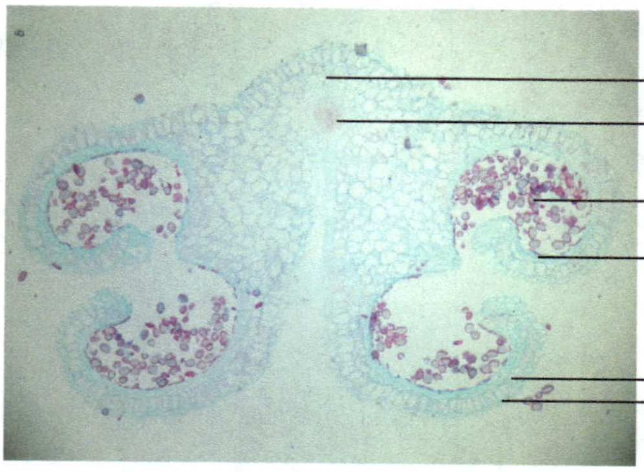

图7-22　百合开裂花药的横切示意图及光镜图

单核花粉粒的细胞核进行不均等分裂，形成一大一小两个细胞，大的即为营养细胞（vegetative cell），小的为生殖细胞（generative cell）。花粉的营养细胞包含了单核花粉的大液泡及大部分细胞质，含有大量的淀粉、脂肪、色素及生理活性物质等；生殖细胞核大，只有少量的细胞质。生殖细胞变为球形，胼胝质壁消失，成为裸露的细胞，浸泡在营养细胞之中，成为细胞中的细胞。生殖细胞渐渐伸长，呈纺锤形（图 7-23）。

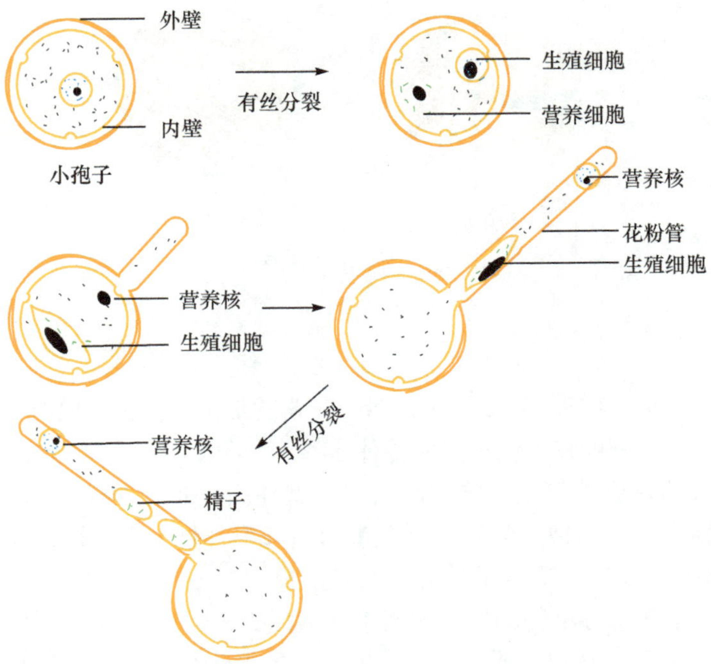

图7-23　花粉粒的萌发过程

花粉成熟时，只有生殖细胞和营养细胞的花粉粒称为二细胞花粉粒，约 70% 的被子植物花粉粒是二细胞花粉粒，如双子叶植物的棉花、桃、梨、柑橘等，单子叶植物的百合及许多兰科植物；另外一些植物的花粉成熟时具有两个精细胞（sperm）和一个营养细胞，是三细胞花粉粒，如水稻、小麦、玉米、莎草和向日葵等。

花粉粒有球形、椭圆形，也有略呈三角形或长方形（图 7-24）。水稻、小麦、玉米等为球形；油菜、蚕豆、桑、梨、苹果等为椭圆形；茶略呈三角形；此外，还有线形、四方形等。

图7-24　花粉粒的形态

萌发沟（colpus）或者萌发孔（aperture）是花粉粒上凹陷的区域。花粉粒萌发时，花粉管从花粉粒表面上的萌发沟或者萌发孔伸出来。根据花粉粒的萌发沟和萌发孔的不同，花粉可以分为单沟花粉（monocolpate pollen）、三沟花粉（tricolpate pollen）等。单沟花粉是花粉粒的表面仅仅具有一条萌发沟的花粉；三沟花粉是花粉粒的表面仅仅具有三条萌发沟的花粉；三孔花粉是花粉粒的表面仅仅具有 3 个萌发孔的花粉；多孔花粉是花粉粒的表面仅仅具有多个萌发孔的花粉（图 7-25）。

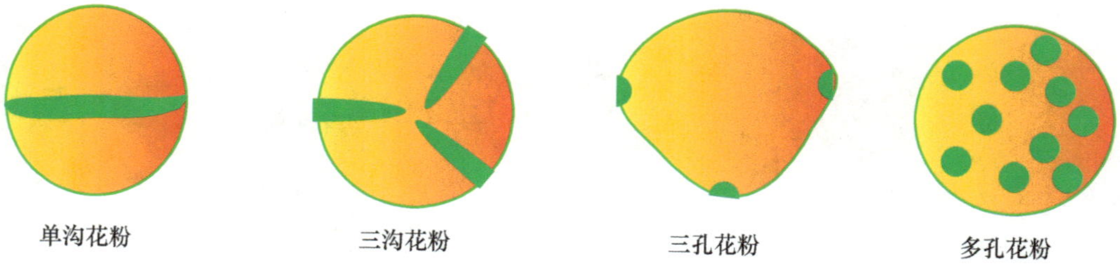

图7-25　花粉粒的极面观

二、雌蕊

雌蕊的顶端是柱头。柱头（stigma）是接受花粉的部位，柱头成熟时为花粉萌发提供必要的物质与识别信号，一般膨大或扩展成各种形状。

开花时，柱头的表面不产生分泌物的属于干型柱头（dry stigma），如油菜、棉、柿和禾本科等植物的柱头。干型柱头的外表存在蛋白质薄膜，具有亲水性，能从薄膜下面的角质层的不连续处吸收水分，使花粉萌发和花粉管生长。

在开花时能产生液态分泌物的柱头就属于湿型柱头（wet stigma），如烟草、茄、苹果、梨等植物的柱头。柱头分泌物主要为脂类、糖类、酚类化合物、氨基酸和蛋白质等。脂类有助于粘住花粉粒，减少柱头失水或防湿；蛋白质参与花粉粒和柱头的识别反应；酚类化合物有助于防止病虫对柱头的侵害，可以有选择地促进或抑制花粉粒的萌发；糖类主要是阿拉伯糖，是花粉粒萌发及花粉管生长时的营养物质。

花柱是连接柱头和子房的柱状结构，是花粉管进入子房的通道。花柱主要有空心型花柱（hollow style）和实心型花柱（solid style）两大类型。空心型花柱在花柱的中央有一条至数条纵行的沟道，称为花柱道（stylar canal）。传粉后，花粉粒萌发所形成的花粉管沿着花柱道生长和穿行（图 7-26）。

实心型花柱没有中空的花柱道，但花柱中央具有富含细胞器、代谢旺盛的引导组织，如棉花、烟草、荠菜、芝麻等大多数双子叶植物。引导组织细胞多呈圆形、细胞间隙大，其中充满糖类（果胶质）、蛋白质等分泌液。传粉后，多数植物的花粉管是在引导组织的胞间通过（图 7-27）。子房壁分为外层、中层和内层。外层有气孔和表皮毛；中层具多层薄壁

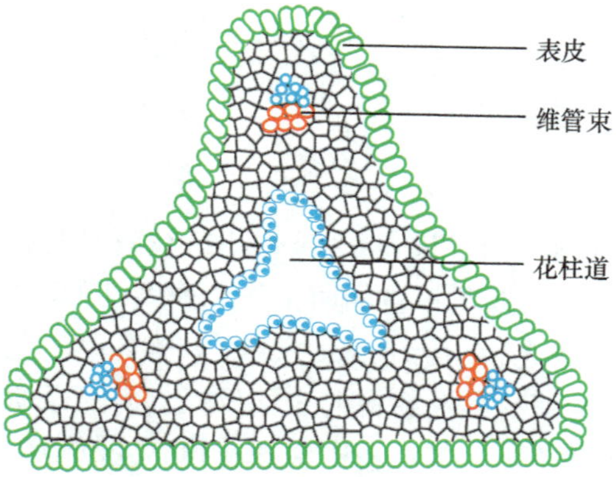

图7-26　百合花柱的横切（空心花柱）

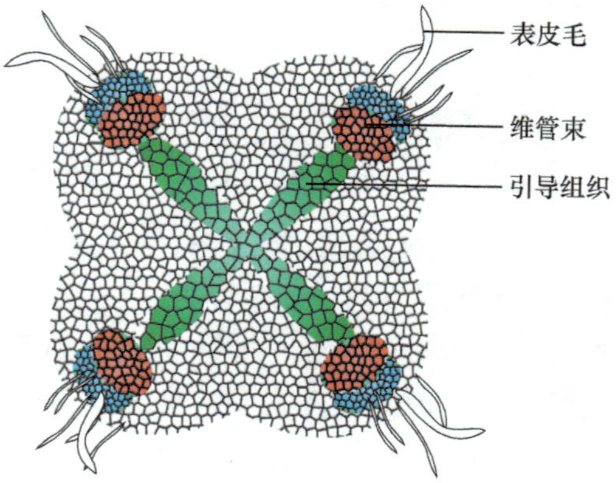

图7-27　棉花花柱的横切（实心花柱）

细胞及维管组织系统；内层表皮上的气孔和外壁上的角质层分化不完全。子房室是子房内的空腔，其数目因植物的种类、心皮的数目因雌蕊类型不同而不同。

随着雌蕊的发育，在子房中胎座的一定部位产生胚珠。胚珠是种子的前体。首先，胎座表皮下层的一个或几个细胞经不断分裂，产生内珠被和珠心，然后继续产生外珠被、珠孔大孢子母细胞。大孢子母细胞经减数分裂产生大孢子，大孢子产生成熟的胚囊。在珠心基部或其一侧，珠被、珠心和珠柄汇合的部位称为合点（chalaza）。心皮中的维管束分枝从胎座经过珠柄到达合点而进入胚珠内部，成为胚珠输送养料的途径。因此，一个发育成熟的胚珠，其结构包括珠心、珠被、珠柄和合点等几部分（图 7-28）。

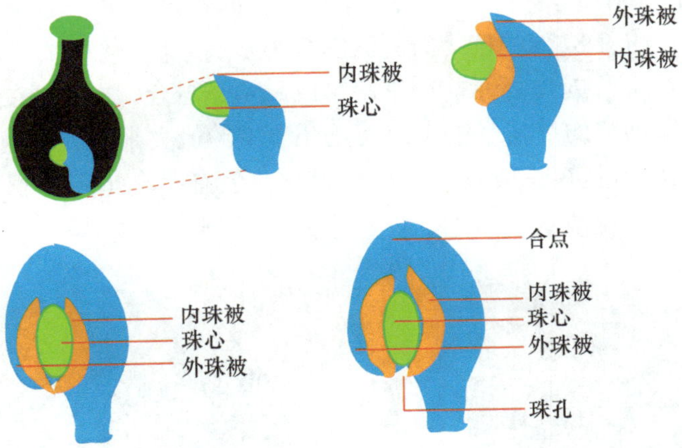

图7-28 胚珠的发育过程

根据大孢子母细胞减数分裂后参加形成胚囊的大孢子核数目的不同，植物的胚囊可区分为蓼型（单孢型）、贝母型（四孢型）、白花丹型（四孢型）和葱型（双孢型）等胚囊（图 7-29）。

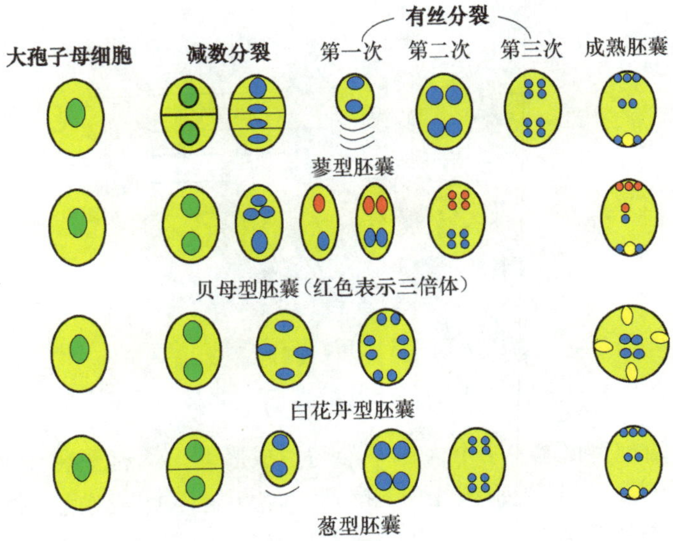

图7-29 胚囊的类型

蓼型胚囊（polygonum type）是指胚囊母细胞减数分裂形成 4 个单倍体的大孢子，其中靠近珠孔端的 3 个细胞死亡，远离珠孔端的大孢子继续发育，形成单细胞胚囊（embryo sac），再由单细胞胚囊发育成成熟胚囊，因此，蓼型胚囊属于单胞型胚囊。大孢子的细胞核连续 3 次有丝分裂，分别依次形成二核胚囊、四核胚囊、八核胚囊。在每端的 4 个核中，各有一核向胚囊中部移动，互相靠拢，这 2 个核称为极核（polar nucleus）。极核与周围的细胞质一起组成胚囊中最大的细胞，称为中央细胞（central cell）。近珠孔端的 3 个核，1 个分化成卵细胞（egg cell）、2 个分化为两个助细胞（synergid）。卵细胞和 2 个助细胞常合称为卵器（egg apparatus）。近合点端的 3 个核分化形成 3 个反足细胞（antipodal cell）。最终发育成具 7 个细胞的成熟胚囊。这种胚囊发育的形式最初见于蓼科植物，称为蓼型胚囊。在被子植物中，约有 81% 的植物的胚囊发育类型属于蓼型胚囊，如百合的胚囊属于蓼型胚囊，其成熟胚囊如图 7-30 所示。卵细胞可以和精子融合，发育成受精卵。助细胞在卵细胞的两边，协助卵细胞的受精。中央细胞是胚囊中的最大细胞，细胞核 2 个，称为极核（polar nucleus）。反足细胞在一般在受精前后退化，但有时会出现体积扩大和数目增多的现象。

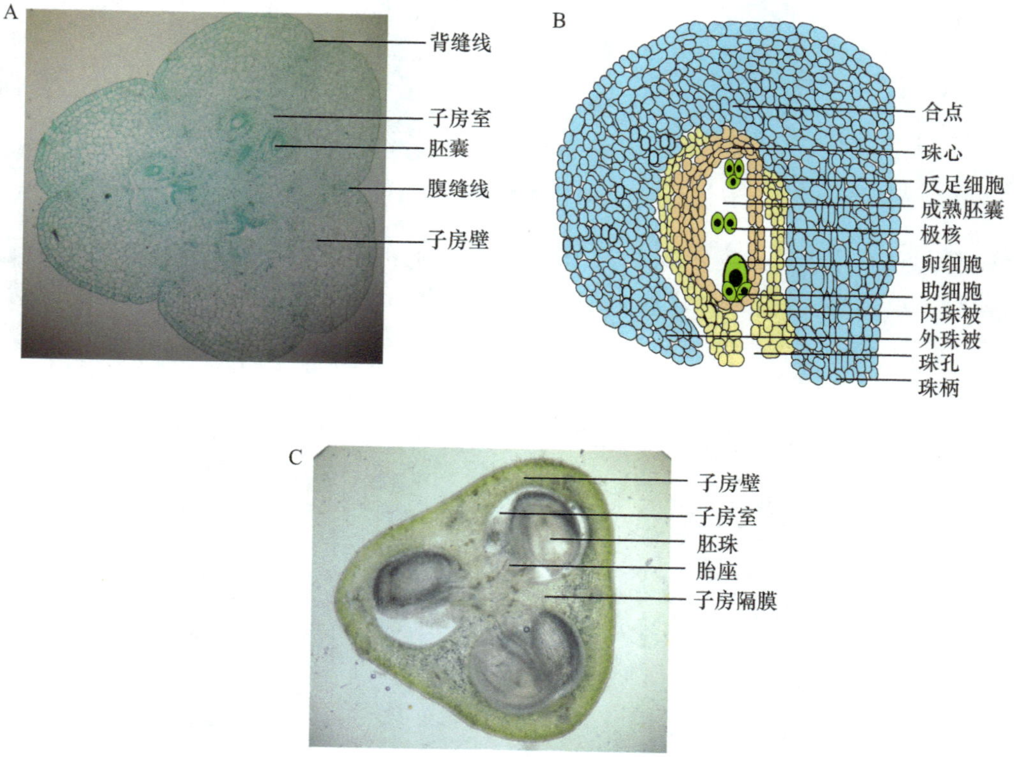

图7-30　百合子房的横切（A）百合成熟胚囊（B）及葱莲子房的徒手切片（C）

贝母型胚囊是四孢型胚囊。4 个大孢子参与形成胚囊。大孢子母细胞经过减数分裂产生 4个大孢子，4 个大孢子核先形成 1 + 3 排列，合点端 3 个核彼此靠拢并融合，形成一个三倍体核，这 2 个核分别进行 2 次有丝分裂，形成八核胚囊。红色表示是三倍体的核（图 7-29）。

白花丹型胚囊也是四孢型胚囊。大孢子母细胞经过减数分裂产生 4 个大孢子，4 个大孢子核只经过一次有丝分裂，形成 1 个特殊的八核胚囊。这个胚囊中具有 4 个卵细胞和 4 个中央细胞。白花丹型胚囊特点是无助细胞（图 7-29）。

葱型胚囊是双孢型胚囊。大孢子母细胞经过减数分裂产生 4 个线形排列的大孢子，其中 2 个退化，2 个大孢子进行 2 次有丝分裂，产生 8 个单倍体的核，然后进一步发育成与蓼型相似的 8 个胚囊（图 7-30C）。

三、花瓣

植物花瓣的五彩缤纷，非常诱人。它们的内部构造和叶片横切非常类似。不同的是植物花瓣的基本组织没有栅栏组织和海绵组织的区分。上下表皮排列紧密，有的有气孔的存在，有的则没有气孔的存在。蔷薇和番木瓜花瓣的横切如图 7-31 所示。在基本组织中有维管束的存在。

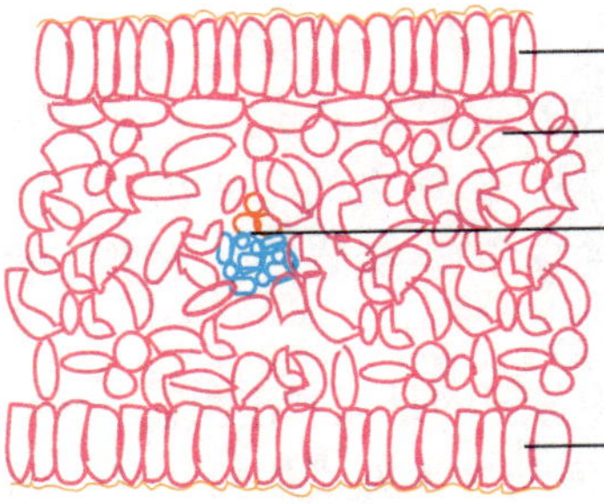

蔷薇属花瓣横切

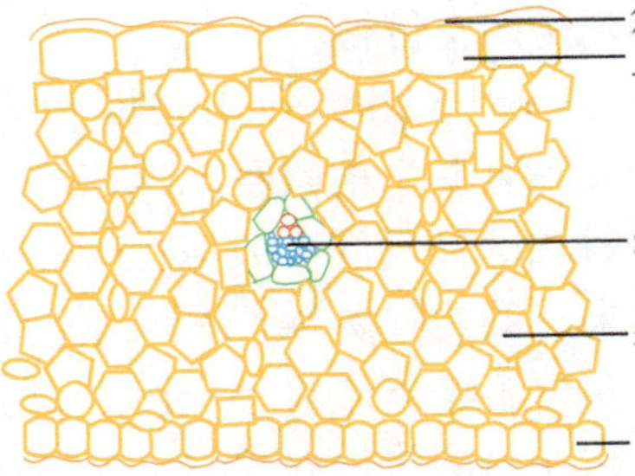

番木瓜花瓣横切

图7-31　花瓣的横切

第四节　开花、传粉和受精

一、开花

当雄蕊中的花粉和雌蕊中的胚囊成熟时，或是二者之一成熟时，花被就会张开，露出雌、雄蕊，为下一步的传粉作准备，这一现象称为开花（anthesis）。

不同植物的开花年龄、开花季节、花期长短，每天开花的时间都不相同，如小麦单朵花开放的时间只有 5～30min，每天开花有两次高峰；水稻单花开花持续时间为 1～2h，苹果单花开放时间较长，可达 3d 左右，一个花序为 5～7d。

二、传粉

成熟花粉被传送到雌蕊柱头上的过程，称为传粉（pollination）。传粉有自花传粉（self-pollination）和异花传粉（cross-pollination）两种方式。

花粉从花粉囊散出后，落到同一朵花的柱头上的传粉现象，称为自花传粉。小麦、大麦、棉、豆类、芝麻、番茄等都是自花传粉植物。小麦的花序及小花详细结构见图 7-32。

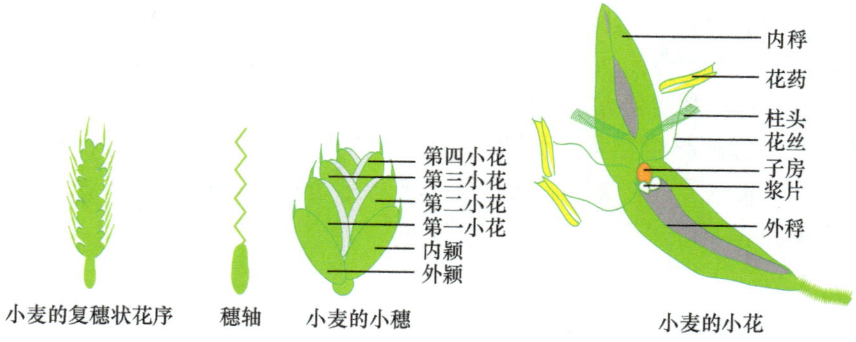

图7-32　小麦的复穗状花序及小花

自花传粉植物的花一般为两性花，雄蕊常围绕雌蕊而生，而且挨得很近；花粉囊和胚囊同时成熟；柱头对于本花的花粉萌发和花粉管中雄配子体的发育没有任何生理阻碍。自花传粉最典型的是闭花传粉（cleistogamy）。在花苞张开以前，就已经完成受精作用，如豌豆、落花生等就是闭花传粉。

异花传粉（cross-pollination）是借助于生物的和非生物的媒介，将一朵花中的花粉粒传播到另一朵花的柱头上的过程。异花传粉可以发生在同一株植物的各朵花之间，也可发生在作物的品种内、品种间，或植物的不同种群、不同物种的植株之间。玉米、油菜、向日葵、梨、苹果、瓜类植物等都是异花传粉植物。

植物传送花粉的媒介有风力、昆虫、鸟和水等，最为普遍的是风和昆虫。

靠风力传送花粉的传粉方式称风媒（anemophily），借助这类方式传粉的花，称风媒花（anemophilous flower）。被子植物约有 1/10 的种类是风媒传粉，如禾本科的大部分植物和木本植物中的栎、杨、桦、榛等是风媒植物。

风媒花的花柱往往较长，柱头膨大呈羽状，高出花外，增加接受花粉的机会。多数风媒植物是先叶开花，开花期在叶展开之前，散出的花粉受风吹送时，可以不受枝叶的阻挡。风媒植物的花多密集成穗状花序、葇荑花序等，能产生大量花粉，同时散放。花粉质轻、干燥、表面光滑，容易被风吹送。禾本科植物如小麦、水稻等的花丝特别细长，花药早期就伸出在稃片之外，受风力的吹动，使大量花粉吹散到空气中去。水稻的小花结构见图 7-33。

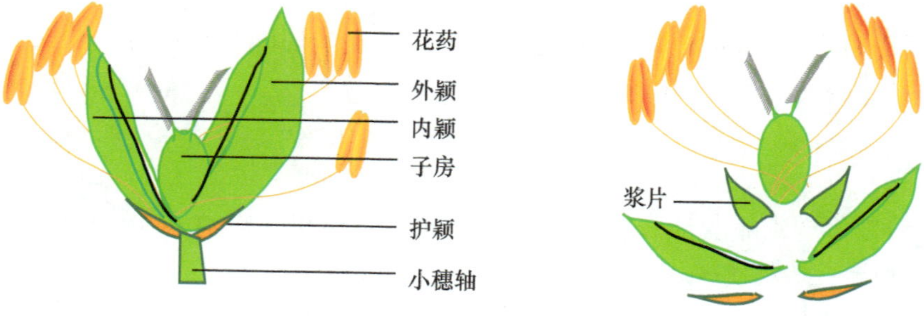

图7-33　水稻小花结构

靠昆虫为媒介进行传粉方式的称虫媒（entomophily），借助这类方式传粉的花，称虫媒花（entomophilous flower）。常见的传粉昆虫有蜂类、蝶类、蛾类、蝇类等。适应昆虫传粉的花，一般具有特殊的气味以吸引昆虫。气味有芳香的，也有恶臭的。虫媒花多半能产蜜汁。蜜腺或是分布在花的各个部分，或是发展成特殊的器官。花蜜经分泌后积聚在花的底部或特有的距内。昆虫取蜜时，花粉粒黏附在昆虫体上而被传布开去。

虫媒花一般花大而显著，并有鲜艳色彩。白天开放的花多红、黄、紫等颜色，而晚间开放的多纯白色，只有夜间活动的蛾类能识别，帮助传粉。虫媒花的花粉粒一般比风媒花的要大，花粉外壁粗糙，多有刺突。花药裂开时不为风吹散，而是粘在花药上，昆虫在访花采蜜时容易触到；雌蕊的柱头也多有黏液分泌，花粉一经接触，即被粘住；花粉数量也远较风媒为少。

除以昆虫传粉外，还有其他借助鸟类、小型哺乳动物蝙蝠等的传粉方式。例如，借鸟类传粉的称鸟媒花（ornithophily），传粉的是一些小型的蜂鸟（hummingbird），头部有长喙，在摄取花蜜时把花粉传开。

除风媒和虫媒传粉外，水生被子植物中的金鱼藻、黑藻、水鳖等都是借水力来传粉的，这类传粉方式称水媒（hydrophily）。例如，苦草属植物是生活在水底的雌雄异株植物，当雄花成熟时，雄花自花柄脱落，浮升水面开放，同时雌花花柄迅速延长，把雌花顶出水面，当雄花飘近雌花时，两种花在水面相遇，柱头和花药接触，完成传粉和受精过程，以后雌花的花柄重新卷曲成螺旋状，把雌蕊带回水底，发育成果实和种子。

常见的异花传粉类型有：单性花（unisexual flower）、自花不孕（self-sterility）、雌雄异熟（dichogamy），雌雄异长（heterogony）、雌雄异位（herkogamy）、曲卷性花柱（flexistyly）。

雌雄异熟是指一株植物或一朵花中的雌雄蕊成熟时间不一致，使雌雄性功能在时间上的分离。

雌雄异长是指一株植物的柱头高于花药，或者柱头低于花药。

雌雄异位是同一朵花内或花间雌雄蕊空间的分离，如雌花、雄花同株；雌全同株（雌花和两性花）；雄全同株（雄花和两性花）。

卷曲性花柱是指两性花开花过程中，花柱通过反向卷曲，回避自身的花药（背对着花药开裂传粉的一侧），避免自花授粉，如山姜属（*Alpinia*）和草豆蔻（*Alpinia hainanensis*）。

三、受精

传粉后，花粉在柱头上萌发，形成花粉管，管内产生的两个精子，通过花粉管的伸长，直达胚珠的胚囊内部，分别与卵细胞和极核互相融合，这个过程称受精作用（fertilization）。受精后的胚珠进一步发育为种子，子房发育成果实。

精子和卵细胞融合，形成受精卵，将来发育为胚；受精的极核发育为胚乳，这种现象称为双受精（double fertilization）。双受精是被子植物有性生殖的特有现象。

如果是直生胚珠，花粉管直接伸向珠孔，进入胚囊。如果是倒生、横生胚珠，花粉管经过弯曲，折入胚珠的珠孔口，再由珠孔进入胚囊，这称为珠孔受精（porogamy）。花粉管经胚珠基部的合点而达胚囊的，称为合点受精（chalazogamy）。珠孔受精是一般植物所有；合点受精为少见现象，榆、胡桃的受精即属于这一类型。此外，也有穿过珠被，由侧道折入胚囊的，称为中部受精（mesogamy），如南瓜（图 7-34）。

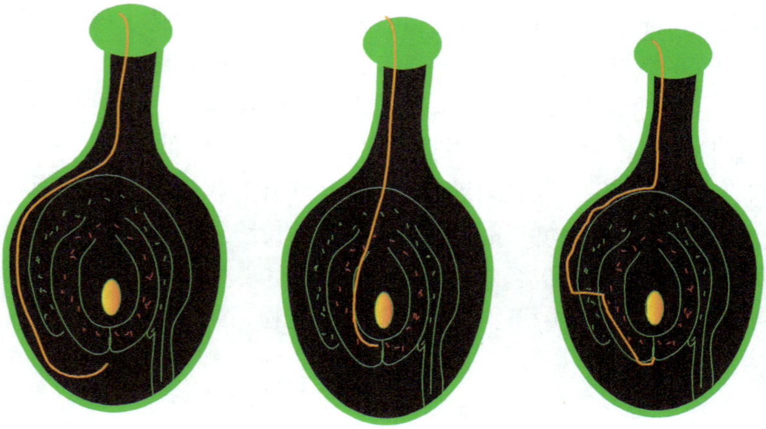

图7-34　花粉管进入胚囊的途径

花粉粒的萌发，花粉管的生长及花粉管进入胚囊所需要的时间，随植物种类和外界条件而异。在正常情况下，多数植物需要 12～18h。木本植物一般较慢，如桃授粉后，10～12h 花粉管到达胚珠，而栓皮栎、麻栎等则需 14 个月才受精；草本植物一般较快，如水稻、小麦从授粉到花粉管到达胚囊约 30min，菊科的橡胶草 15～30min，蚕豆需 14～16h。

花粉粒的萌发和花粉管的生长对温度的影响非常敏感，如小麦在 10℃ 时，传粉后 2h 开始受精；20℃ 时萌发最好，30min 即开始受精，30℃仅需 15min 即可受精。大多数温带地区的植物，花粉粒萌发和花粉管生长的最适温度为 25～30℃。此外，水分、盐类、糖类、激素和维生素等，都对花粉粒的萌发和花粉管的生长有影响。

四、胚的发育

胚的发育从合子（zygote）开始。合子形成后，通常形成纤维素的细胞壁，并度过一段时间的“休眠”才开始分裂。“休眠”期的长短常随植物不同而有差别，如水稻的休眠期为 4～6h、小麦为 16～18h。

被子植物荠菜胚的发育过程见图 7-35。单子叶植物的胚只形成一片子叶，因此，发育进程中不出现心形期和鱼雷形期。胚柄在胚成熟后，被吸收消失。

被子植物胚乳的发育始于初生胚乳核。一般来说，胚乳的发育进程较早于胚的发育，为幼胚的生长发育及时提供必需的营养物质。胚乳的发育有核型胚乳、细胞型胚乳和沼生目型胚乳三种类型。

核型胚乳（nuclear endosperm）的特点是初生胚乳核分裂过程中不伴随细胞壁的形成，出现游离核时期。后来部分胚乳逐渐细胞化，并程序化死亡。在单子叶植物和双子叶离瓣花植物中普遍存在，是被子植物中最普遍的胚乳发育形式。

细胞型胚乳（cellular endosperm）的特点是初生胚乳核分裂伴随细胞壁的形成，不出现游离核时期（图 7-36）。

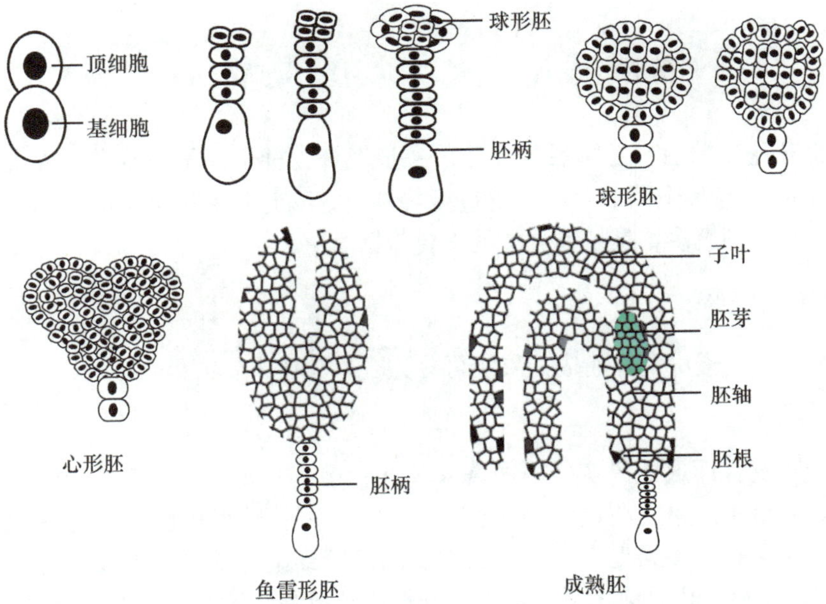

图7-35　荠菜胚的发育

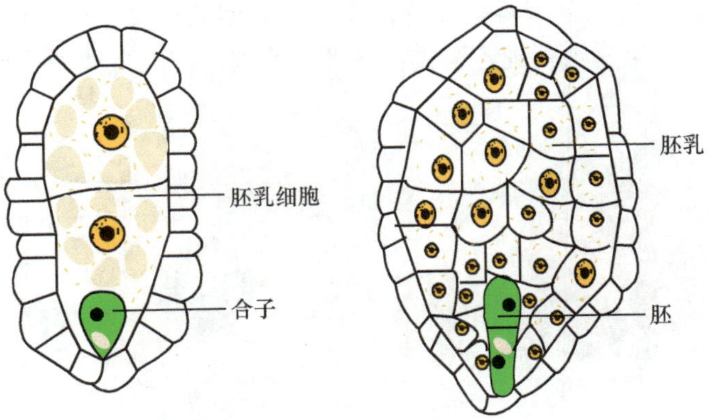

图7-36　茄属胚囊的纵切（细胞型胚乳）

沼生目型胚乳（helobial endosperm）介于核型胚乳和细胞型胚乳之间。初生胚乳核的首次分裂形成一大一小两个细胞，大细胞位于珠孔端，小细胞位于合点端。前者可进行多次的游离核分裂，最后形成细胞。后者极少分裂或不分裂，呈合胞体状态。具沼生目型胚乳特征的植物多见于沼生目的慈姑和百合目的紫萼等。

种皮是由珠被发育而来的保护结构。胚被有单层和双层之分，单层珠被的只形成一层种皮，如向日葵、番茄、胡桃；双层珠被的，通常相应形成内、外两层种皮，如蓖麻、苹果等。有些植物的外珠被在种子形成过程中被吸收而消失，内珠被形成极不发达的种皮，如小麦、水稻等残存的种皮常常与果皮紧贴在一起，主要由果皮对胚起着保护作用。

少数植物的种子可以形成假种皮。假种皮是由珠柄或胎座发育而来，包于种皮之外的结构，常含有大量油脂、蛋白质、糖类等储藏物质，如龙眼、荔枝果实的肉质多汁的可食部分等。

第五节　果实的类型

被子植物开花受精后，受精后的胚珠进一步发育为种子，子房发育形成果实。果实包括果皮（pericarp）与种子两部分。果皮包裹着种子，既起到保护种子的作用，又有助于种子的传播。果实类型繁多，是植物分类的重要依据之一。

一、真果与假果

根据是否单纯由子房发育而成，果实可分为真果与假果。

（一）真果

单纯由子房发育而成的果实，叫做真果（true fruit），如小麦、玉米、棉花、花生、柑橘、桃、茶等的果实。果皮明显地分为外、中、内三层：外果皮由一层表皮和数层厚角细胞形成，表皮外面有很多柔毛；中果皮由大型的薄壁细胞和维管束形成，是人们食用的主要部分；内果皮坚硬，由许多木质化的石细胞形成，成为坚硬的核，里面含有种子。

核果是真果的一种类型，属于单果。由一个心皮发育而成的肉质果；一般内果皮木质化形成核，常见于蔷薇科、鼠李科等类群植物中。典型的核果，外果皮膜质，称果皮；中果皮肉质，称果肉；内果皮由石细胞组成，坚硬，称核，核内为种子（图 7-37）。

图7-37　桃子及其纵切

（二）假果

除子房以外，还由花的其他部分（如花托、花萼筒等）参与形成的果实，叫做假果（pseudocarp 或 false fruit）。例如，梨、苹果的食用部分，主要是花萼筒，由子房壁发育而来的肉质部分，所占比例很少，但外、中、内三层果皮仍能区分，内果皮常革质、较硬（图 7-38）。

胎座（placenta）是心皮边缘愈合形成的结构，是胚珠孕育的场所。在果实的成熟过程中，多数植物的果实中的胎座逐步干燥、萎缩；有的胎座更加发达，参与形成果肉的一部分，如番茄、猕猴桃等植物的果实（图 7-39）；有些植物的胎座包裹着发育中的种子，除提供种子发育所需的营养外，还进一步发育形成厚实、肉质化的假种皮，如荔枝、龙眼等植物（图 7-40）。草莓果实的肉质化部分，是花托发育而来的结构（图 7-41）；在无花果、菠萝等植物的果实中，果实中的肉质化的部分主要由花序轴、花托等部分发育而成（图 7-42）。

图7-38 苹果及其横切

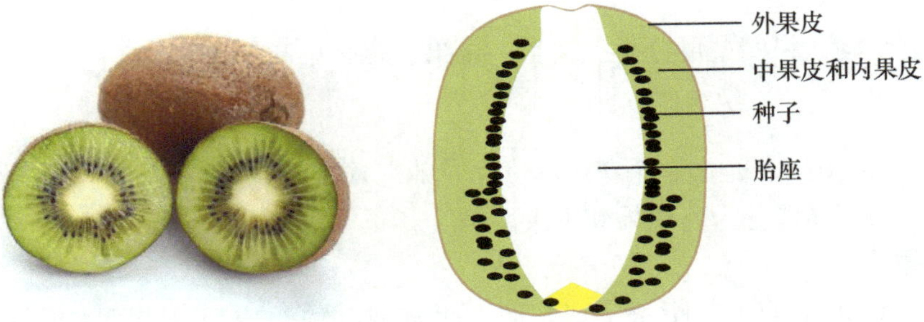

图7-39 猕猴桃及其纵切

图7-40 荔枝及其纵切

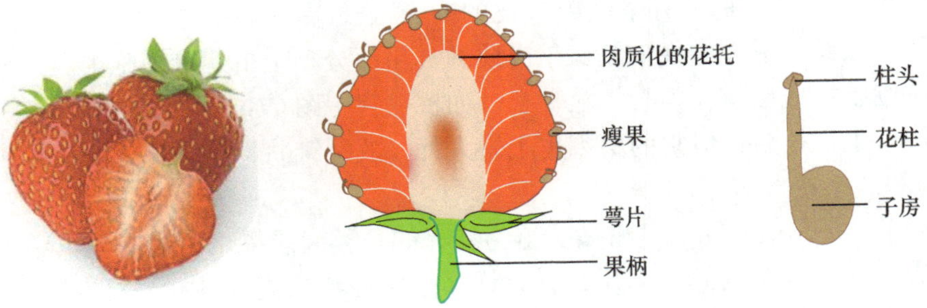

图7-41 草莓纵切及单个瘦果

图7-42　菠萝及其纵切

二、单果、聚合果和复果

根据形态结构，果实又可分为三大类：单果、聚合果和复果。

（一）单果

单果（simple fruit）是由一朵花中的一个单雌蕊或复雌蕊发育而成。根据果皮成熟时果皮的质地和结构，又可分为肉质果和干果两类。

1. 肉质果

肉质果（fleshy fruit）是指果实成熟时，果皮或其他组成部分肉质多汁。常见的有浆果、核果、柑果、瓠果、梨果等。

（1）浆果（berry）由一个或几个心皮形成，含一粒至多粒种子。外果皮薄，中果皮、内果皮和胎座均肉质化，浆汁丰富，如番茄（图 7-43）、柿子（图 7-44）、葡萄（图 7-45）、茄等。

图7-43　浆果：　番茄及其横切

（2）核果（drupe）是具有坚硬内果皮的一类肉质果。外果皮极薄，由表皮层和表皮下的几层厚角组织组成；中果皮厚，是肉质的食用部分，全由薄壁细胞组成；内果皮石质化，是由石细胞构成硬核，内含 1 粒种子，如桃、杏（图 7-46）、枣（图 7-47）、梅、李等的果实。椰子也是核果，但它的中果皮干燥无汁，成纤维状，俗称椰棕，内果皮即为椰壳（图 7-48）。

（3）柑果（hesperidium）是柑橘类植物特有的一类肉质果，由多心皮具中轴胎座的上位子房发育而成。外果皮厚，革质，分布许多分泌腔（油囊）；中果皮较疏松，具多分枝的维管束；内果皮膜质，分为若干室，表皮细胞具有许多多汁的汁囊，是食用的主要部分（图 7-49）。

柿子：食用部位中果皮和内果皮

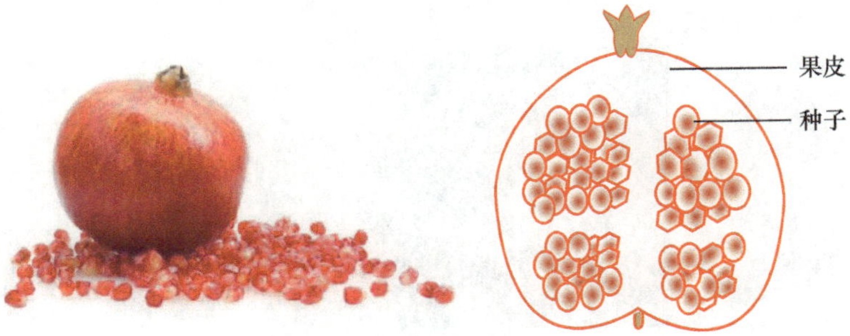

石榴：食用部位是外种皮

图7-44　浆果：　柿子和石榴

食用部位中果皮、内果皮和胎座

图7-45　浆果：　葡萄

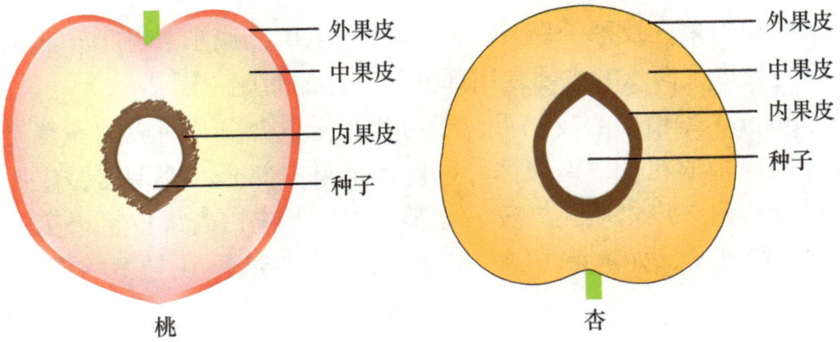

图7-46　核果：　桃和杏的纵切

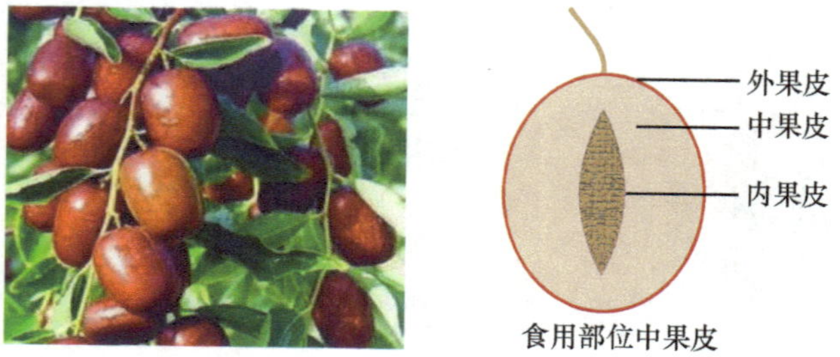

图7-47　核果：枣及其纵切

图7-48　核果：椰子及其横切

图7-49　柑果：橘子及其横切

（4）瓠果（pepo）为瓜类所特有，由3个心皮组成，是具侧膜胎座的下位子房发育而成的假果。花托与外果皮常愈合成坚硬的果壁，中果皮和内果皮肉质，胎座较发达。黄瓜的外果皮、中果皮和内果皮及种子都可以食用（图7-50）。南瓜、冬瓜和甜瓜的食用部分为肉质的中果皮和内果皮，西瓜的主要食用部分为发达的胎座（图7-51）。

（5）梨果（pome）是由多心皮的下位子房和花托愈合发育而成的一类肉质假果。外面很厚的肉质部分是原来的花托，肉质部分以内才是果皮部分。外果皮、花托和中果皮之间均无明显界限可分；内果皮木质化，较易分辨；中轴胎座，内果皮将果实的核心分为5个小室，每小室含2粒种子，如苹果（图7-52）、梨（图7-53）、山楂等的果实。

2. 干果

干果（dry fruit）成熟时果皮干燥，根据果皮开裂与否，可分为裂果（dehiscent fruit）和闭果（indehiscent fruit）。

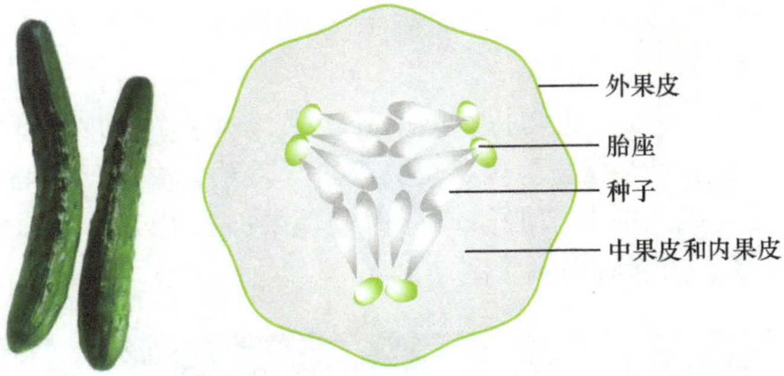

图7-50 瓠果：黄瓜及其横切

图7-51 瓠果：西瓜及其横切

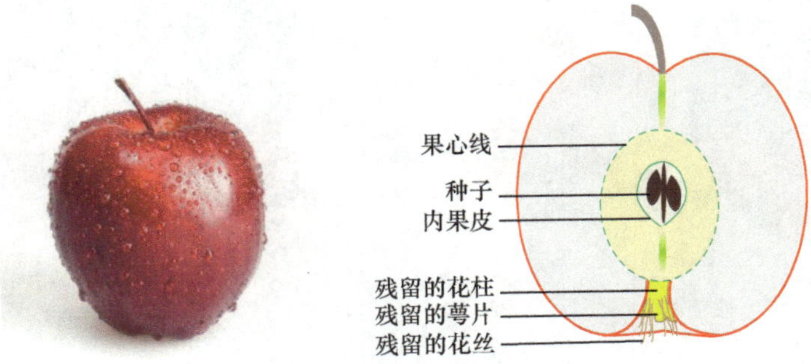

图7-52 梨果：苹果及其纵切

图7-53 梨果：梨及其纵切

1）裂果　果实成熟后果皮开裂，就是裂果（dehiscent fruit）。依心皮数目和开裂方式不同，分为下列 4 种类型。

（1）荚果（legume）是豆科植物特有的一种干果，由一个心皮发育而成。成熟时果皮沿背缝和腹缝两面开裂，如大豆、豌豆、蚕豆等。含羞草、决明、山蚂蝗等的荚果呈分节状，每节含一粒种子，成熟时分节脱落，称为节荚果；槐的荚果为圆柱形分节，呈念珠状；苜蓿的荚果螺旋状，边缘有齿刺（图 7-54）。

图7-54　荚果（大豆）和节荚果（含羞草）

（2）蓇葖果（follicle）由一心皮或离生心皮发育而成，果实成熟时，或沿腹缝线开裂，如牡丹、芍药、飞燕草、假苹婆和八角茴香（图 7-55）；或沿背缝线开裂，如木兰、辛夷。

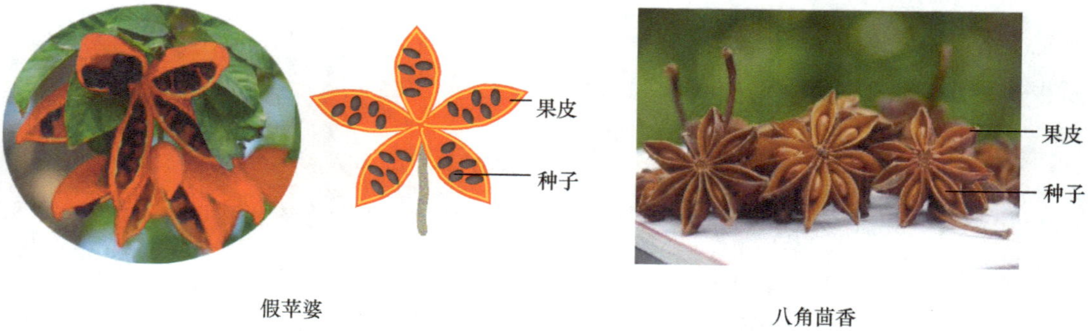

图7-55　蓇葖果（假苹婆和八角茴香）

（3）蒴果（capsule）由两个或两个以上合生心皮发育而成，每室含多数种子。蒴果果实成熟时有瓣裂、孔裂和周裂等类型。

a. 瓣裂有室间开裂、室轴开裂、室背开裂等类型（图 7-56）。

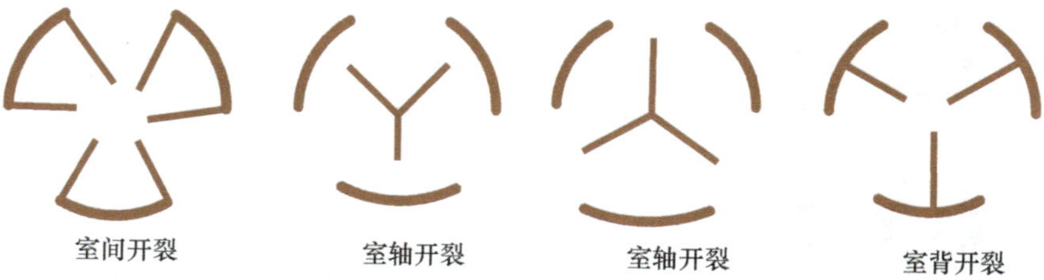

图7-56　瓣裂式蒴果开裂的方式

①室间开裂（septicidal dehiscent），即沿心皮相接处的隔膜裂开，如烟草、马兜铃、秋水仙等。②室轴开裂（septifragal dehiscent），即果皮外侧沿心皮的背缝线或腹缝线相接处裂开，但中央的部分隔膜仍与中轴相连，如木棉、曼陀罗（图7-57）、牵牛、杜鹃花。③室背开裂（loculicidal dehiscent）是沿心皮的背缝裂开，如棉花、榴莲（图7-58）、百合、鸢尾、酢浆草等。

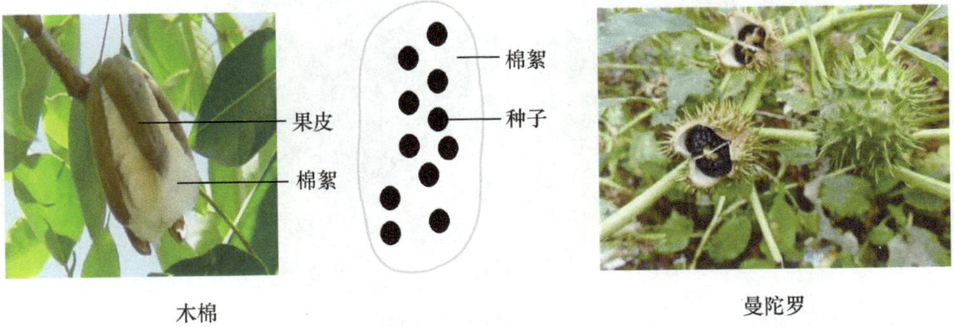

图7-57　蒴果：木棉和曼陀罗

图7-58　蒴果：棉花和裂开的榴莲

b. 孔裂（porous dehiscent），即果实成熟时，每一心皮顶端裂一小孔，以散发种子，如罂粟、虞美人、桔梗、金鱼草的果实（图7-59）。

c. 周裂（circumscissile dehiscent），即果实中上部环状横裂成盖状脱落，如马齿苋、车前（图7-59）。

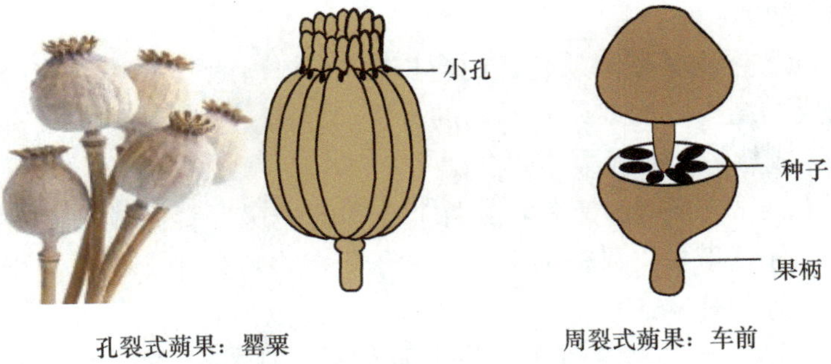

图7-59　蒴果：罂粟和车前

（4）角果是由二心皮的子房发育而来，由心皮边缘合生处向中央生出假隔膜，将子房分隔为两室。角果是十字花科植物特有的果实类型。果实成熟时，果皮沿两腹缝线裂成两片而脱落，只留假隔膜，种子附于假隔膜上。油菜、甘蓝、白菜、萝卜的角果很长，称为长角果（silique）；荠菜、独行菜的角果短阔，称为短角果（silicle）（图 7-60）。

长角果：萝卜

短角果：荠菜

图7-60　长角果（萝卜）和短角果（荠菜）

2）闭果　果实成熟后，果皮不开裂，是闭果。闭果可分为下列 7 种。

（1）瘦果（achene）由 1～3 个心皮组成，内含一粒种子。成熟时，果皮革质或木质，容易与种皮分离。一心皮构成的瘦果如白头翁，二心皮瘦果如向日葵、蒲公英，三心皮瘦果如荞麦（图 7-61）。

瘦果：蒲公英

瘦果：向日葵

图7-61　瘦果：　蒲公英和向日葵

（2）颖果（caryopsis）是禾本科植物特有的果实。果皮薄、革质，只含一粒种子，果皮与种皮紧密愈合而不易分离，如小麦和玉米等的果实（图 7-62）。

（3）翅果（samara）的果皮延伸成翅状，有利于果实的散播，如榆树、槭树、臭椿等的果实（图 7-63）。

（4）坚果（nut）果皮坚硬木质化，内含一粒种子。坚果外面常包有壳斗。壳斗是原花序的总苞发育而成的结构，如栗属和栎属的果实。通常，一个花序中仅有一个果实成熟；但也有两三个果实成熟的，如板栗（图 7-64）。

（5）双悬果（cremocarp）。双悬果由两个心皮的子房发育而成两室。果实成熟时，子房室分离成两瓣，分悬于中央果柄的上端，种子仍包在心皮中，果皮干燥，但不开裂，如胡萝卜、茴香的果实（图 7-65）。

（6）分果（schizocarp）是复雌蕊子房发育而成，成熟后各心皮分离，形成分离的小果，但小果的果皮不开裂，如蜀葵（图 7-66）。

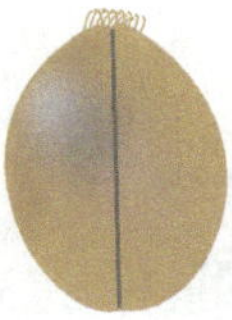
小麦腹面观

小麦背面观

玉米背面观

玉米腹面观

小麦

玉米

图7-62　颖果：小麦和玉米

翅果：榆树

翅果：槭树

翅果：臭椿

图7-63　翅果：榆树、槭树和臭椿

坚果：板栗

板栗种子

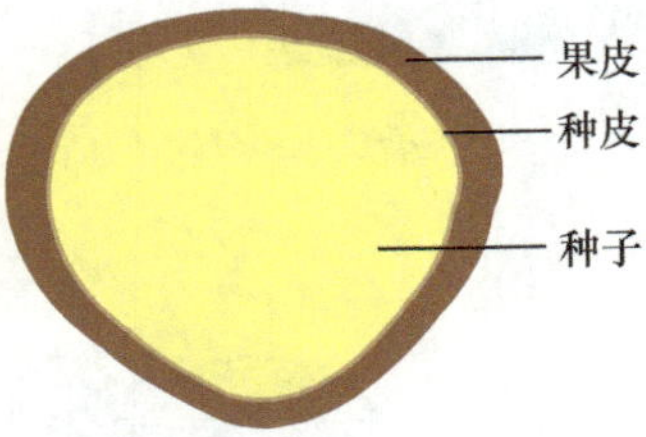

剥开的板栗

图7-64　坚果：板栗

双悬果：香菜

双悬果：小茴香

图7-65　双悬果：香菜和小茴香的果实

苘麻

蜀葵

胞果：藜

图7-66　分果（苘麻和蜀葵）与胞果（藜）

（7）胞果（utricle）。亦称囊果，是由合生心皮形成的一类果实，具一枚种子，成熟时干燥而不开裂，果皮薄疏松地包围种子，极易与种子分离，如藜、菠菜、酸浆等（图 7-66）。

（二）聚合果

聚合果（aggregate fruit）由一朵花中离心皮雌蕊发育而来，每一雌蕊都形成一个独立的小果，集生在膨大花托上。聚合果可以是聚合核果，如悬钩子（图 7-67）；或者是聚合瘦果，如蔷薇、草莓（图 7-67）；也可以是聚合蓇葖果，如八角、玉兰、黄兰（图 7-68）；或者是聚合坚果，如莲蓬（图 7-68）。

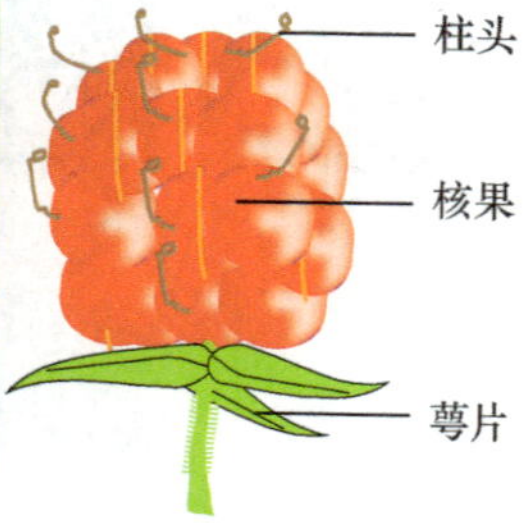

聚合核果：悬钩子

聚合瘦果：草莓

图7-67　聚合核果（悬钩子）和聚合瘦果（草莓）

黄兰：聚合蓇葖果

莲蓬：聚合坚果

图7-68　聚合坚果（莲蓬）

（三）复果

复果是由整个花序发育成的果实，也称聚花果（collective fruit）或花序果。花序中的每朵花形成独立的小果，聚集在花序轴上，外形似一果实。例如，桑葚、菠萝的果实由许多花聚生在肉质花轴上发育而成；桑葚的可食部分是肉质化的花萼、花序轴（图 7-69）。无花果的肉质花轴内陷成囊状，囊内壁上着生许多小坚果（图 7-70）。

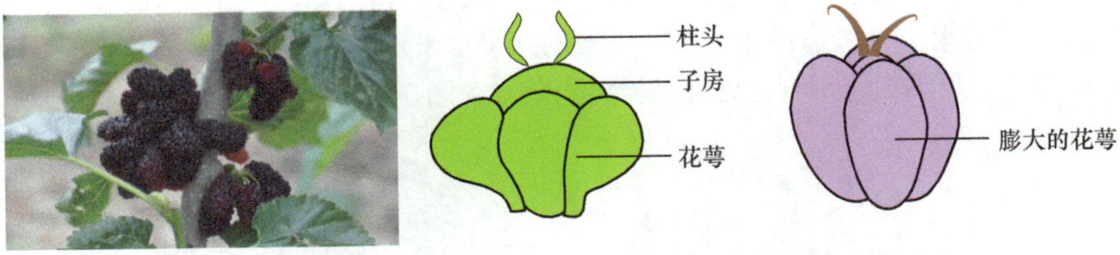

桑葚：聚花果　　一朵花　　一个成熟的果实

图7-69　聚花果（桑葚）

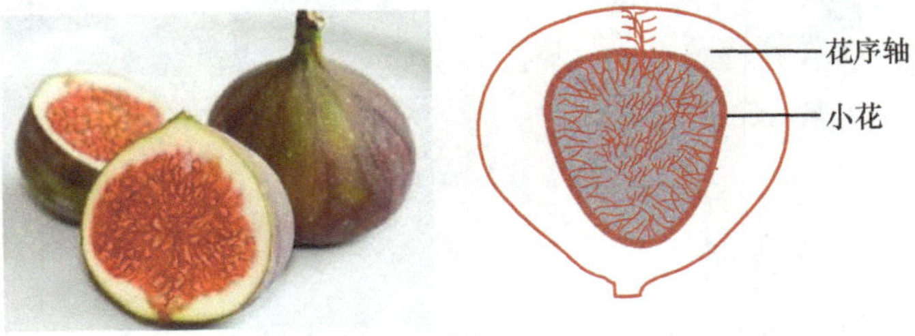

图7-70　聚花果：　无花果及其纵切

第六节　果实和种子的扩散

果实和种子的散布，主要依靠风力、水力、动物和人类的携带，以及通过果实本身的力量。

一、风力传播

借风力传播的果实和种子，体积小而轻，常具毛、翅等附属物，有利于随风远扬。例如，兰科植物的种子细小质轻，易飘浮空中而吹送到远处；莴苣、蒲公英等菊科植物的果实上生有冠毛；垂柳、白杨、夹竹桃的种子外有细绒毛；榆、槭、枫杨的果实及松、云杉的种子具翅；酸浆的果实，外具薄膜状气囊等，这些都是适应风力传播的结构（图 7-71）。

夹竹桃（种子上有很多毛）　　酸浆（花萼特化成气囊）

图7-71　靠风传播的种子

二、水力传播

借水力传播的果实和种子，其果实或种子多形成漂浮结构。例如，莲的莲蓬，可以协助果实进行通过水流来传播；椰子，其果实的外果皮平滑，不透水，中果皮疏松，呈纤维状，充满空气，可随海水漂到远处海岛沙滩而萌发（图 7-72）。

椰子随海水漂流

椰子发芽

图7-72　椰子的扩散

三、借人或者动物传播

借动物、人类活动传播的果实和种子有多样的适应结构。有些植物，如苍耳、鬼针草、葎草等，它们的果实外面生有钩刺，能粘到动物的皮毛上或人们的衣服上而被携至远方；有些植物，如番茄的果实或种子具坚硬的果皮或种皮，被动物吞食不易受消化液的侵蚀，以后随粪便排出体外而散播（图 7-73）。有些杂草的果实和种子常与栽培植物同时成熟，借人类收获作物和播种活动而传播，如稻田恶性杂草——稗，往往随稻被收割，随稻播种，因此很难从田间将其彻底除去。

鬼针草

苍耳

番茄

凤仙花果实

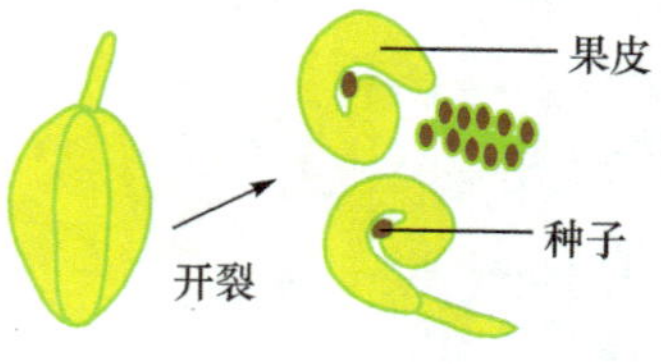

凤仙花果实一碰就裂

图7-73　各种种子的形状

四、靠自身的弹力

有些植物的果实急剧开裂时，产生机械弹力或喷射力，将种子散发出去。干果中的裂果，随着果皮含水量的变化，容易在收缩时产生扭曲现象，借此把种子弹出，实现了对种子的传播。常见的此类植物有凤仙花（图 7-73）、大豆、油菜等植物的果实。

本章部分思维导图

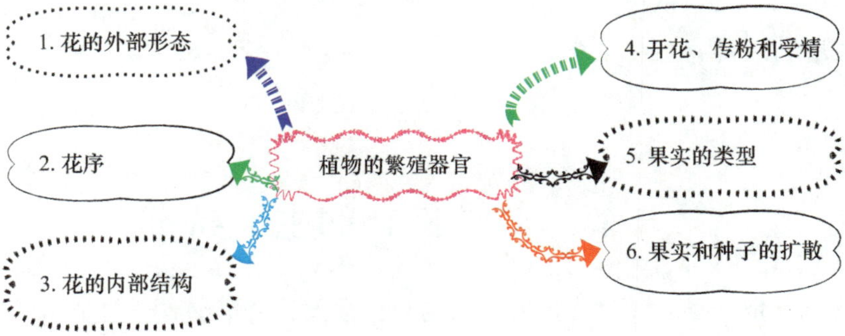

第八章 藻类植物

藻类植物是植物界中没有根、茎、叶分化，能进行光合作用的低等自养植物（autophyte），大多水生。藻类植物形态多样。小的要在显微镜下才能看到，大的肉眼可见。

第一节 藻类植物的主要特征

藻类植物没有根、茎、叶分化，形态结构差异很大，有单细胞、多细胞群体、丝状体、叶状体、管状体等类型。体型从几微米到上百米不等，绝大多数体型较小，必须借助显微镜观察。

藻类植物的光合色素有叶绿素类、胡萝卜素类、叶黄素类和藻胆素等。不同藻类色素种类、含量各有差异。细胞内进行光合作用的细胞器称为载色体（chromatophore），其形态多样化。藻类的生殖器官多为单细胞，少数为多细胞。繁殖细胞缺乏不育的保护细胞层，通常以细胞分裂和形成多种孢子的方式进行营养繁殖和无性繁殖。有性生殖产生能游动或不动的配子，有同配、异配、卵配和接合生殖等类型，合子不发育成胚。藻类生活史类型多样，根据减数分裂发生的时期不同可分为合子减数分裂（zygotic meiosis）、配子囊减数分裂（gametic meiosis）和孢子囊减数分裂（sporic meiosis）三种类型。合子减数分裂是指合子（zygote）进行减数分裂产生配子（gamete），如衣藻、水绵等。这类植物的藻体都是单倍体（haploid），在它的生活史中，仅仅合子是二倍体（diploid）；配子囊减数分裂是指配子囊内的二倍体细胞减数分裂产生配子，然后配子融合成合子，如硅藻门的植物。这类植物的藻体都是二倍体，在它的生活史中，仅仅配子是单倍体；孢子囊减数分裂是指孢子囊内的二倍体细胞减数分裂产生单倍体孢子，孢子萌发成配子体（gametophyte），配子体产生配子，如海带等植物。这类植物的藻体有两种类型：二倍体的孢子体和单倍体的配子体。

藻类分布于海水、淡水、潮湿的土壤、墙壁、岩石或树干上。一些极端环境（如冰川、荒漠和温泉）中也有藻类。藻类植物是初级生产者。许多藻类光合效率高，生长快且富含营养物质，如蛋白质、脂类、碳氢化合物等可为人类提供多种需求，有的可作为提取琼脂及碘、铀等贵重金属的原料，有的是重要的中药材，有广阔的应用前景。

根据细胞是否具有细胞核，藻类植物可以分为原核藻类和真核藻类。原核藻类的细胞没有核膜，也无膜包被的叶绿体、线粒体等细胞器。真核藻类的细胞有核膜和叶绿体、线粒体等细胞器。原核藻类主要有蓝藻门生物，真核藻类则有绿藻门、轮藻门、硅藻门、褐藻门、红藻门等生物。藻类生物分类的依据主要包括藻体的形态及其鞭毛有无、数目、着生位置和类型、细胞的结构、细胞壁成分、所含色素的种类及载色体形态结构、贮藏物质的类别，以及生殖方式和生活史的类型等。

第二节　藻类植物的分类

根据藻类植物的色素类型、光合产物等，可以将藻类分为蓝藻门、绿藻门、轮藻门、硅藻门、褐藻门、红藻门等。

一、蓝藻门（Cyanophyta）

蓝藻（blue-green algae）分布很广，约有150属，1500种。蓝藻形态多样，通常可分为单细胞和非丝状群体（片状、球形、椭圆形或不规则形）、丝状体等类型。蓝藻含有叶绿素a、类胡萝卜素、藻胆素（phycobilin）等色素。蓝藻光合作用的产物为蓝藻淀粉（cyanophycean starch）、蓝藻颗粒体（cyanophycin）和胶质颗粒（lipid granule）等。部分丝状蓝藻还有异形胞（heterocyst）。异形胞是藻丝上比营养细胞大的特殊细胞（图8-1）。

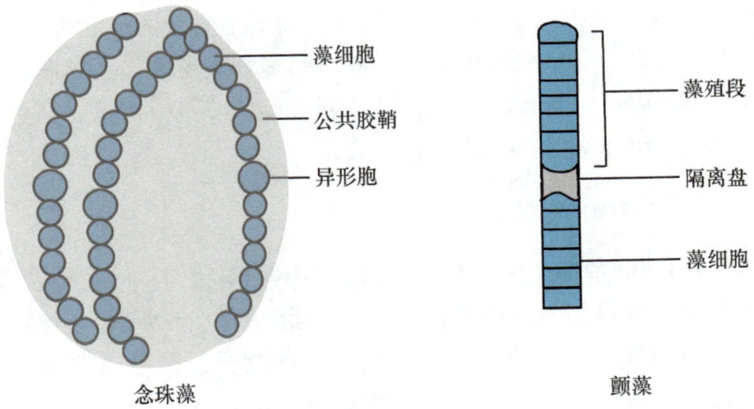

图8-1　蓝藻的代表

异形胞中含有丰富的固氮酶，可以进行固氮作用，如鱼腥藻属（*Anabaena*）、念珠藻属（*Nostoc*）等。藻体常在异形胞处断裂形成藻殖段（homogonium）而进行繁殖。藻殖段就是丝状蓝藻藻体断开后的一小段藻体。隔离盘是两个细胞间形成的膨大的双凹形结构，藻体也可以在隔离盘处形成藻殖段。因此，藻体可以从隔离盘或者异形胞处断裂，形成藻殖段进行繁殖（图8-1）。

大多数蓝藻的细胞外均具有或厚或薄的胶质鞘（gelatinous sheath）。胶质鞘的主要成分是果胶酸（pectic acid）和黏多糖（mucopolysaccharide）。多个细胞外的胶质鞘称为公共胶鞘。单个细胞外的胶质鞘称为个体胶鞘。

蓝藻的是地球上分布最广的类群之一。淡水、海水、潮湿地面、树皮、岩面和墙壁上都有生长。常见的蓝藻如图 8-2 所示。

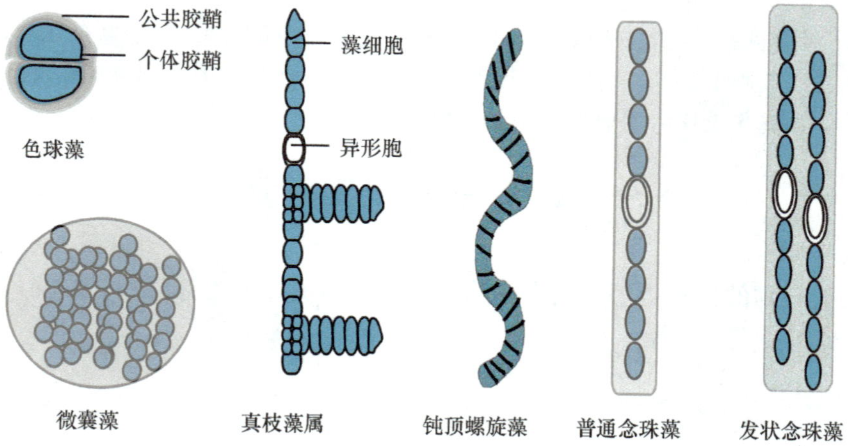

图8-2　常见的蓝藻

色球藻的细胞呈半球形或四分体形，在细胞相接触处平直。公共胶鞘透明，层理明显。

微囊藻呈球形、椭圆形或不规则形。公共胶鞘无色、透明，少数种类具有颜色；细胞球形、椭圆形或卵形，无个体胶鞘。有些种类产生微囊藻毒素（microsystin），直接或间接危害水生动物、家禽及人类。

真枝藻由单列细胞至多列细胞构成的，具不规则侧生分枝的丝状体，多生于潮湿岩石上，呈黑褐色。丝状体有厚而坚硬的胶质鞘，胶质鞘多为黄褐色，具异形胞。

钝顶螺旋藻（*Spirulina platensis*）、普通念珠藻（*Nostoc commune*，俗称地木耳）、发状念珠藻（*Nostoc flagelliforme*，俗称发菜）等可食用。

二、绿藻门（Chlorophyta）

绿藻门生物约有 8600 余种。藻体有单细胞、群体（丝状体、叶状体及管状体）等。少数单细胞和群体类型的营养细胞前端有鞭毛，终生能运动（图 8-3），但绝大多数绿藻的营养体不能运动，只有繁殖时形成具鞭毛的游动孢子和配子，鞭毛通常为 2 条或 4 条顶生、等长的尾鞭型鞭毛。

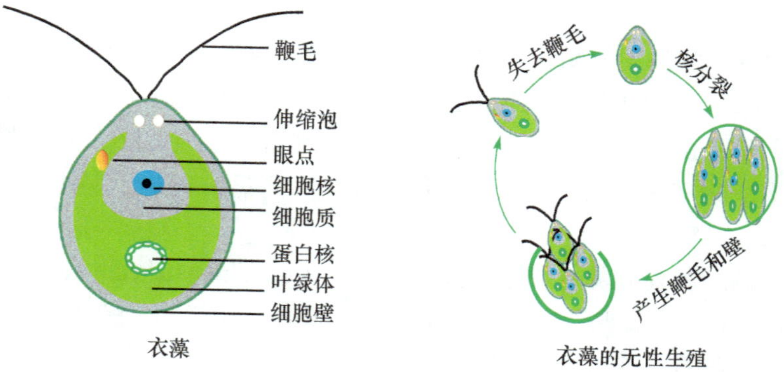

图8-3　衣藻及其无性生殖

大多数绿藻（green algae）具有细胞壁。绿藻细胞壁分两层，内层主要由纤维素构成，外层常为果胶质。多数种类具有一至数个载色体。衣藻细胞内含有光合色素的细胞器就是载色体。载色体形态多样，有杯状、带状、片状、盘状、星状等，其上常有一至数枚蛋白核（pyrenoid）（图 8-3）。蛋白核的结构中心为蛋白质，外周为淀粉鞘。蛋白核与淀粉的合成有关。绿藻门的色素有叶绿素 a 和 b、α-胡萝卜和β-胡萝卜素及叶黄素类；光合产物为直链淀粉。色素和光合产物与高等植物类似，多贮存于蛋白核周围。

绿藻门可以分为绿藻纲和接合藻纲。

1. 绿藻纲

绿藻纲（Chlorophyceae）植物形态多样，有单细胞、多细胞群体，丝状体、片状体。常见的代表植物有衣藻等。

衣藻属（*Chlamydomonas*）的结构如图 8-3 所示。眼点是光的感受器。伸缩泡的作用是排出体内废物。衣藻的繁殖有无性生殖和有性生殖两种方式。生长旺盛时主要以无性生殖为主，多发生在夜间。藻体收缩失去鞭毛变成孢子囊，细胞核进行分裂，然后发生胞质分裂，产生 2～32 个细胞的游动孢子囊，每个细胞各自产生细胞壁，生出 2 条鞭毛成为游动孢子，从孢子囊中释放出来，长成新的衣藻。

衣藻进行多代无性生殖后，会进行有性生殖。有性生殖多数为同配型（图 8-4）。配子融合形成合子，合子游动数小时后脱去鞭毛，细胞变圆，分泌厚壁形成厚壁合子。合子经过休眠，待环境适宜时，减数分裂产生 4 个单倍体的原生质体，并在几分钟之内生出鞭毛，合子壁破裂，发育成新的衣藻。

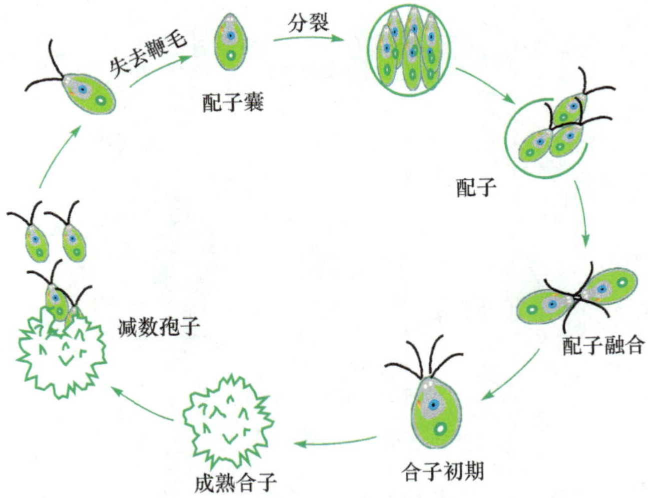

图8-4 衣藻的有性生殖

衣藻的鞭毛是尾鞭形，尾鞭形鞭毛表面光滑；裸藻等藻类的鞭毛是茸鞭形鞭毛，茸鞭形鞭毛表面具突起（图 8-5）。

石莼属（*Ulva*）的代表植物是石莼（*Ulva lactuca* L.），石莼俗称海白菜，是绿藻中叶状体的代表。石莼多固着生长于海岸高、中潮线的岩石上。藻体是由两层细胞构成的椭圆形、披针形或带形的片状体。载色体 1 枚、片状，具 1 个蛋白核。藻体细胞排列紧密、胞间富

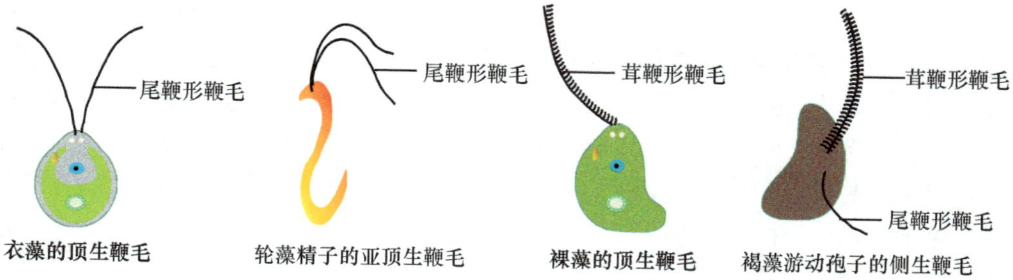

图8-5　真核藻类的鞭毛

有胶质。石莼属具有形态相同的孢子体（sporophyte）和配子体（gametophyte）。前者是二倍体，后者为单倍体。成熟的孢子体的孢子母细胞经减数分裂，形成具 4 条鞭毛的单倍体游动孢子。游动孢子游动一段时间便附着在岩石上，2～3 天后萌发成配子体。配子体成熟后形成配子囊，每个细胞不经减数分裂即产生许多具 2 根鞭毛的配子，配子融合后形成合子。合子数天后经过有丝分裂形成孢子体（图 8-6）。

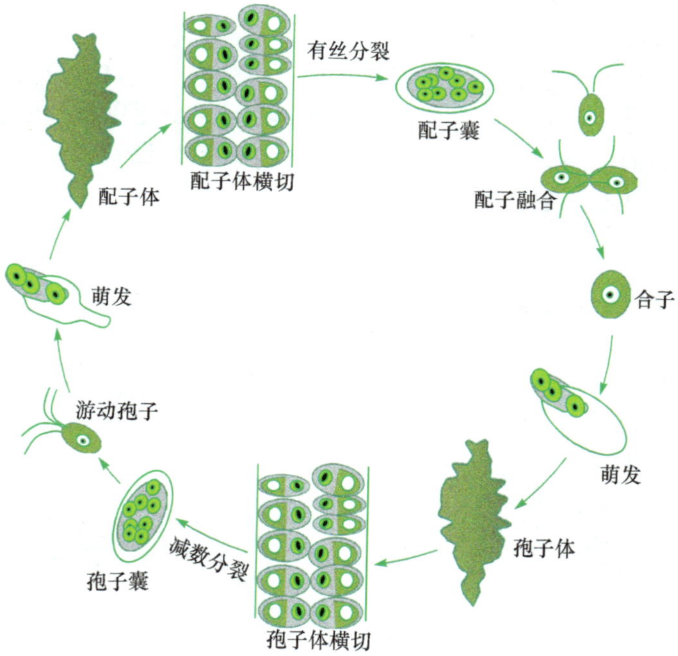

图8-6　石莼的生活史

在石莼的生活史中，从游动孢子开始到配子结合前，细胞中的染色体是单倍体，称配子体世代（gametophyte generation）或有性世代（sexual generation）；从合子到减数分裂前，细胞中的染色体是二倍体，称孢子体世代（sporphyte generation）或无性世代（asexual generation）。这种二倍体的孢子体世代和单倍体的配子体世代互相交替的现象，称为世代交替（alternation of generations）。孢子体和配子体形态构造基本相同，是同形世代交替（isomorphic alternation of generations）；若两种植物体形态构造不同，是异形世代交替（heteromorphic alternation of generations）。

其他常见具鞭毛能运动的绿藻如图 8-7 所示。盘藻属（*Gonium*）多由 16 个细胞组成，排列在 1 个平面上呈方形板状，中间具一大空腔，细胞间有间隙，双鞭毛；实球藻属（*Pandorina*）呈球形或椭圆形，由 4、8、16 或 32 个具双鞭毛的细胞互相紧贴构成实心球体；空球藻属（*Eudorina*）由 16、32 或 64 个具双鞭毛细胞组成，群体细胞彼此分离，排列在群体胶被周边。团藻（*Volvox*）一般由 512 个至数万个具鞭毛的细胞组成空心卵形、椭圆形或球状群体。成熟的群体常包含若干个幼小的子群体。

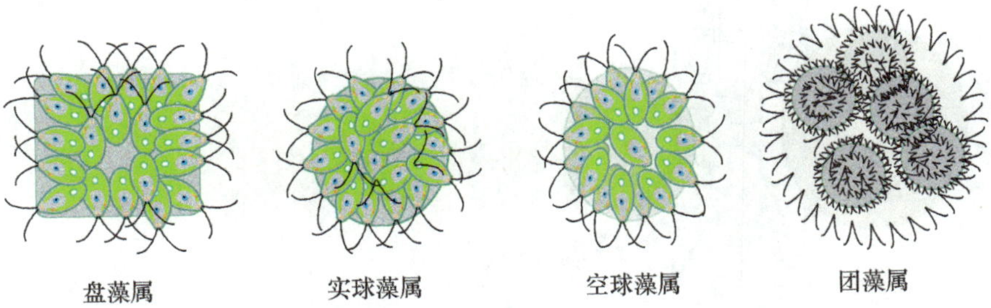

图8-7　常见具鞭毛的绿藻

2. 接合藻纲

接合藻纲（Conjugatophyceae）植物体多为单细胞，少数为丝状体。主要特征是形成接合管，产生接合孢子。水绵是该纲的代表植物。

水绵属（*Spirogyra*）多分布于淡水池塘、稻田、沟渠等水体中，生长繁盛时成片生于水底或漂浮水面。水绵为一列柱状细胞构成的不分枝丝状体。载色体螺旋带状，多条。载色体上有多个蛋白核（图 8-8）。

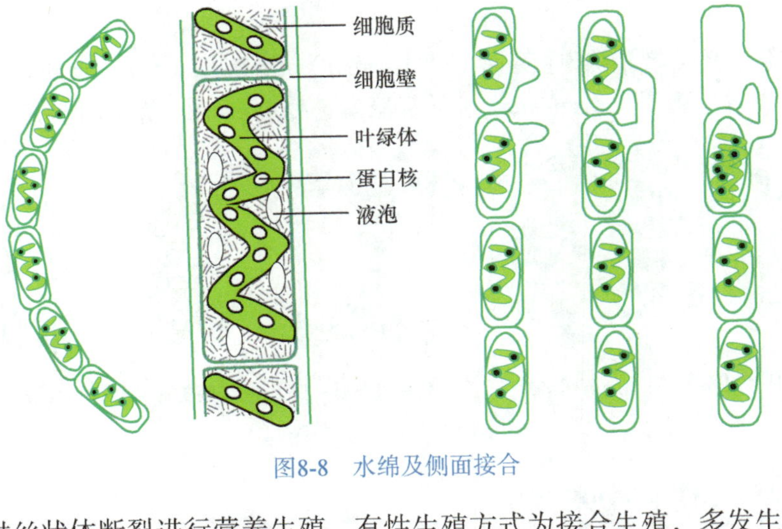

图8-8　水绵及侧面接合

水绵通过丝状体断裂进行营养生殖。有性生殖方式为接合生殖，多发生在春秋季。接合生殖有侧面接合和梯形接合。丝状体上相邻的两个细胞间形成接合管或横壁穿孔，两个细胞内的原生质收缩形成配子，一个配子通过接合管或穿孔与相邻细胞中的配子融合的生殖方式称为侧面接合（lateral conjugation）（图 8-8）。

梯形接合的过程如下：两条丝状体彼此靠近，两两相对的细胞之间发生突起，突起相连后，细胞壁溶解形成连通的管，称为接合管（conjugation tube）。两个细胞内的原生质收缩形成配子，配子通过接合管移至另一条丝状体中，与另一个配子结合形成合子，并形成厚壁。外观上看，两条接合的丝状体和它们之间的接合管如同梯子一样，这种接合方式称为梯形接合（scalariform conjugation）。合子在下一春季或秋季时萌发，经核减数分裂形成4个单倍核，其中3个核分解，仅留有1个核。合子通过有丝分裂形成新的丝状体（图8-9）。

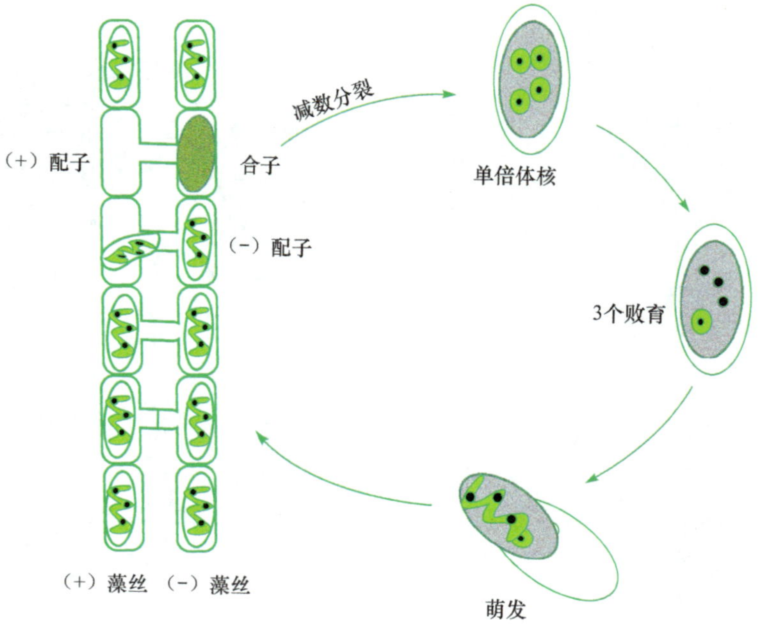

图8-9　水绵的生活史

常见的接合藻类还有新月藻属（*Closterium*）、鼓藻属（*Cosmarium*）、角星鼓藻属（*Staurastrum*）、双星藻属（*Zygnema*）和转板藻属（*Mougeotia*）等（图8-10）。

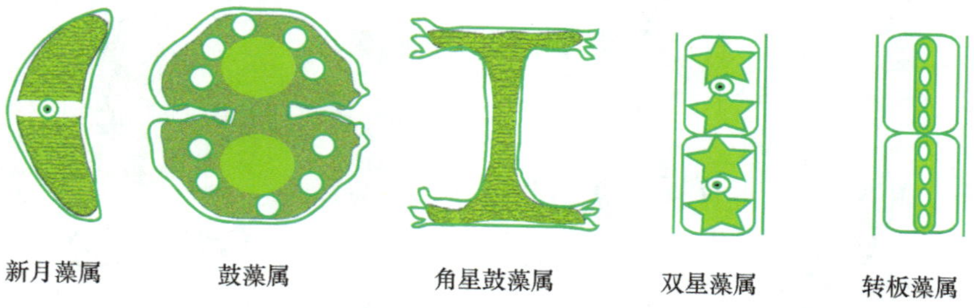

图8-10　常见的接合藻类

三、轮藻门（Charophyta）

轮藻门植物有类似根、茎、叶的分化，是结构复杂的一大淡水藻类。具叶绿素a和叶绿素b，同化产物为淀粉，精子具有2条近顶生等长的尾鞭形鞭毛。藻体大，通常高10～30cm。具有藏精器和藏卵器。有性生殖是卵式生殖。

轮藻属（*Chara*）的藻体有主枝、侧枝和轮生小枝，基部有假根。假根由单列细胞构成，起固着和吸收作用（图 8-11）。主枝、侧枝都有明显的节和节间。节间内部为一个长达 10 余厘米的筒形细胞，外部的皮层细胞与茎的长轴平行。

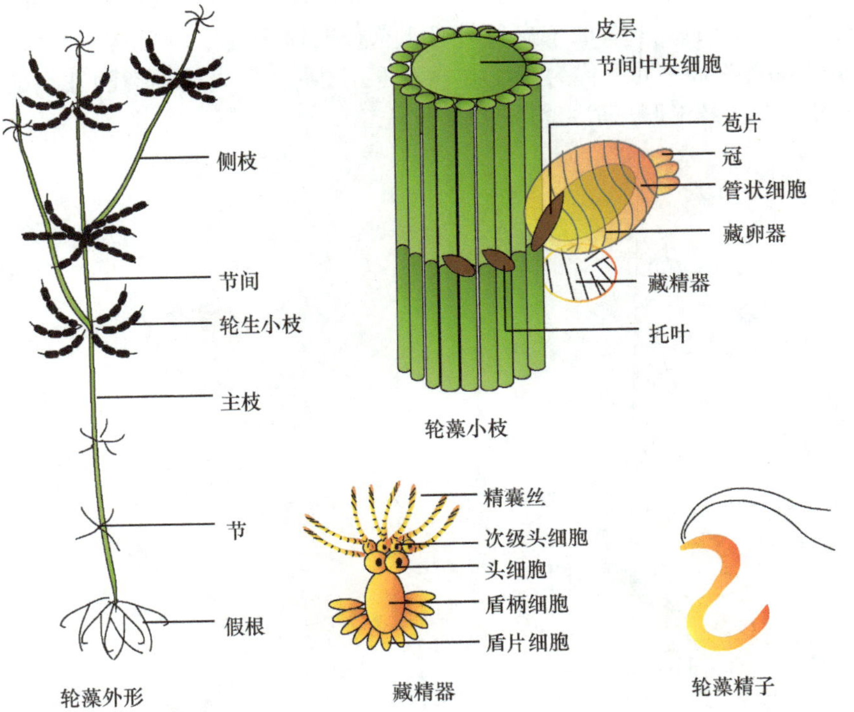

图8-11 轮藻属

轮藻（charophytes）有两种繁殖方式：营养繁殖和有性生殖。营养繁殖方式是以植物体断裂来进行，其断裂茎段的节上能长出假根和芽，发育成新植物体。

藏卵器（oogonium）和藏精器（spermatangium）是轮藻的有性生殖器官。藏卵器为长圆形，中央一个细胞，外有 5 个螺旋状细胞，顶端为 5 个短细胞，形成了“冠”，因此称为冠细胞。藏精器为球形，外为 8 个盾片细胞。精囊丝是单细胞。每条精囊丝可以产生一个精子。

轮藻有性生殖的过程如下：藏卵器的冠细胞下方裂开，藏精器的 8 个盾片细胞互相分开，精子从精囊丝上释放，通过藏卵器上的裂缝进入并与卵结合，形成合子。经数周或数月休眠后，经减数分裂形成 4 个单倍体核，其中 3 个核分解，1 个核发育成一条绿色的有节和节间分化的丝状结构，称原丝体（protonema）。原丝体进一步生长成新植株。生活史类型属于合子减数分裂，仅具二倍体的植物体，具核相交替（图 8-12）。

轮藻分布广泛，多丛生于稻田、沼泽、池塘等较浅的淡水或微咸水体底泥中，是观察胞质流动（cytoplasmic streaming）的好材料。还被用作绿肥，或用来杀灭蚊子的幼虫——孑孓。

四、硅藻门（Bacillariophyta）

硅藻（diatoms）为单细胞，或由单细胞连接成链状、星芒状、带状等多种形状的群体。

硅藻细胞壁由硅质（silica）和果胶组成，无纤维素，通常称硅藻壳（frustule）。硅藻壳由大小不同的两个半片组成。形状较大的、套在外面的半片称为上壳（epitheca），形状较小的、位于里面的半片称为下壳（hypotheca）（图 8-13）。上壳和下壳的顶面和底面称为壳面（valve）。有些种类的上、下壳面中央各具有 1 条长的纵裂缝，即壳缝（raphe）。两个半片套合的面环状围绕细胞一周，称为带面或环面（gridle）。具壳缝种类的细胞壁常在中央增厚形成中央节，在两端增厚形成极节（图 8-14）。

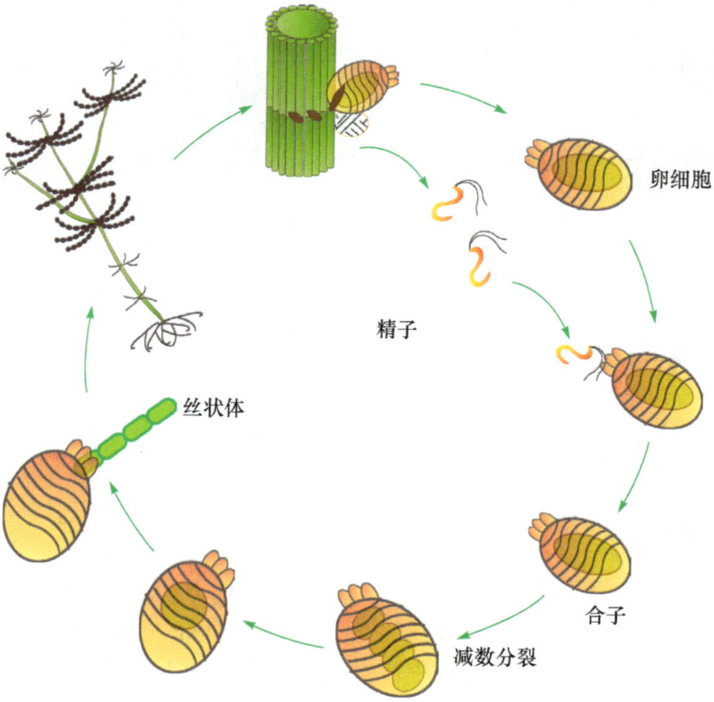

图8-12　轮藻属的生活史

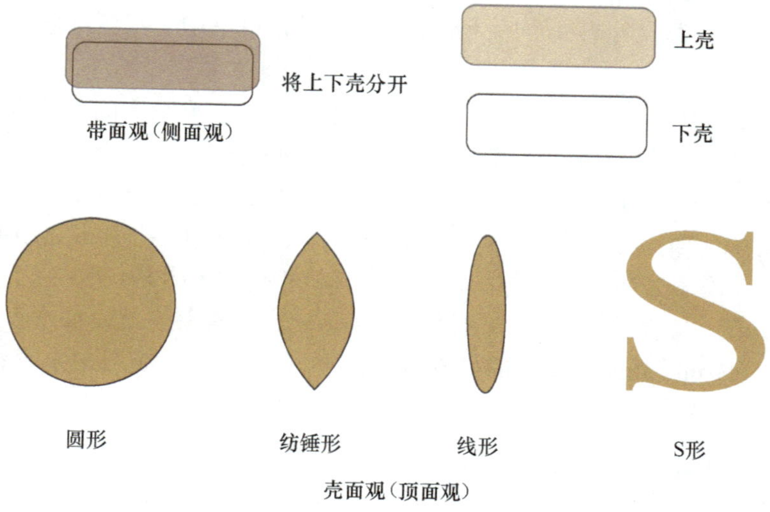

图8-13　硅藻细胞形态

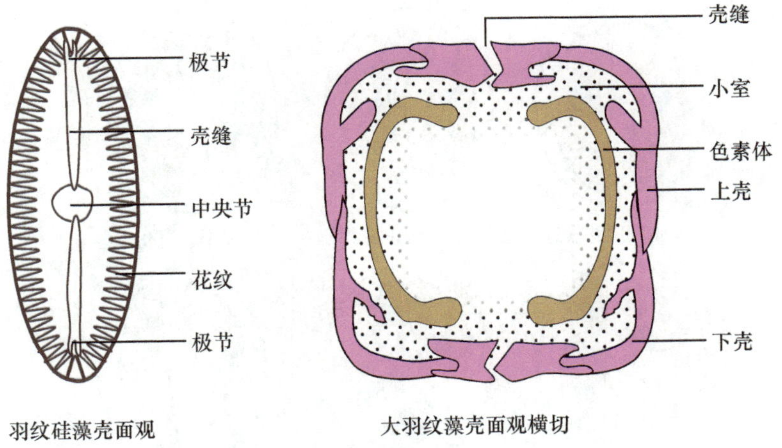

图8-14 羽纹硅藻细胞形态

硅藻的光合色素有叶绿素 a、叶绿素 c、α-胡萝卜素、β-胡萝卜素和叶黄素类［包括墨角藻黄素（fucoxanthin）、硅藻黄素（diatoxanthin）、硅甲黄素（diadinoxanthin）］，其中以金褐色的墨角藻黄素所占比例大，从而使硅藻呈橙黄色、黄褐色等。光合产物为金藻昆布糖（chrysolaminaran）和油滴等。

硅藻无性繁殖是通过简单的细胞分裂进行，由一个母细胞直接分裂产生两个子细胞（图 8-15）。旧的壳分别成为两个子细胞的上壳，子细胞的下壳由各自原生质体分泌壁物质重新形成。细胞分裂的结果是一个子细胞和母细胞等大，另一个比母细胞小。多次分裂后，大部分子细胞的体积不断缩小，当细胞体积缩小到一定程度时，硅藻通过有性生殖方式产生复大孢子（auxospore）来恢复其大小。

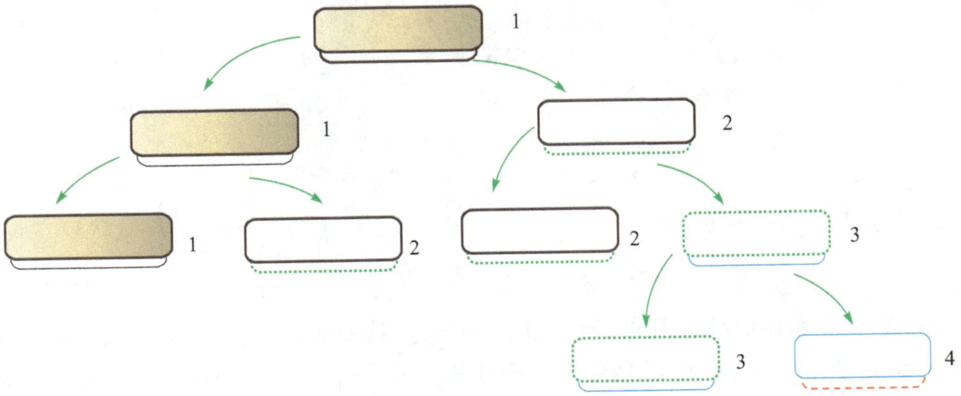

图8-15 硅藻细胞分裂（数字代表不同的藻体细胞，随着数字的增加，细胞变小）

复大孢子的产生、配子的形成及融合非常多样化。现以羽纹藻纲披针桥弯藻（*Cymbella lanceolata*）为例介绍常见复大孢子的形成过程。2 个硅藻分泌胶质，相互靠近，然后分别各自进行减数分裂，形成 4 个子核。2 个核退化，2 个核形成大小不等的两个配子。每个细胞中的小配子和相对细胞的大配子融合，形成 2 个合子，合子增大变成复大孢子，并发育成 2 个新的植物体（图 8-16）。

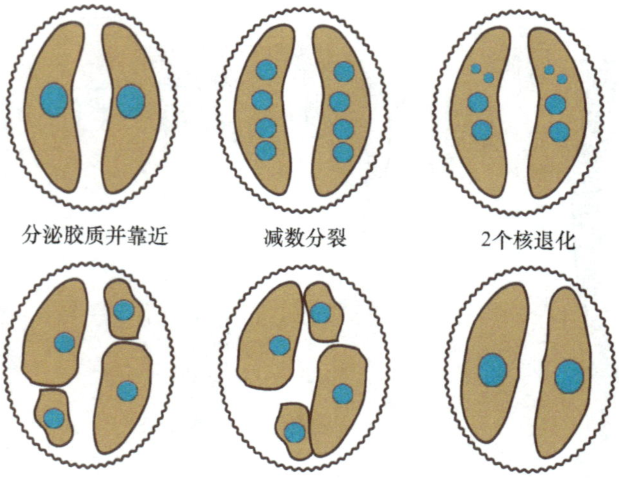

图8-16　披针桥湾藻的有性生殖

硅藻的分布很广，生活在各类型水体中，如淡水、半咸水、海水等。约有 16 000 多种，分为中心硅藻纲（Centricae）和羽纹硅藻纲（Pennatae）。常见的硅藻有小环藻属（*Cyclotella*）、圆筛藻属（*Coscinodiscus*）、舟形藻属（*Navicula*）、桥弯藻属（*Cycmbella*）等（图 8-17）。硅藻春秋两季生长旺盛，且很多种类油脂含量较高，是鱼、贝等动物的优质饵料。

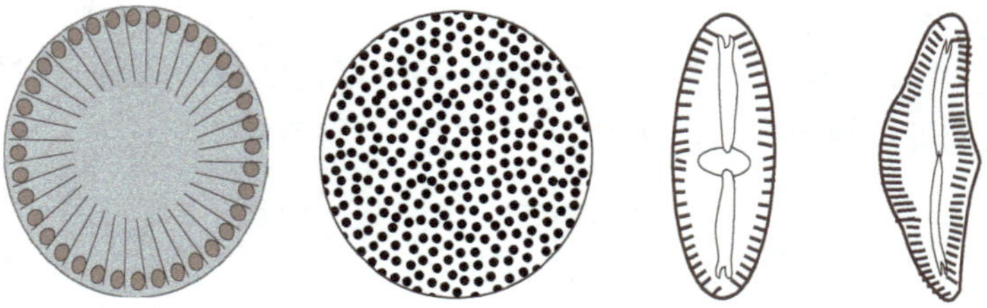

图8-17　常见的硅藻细胞

五、褐藻门（Phaeophyta）

褐藻（brown algae）是一群多细胞真核藻类植物，有丝状体、叶状体、管状体、囊状体等。褐藻细胞具有由纤维素和藻胶组成的细胞壁。其中褐藻糖胶（algin fucoidin）是构成褐藻胞外黏液的主要成分。褐藻糖胶能使褐藻藻体免于干燥。载色体一至多数，粒状或小盘状，具叶绿素 a、叶绿素 c、类胡萝卜素，其中以类胡萝卜中的墨角藻黄素（fucoxanthin）或称岩藻黄素含量占优势。墨角藻黄素使藻体呈褐色，且能利用阳光中的短波光。光合产物是褐藻淀粉和甘露醇。

海带（*Laminaria japonica* L.）是广为大众熟知的褐藻。它含有丰富的营养，尤其碘含量高，是全世界人们喜爱的食品。海带藻体在结构上分化成表皮（epidermis）、皮层（cortex）和髓（medulla）三部分。表皮层的细胞内含许多载色体。皮层细胞较大，参与植物体机械固着作用。在近表皮的几层皮层细胞中含有载色体，行使同化功能。髓在中央，髓细胞由无色的长细胞组成。髓细胞相互连接的壁具穿孔，髓部承担了输导和贮藏的作用（图 8-18）。有些髓丝的顶端膨大成喇叭状，称为喇叭丝。两端膨大相连处形成盘，盘上有小孔，该盘称为筛板，据此推测喇叭丝可能有输导作用。

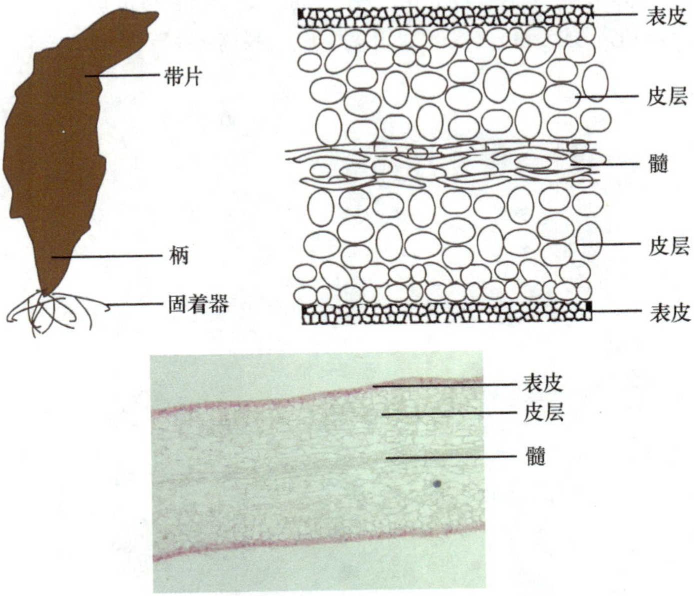

图8-18　海带的孢子体及横切

褐藻繁殖方式通常有营养繁殖、无性生殖和有性生殖 3 种，仅少数种类没有无性生殖，如墨角藻目（Fucales）。营养繁殖以藻体断裂的方式进行；也可形成一种特殊分枝繁殖枝（propagule），从母体脱离并附着在基质上，发育形成新的藻体。

海带的孢子体成熟时，在带片的两面产生棒状的游动孢子囊，中间混夹着一些长细胞，称为隔丝（paraphysis），也叫侧丝。侧丝细胞顶端略膨大并具有透明的胶质冠（gelatinous corona）（图 8-19）。孢子囊内的孢子母细胞经过减数分裂及多次有丝分裂，产生 32 个游动孢子。

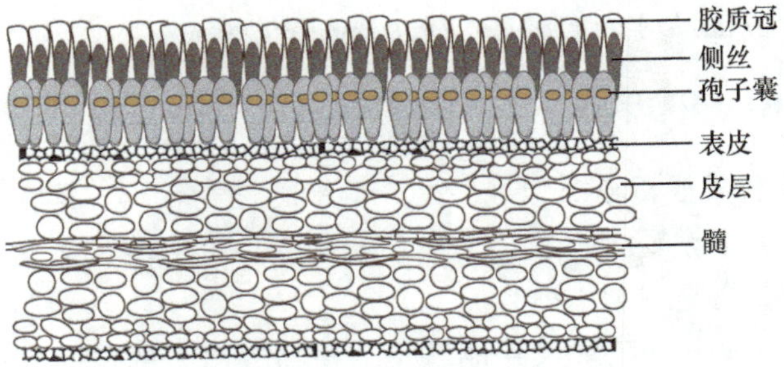

图8-19　海带具孢子囊的带片横切

游动孢子梨形，侧生两条不等长鞭毛。孢子落地附着基质后立即萌发为雌、雄配子体（图 8-20）。

雌配子体是丝状体，由少数较大的细胞组成。在雌配子体 2～4 个细胞时，顶端就产生单细胞的卵囊，内有一枚卵，成熟时卵被推出附着于卵囊顶端。雄配子体由十几个至几十个细胞构成。精子囊由雄配子体上的一个细胞形成，产生有两条侧生不等长鞭毛的精子。精子释放出后与卵在卵囊外受精，形成2倍的合子，但合子并不离开母体，数日后萌发为新的海带孢子体。在海带整个生活史中具孢子体和配子体世代交替现象，但其孢子体大型而有组织的分化，配子体微型，结构简单，这样的世代交替称为异形世代交替（heteromorphic alternation of generation）（图8-20）。海带孢子体一般能生活13～14个月。

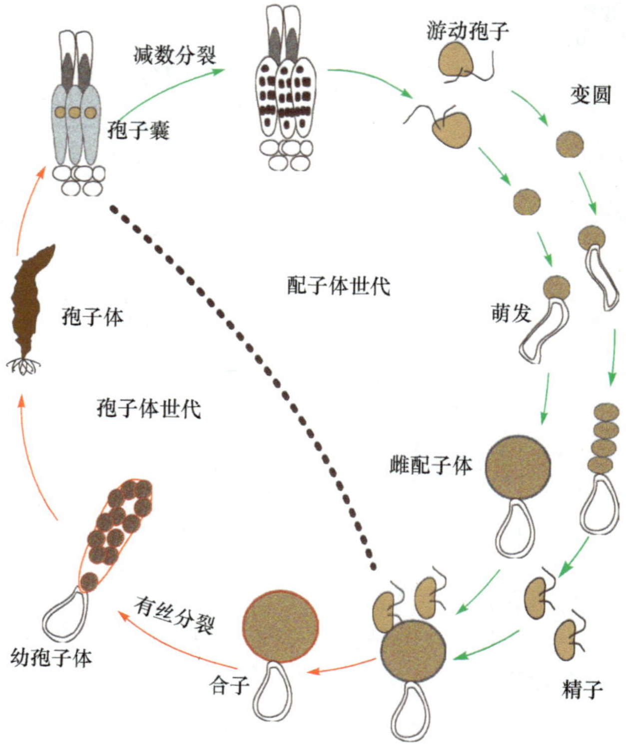

图8-20 海带的生活史

褐藻门约有250属，1500种。主要生活在海水中，极少数生活在淡水中。常见的其他代表还有裙带菜属（*Undaria*）、巨藻属（*Macrocystis*）等。

六、红藻门（Rhodophyta）

红藻门的植物有单细胞和多细胞等类型。单细胞种类较少，绝大多数为多细胞体。有丝状体、叶状体和枝状体等多种形态。红藻（red algae）的细胞具藻胶（主要是琼胶和卡拉胶）和纤维素组成的细胞壁。

琼胶（agar）是一种由石花菜及其他红藻类植物提出来的藻胶，俗称洋菜、冻粉或冻胶。是一种亲水胶体；按化学结构上来说，琼胶是一类以半乳糖为主要成分的一种高分子多糖；卡拉胶（carrageenan），又称为麒麟菜胶、石花菜胶、鹿角菜胶、角叉菜胶，因为卡拉胶是从麒麟菜、石花菜、鹿角菜等红藻类中提炼出来的亲水性胶体，它的化学结构是由半乳糖及脱水半乳糖所组成的多糖类硫酸酯的钙、钾、钠、铵盐。

红藻门植物有载色体一至多个。载色体呈星芒状、盘状、不规则带状或片状。载色体内部的类囊体单条分散排列，通常具1个蛋白核。高等红藻种类的载色体无蛋白核。载色体含有叶绿素a、叶绿素d、β-胡萝卜素、叶黄素类及藻胆素。藻胆素中一般以藻红素占优势，藻体常呈现红色、紫红色、暗紫色及橄榄绿色等。多数红藻长期的贮藏产物为红藻淀粉（floridean starch），以颗粒形式散布在胞质中；但在较原始的种类中，淀粉粒存在于载色体的蛋白核上。也有些红藻是以红藻糖（floridose）作为贮藏物。

红藻门的雌性器官为果胞（carpogonium）。果胞是1个营养细胞变态而形成的。果胞呈烧瓶状，基部膨大，顶端有受精丝（trichogyne）。果胞基部具一枚卵。受精丝呈线形、棒形、椭圆形等多种形态。受精丝的作用是接受精子。红藻门的雄性器官为精子囊，由营养细胞分裂转化而成，通常每个成熟精子囊内产生一个无鞭毛的、球形或椭圆形的不动精子，外被黏液质，以利于与受精丝结合。低等种类中可产生多个不动精子。

紫菜属（*Porphyra*）是冷水性海产红藻，紫菜属的生活史中有两种类型植物体：配子体（*n*）和孢子体（2*n*）。常见植物为其配子体，呈卵形、竹叶形或不规则形等形状的叶状体，边缘多少具皱褶。藻体薄，呈紫红色、紫色或紫蓝色，由1或2层细胞组成，外被胶质。

下面以甘紫菜（*P. tenera*）为例，详述紫菜属植物的生活史（图8-21）。

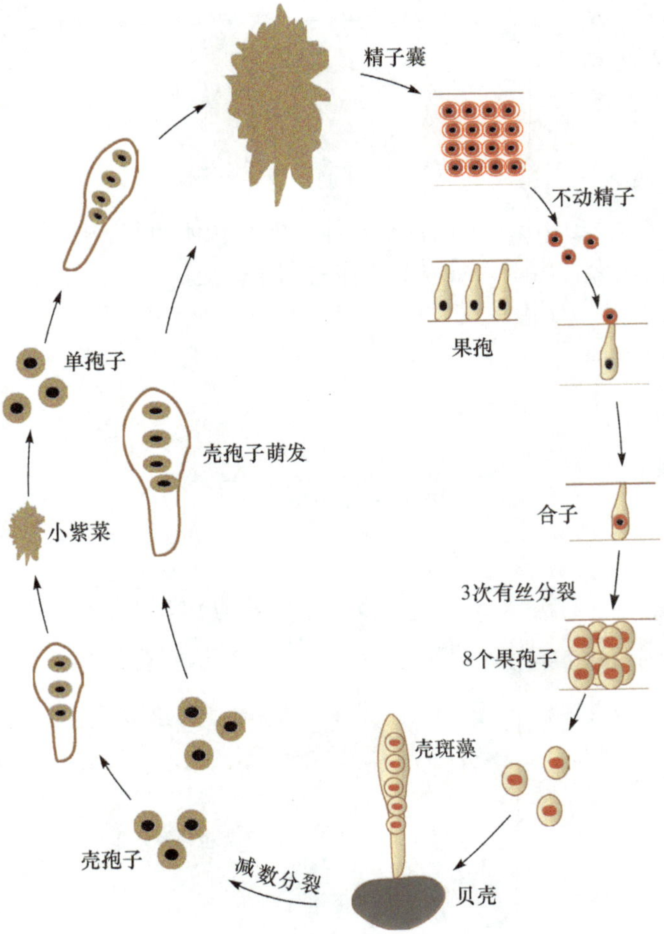

图8-21　紫菜的生活史

甘紫菜是雌雄同株，在15℃左右时，产生雌、雄生殖器官。藻体的任何一个营养细胞都可转变为精子囊。精子母细胞进行有丝分裂形成64个不动精子。营养细胞一端膨大转变成烧瓶状的果胞，膨大的基部具1个卵，顶端具受精丝。精子释放后，被水流携带到受精丝上，穿过受精丝与卵融合成合子。合子经有丝分裂，形成8个二倍体的孢子称为果孢子（carpospore）；果孢子成熟后，落到贝壳上，2～3d萌发为二倍体的壳斑藻（*Conchocelis rosea*）。成熟的壳斑藻上每个细胞都能形成1个壳孢子囊，经过减数分裂产生4个单倍体的孢子称为壳孢子（conchospore）；壳孢子释放后，就萌发成为新一代的配子体而完成整个生活史。

但若壳孢子释放时，水温较高，壳孢子就会转而萌发为直径约几毫米的小型紫菜，称夏季小紫菜。在整个夏季，由于水温保持较高水平，成熟夏季小紫菜不断产生单孢子，持续发育为小紫菜；而通常到了晚秋时节，水温下降到15℃左右时，单孢子便萌发为大型紫菜。大型紫菜也可以直接产生单孢子，进行无性生殖（图8-22）。

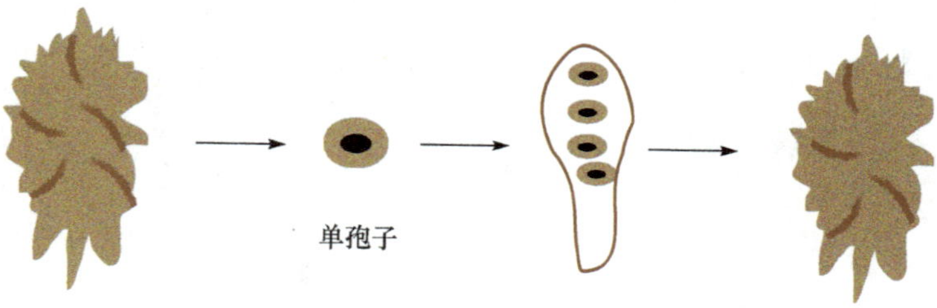

图8-22　紫菜的无性生殖

上述甘紫菜的生活史中出现了两种植物体，即叶状体的配子体（n）和丝状的孢子体壳斑藻（$2n$），两个世代交替出现，且以配子体占据生活史的优势，其生活类型为配子体发达的异形世代交替。

本章部分思维导图

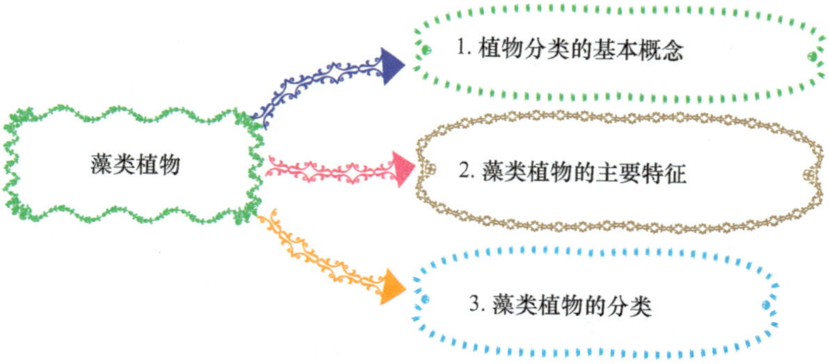

第九章 菌类植物

菌类植物（fungi）是没有根、茎、叶分化，缺乏光合色素，不能进行光合作用、营异养生活的一类低等植物。

菌类植物均具有细胞壁（黏菌除外，黏菌的营养体虽无细胞壁，但产生的孢子具纤维素的细胞壁），生殖结构由单细胞构成；合子或受精卵均不形成胚。

异养（heterotrophic）生活方式有寄生、腐生和共生。从活的动、植物体内汲取养分的称为寄生（parasitism）；从死的动、植物体和无生命的有机质中汲取养分的称为腐生（saprophytism）。从动、植物体上吸取养分的同时又为该活体提供有利的生活条件，彼此间互相受益、互相依赖的称为共生（symbiosis）。

菌类植物种类繁多，可以分为细菌门（Bacteriophyta）、黏菌门（Myxomycophyta）和真菌门（Eumycophyta）。由于细菌门在微生物课程中专门介绍，本章仅仅介绍后两个门。

第一节 黏 菌 门

一、黏菌门的主要特征

黏菌（slime mold）是介于动物和真菌（植物）之间的一类生物。在生长期或营养期为裸露的无细胞壁、多核的原生质团，称为变形体（plasmodium），能做变形虫式运动，吞食食物。在繁殖期产生具纤维质细胞壁的孢子，又具真菌（植物）的性状。

黏菌门的种类不多，约 500 种。黏菌大多数生长于森林中阴暗、潮湿的地方，在腐木上、落叶上或其他湿润的有机物上。黏菌大部分为腐生菌，无直接的经济意义，只有极少数黏菌寄生在经济植物上，危害寄主。

二、黏菌门的代表植物

黏菌门最常见的是发网菌属（*Stemonitis*）（图 9-1）的菌类。它的变形体呈不规则网状，直径数厘米，能在腐木或枯叶上爬行，并吞食食物。在繁殖时，爬到干燥光亮的地方，产生很多发状突起。每个突起发育成一个具柄的孢子囊（子实体）。孢子囊通常长筒形，外有包被（peridium）。孢子囊柄伸入囊内的部分，称囊轴（columella），囊内有孢丝（capillitium）交织成孢网。然后原生质团中的许多核进行减数分裂，原生质团割裂成许多块单核的小原生质，每块小原生质分泌出细胞壁，形成 1 个孢子，藏在孢丝的网眼中。成熟时，包被破裂，借助孢网的弹力把孢子弹出。孢子在适合的环境下，即可萌发为具 2 条不等长鞭毛的游动细胞。孢子在合适的环境中萌发成具两条不等长鞭毛的细胞。细胞两两配合形成合子，合子进行有丝分裂，形成新的变形体。发网菌的生活史见图 9-1。

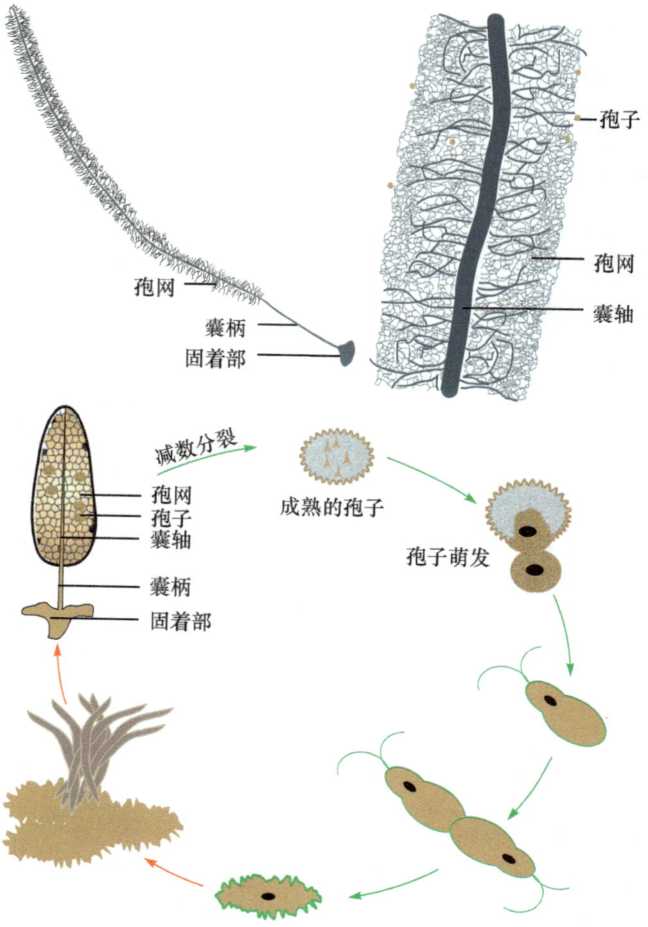

图9-1　发网菌及其生活史

第二节　真　菌　门

在植物界中位居第一的是被子植物。真菌的数量在植物界各大类群中位居第二，约有

10 万种，其分布极为广泛，陆地、水中和大气中都有，尤以土壤中最多。

一、真菌门的主要特征

真菌细胞既不含叶绿素，也没有质体，营养方式主要为寄生和腐生。真菌除少数为单细胞外，绝大多数是由纤细而常分枝的管状菌丝（hypha）构成的多细胞有机体。由许多菌丝连接在一起组成的营养体称为菌丝体（mycelium）。营养体分化很小。高等真菌在进行有性生殖时，菌丝通常紧密交织在一起而形成一种定型的结构，即子实体（sporophore）。

真菌细胞大多具明显的细胞壁，其主要成分为几丁质（chitin）和纤维素（cellulose），一般低等真菌的细胞壁多由纤维素组成，而高等真菌以几丁质为主。营养体由菌丝或菌丝体组成。真菌主要以孢子的方式进行繁殖。

菌丝分无隔菌丝和有隔菌丝两种（图 9-2）。无隔菌丝（non septa hypha）是一个长管形细胞，有分枝或无，大多数是多核的。低等真菌的菌丝一般为无隔菌丝。由横隔把菌丝隔成许多细胞，每个细胞含 1～2 个核，称为有隔菌丝（septa hypha）。

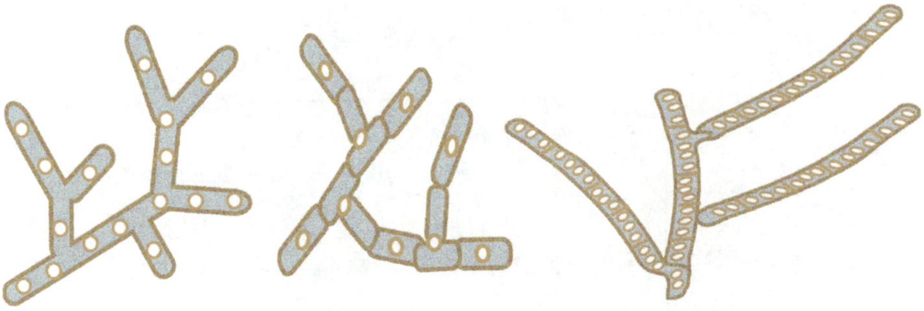

图9-2　菌丝的种类

高等真菌的菌丝多为有隔菌丝。菌丝中的横隔上有小孔，原生质甚至核可以从小孔流通。例如，子囊菌以单穿孔较多，而担子菌穿孔较大，孔的边缘增厚成桶状，并在两边的孔外各有一个内质网形成的弧形膜，称为隔膜孔帽（图 9-3）。

寄生菌在寄主细胞内寄生的，直接与寄主的原生质接触而吸收养分；胞间寄生的真菌从菌丝上分生的吸器（haustorium）伸入活的有机体寄主细胞中吸取养料。吸器是球形就是球形吸器；枝状吸器则呈树枝状（图 9-4）。

当营养生活进行到一定时期时，真菌就开始转入繁殖阶段，形成各种繁殖体即子实体（fruiting body）。真菌的繁殖方式通常有营养繁殖（vegetative propagation）、无性生殖（asexual reproduction）和有性生殖（sexual reproduction）三种类型。营养繁殖是指营养体的某一部分和母体分离（或不分离），而直接形成新个体的繁殖方式。无性繁殖是指营养体不经过核配和减数分裂产生后代个体的繁殖。它的基本特征是营养繁殖通常直接由菌丝分化产生无性孢子。有性生殖是经过两个性细胞结合后细胞核经过减数分裂而产生孢子的繁殖方式。

因此，无性生殖产生无性生殖细胞——孢子，由孢子直接发育为新个体；有性生殖产生有性生殖细胞——配子（gamete），配子配合为合子（zygote），再由合子发育为新个体。

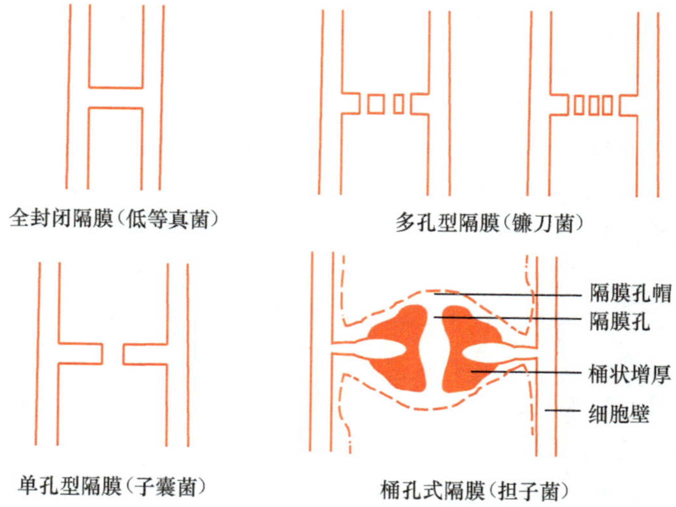

图9-3　真菌菌丝的隔膜

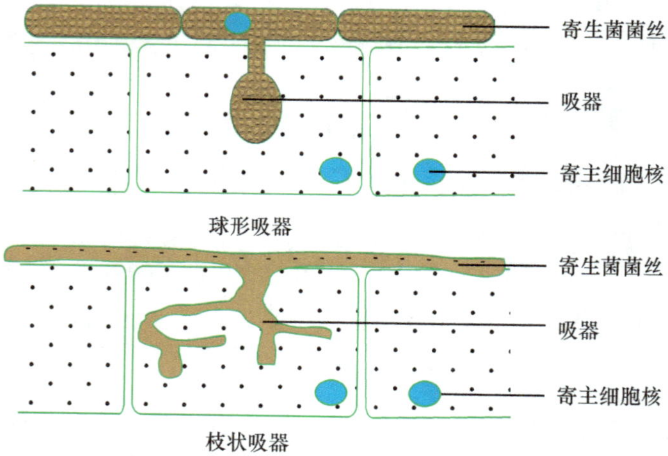

图9-4　寄生真菌的吸器

大部分真菌的营养菌丝以菌丝断裂的方式进行营养繁殖。断裂的菌丝小段均可长成一个新的个体。

无性生殖可以产生下列一些类型的孢子（图 9-5）。游动孢子（zoospore）是在游动孢子囊（zoosporangium）中形成的具有鞭毛、能游动的孢子，细胞无壁，是水生真菌产生的借水传播的孢子。孢囊孢子（sporangiospore）是在孢子囊（sporangium）内形成的不动孢子，主要借气流传播。分生孢子（conidium 或 conidiospore）是由分生孢子囊梗的顶端或侧面产生的一种不动孢子，借气流或动物进行传播。节孢子（arthrospore）是由菌丝依靠隔膜裂断而依次形成的，故节孢子又称裂生孢子。厚壁（垣）孢子（chlamydospore）是由菌丝中间个别细胞膨大，原生质浓缩，细胞壁加厚，而形成的休眠孢子，以渡过不良环境条件后再萌发为菌丝体。

多数真菌由菌丝分化产生性器官，即配子囊（gametangium），通过雌、雄子配合形成有性孢子。其整个过程可分为质配（plasmogamy）、核配（karyogamy）和减数分裂（meiosis）

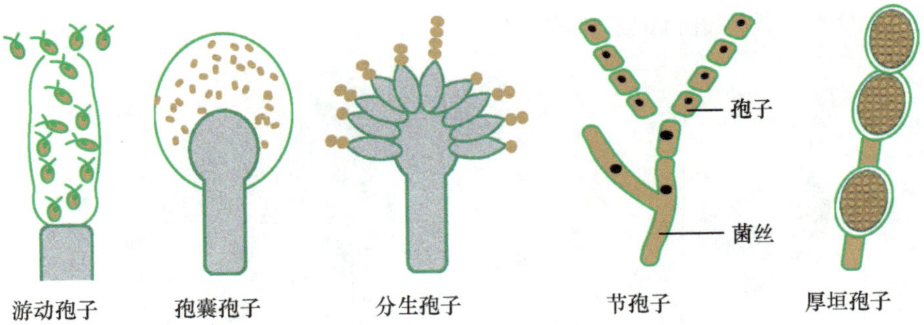

图9-5 真菌的无性孢子

三个阶段。第一阶段是质配，即经过两个性细胞的融合，两者的细胞质和细胞核（n）合并在同一细胞中，形成双核期（$n+n$）。第二阶段是核配，就是在融合的细胞内两个单倍体的细胞核结合成一个双倍体的核（$2n$）。第三阶段是减数分裂，双倍体细胞核经过两次连续的分裂，形成四个单倍体的核（n），从而回到原来的单倍体阶段。

真菌的有性生殖多种多样。细胞经有性结合后产生的孢子称有性孢子。经过有性生殖，真菌可产生卵孢子（oospore）、接合孢子（zygospore）、子囊孢子（ascospore）、担孢子（basidiospore）等。

卵孢子是由两个大小不同的配子囊结合发育而成的。小型配子囊称为雄器（antheridium）。大型的配子囊称为藏卵器（oogonium）。藏卵器中的原生质与雄器配合以前，收缩成一个或数个原生质团，称卵球。当雄器与藏卵器配合时，雄器中的细胞质与细胞核通过受精管而进入藏卵器与卵球结合，此后卵球生出外壁即成为卵孢子。卵孢子的数量取决于卵球的数量。卵孢子是二倍体，见于鞭毛菌亚门。

接合孢子是接合菌（zygomycetes）的有性孢子。是由两个配子囊以配子囊结合的方式融合成1个细胞，并在这个细胞中进行质配和核配后形成的厚壁孢子。接合孢子是二倍体，见于接合菌亚门。

子囊孢子是子囊菌（ascomycetes）的有性孢子。通常是由两个异型配子囊——雄器和产囊体相结合，经质配、核配和减数分裂而形成的单倍体孢子。子囊孢子着生在无色透明、棒状或卵圆形的囊状结构，即子囊（ascus）内。每个子囊中一般可以形成8个子囊孢子。子囊通常产生在具包被的子囊果内。子囊果又可分为球状而无孔口的闭囊壳（cletothecium），瓶状或球状且有孔口的子囊壳（perithecium），以及盘状或杯状的子囊盘（apothecium）。子囊孢子是单倍体，见于子囊菌亚门。

担孢子是担子菌（basidiomycetes）的有性孢子。通常是直接由“+”、“−”菌丝结合形成双核菌丝（nucleated mycelium），以后双核菌丝的顶端细胞膨大成棒状的担子（basidium）。在担子内的双核经过核配和减数分裂，最后在担子上产生4个外生的单倍体的担孢子。担孢子是单倍体，见于担子菌亚门。

此外，有些低等真菌如壶菌（chytrids）产生的有性孢子是一种由游动配子结合成合子，再由合子发育而成的厚壁的休眠孢子（resting-spore）。

真菌配子配合有同配生殖、异配生殖和卵配生殖3种类型。同配生殖是两个形态大小一样的配子配合；异配生殖是两个形态大小不一样的配子配合；卵配生殖是一个可以游动的雄配子和一个不动的卵进行配合（图 9-6）。

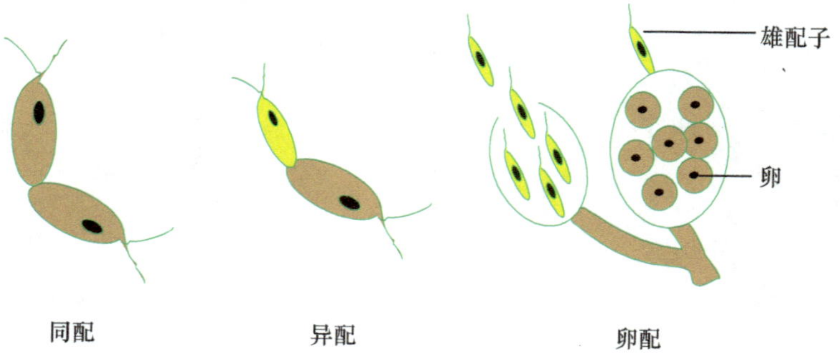

图9-6　真菌配子的3种配合方式

有的真菌还可以采用配子囊配合、配子囊接触配合或者体配的方式进行有性生殖。

（1）配子囊配合是配子囊端壁接触溶解，两者的内容物全部融合为一，如接合菌类（图 9-7）。接合菌接合后产生的厚壁休眠孢子，称接合孢子（zygospore），如葡枝根霉（*Rhizopus stolonifer*）的配子囊配合。

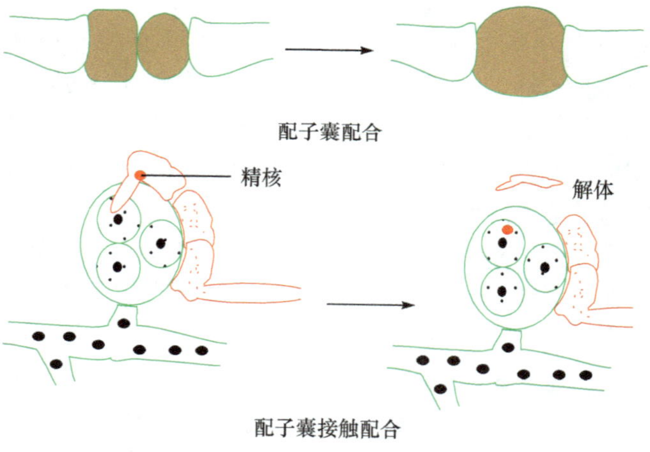

图9-7　真菌的配子囊配合和配子囊接触配合

（2）配子囊接触配合是两个配子囊端壁接触溶解成孔，一个核进入另一个配子囊中，无核的配子囊解体，如鞭毛菌亚门和子囊菌亚门（图 9-7）。

（3）体配也称为体细胞配合，如担子菌类，2 个营养细胞进行配合（图 9-8）。子囊菌也有体配的类型。

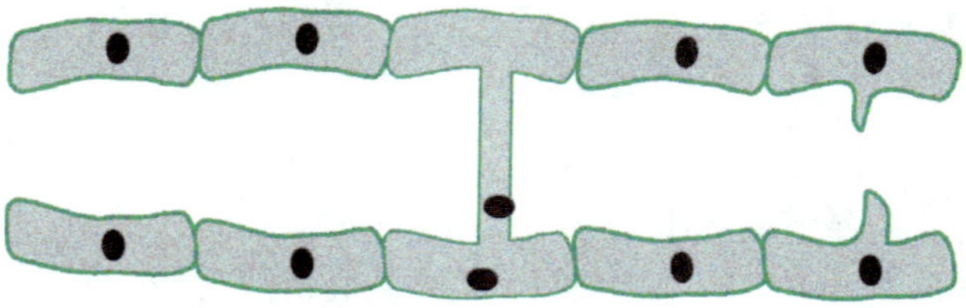

图9-8　真菌的体细胞配合

核相（nuclear phase）是指细胞核染色体的倍性。单倍核相是指具有配子染色体数目的细胞核；双倍核相是指具有合子染色体数目的细胞核。因此，真菌的有性生殖过程中核相变化有两种情况：一种是质配与核配相继进行，核相变化为单倍体（n）→二倍体（$2n$）→减数分裂→单倍体（n）。另一种是质配后，很长时间后进行核配，核相变化为单倍体（n）→双核期（$n+n$）→核配（$2n$）→减数分裂→单倍体（n）。担子菌和子囊菌是第二种核相变化，特别是担子菌，双核期（$n+n$）时期最长。

二、真菌门的主要分类

根据真菌的繁殖方式，真菌通常分为鞭毛菌亚门、接合菌亚门、子囊菌亚门、担子菌亚门和半知菌亚门。鞭毛菌亚门、接合菌亚门是低等真菌，菌丝无隔。子囊菌亚门、担子菌亚门是高等真菌，菌丝有隔。半知菌亚门的菌丝有隔，但还未发现它们的有性生殖阶段。

1. 鞭毛菌亚门

鞭毛菌亚门（Mastigomycotina）多为无隔多核的菌丝组成的菌丝体。细胞壁为纤维素或几丁质。无性生殖产生游动孢子。有性生殖产生卵孢子（$2n$）。有性生殖质配和核配相继进行，无 $n+n$ 阶段。多数为水生、两栖生，少数陆生。以腐生、寄生的方式获得营养。无性繁殖时产生单鞭毛或双鞭毛的游动孢子。有性生殖时产生卵孢子或休眠孢子。无性孢子具鞭毛是本亚门的主要特征。

鞭毛菌亚门的代表属是水霉属（*Saprolegnia*）。该属菌类多为腐生，也有寄生的。例如，寄生水霉（*Saprolegnia parasitica*）常寄生于淡水鱼的鳃盖，或其他破伤的皮部及鱼卵上，可使寄主肌肉腐烂以至死亡；水霉也生活在鱼、蝌蚪、苍蝇、蜂螂等昆虫和其他淡水动物的尸体上。

水霉属的菌丝是无隔多核、分枝的丝状体。细胞壁主要由纤维素或几丁质组成。只在繁殖时期，繁殖器官的基部产生横隔，把繁殖器官分割成一个典型的孢子囊（sporangium），孢子囊内装满了球形或梨形的有两条顶生鞭毛的孢子，这是初生孢子（图 9-9）。初生孢子游动不久，鞭毛收缩，变成球形的静孢子（aplanospore）。不久静孢子萌发变成一个具两条侧生鞭毛的肾形游动孢子，称次生孢子。次生孢子又再次静止变圆，萌发长成新的菌丝体。

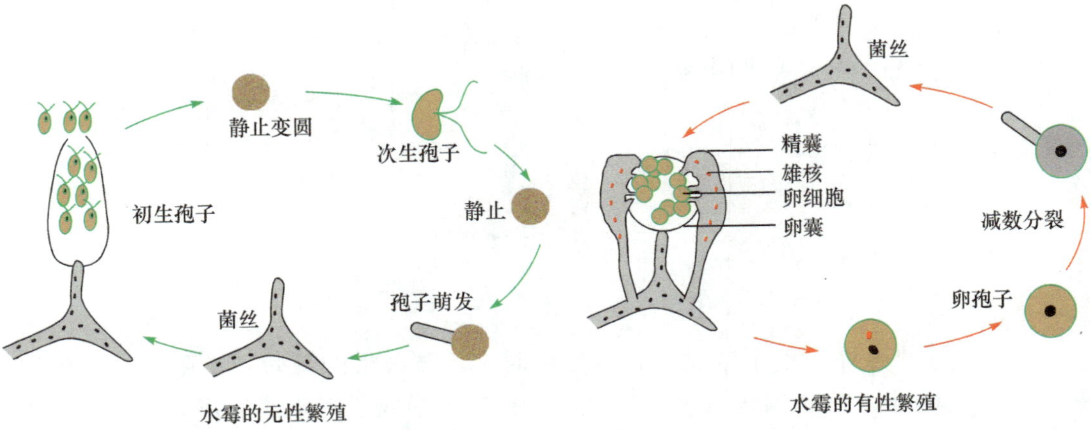

图9-9　水霉的无性生殖和有性生殖

无性生殖几代以后，水霉进行有性生殖。在菌丝的顶端产生卵囊和精囊。精囊产生多个丝状突起，称为受精管，穿过卵囊壁，放出精核，精卵融合变成卵孢子。卵孢子休眠后萌发，进行减数分裂，再有丝分裂形成菌丝体。

2. 接合菌亚门

接合菌亚门（Zygomycotina）的营养体多为无隔、多核、分枝的菌丝组成的菌丝体。细胞壁由几丁质和壳聚糖组成。无性生殖产生孢囊孢子、厚垣孢子和节孢子。有性生殖产生接合孢子（$2n$）。有性生殖质配和核配相继进行，无 $n+n$ 阶段。

接合菌亚门的代表是匍枝根霉（*Rhizopus stolonifer*），长生于面包、馒头等食物上，引起食物霉变。菌丝体无隔、多核，疏松，绵白色。无性生殖时，在假根处，向上产生一至数条直立的菌丝，成为孢囊梗（sporangiophore）。孢囊梗顶端膨大成孢子囊，孢子囊内产生不动的孢囊孢子，称为静孢子（aplanospore）（图 9-10）。孢子囊的下方有一个半球形的囊轴（columella）。

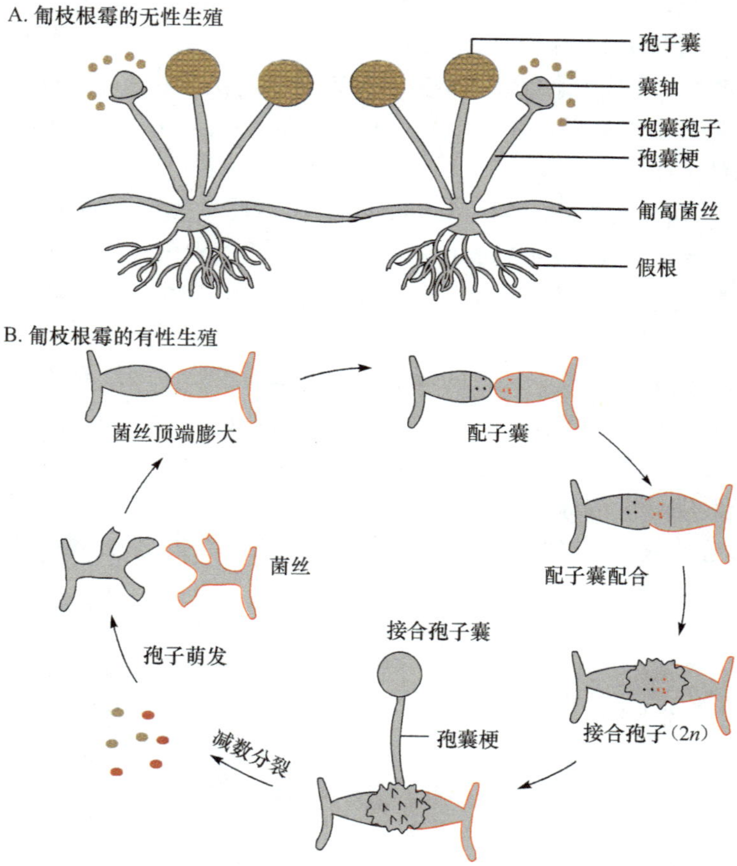

图9-10　匍枝根霉的无性生殖（A）和有性生殖（B）

匍枝根霉的有性生殖不常见。有性生殖时，匍枝根霉的菌丝顶端膨大，产生配子囊（gametangium）。配子囊配合，发生质配和核配，形成了二倍体的接合孢子。成熟时形成厚壁，变为黑色的球形，表面具有疣状突起。休眠后，接合孢子萌发，长出孢囊梗

（sporangiophore），顶端形成孢子囊（sporangium），称为接合孢子囊（zygosporangium）。二倍体核经减数分裂，产生单倍体的（+）、（−）孢子并释放出来。孢子随后萌发成新一代的菌丝体（图 9-10）。

接合菌大多数为腐生菌，生于土壤或有机质丰富的基质上，少数寄生于人类和动、植物体内。接合菌不产生能游动的孢子，是从水生向陆生发展的一个过渡类群。

3. 子囊菌亚门

子囊菌亚门（Ascomycotina）除酵母菌类为单细胞外，绝大部分都是多细胞菌丝体，菌丝有隔。细胞壁的成分为几丁质；无性繁殖产生分生孢子，节孢子、厚垣孢子等。有性生殖时形成子囊（ascus），合子在子囊内进行减数分裂，产生子囊孢子（ascospore）。有性生殖中质配和核配间隔时间较长，有明显的 $n+n$ 阶段。

多细胞种类的子囊和营养菌丝共同形成子实体。子实体是产生和容纳有性孢子的组织结构。子囊包于或半包于子实体内。子囊菌的子实体又称子囊果（ascocarp，ascoma）。子囊果有三种类型（图 9-11）：①闭囊壳（cleistothecium）呈球形，无孔口，完全闭合；②子囊壳（perithecium）呈瓶形，顶端有孔口；③子囊盘（apothecium）呈盘状、杯状、碗状，一侧呈开口状，子实层常露在外。子囊果的形状为子囊菌亚门的重要分类依据。

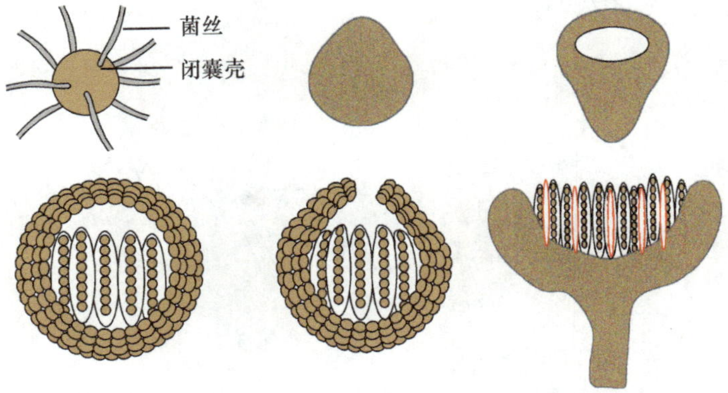

图9-11 子囊果的类型

火丝菌［*Pyronema confluens*（Pers.）Tul.］是该亚门的代表植物。它的子囊盘红色，直径 1～3mm。它的有性生殖过程见图 9-12。首先在二叉分枝的菌丝体顶端产生一个精子囊和一个卵囊。卵囊称为产囊体（ascogonium）。精子囊内有 100 多个精核。产囊体球形，有雌核 100 多个。产囊体产生 1 条受精丝。受精丝与精囊接触，细胞壁融化，精子囊中的细胞质与精核流入产囊体，发生质配。在受精丝的刺激作用下，产囊体产生更多的产囊丝。精核和卵核成对流入产囊丝中。产囊丝产生横隔分开细胞，使每个细胞内含有一对核。产囊丝顶端的细胞产生钩状体（crosier）。钩状体内的 2 个核分裂形成 4 个核，钩状体产生横隔，变成 3 个细胞。钩状体的最尖端细胞称为钩尖，中间的细胞称为钩头，钩状体基部细胞为钩柄。钩头细胞就是子囊母细胞，含有 2 个核。子囊母细胞中的 2 个核发生核配，变成合子，经减数分裂变成 4 个单倍体核，再经一次有丝分裂，变成 8 个核，即子囊孢子。子囊母细胞变成棒状，里面的 8 个子囊孢子排列成一行。同时钩尖的细胞核流入钩柄，形成双核细胞，分裂一次，变成 4 个核，继续形成钩头、钩尖和钩柄。如此不断重复，形成多个子囊。不育的菌丝发育成子囊果的侧丝。侧丝和子囊就是子实层（hymenium）。

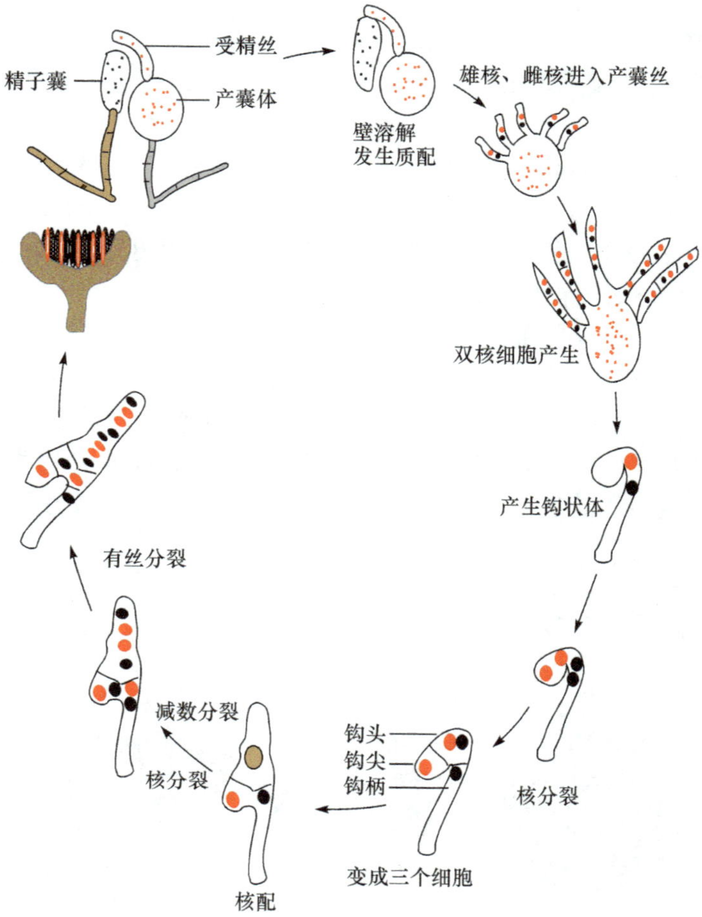

图9-12　火丝菌的有性生殖

当形成子囊的时候，不育的菌丝从产囊体下方长出来，形成子囊果的外壳。火丝菌的子囊果呈盘状，子囊排列在 1 个张开的盘状子囊果内，称子囊盘（apothecium）。

酵母菌属（*Saccharomyces*）是子囊菌亚门最常见的菌类。酵母菌是单细胞，有明显的细胞壁和细胞核。不产生子囊果。酿酒酵母（*Saccharomyces cerevisiae* Han.）是最常见的、用于酿造啤酒的一种酵母菌。细胞球形或椭圆形，内有 1 大液泡，细胞质内含油滴，内含 1 个很小的细胞核。通常以出芽生殖（budding reproduction）的方式进行营养繁殖，每个芽体脱落后就成为新个体（图 9-13）。

酵母的有性生殖是体配。首先是两个细胞的细胞质配合，然后发生核配形成合子。合子进行减数分裂产生 4 个单倍体的核，变成子囊孢子；或者 4 个核再进行一次有丝分裂，产生 8 个子囊孢子（图 9-13）。

酵母菌的经济用途较广，酵母用于酿酒，它将葡萄糖、果糖、甘露糖等单糖吸入细胞内，在无氧的条件下，经过细胞内酶的作用，把葡萄糖等单糖分解为二氧化碳及酒精。发酵过程中产生的二氧化碳也可用于面包和馒头的发酵。

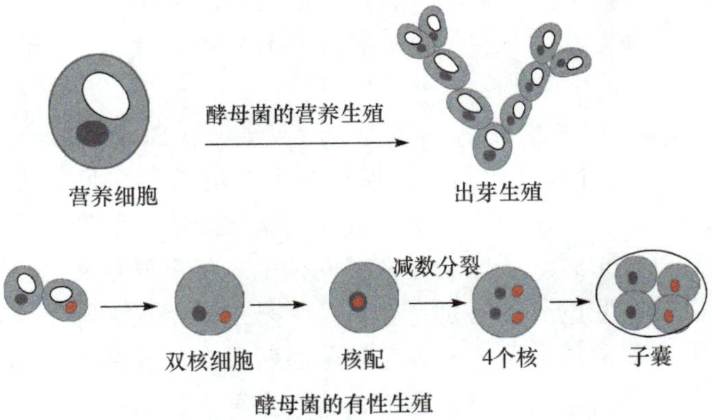

图9-13 酵母菌的营养生殖和有性生殖

青霉属（*Penicillium*）为分布很广的子囊菌亚门中的一属。青霉营腐生生活，生长在腐烂的水果、蔬菜、肉类和各种潮湿的有机物上。青霉菌丝体生长在植物的表面或深入物体内部。它由多细胞分枝很多的菌丝组成，细胞壁薄，内含一个或多个胞核。

青霉属主要以分生孢子进行无性生殖，从淡绿色的菌丝上长出长而直立的分生孢子梗（conidiophore），分生孢子梗顶端经数次分枝，呈扫帚状，最末端小枝称小梗（sterigma），紧贴小梗下方的枝叫梗基（metulae）。从小梗上生长出一串青绿色分生孢子（图 9-14）。青霉属有性生殖极少见，仅在少数种中发现。菌丝体上产生直立的单细胞分枝，顶端产生产囊体，附近产生精子囊，两者接触，细胞壁溶解，形成子囊。在缺氧条件下可形成球形闭囊壳。

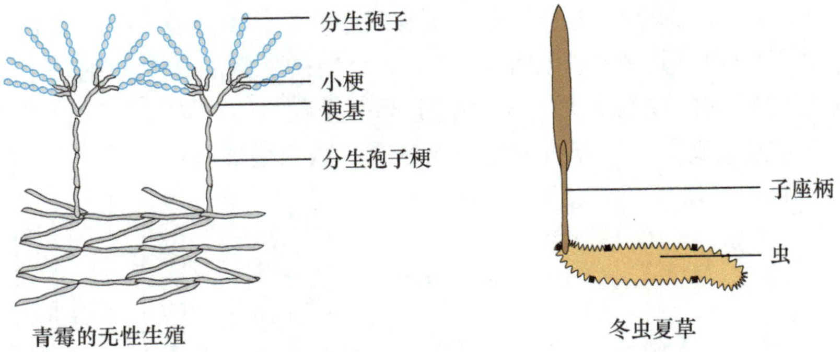

图9-14 青霉和冬虫夏草

青霉属菌可使许多农副产品腐烂，也有少数种类可使人或动物致病。青霉菌造成的植物疾病大都被冠以“青霉病”的名字。常见的主要疾病有柑橘青霉病、苹果青霉病和甘薯青霉病等。但青霉属菌能分泌一种抗生素叫青霉素，即盘尼西林（penicillin）。青霉素是指从青霉菌培养液中提制的分子中含有青霉烷、能破坏细菌的细胞壁并在细菌细胞的繁殖期起杀菌作用的一类抗生素，是第一种能够治疗人类疾病的抗生素。青霉素对葡萄球菌、肺炎球菌、淋球菌、破伤风杆菌等有高度杀伤力。青霉素的发现改变了人类与传染病之间生死搏斗的历史，挽救了无数人的生命。青霉素是应用广泛的抗菌药物，它本身毒性小。但青霉素易致过敏反应，人群中有 5%～6% 对青霉素过敏，而且任何年龄，任何剂型和剂量，任何给药途径，均可发生过敏反应。因此在使用各种青霉素前都应先做过敏试验，试验结果阴性者方可用药。

虫草属（*Cordyceps*）的冬虫夏草［*Cordyceps sinensis*（Berk.）Sacc.］的子囊孢子秋季侵入鳞翅目幼虫体内，发育成菌丝，幼虫仅仅剩下外皮。春季萌发长出有柄的子座（图 9-14）。子座（stroma）是子囊菌子实体下面或周围菌丝组成的紧密组织，是真菌从营养阶段到繁殖阶段的一种过渡形式。子座着生在子座柄上。冬虫夏草又名虫草，是我国民间惯用的一种名贵滋补药材。它的外形特别奇特，冬天是虫子，夏天却是草。那么它是怎样从虫子转为草的？夏天虫草菌的真菌孢子成熟散落后萌发成菌丝钻到鳞翅目幼虫身体内，吸取幼虫体内的营养。鳞翅目幼虫躲进土壤中，这时虫草菌长出很多丝状体菌丝体。幼虫由于体内的营养物质被吸完，只剩下僵死的空壳，当然不能变成成虫了。第二年春夏，气温和天气合适，菌丝体从幼虫的口器中长出，伸出地面。顶端略为膨大，外形像根棒，表面有许多小球形孢子。这些孢子可在空气中飞舞传播，草丛里不知又有多少幼虫将成为这些孢子的生活场所。

4. 担子菌亚门

担子菌亚门（Basidiomycotina）菌类的菌丝有横隔。菌类有三种菌丝体，即初生菌丝体（primary mycelium）、次生菌丝体（secondary mycelium）和三生菌丝体（tertiary mycelium）。初生菌丝体是担孢子萌发产生的单核单倍体菌丝体，生活时间较短。次生菌丝体是质配后形成的双核菌丝体，生活时间较长，是主要的营养体。三生菌丝体是形成子实体的菌丝体。子实体是高等真菌产生孢子的结构。

次生菌丝体的分裂方式为锁状联合（clamp connection）（图 9-15）。锁状联合的分裂过程大致为：双核细胞出现喙突，1 个核移动到喙突中；2 个核分裂变成 4 个核。细胞中部产生横隔，形成 3 个细胞。其中，上面的细胞有 2 个核；下面的 2 个细胞每个 1 个核。之后下面的两个细胞之间的横隔消失，核移动到下部的细胞，也变成 1 个双核细胞。通过这种方式，1 个双核细胞变成了 2 个双核细胞。通过锁状联合增加菌丝的长度。

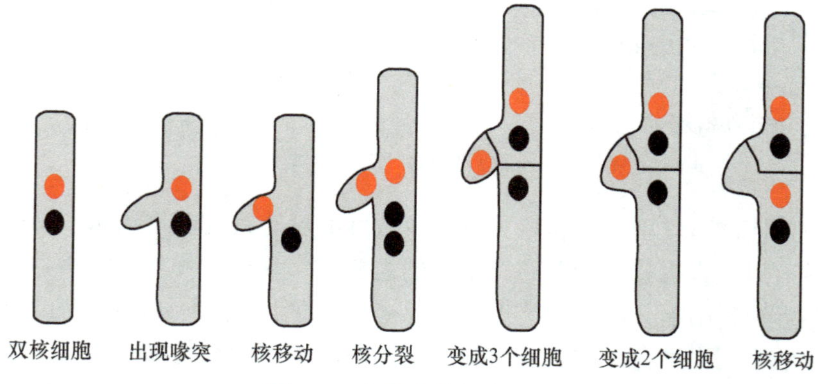

图9-15　担子菌的锁状联合

担子菌的无性生殖是通过节孢子、出芽生殖、分生孢子的方式进行。担子菌的有性生殖均为体配，而且质配和核配间隔很长时间，$n + n$ 阶段持续很长时间。有性生殖产生的担孢子是单倍体。担孢子是从担子（basidium）上产生的。担子是棒状的双核菌丝，发生核配后，进行减数分裂，产生 4 个单倍体的核，菌丝末端突起形成 4 个担子小柄，每一个核分别进入小柄中，发育成担孢子。担子的类型见图 9-16。无隔担子（holobasidium）是担子细胞内没有横隔的担子。纵隔担子是担子细胞产生十字形的隔膜，分割成 4 个细胞形成的担子。横隔担子是担子细胞产生 3 个隔膜，将细胞从上到下分割成 4 个细胞形成的担子。

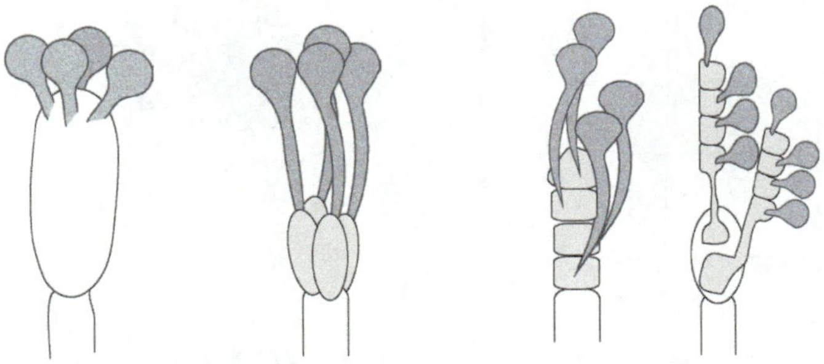

图9-16　担子的类型

无隔担子形成过程见图 9-17。双核细胞的细胞核融合成二倍体核。二倍体核减数分裂变成 4 个单倍体的核。细胞顶端形成小梗（sterigma），小梗顶端膨大，细胞质和 4 个核分别流入到 4 个球形的突起中，分别在小梗基部产生隔膜，就形成了无隔担子。

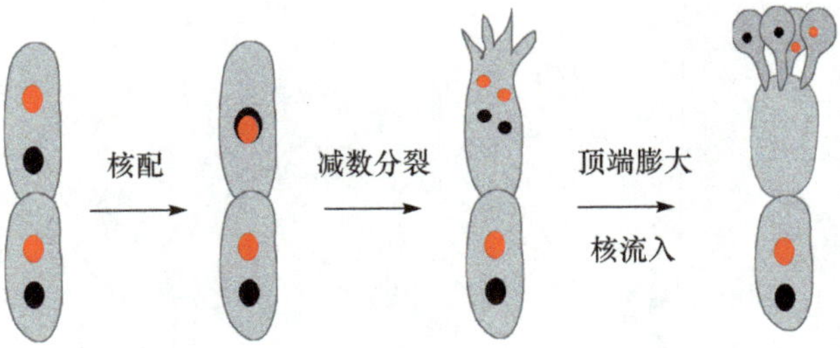

图9-17　无隔担子的形成

担子菌亚门的种类多，约 12 000 种。蘑菇属（*Agaricus*）是最常见的担子菌。担子菌的子实体称为担子果。担子果多为肉质，由菌盖（pileus）和菌柄（stipe）两部分组成。在菌盖的下侧有辐射状排列的薄片状菌褶（gills）。菌褶是产生担子和担孢子的地方。蘑菇（*Agaricus campestris* L.）是伞菌目的代表种，产生的担子是无隔担子。它的生活史见图 9-18。首先菌褶表面的双核菌丝发生核配，然后进行减数分裂变成 4 个单倍体的核，4 个核流入担子的突起中，形成无隔担子。担孢子散出来，萌发成单倍体的单核菌丝。单倍体的单核菌丝为初生菌丝。初生菌丝聚合在一起形成初生菌丝体。之后初生菌丝发生质配，形成双核菌丝，双核菌丝进一步通过锁状联合的方式进行分裂，产生由双核菌丝形成的次生菌丝体。次生菌丝体经菌蕾、幼担子果的阶段发育成担子果。

担子菌亚门的银耳（*Tremella fuciformis* Berk.）是十分美味的食用菌。它的担子果为胶质，白色。它的担子是纵隔担子。每个担子细胞内产生十字架形状的隔膜，将细胞纵切成田字形，上面的4个细胞顶端有小梗，小梗上有1个担孢子。纵隔担子的形成见图9-19。首先是担子细胞的2个细胞核融合成二倍体核。二倍体核减数分裂变成4个单倍体核。担子细胞内产生十字架形状的隔膜，将细胞纵切成田字形。每个细胞顶端形成小梗（sterigma），小梗顶端膨大，细胞质和4个核分别流入到4个球形的突起中，分别在小梗基

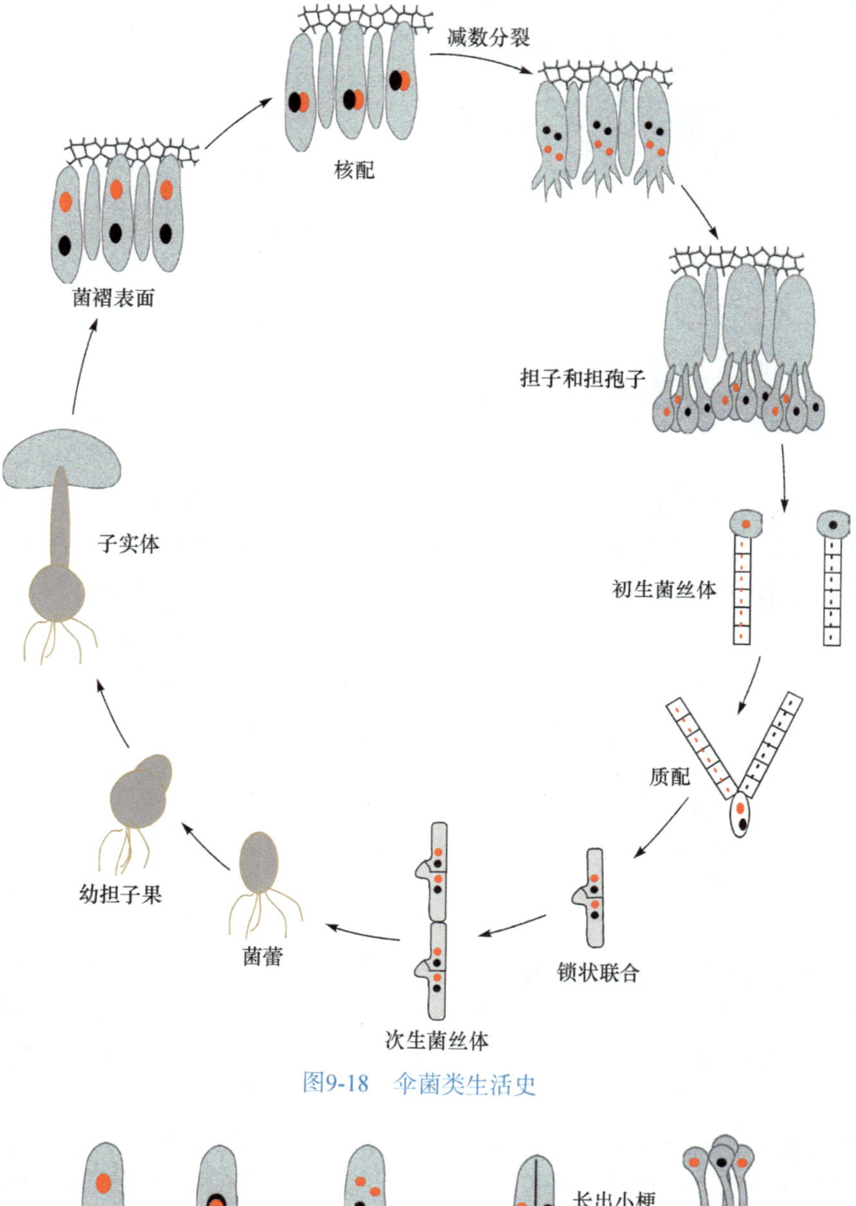

图9-18 伞菌类生活史

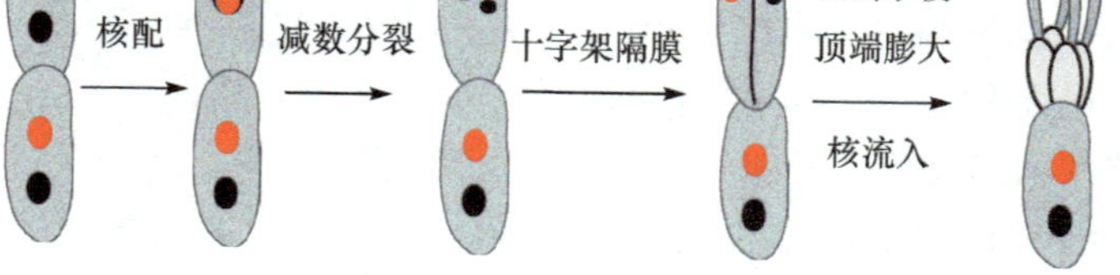

图9-19 纵隔担子的形成

部产生隔膜，就形成了纵隔担子。

担子菌亚门的木耳［*Auricularia auricula*（L. ex Hook.）Underw.］是十分常见的食用菌。木耳常生于榆树、榕树等枯木上，呈耳状或叶状，边缘波浪状。在每个细胞上侧生 1 个长的小梗。小梗顶端有 1 个担孢子。它的担子是横隔担子。横隔担子的形成见图 9-20。首先是担子细胞的 2 个细胞核融合成二倍体核。二倍体核减数分裂变成 4 个单倍体核。担子细胞内产生 3 个横隔膜，将细胞纵切成 4 个细胞。每个细胞顶端形成小梗（sterigma），小梗顶端膨大，细胞质和 4 个核分别流入到 4 个球形的突起中，分别在小梗基部产生隔膜，就形成了横隔担子。

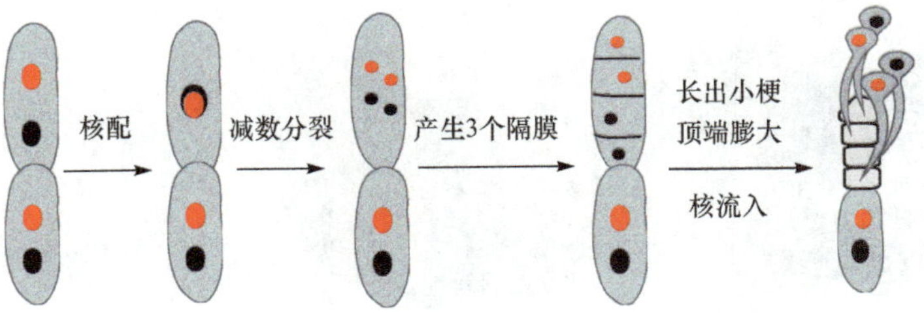

图9-20　横隔担子的形成

5. 半知菌亚门

半知菌亚门（Deuteromycotina）是因在其成员的生活史中尚未发现有性阶段，仅发现了无性阶段而得名。也就是说该亚门的最大特点是未发现它们的有性生殖过程，我们只知道它们生活史的无性阶段。半知菌亚门是生活史尚未完全了解的一大类真菌。一旦发现它的有性生殖，就可以放到其他亚门中。

半知菌菌丝有隔膜，菌丝每个细胞中常含多核。分生孢子梗单生、簇生或集结成孢梗束，其内（外）合生或离生产孢细胞，产孢细胞产生形形色色的分生孢子。该亚门真菌只能以分生孢子或菌丝的断片进行繁殖。种类多、繁殖快、分布广、适应性强，多腐生于陆地或水中。半知菌约有 26 000 种，许多种类是寄生菌。例如，寄生于水稻上的稻瘟病菌（*Piricularia oryzae* Cav.），可以引起水稻苗瘟、叶瘟、谷粒瘟等，严重时水稻颗粒无收。以往发现的半知菌中，有些种因为又相继发现了它们的有性阶段，而分别归属于子囊菌亚门（多数）和担子菌亚门（少数）中。

因本亚门的种类繁多，分类复杂，大家对它们的认识还比较有限，在此只做这些简单介绍和说明，感兴趣的学生可参考相关的专业文献。

三、真菌的经济意义

许多大型真菌是滋味鲜美的食用菌，如蘑菇、香菇、草菇、猴头菌、木耳、金针菇、花菇、冬菇等（图 9-21～图 9-23）。食用菌营养丰富，含有多类营养物质，其中含赖氨酸最丰富。食用菌含有丰富的脂肪酸，主要为非饱和脂肪酸。非饱和脂肪酸是人体必需的营养物质，也是健康食品的重要组成。

真菌在医药方面的应用也很多，如冬虫夏草、茯苓、猪苓、灵芝、云芝等均为药用菌。多种真菌中含有水溶性真菌多糖，能抑制肿瘤的生长，提高免疫功能。

香菇　　草菇

图9-21　香菇和草菇

木耳　　猴头菌　　金针菇

花菇　　冬菇　　杏鲍菇

图9-22　木耳和猴头菌等

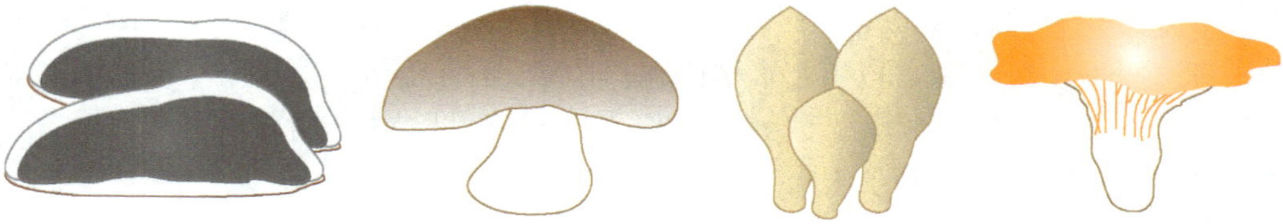

檐状菌　　牛肝菌　　马勃菌　　鸡油菌

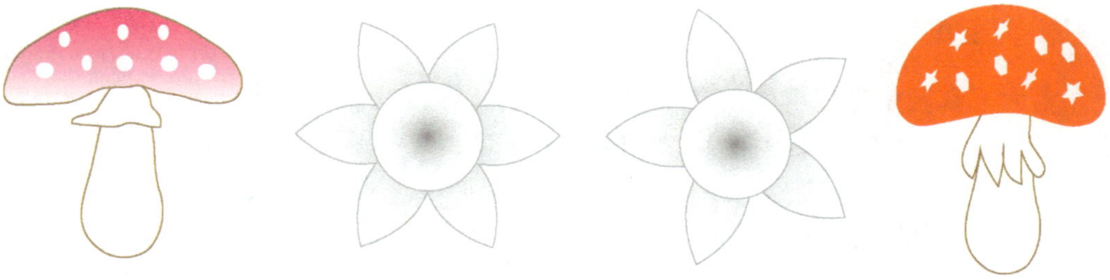

胭脂菌　　土星菌　　土星菌　　飞伞菌

图9-23　其他菌类

在食品工业上，利用酵母制作面包、馒头等发酵食物。在酿造工业上，利用酵母等菌种来酿酒。生长在枯木、枯枝、落叶上的真菌是分解木质素和有机物的主力，在物质循环上，比细菌的贡献还大。

但是真菌也有对人有害的一面。有毒蘑菇是绝对不能食用的。一旦误食会引起人的中毒甚至死亡。

本章部分思维导图

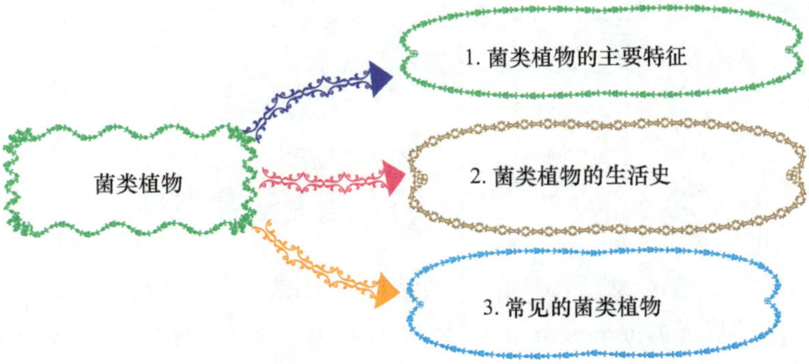

第十章

地衣植物

地衣（lichen）是藻类和真菌共生的复合体。本门植物约有 500 属，26 000 余种。地衣的耐寒和耐旱性很强，干旱时可以休眠，雨后复生。能在岩石、沙漠或树皮上生长，属于先锋植物。

第一节　地衣植物的主要特征

构成地衣的菌类，通常是蓝藻中的念珠藻属（*Nostoc*）和单细胞的绿藻，如共球藻属（*Trebouxia*）、橘色藻属（*Trentepophlia*）；真菌则多为子囊菌或担子菌。藻类能进行光合作用，为真菌提供营养；真菌可以从外界吸收水分和无机盐，提供给藻类，并将藻体包被在其中，以避免强光直射导致藻类细胞干燥死亡。

根据形态，地衣植物可分为壳状地衣、叶状地衣和枝状地衣 3 种类型（图 10-1）。壳状地衣的植物体扁平成壳状，以菌丝牢固地紧贴在基质上，有的甚至伸入基质中，因此很难剥离。叶状地衣形似叶片，以假根较疏松地固着在基质上，易与基质剥离。枝状地衣直立，仅基部附着于基质上，通常分枝，形状类似高等植物的植株。

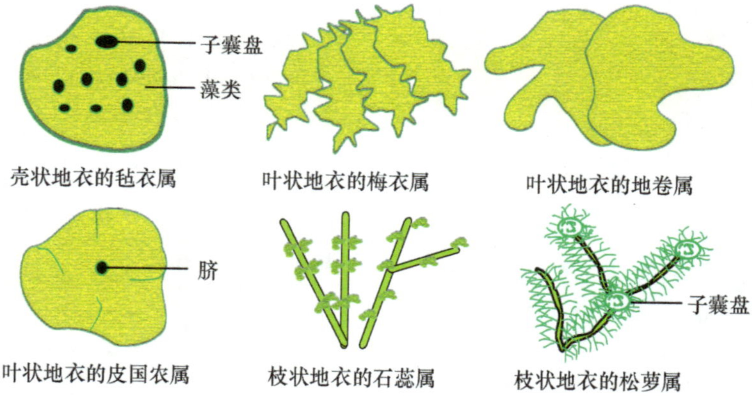

图10-1　地衣的形态

根据藻细胞在真菌组织中的分布状态，地衣可分为同层地衣（homolomerous lichen）和异层地衣（heteromerous lichen）（图 10-2）。异层地衣横切面可区分为 3 层：藻胞层、髓层和皮层。皮层分为上皮层和下皮层，由致密的菌丝交织而成。藻胞层是在上皮层之下由藻类细胞聚集而成的一层。髓层介于藻胞层和下皮层之间，由一些疏松的菌丝和藻细胞构成。同层地衣的藻细胞和菌丝混合成为一体，无藻胞层和髓层之分。

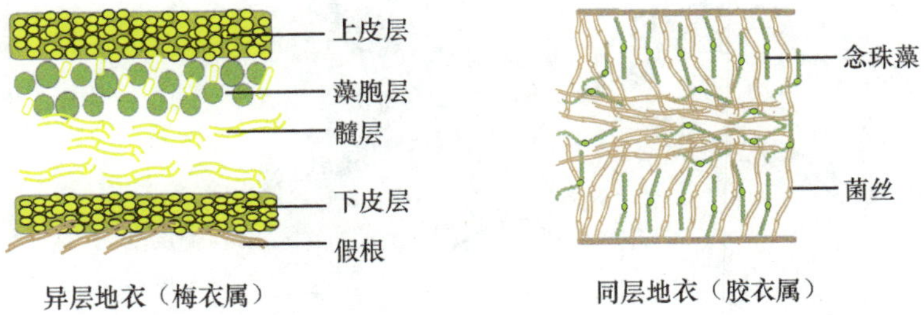

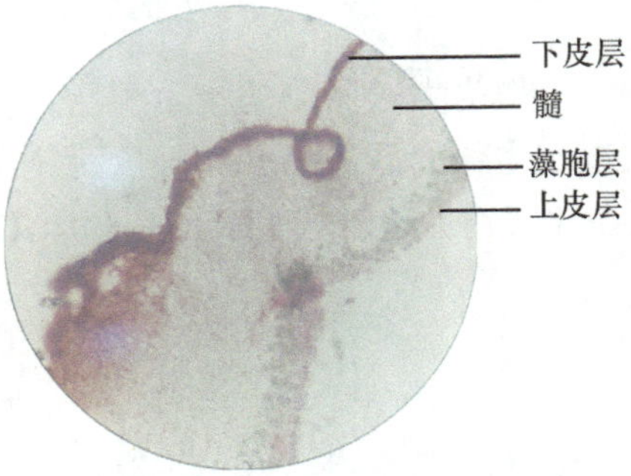

图10-2　异层地衣的横切

第二节　地衣的繁殖

地衣植物通常进行营养繁殖。由地衣植物体断裂成裂片，每个裂片发育成新的地衣，或者在叶状体上产生粉芽等进行营养繁殖（图 10-3）。粉芽（soredium）存在于地衣叶状体表面或特殊的分枝上，呈粉状或颗粒状，或为针状及棒状。每一粉芽内含 1 个或数个藻类细胞，外面为菌丝所包围。粉芽脱离母体后，能直接发育成新的地衣个体。聚集成界限分明的近球形或线形的粉芽群叫粉芽堆。

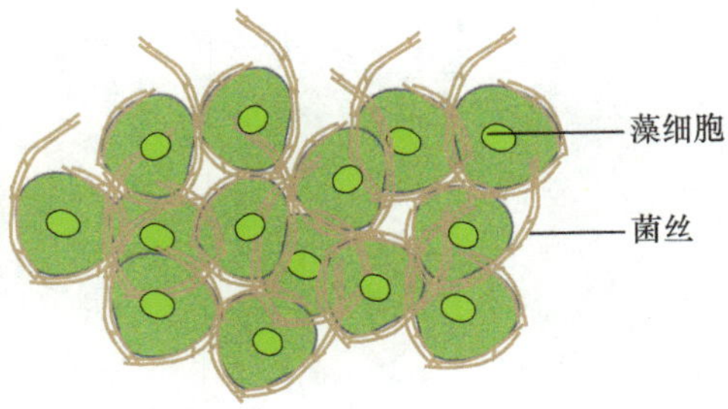

图10-3　粉芽

有性生殖仅由真菌进行，主要通过产生子囊孢子或担孢子。子囊孢子或担孢子成熟后从子囊或担子中释放出来，在适宜的条件下萌发成菌丝体，如遇到适合的共生藻类细胞，就相互结合，发育成新的地衣植物体。地衣中的藻类细胞主要以有丝分裂方式进行繁殖（图 10-4）。

生长在岩石表面的地衣在土壤形成中有一定作用。分泌的地衣酸可腐蚀岩面，使岩石逐渐龟裂和破碎，加之自然的风化作用，在岩石表面形成土壤层。因此，地衣被称为“植物拓荒者”或“先锋植物”。

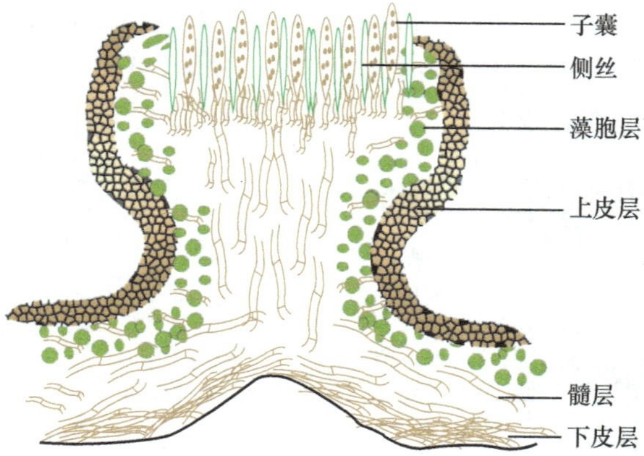

图10-4　地衣的有性繁殖（过子囊盘的垂直切面）

地衣对大气污染十分敏感，可作为大气污染的指示植物。例如，无任何地衣存在的区域为 SO_2 严重污染区，有壳状地衣生长的区域为 SO_2 轻度污染区，有枝状地衣生长的区域为无 SO_2 污染的清洁区。生长在北极苔原地带的地衣还是驯鹿（reindeer）的主要食物。

本章部分思维导图

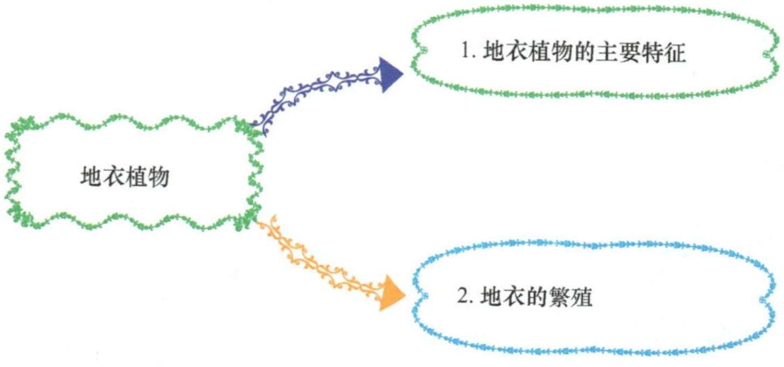

第十一章

苔藓植物

苔藓植物是最原始的非常矮小的高等植物，是水生到陆生的过渡类群。生活在陆地潮湿的环境中，精子必须在水中游动到颈卵器与卵细胞结合。

第一节　苔藓植物的主要特征及代表植物介绍

一、苔藓植物的主要特征

苔藓植物具有明显的世代交替（alternation of generations）。在苔藓植物的生活史中，配子体（gametophyte）占优势，孢子体（sporophyte）生长在配子体上。

大部分苔藓植物的配子体常以丝状的假根固定在基质上；假根由单细胞或单列细胞组成，起固着、吸收作用。配子体有叶状体和茎叶体两种类型（图 11-1）。叶状体整个植株形态与叶片非常相似。而茎叶体整个植株的形态具有茎和叶的结构。

图11-1　几种苔藓植物配子体的形态

苔藓植物配子体内部构造简单，不具维管束，无中柱（stele）。在高等的种类中，有皮层和中轴的分化，形成类似输导组织的细胞群（图 11-2）。中轴是苔藓植物茎内由薄壁细胞组成的运输水分的结构。提灯藓的茎的中央分化出维管束，维管束中有水螅状的导水细胞（hydroids）和类韧皮细胞（leptoids），分别起运输水分和糖分的作用。

孢子体通常为一年生，在不同程度上依附于配子体以吸收营养和水分。孢子体的茎状结构上有孢蒴，孢子从孢蒴中散出。孢子萌发后形成配子体——片状的叶状体或有茎叶分化的茎叶体，孢子体在配子体上发育。孢蒴（capsule）即孢子囊，为孢子体顶端产生孢子的

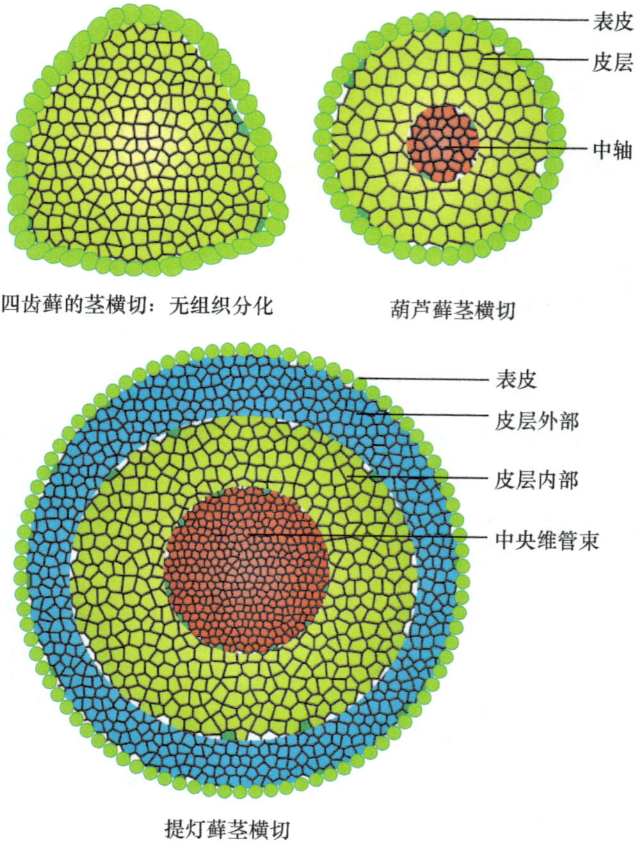

图11-2 几种藓茎的横切

膨大部分，一般呈球形、卵形或圆柱形。

苔藓植物与维管植物的不同之处在于每个孢子体只产生一个孢蒴，而维管植物的孢子体可产生多个孢子囊；与维管植物相反，苔藓植物的配子体发达，而孢子体退化。

配子体能形成多细胞组成的颈卵器（archegonium）和精子器（antheridium）生殖器官。颈卵器为雌性生殖器官，似瓶状，上部狭细的部分叫颈部，下部膨大的部分叫腹部，中间有一个卵细胞。精子器为雄性生殖器官，呈棒状或球状，多数精子有两条长的鞭毛。

苔藓植物的受精需要有流动的水。精子和卵融合形成合子，合子直接发育成胚。胚发育成孢子体。

在植物界的演化进程中，苔藓植物代表着植物从水生逐渐过渡到陆生的类型。下面以地钱和葫芦藓为例，来详细介绍苔藓植物的颈卵器和精子器等的结构及其生活史。

二、苔藓植物的代表植物

1. 地钱

地钱雌雄异株，生于阴湿地，配子体为叉状分枝的叶状体（图 11-3）。腹面有多细胞的鳞片和单细胞的假根。背面有一种杯状结构，称胞芽杯（cupule），其内有多个胞芽（gemma）。地钱主要以胞芽进行营养繁殖。胞芽呈绿色圆片形，两侧有缺口。胞芽成熟后自胞芽杯脱落，形成新配子体。

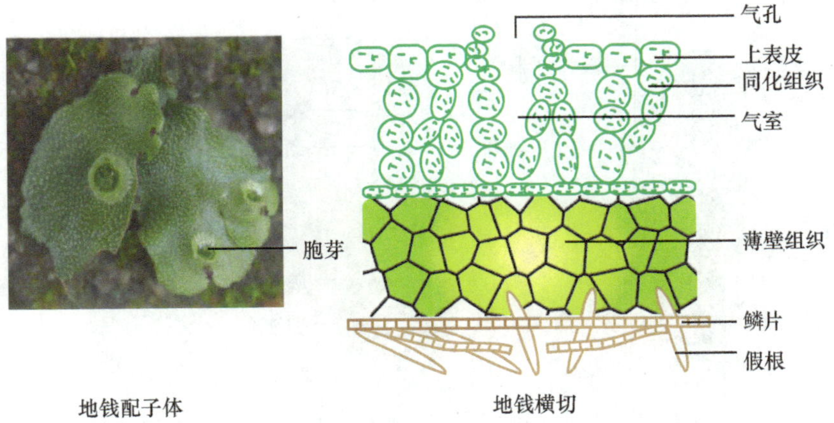

图11-3　地钱配子体及其横切

地钱雄株和雌株的背面分别会长出雄生殖托（antheridiophore）和雌生殖托（颈卵器柄，archegoniophore）。生殖托是配子体背面中肋上着生颈卵器或精子器的结构。由托柄和托盘两部分组成。雄生殖托的托盘内有许多精子器。雌生殖托的托盘边沿呈指状裂片的部分称为芒线。地钱雌生殖托托盘的边缘有 8～10 条手指状向下弯曲的芒线，芒线之间有倒生的颈卵器（图 11-4）。

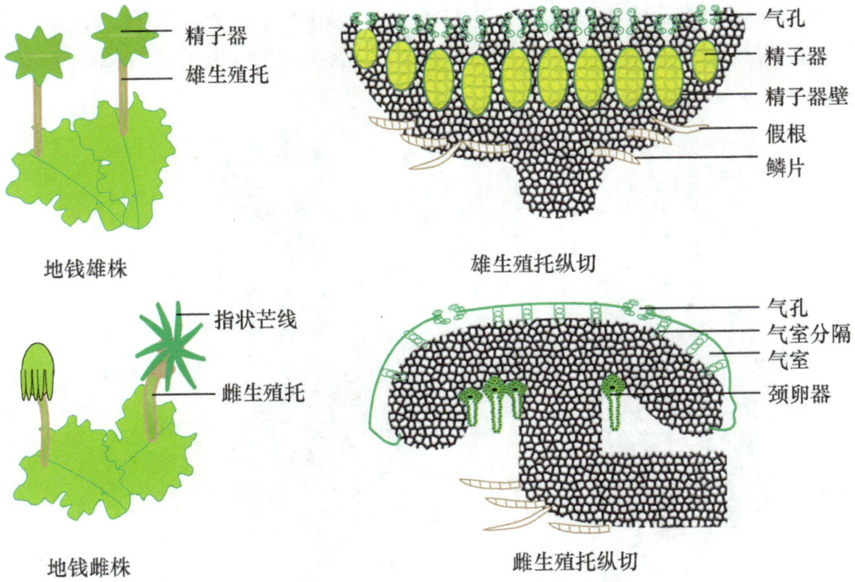

图11-4　地钱雌雄生殖托及其纵切

精子器为雄性生殖器官，呈棒状、球状或卵圆形，精子器的壁由一层细胞构成，基部有一短柄与雄生殖托相连。精子器壁内有多个精原细胞（n），每个精原细胞形成一枚细长弯曲、具有两条顶生、等长鞭毛（尾鞭型）的游动精子。颈卵器为雌性生殖器官，似瓶状，基部具短柄。上部狭细的部分叫颈部，下部膨大的部分叫腹部，中间有一个卵细胞（图 11-5）。

雌雄生殖器官成熟时，颈卵器内的颈沟细胞和腹沟细胞解体，精子器顶部壁破裂，精子逸出，以水为媒介，游入颈卵器，与卵细胞融合，形成合子（2*n*）。

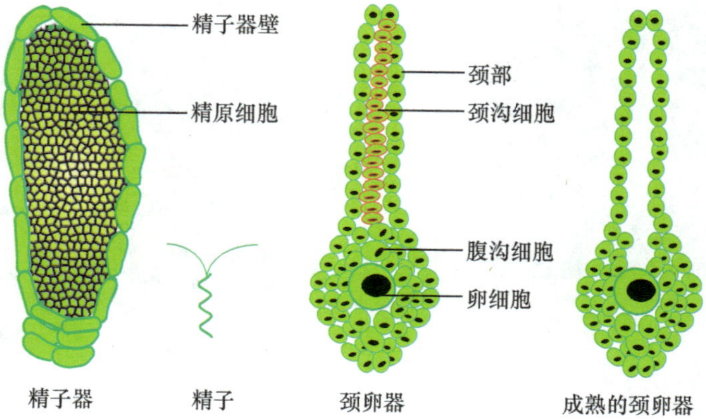

图11-5　地钱的精子器和颈卵器

苔藓植物受精必须借助于水，卵成熟后，精子游到颈卵器附近，通过破裂的颈沟细胞和腹沟细胞后而与卵结合，形成合子，合子不经休眠就分裂形成胚，胚在颈卵器中发育成孢子体。同时颈卵器壁基部的细胞不断分裂形成一个套筒状的保护结构，称为假蒴萼（pseudoperianth）。孢子体基部有基足（foot），伸入配子体中吸取养分。上部球形的孢子囊（sporangium）称为孢蒴（capsule），孢蒴中有长形、壁上有螺旋状增厚的弹丝（elater），可助孢子的散出；孢蒴下有蒴柄（seta）（图 11-6）。孢蒴中的孢子母细胞经过减数分裂形成孢子。孢子在适宜的环境中，萌发成原丝体（protonema），进而生成配子体。

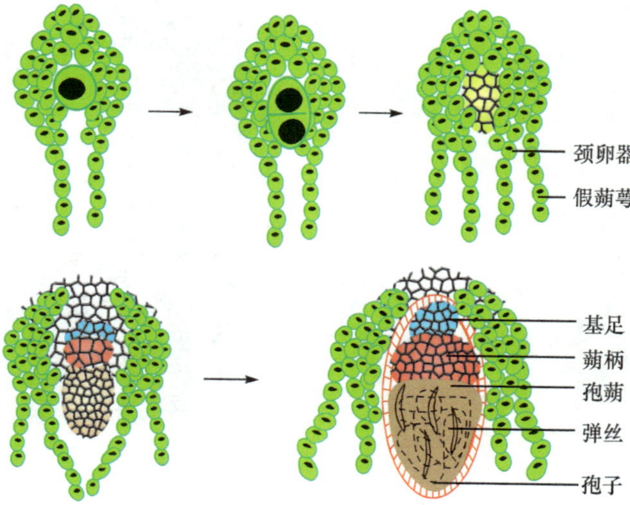

图11-6　地钱的胚和孢子体纵切

2. 葫芦藓

葫芦藓（*Funaria hygrometrica*）的配子体是茎叶体，绿色，茎细且短，基部分枝。配子体上可产生精子器和颈卵器，精子器和颈卵器分别产生精子和卵（图 11-7）。

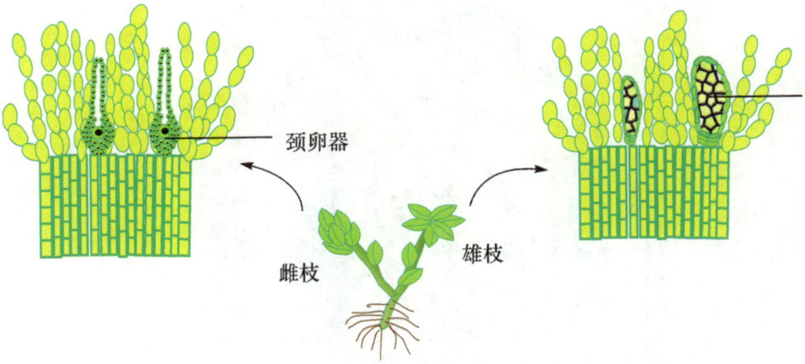

图11-7　葫芦藓的精子器和颈卵器

当精子游入颈卵器内，即与卵结合成合子，合子在颈卵器内发育成胚，由胚形成孢子体。孢子体生长在配子体上。每个成熟的孢子体可分为孢蒴（capsule）、蒴柄（seta）和基足（foot）三部分。蒴柄伸长，顶端膨大为孢蒴，其内的孢子母细胞经减数分裂形成孢子，成熟后散出，在适宜的环境中萌发成为单列细胞的原丝体。原丝体向下生假根，向上生芽，芽发育成为具有茎叶结构的配子体（图 11-8）。

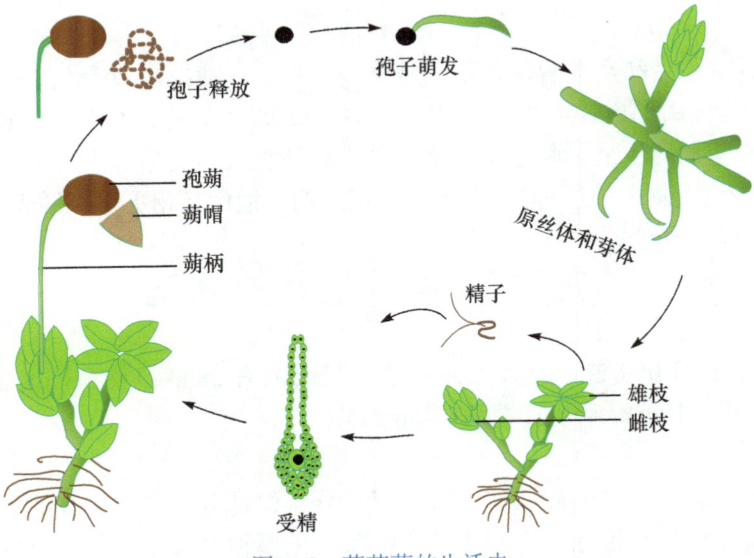

图11-8　葫芦藓的生活史

受精后，蒴柄迅速伸长，将孢蒴顶出颈卵器之外，被撕裂的颈卵器仍然覆盖于幼嫩的孢蒴上。当孢蒴成熟时，呈葫芦状。罩于孢蒴上的残存的颈卵器就形成了蒴帽（calyptra）。孢蒴（capsule）由蒴盖（operculum）、蒴壶（urn）和蒴台（apophysis）三部分组成。蒴盖是孢蒴顶端的圆碟形的盖子。蒴壶分为表皮、蒴壁、同化丝、外孢囊、造孢细胞、内孢囊、蒴轴等结构。蒴壁由多层细胞构成。蒴壶的中央是蒴轴，由薄壁细胞组成。同化丝含有丰富的叶绿体，可以进行光合作用。同化丝之间有气室。内外孢囊之间是很多造孢细胞（sporogenouscell），造孢细胞可以进行减数分裂产生孢子。在蒴壶的口部有两层蒴齿。蒴壶与蒴盖由环带细胞连接。蒴壶下面是蒴台。蒴台上有很多气孔（图 11-9）。

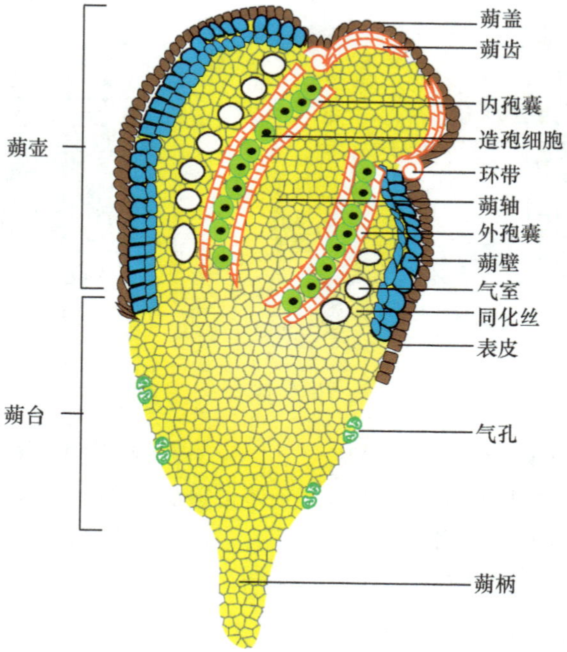

图11-9　葫芦藓孢蒴纵切

孢子成熟后，环带和蒴盖脱落，孢子从孢蒴内散出，萌发形成绿色的丝状体，称原丝体（protonema）。再由原丝体产生假根和芽。芽然后发育成配子体植株。配子体上产生精子器和颈卵器，分别产生精子和卵子。此阶段为有性世代。受精卵发育成胚，胚发育成孢子体，在孢蒴中产生孢子。这一阶段是无性世代。两个世代互相更迭，形成世代交替。

第二节　苔藓植物的分类

苔藓植物约有 23 000 种。遍布世界各地。我国约有 2800 多种。根据营养体的结构，苔藓植物分为苔纲（Hepaticae）和藓纲（Musci）。

1. 苔纲

苔纲的配子体多是扁平的叶状体，有背腹之分，根是有单细胞构成的假根。孢子体由基足、孢蒴和蒴柄组成，孢蒴 4 纵裂，内有弹丝，无蒴轴。孢子萌发成原丝体。每个原丝体只发育成一个植物体。

苔纲常见植物有地钱属（*Marchantia*）、光萼苔属（*Porella*）、角苔属（*Anthoceros*）等植物。

角苔属（*Anthoceros*）的配子体叶状，精子器和颈卵器埋于叶状体内，颈卵器中的卵细胞受精后形成胚，发育成长角状的孢蒴。孢子体没有蒴柄。孢蒴内有 1～4 个细胞组成的假弹丝。之所以是假弹丝是因为它不具备弹出孢子的功能。孢蒴成熟时，孢蒴纵裂成两瓣，孢子散出来（图 11-10）。

2. 藓纲

藓纲的配子体有类似根、茎、叶的分化，茎中有中轴的分化。叶螺旋式排列。孢子体

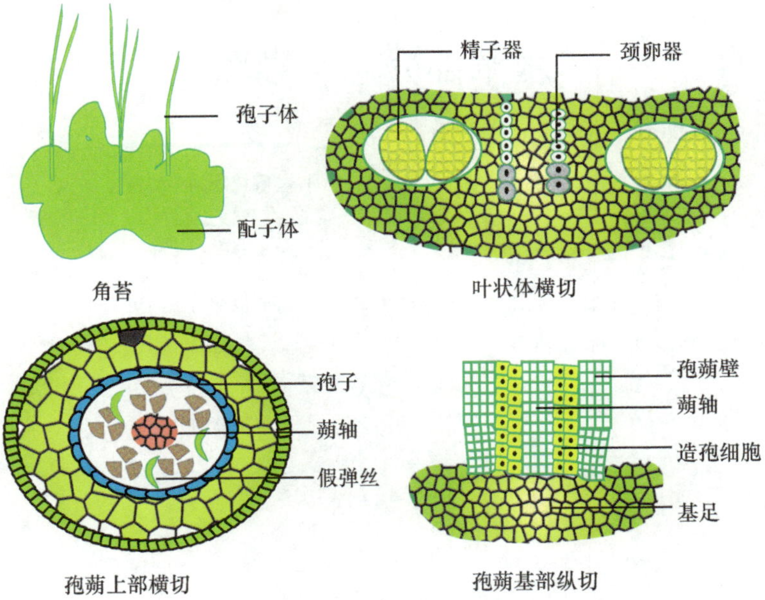

图11-10 角苔及其内部结构

由基足、孢蒴和蒴柄组成。孢蒴多盖裂，孢蒴内无弹丝，有蒴轴。孢子萌发成原丝体。每个原丝体常形成多个植物体。

藓纲常见的有泥炭藓属（*Sphagnum*）、葫芦藓属（*Funaria*）、黑藓属（*Andreaea*）等植物。葫芦藓的孢子萌发成原丝体，原丝体的结构见图 11-11。原丝体由绿丝体、轴丝体和假根组成。绿丝体的细胞内有很多叶绿体。轴丝体的细胞内的叶绿体少，主要功能是产生芽。假根细胞没有叶绿体，主要是固着和吸收作用。

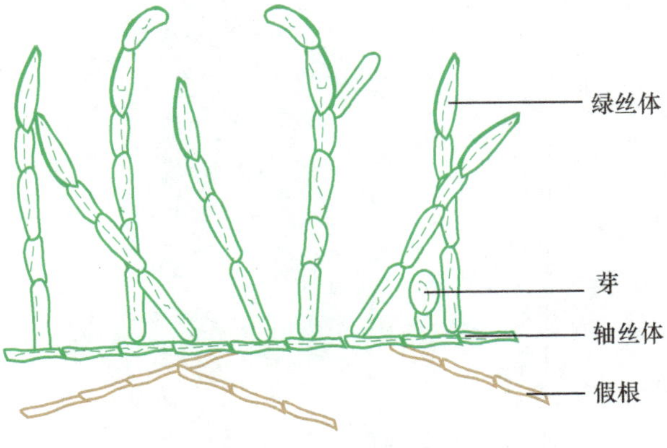

图11-11 葫芦藓的原丝体

苔藓植物大多生于阴湿的地表、林中树皮和朽木上，少数生于水中或岩石上。在生长的过程中，能不断地分泌酸性物质，溶解岩面，对土壤的形成起着先锋作用，是植物界的拓荒者之一。苔藓植物有很强的适应水湿的特性，吸水力可达体重的 10～25 倍，在园艺上常用于包装运输新鲜苗木花卉以至作为鱼苗输送的最佳材料，或作为播种后的覆盖物。

本章部分思维导图

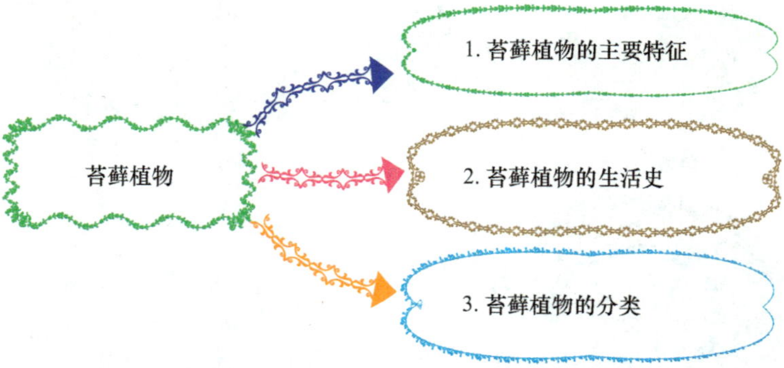

第十二章

蕨类植物

蕨类植物（pteridophyte）又称羊齿植物（fern）。这样因为蕨类植物的若干种类有细裂，如羊齿的叶片，因此最早研究它们的科学家就把它们形象地称为“羊齿植物”；此外，这些植物的英文名字多以“pteris”作为词尾，该词意为“羽”，形容蕨类植物特有的羽片状叶，中文往往翻译为“羊齿植物”。

蕨类植物是指有真正的根、茎、叶和维管组织的分化，不产生种子的维管植物。它是高等植物中唯一的孢子体和配子体都可以独立生活的类群。

维管植物（vascular plant）是指具有维管组织的植物。现存的维管植物有25万～30万种，包括极少部分苔藓植物、蕨类植物、裸子植物和被子植物。维管系统（vascular system）（木质部和韧皮部）的发生是植物从水生到陆生长期适应环境的结果。维管系统的有效输导，使维管植物成为最繁茂的陆生植物。比较原始的维管植物的木质部中多只具管胞，故也可称这些植物为管胞植物（tracheid plant）。蕨类植物是最原始的维管植物。

维管植物中具有中柱（stele）结构。中柱指植物根、茎、叶的中轴部分，包括维管组织及基本组织，如髓、射线等薄壁组织。种子植物茎的皮层与中柱之间界限不明显，常称维管柱（vascular cylinder）。维管束（vascular bundle）是指植物体内输导组织束，由木质部和韧皮部组成，两者间常有形成层。中柱包括中柱鞘（pericycle），它位于中柱外围与内皮层相毗邻，常由一至几层连续的薄壁细胞构成；部分维管形成层、木栓形成层、侧根、不定芽等都是起源于中柱鞘。

了解中柱、孢子囊、孢子类型、叶的结构和类型等对学习和认识蕨类等植物非常关键，下面对这些概念进行详细介绍。

第一节　中柱、孢子囊、孢子和叶

1. 中柱

维管系统（vascular system）主要由木质部和韧皮部组成，木质部中含有运输水分和无机盐的管胞或导管分子，韧皮部中含有运输糖类等的筛胞或筛管。维管植物大多为陆生植物，只有少数在受精过程时需要在水中进行。

维管植物中由初生木质部和初生韧皮部所组成的维管组织是一种初生结构，也是中柱的基本结构。由于维管组织排列方式的不同而形成多种类型的中柱。植物的中柱类型主要有原生中柱（protostele）、管状中柱（siphonostele）、网状中柱（dictyostele）、具节中柱（cladosiphonic stele）、真中柱（eustele）和散生中柱（atactostele）等多种类型（图 12-1）。

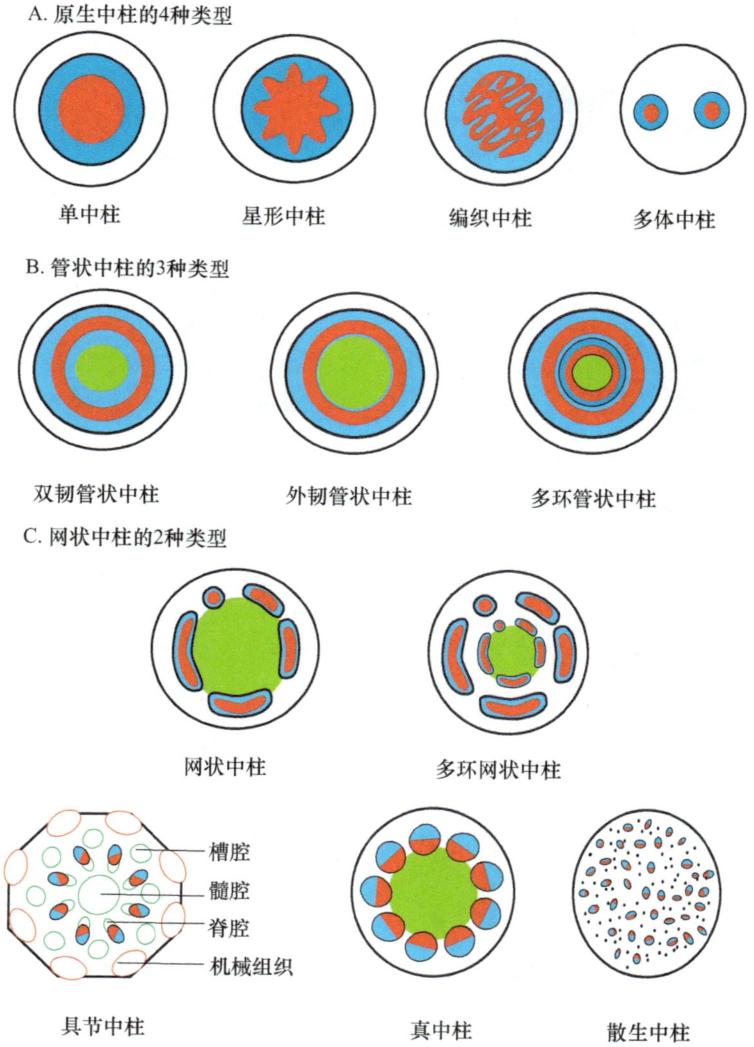

图12-1　中柱的类型

原生中柱为原始类型，是构造最简单的中柱，仅有木质部和韧皮部组成，没有薄壁细胞组成的髓部。原生中柱包括单中柱（haplostele）、星形中柱（actinostele）、编织中柱（plectostele）和多体中柱（polystele）等。单中柱的韧皮部在外，木质部在内；星形中柱是指木质部向四周生长出辐射排列的脊状突起的原生中柱，如松叶蕨属（*Psilotum*）的中柱；编织中柱是指原生中柱的木质部分裂成许多小而分离的片状，韧皮部侵入木质部的中柱，如石松属（*Lycopodium*）的中柱；多体中柱是指柱心由多个单中柱组成的原生中柱。也就是说，多体中柱的柱心含有多个韧皮部在外，木质部在内的单中柱。卷柏属（*Selaginella*）的植物具有多体中柱。

管状中柱是指中央有髓，木质部围绕着中央髓形成圆筒形的中柱。管状中柱又可分为双韧管状中柱（amphiphloic siphonostele）、外韧管状中柱（ectophloic siphonostele）和多环管状中柱（polycyclic siphonostele）等。双韧管状中柱木质部的内、外两侧均有韧皮部；外韧管状中柱的韧皮部在外，木质部在内；多环管状中柱是指两个或两个以上的同心环状排列的管状中柱，髓的外方依次是木质部、韧皮部、木质部、韧皮部等。

网状中柱是木质部和韧皮部不成圆圈，中间被薄壁细胞分割开的中柱。多环网状中柱（polycyclic dictyostele）是内圈、外圈的韧皮部和木质部分别被分割开的中柱。这是由于茎的节间甚短，节部叶隙、枝隙密集，从而使中柱木质部、韧皮部产生许多裂隙，从横切面上看，中柱的木质部、韧皮部被分割成一束束，整体上类似网状，因此称为网状中柱。

具节中柱（cladosiphonic stele）是楔叶亚门的蕨类具有的中柱，是指具有节的中柱。初生韧皮部在外，木质部在内；维管束排成一圈。维管束内始式。成熟时，中央的髓破裂形成髓腔（medullary cavity），但节处是实心的。原生木质部破裂，在维管束内部形成空腔，称为脊腔（carinal cavity）。在皮层中也有很多空腔，称为槽腔（vallecular cavity），也有人把它称为皮层气腔（cortex cavity）。近周边的机械组织特别发达。

真中柱（eustele）是木质部与韧皮部内外并列成束，多束形成一圈，如木贼属（*Hippochaete*）、多数裸子植物和被子植物具有真中柱。

散生中柱（atactostele）主要存在于单子叶植物中，它的木质部和韧皮部并列成多束，散生在茎内，韧皮部在外侧。

中柱的演化如图 12-2 所示。中柱类型从单中柱分化成星形中柱、管状中柱和真中柱。星形中柱、管状中柱和真中柱进一步分化出编织中柱、网状中柱和散生中柱。最终出现了中柱的最高级的形式—种子植物中的真中柱和散生中柱。

2. 孢子囊和孢子

蕨类植物的孢子囊是孢子体产生孢子的多细胞无性生殖器官。根据孢子囊的结构，孢子囊分为厚孢子囊（eusporangium）和薄孢子囊（leptosporangium）。厚孢子囊的囊壁为多层细胞，所有的小型叶蕨类和原始的大型叶蕨类的孢子囊属于此类型。薄孢子囊的囊壁仅仅一层细胞。大多数大型叶蕨类的孢子囊属于薄孢子囊。

蕨类植物的孢子都是在孢子囊中经减数分裂产生的单倍体细胞。多数蕨类植物产生的孢子在形态和大小上是相同的，称为孢子同型（isospore）；少数蕨类如卷柏属和水生真蕨类的孢子大小和形态不同，即有大孢子（macrospore）和小孢子（microspore）的区别，称为孢子异型（heterospore），如卷柏属（*Selaginella*）和水韭属（*Isoetes*）等的孢子。产

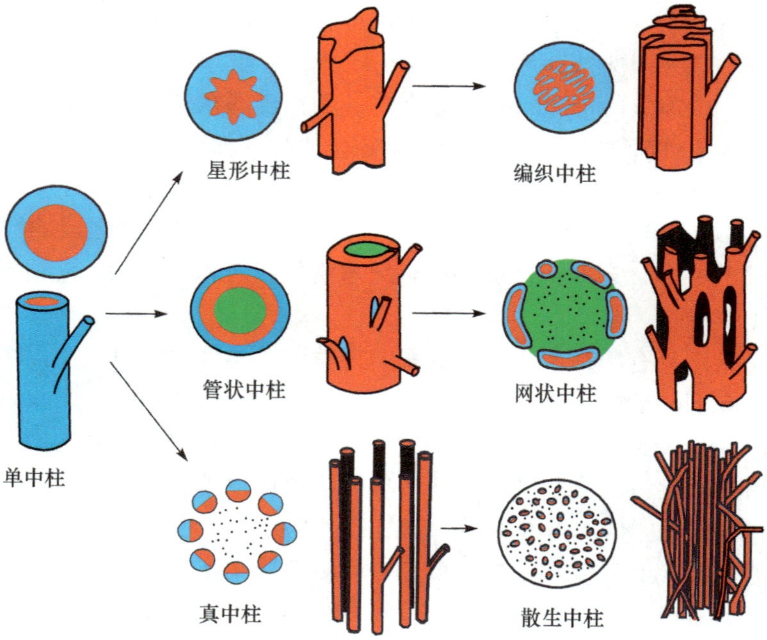

图12-2 中柱的演化

生大孢子的囊状结构叫大孢子囊（megasporangium），产生小孢子的囊状结构叫小孢子囊（microsporangium）。大孢子囊产生大的、数量少的大孢子；小孢子囊产生小的、数量多的小孢子。大孢子萌发后形成雌配子体；小孢子萌发后形成雄配子体。

3. 叶

蕨类植物的叶多从根状茎上长出，有簇生、近生或远生的，幼时大多数呈拳曲状。根据叶的起源及形态特征，可分为小型叶和大型叶两种。小型叶（microphyll）没有叶隙（leaf gap）和叶柄，仅具1条不分枝的叶脉，如石松科、卷柏科、木贼科等植物的叶。大型叶（macrophyll）具叶柄，有或无叶隙，有多分枝的叶脉，是进化类型的叶，如真蕨类植物的叶。大型叶有单叶和复叶两类。单叶是叶柄上仅仅有一个叶片。复叶是叶柄上有多个叶片，有一回、二回、三回和多回羽状复叶之分。

蕨类植物的叶根据功能又可分成孢子叶和营养叶两种。孢子叶（sporophyll）是指产生孢子囊和孢子的叶，又叫能育叶（fertile frond）；营养叶（foliage leaf）仅能进行光合作用，不能产生孢子囊和孢子，又叫不育叶（sterile frond）。有些蕨类植物的孢子叶和营养叶不分，既能进行光合作用，制造有机物，又能产生孢子囊和孢子，叶的形状也相同，称为同型叶（homomorphic leaf），如常见的贯众、鳞毛蕨、石韦等；另外，在同一植物体上，具有两种不同形状和功能的叶，即营养叶和孢子叶，称为异型叶（heteromorphic leaf），如荚果蕨、槲蕨、紫萁等。

第二节 蕨类植物的主要特征

蕨类植物具有明显的世代交替现象，无性繁殖产生孢子，有性生殖器官为精子器和颈卵器，因此蕨类植物又叫颈卵器植物（图 12-3）。蕨类植物的孢子体和配子体均能独立生活，而且孢子体远比配子体发达（图 12-4）。

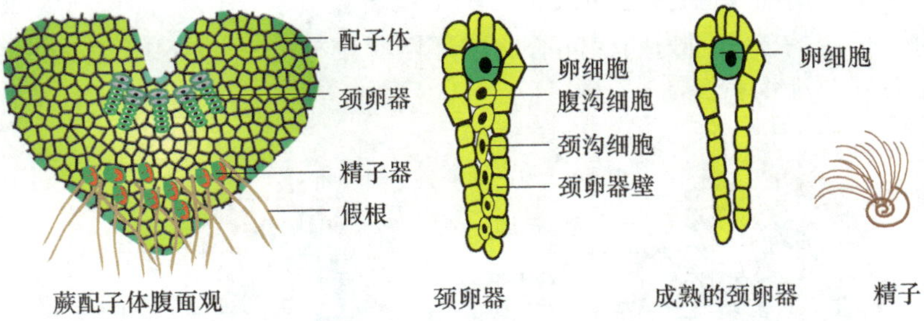

图12-3　蕨配子体及颈卵器、精子

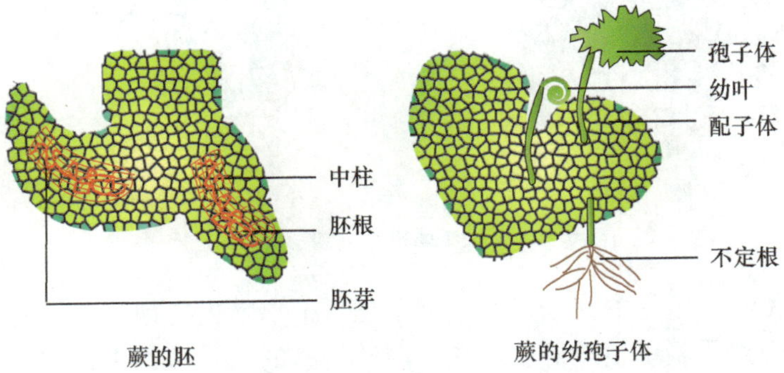

图12-4　蕨的胚和幼孢子体

蕨类植物的孢子体一般都有根、茎、叶的分化，为多年生草本，少数为一年生的。根为不定根。茎多为根状茎，少数茎为直立的树干状或其他形式的地上茎，二叉分枝，有些原始种类还兼具根状茎和气生茎。幼叶拳卷，长大后伸展平直。分为叶柄和叶片两部分。叶片有单叶或一回到多回羽状分裂。叶片的中轴称为叶轴（rachis），第一次分裂出来的小叶是小羽片（pinnule），小羽片的中轴称为小羽轴（图 12-5）。

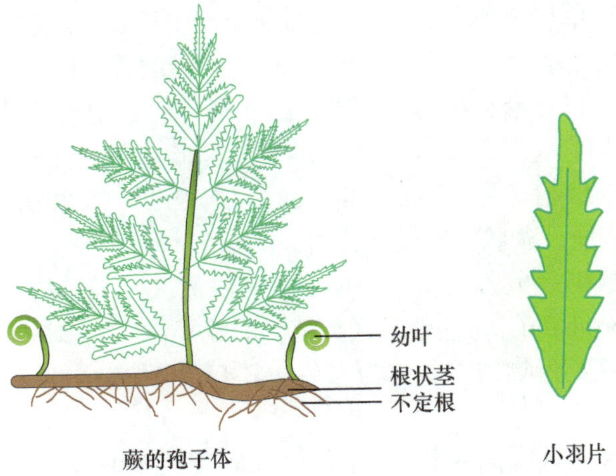

图12-5　蕨的孢子体

蕨类植物的茎的解剖结构包括表皮、皮层和维管柱三部分（图 12-6）。维管组织分化程度不高，木质部由管胞和木薄壁细胞组成。仅仅少数种类具有导管，如蕨［*Pteridium aquilinum*（L.）Kuhn］，导管和管胞的大小区别不显著。韧皮部由筛管和韧皮薄壁细胞组成，无伴胞。蕨的根状茎的横切面为两层同心的多环网状中柱（图 12-6）。里面的称为内环维管束，外面的称为外环维管束。

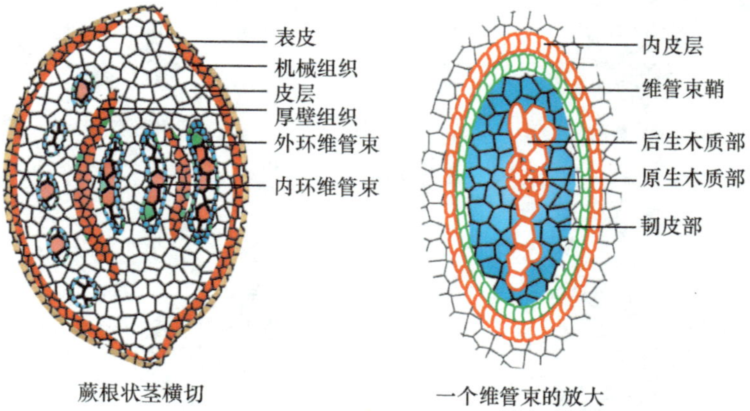

图12-6　蕨根状茎横切及维管束的放大

蕨类植物的无性生殖是由孢子体产生孢子囊，孢子囊内的孢子母细胞经减数分裂形成孢子。蕨类植物的孢子囊单生或群生。在小型叶类型的蕨类植物中，孢子囊单生于孢子叶的近轴面叶腋或叶的基部，通常很多孢子叶紧密地或疏松地集生于枝的顶端形成球状或穗状，称孢子叶球（strobilus）或孢子叶穗（sporophyll spike），如石松和木贼等。

大型叶的蕨类植物不形成孢子叶穗，孢子囊也不单生于叶腋处，而是由许多孢子囊聚集成不同形状的孢子囊群或孢子囊堆（sorus），生于孢子叶的背面或边缘或特定的孢子叶上。孢子囊群有圆形、长圆形、肾形、线形等形状，孢子囊群常有膜质保护结构，称囊群盖（indusium）。掌叶铁线蕨（*Adiantum pedatum*）、半边铁角蕨（*Asplenium unilaterale*）等的叶缘向内侧弯曲以保护在叶缘附近的孢子囊群，称为假囊群盖（图 12-7）。

孢子囊的细胞壁由单层（薄囊蕨类）或多层（厚囊蕨类）细胞组成。一列细胞的在细胞壁上有不均匀的木质化增厚形成环带（annulus）。环带的着生位置有各种形式，如顶生环带、横行中部环带、斜行环带、纵行环带等，这些环带对于孢子的散布有重要作用。环带的长度约为孢子囊中央线的 3/4。环带的另一端是裂口带，有一列薄壁细胞组成，其中两个细胞径向伸长，这两个细胞就是唇细胞（lip cell）。孢子的形状常为两面形、四面形或球状四面形，外壁光滑或有脊及刺状突起或有弹丝。

蕨类植物的孢子成熟后散落在适宜的环境里萌发成一片细小的、呈各种形状的绿色叶状体，称为原叶体（prothallus），这就是蕨类植物的配子体。大多数蕨类植物的配子体生于潮湿的地方。大多数蕨类植物的配子体为绿色、具有背腹分化的叶状体，有假根，能独立生活。

当配子体成熟时大多数在同一配子体的腹面（少数为背面）产生有性生殖器官，即球形的精子器和瓶状的颈卵器。精子器内生有鞭毛的精子，颈卵器内有一个卵细胞。精、卵

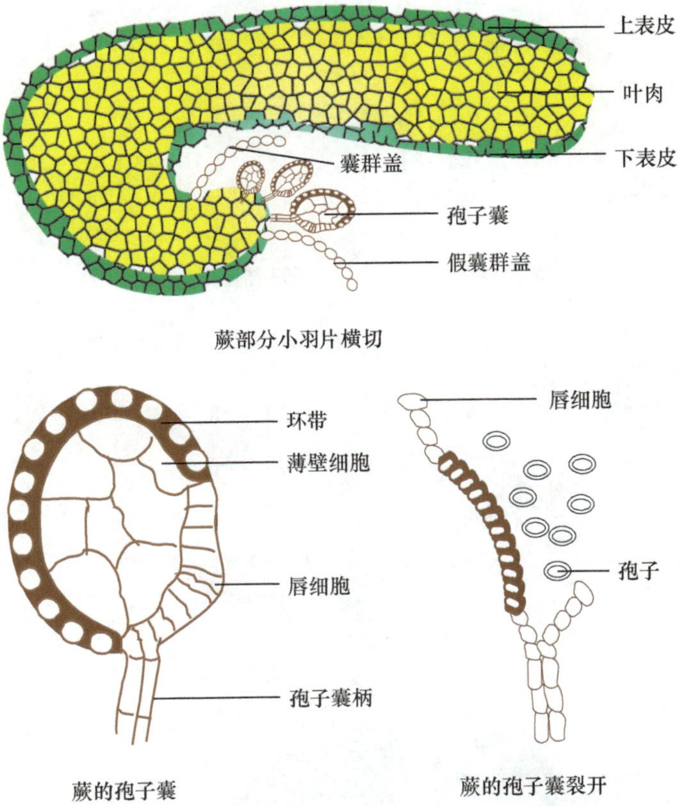

图12-7　蕨孢子囊

成熟后，精子由精子器逸出，借水为媒介进入颈卵器内与卵结合，受精卵发育成胚，胚暂时生长在配子体上，由胚发育成孢子体，即常见的蕨类植物。之后配子体死亡，孢子体独立生活（图 12-3）。

因此，蕨类植物既是高等的孢子植物，又是低级的维管植物，同时也是颈卵器植物和有胚植物。蕨类植物具有根、茎、叶的分化，内有维管组织。蕨类植物的孢子体和配子体都能独立生活，此特点与苔藓植物及种子植物均不相同。因此，就进化水平而言，蕨类植物是介于苔藓植物和种子植物之间的一个类群。

第三节　蕨类植物生活史

因蕨类植物有孢子同型和孢子异型两类。因此，本节以蕨 [*Pteridium aquilinum*（L.）Kuhn] 和宽叶水韭（*Isoetes japonica* A. Br.）为例分别介绍这两类的生活史。

以蕨为例，孢子同型蕨类植物的生活史见图 12-8。从孢子产生到精卵结合前的阶段，细胞染色体数目是单倍的（n），是配子体世代，或称有性世代。从受精卵萌发开始，到孢子母细胞进行减数分裂前为止，细胞染色体数目是双倍的（$2n$），称为孢子体世代，或称为无性世代。在蕨的一生中这两个世代交替明显，且孢子体世代占优势。

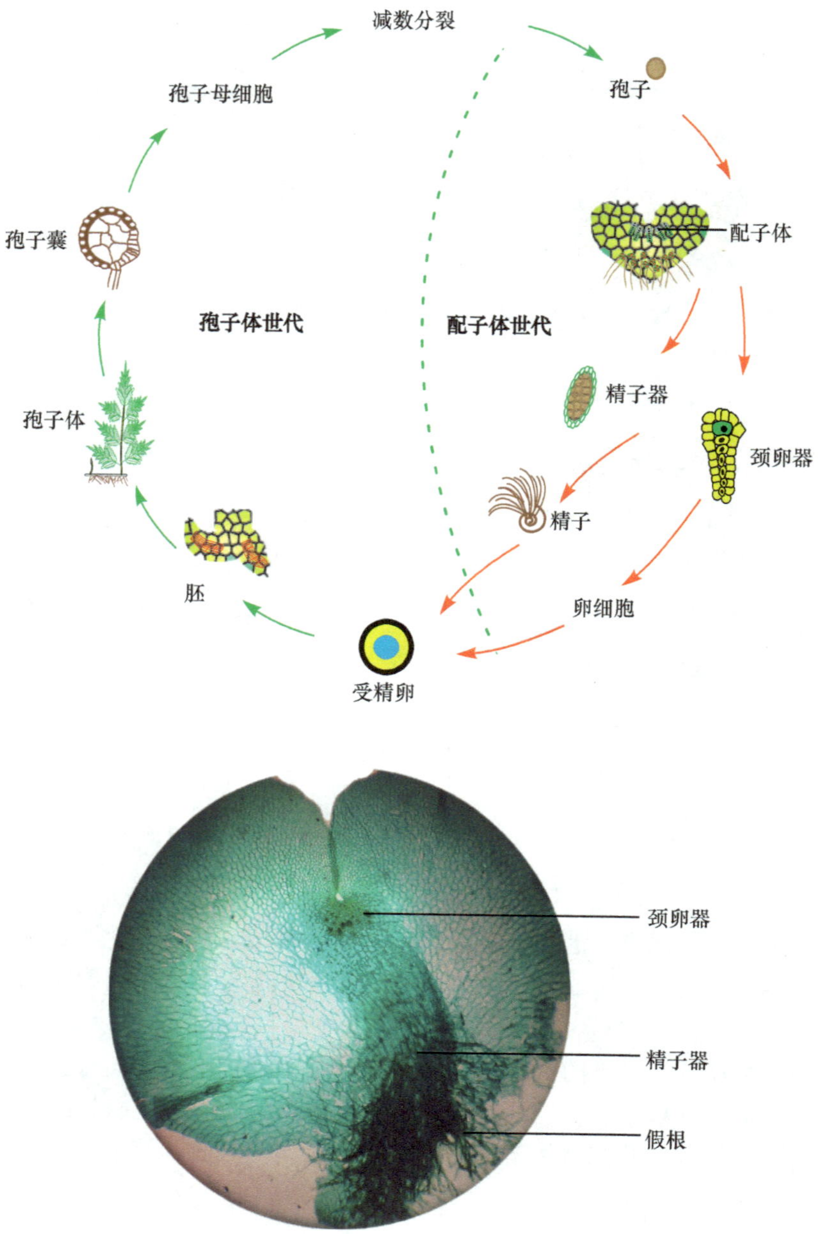

图12-8　蕨的生活史及结构

以水韭属（*Isoetes*）的宽叶水韭为例，孢子异型的蕨类植物的生活史见图 12-9。宽叶水韭的大、小孢子分别产生了雌、雄配子体。雌、雄配子体都极度退化。雄配子体经有丝分裂产生的精子具多条鞭毛。受精后经过胚的阶段发育成新的孢子体。

从以上内容可以看出，蕨类植物具有明显的世代交替，从单倍体的孢子开始，到配子体上产生出精子和卵，这一阶段为单倍体的配子体世代（亦称有性世代），从受精卵开始，到孢子体上产生的孢子囊中孢子母细胞在减数分裂之前，这一阶段为二倍体的孢子体世代（亦称无性世代）。这两个世代有规律地交替完成其生活史。蕨类和苔藓植物生活史最大的

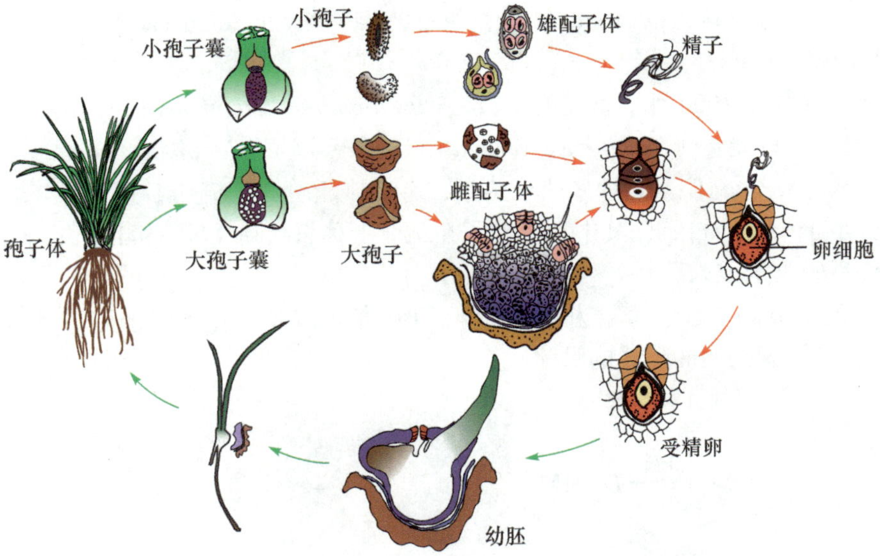

图12-9　宽叶水韭的生活史

不同有两点：一是孢子体和配子体都能独立生活；二是孢子体发达，配子体弱小，所以蕨类植物的生活史是孢子体占优势的异型世代交替。

第四节　蕨类植物的分类和常见的蕨类

蕨类植物的分类有多种分类系统。本书采用中国学者秦仁昌的分类系统，将蕨类植物分为松叶蕨亚门（Psilophytina）、石松亚门（Lycophytina）、水韭亚门（Isoephytina）、楔叶亚门（Sphenophytina）和真蕨亚门（Filicophytina）5个亚门。前四个亚门都是小型叶蕨类植物，为较原始的类型，现存种类较少。真蕨亚门是大型叶亚门，为进化类型，也是现代最为繁盛的蕨类植物。秦仁昌分类系统的蕨类植物的5个亚门的分类检索表如下。

秦仁昌分类系统的蕨类植物5个亚门的分类检索表

1. 仅具假根，2～3个孢子囊形成聚囊 ………… 松叶蕨亚门
1. 具真根，孢子囊单生或聚成孢子囊群。
　2. 具节和节间，叶鳞片状，不能进行光合作用，孢子具弹丝 ………… 楔叶亚门
　2. 不具节和节间，叶绿色，能进行光合作用，孢子不具弹丝。
　　3. 小型叶，幼叶无拳曲现象。
　　3. 大型叶，幼叶有拳曲现象，孢子囊在叶背面或边缘聚成孢子囊群 ………… 真蕨亚门
　　　4. 茎多二叉分枝，叶鳞片状，孢子叶穗顶生，精子2鞭毛 ………… 石松亚门
　　　4. 茎块状，叶长条形，不形成孢子叶穗，精子多鞭毛 ………… 水韭亚门

1. 石松亚门

石松亚门的茎干大多为二叉分歧，叶极小，有叶舌或无，螺旋状排列或交互对生，但茎都只有单一不分枝的维管束。孢子囊生于孢子叶的叶腋，孢子有同型（石松）和异型（卷柏）之分。现存仅石松目（Lycopodiales）和卷柏目（Selagineales）。石松目包括石杉科

(Huperziaceae)、石松科(Lycopodiaceae)和石葱科(Phylloglossaceae)3 科，卷柏目仅卷柏科(Selaginellaceae)。

石松亚门共约有 1000 种。常见的有石松(*Lycopodium japonicum* L.)、卷柏(*Selaginella tamariscina* L.)、灯笼草(*Palhinhaea cernua* L.)、翠云草(*Selaginella uncinata* L.)和蛇足石杉(*Huperzia serrata* L.)等。多产于热带，有些广泛分布于温带，通常生于林下或附生树干，部分生于干旱的石壁，其中石松孢子在工业上称石松粉(lycopodium powder)，为铸造工业的优良脱膜剂或入药。

石松的孢子体为多年生草本植物，茎匍匐或直立。孢子囊单生于孢子叶近轴面基部(图 12-10)。孢子囊按照向顶式的顺序成熟。

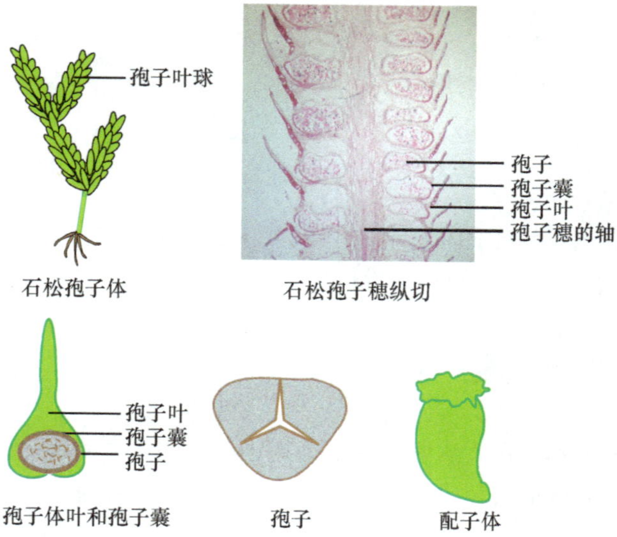

图12-10　石松孢子体

石松的孢子为同型孢子。配子体微小。当配子体成熟时，在配子体上产生有性生殖器官。一侧是精子器，另一侧是颈卵器(图 12-11)。配子体的基部有横桥细胞。横桥细胞是连接皮层和髓部的疏松排列的细长内皮层细胞。

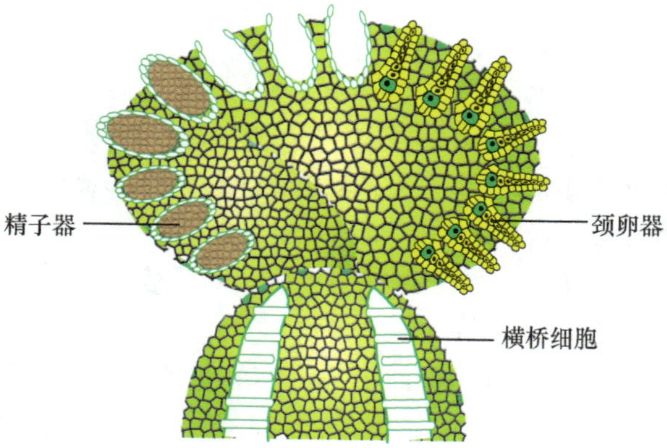

图12-11　石松配子体上部的纵切

卷柏属于卷柏科（Selaginellaceae）卷柏属（*Selaginella*）。孢子体为多年生草本植物。茎直立或匍匐。小型叶。叶的近轴面有叶舌（ligulate）。叶舌是叶上面近叶腋处长出的一个绿色结构。茎上生有根托（rhizophore）。根托是光滑无叶的结构，顶端可以长出许多不定根（图 12-12）。当环境干旱时，卷柏向内拳卷，潮湿时又伸展开，俗称九死还魂草。

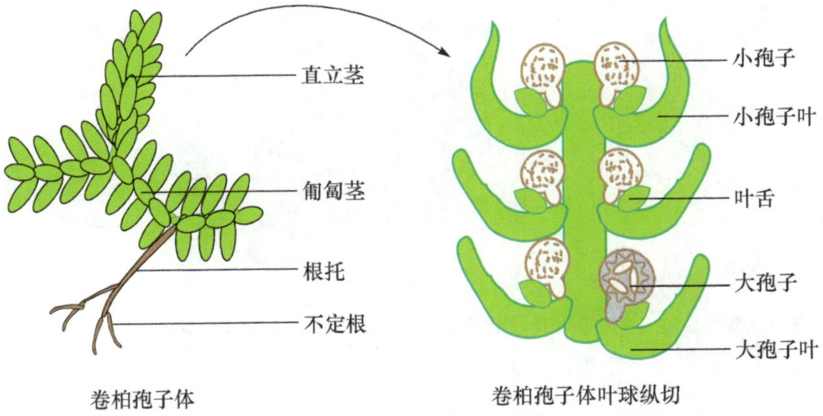

图12-12　卷柏孢子体

卷柏的茎具有二至多个原生中柱，原生中柱以长形的横桥细胞与皮层相连。横桥细胞之间的空腔是大间隙，木质部具有导管（图 12-13）。

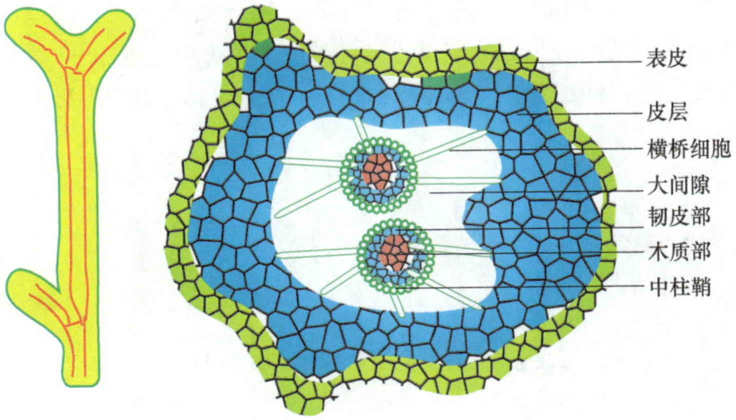

图12-13　卷柏茎及其横切

卷柏有大、小孢子囊之分。产生大孢子囊的孢子叶称大孢子叶（macrosporophyll），产生小孢子囊的孢子叶称小孢子叶（microsporophyll）。大孢子囊具有 1 个大孢子母细胞，经减数分裂产生 4 个大孢子。小孢子囊具有许多小孢子母细胞，经减数分裂产生多个小孢子。卷柏为孢子异型（图 12-14）。

卷柏的配子体发育非常特殊。配子体分别在大、小孢子壁内发育。在小孢子囊还未开裂时，小孢子进行一次不等分裂，产生小的原叶细胞（prolhallial cell）和大的细胞。原叶细胞不再分裂。大的细胞不断分裂，形成精子器。精子器内产生上百个双鞭毛的精子，成熟后，小孢子囊的壁破裂，精子游出（图 12-14）。

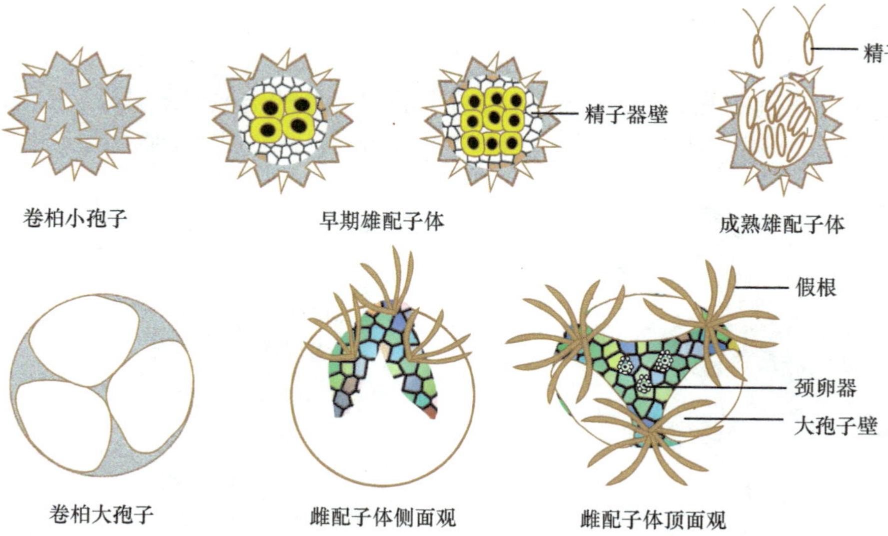

图12-14　卷柏雄配子体和雌配子体的发育

大孢子母细胞在大孢子囊内进行减数分裂变成4个大孢子，大孢子的核进行多次分裂，产生许多游离核，逐步由外向内产生细胞壁，一部分细胞从大孢子壁的开裂处露出变成假根，另一部分细胞变成颈卵器（图12-14）。颈卵器有8个颈细胞、1个颈沟细胞、1个腹沟细胞和1个卵细胞组成。精子游到颈卵器中，形成受精卵，发育成胚。

当颈卵器成熟时，颈沟细胞和腹沟细胞解体，精子借助水游到颈卵器中，与卵细胞形成合子，合子发育成胚。胚发育成幼小的孢子体。幼小的孢子体吸收雌配子体的养料，逐渐分化出根茎叶，伸出雌配子体，最后发育成孢子体（图12-15）。卷柏的生活史见图12-16。

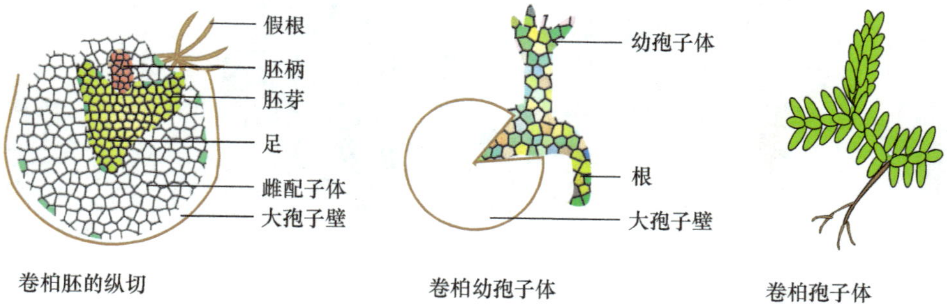

图12-15　卷柏的胚及孢子体

2. 楔叶亚门

楔叶亚门植物的孢子体有根、茎、叶的分化；有不定根；茎有节和节间之分，有时生块状茎，管状中柱到具节中柱，木质部内始式；叶小型，不发达，轮生成鞘状；孢子囊聚集成孢子叶球；孢子叶又称孢囊柄（sporangiophore），孢子同型或异型；配子体具背腹性。

现存仅1目1科1属，即木贼目（Equisetales）木贼科（Equisetaceae）木贼属（*Equisetum*），约30余种。本亚门常见的植物有木贼［*Equisetum hiemale*（L.）Borner］、节节草

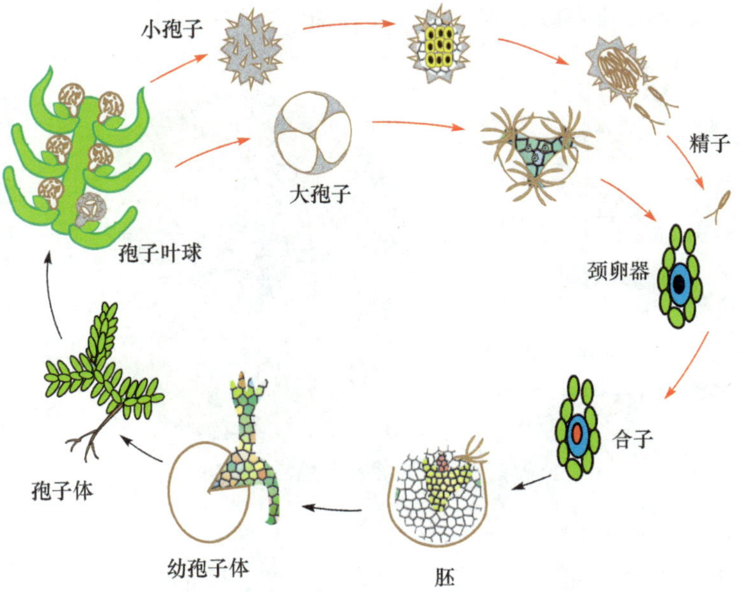

图12-16 卷柏的生活史

(*Equisetum ramosissimum* Desf.) 和问荆 (*Equisetum arvense* L.)(图 12-17) 等。节节草没有营养枝和繁殖枝之分，孢子囊生于小枝的顶端。问荆有营养枝和繁殖枝之分，孢子囊生于繁殖枝的顶端。本亚门的植物多生于田边、溪沟边、路边和林缘等阴湿地方。

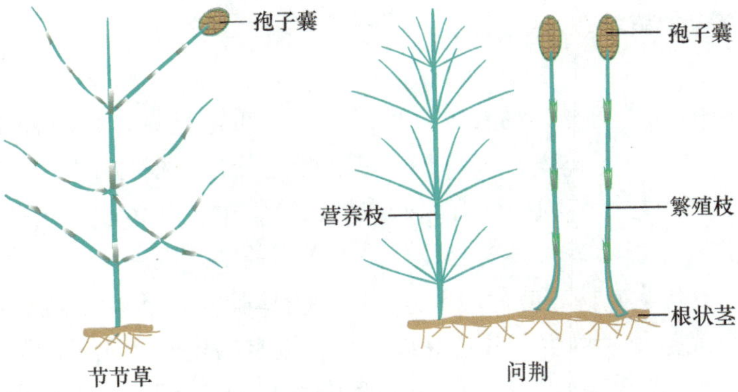

图12-17 节节草和问荆

3. 松叶蕨亚门

松叶蕨亚门植物也叫裸蕨类 (psilophytes)，是原始的陆生植物类群。松叶蕨亚门植物的孢子体有根状茎和气生枝。在根状茎上有毛状假根，气生茎二叉分枝。叶为小型叶，无叶脉或仅有单一叶脉，孢子囊 2～3 枚聚生于枝端或叶腋，孢子同型。配子体雌雄同株。原生中柱。现存仅松叶蕨目 (Psilotales)，包括 2 科——松叶蕨科 (Psilotaceae) 和梅溪蕨科 (Tmesipteridaceae)。其中梅溪蕨科仅 1 种，为梅溪蕨 [*Tmesipteris tannensis* (Spreng.) Bernh.]，仅见于大洋洲。我国有松叶蕨 [*Psilotum nudum* (L.) Grised.]，产于西南、华南及华东地区 (图 12-18)。松叶蕨的根状茎横切从外向内依次为表皮、外皮层、皮层和中柱。

中柱是原生中柱，由木质部和韧皮部组成，没有髓。

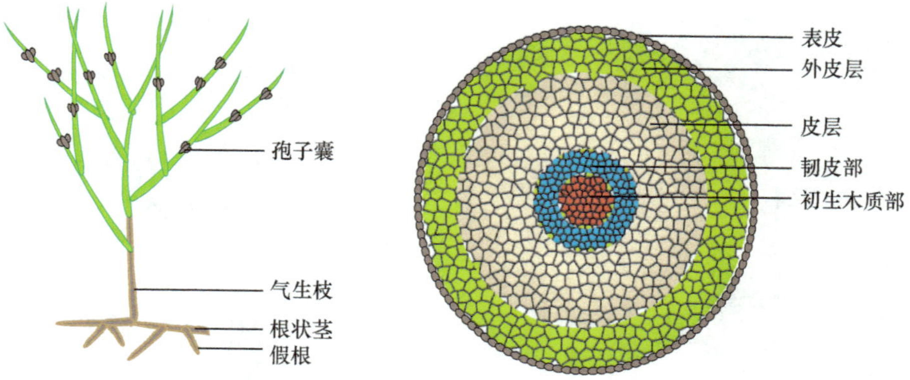

图12-18　松叶蕨及其根状茎横切

4. 水韭亚门

水韭亚门的植物的孢子体为水生草本，有根、茎、叶的分化；具根托，先端生不定根；茎块茎状，原生中柱，有次生生长结构；叶条形丛生，具叶舌；孢子异型；配子体极度简化，有雌、雄配子体之分。仅1目1科1属约60余种，即水韭目（Isoetales）水韭科（Isoetaceae）水韭属（*Isoetes*）。我国仅3种：①中华水韭（*Isoetes sinensis* Palmer）仅产于我国长江下游地区；②宽叶水韭（*Isoetes japonica* A. Br.）产于云南；③台湾水韭（*Isoetes taiwanensis* DeVol）特产于台湾。这3种植物多生于沼泽、沟塘淤泥中，由于人为的环境破坏，已列为国家级保护植物。

5. 真蕨亚门

为现今最繁茂的蕨类植物，约有1万种以上，广布全世界。我国近2000种，广布全国。真蕨亚门的植物的孢子体发达，有根、茎、叶的分化。根为不定根。茎除了树蕨外，均为根状茎，有各式中柱。茎的中柱有原始中柱、管状中柱和多环网状中柱。木质部主要成分为管胞，少数具导管。茎的表皮上具有保护作用的鳞片或毛。叶为大型叶，幼叶拳卷状，长大后平展，分化为叶柄和叶片两部分。叶片为单叶或一至多回羽状分裂或复叶。

孢子囊常聚集成孢子囊群生于叶边缘或背面，也有的生于特化了的孢子叶上，有或无囊群盖。配子体为心脏形的叶状体，长宽一般不超过1cm，绿色，有假根。精子器和颈卵器均生于腹面。精子有多条鞭毛。

常见的有芒萁［*Dicranopteris dichotoma*（Thunb.）Bernh.］、海金沙（*Lygodium japonicum* Sw.）、鹿角蕨（*Platycerium bifurcatum* C. Chr.）、肾蕨［*Nephrolepis cordifolia*（L.）Prest］（图12-19）等。

蕨类植物与人类的关系非常密切。形成煤炭的古代蕨类植物，为人类提供大量能源。蕨、菜蕨、紫萁及莲座蕨目（Marattiales）的大部分种类可以食用。蕨的根状茎富含淀粉（称为蕨粉），不但可食，也可酿酒；蕨的幼叶有特殊的清香美味，但在食用前须先用清水浸泡数日，除去其有毒成分，炒食或干制成蔬菜。很多蕨类体态优美，有观赏价值，如肾蕨、铁线蕨、卷柏、乌巢蕨、鹿角蕨、桫椤、槲蕨等。

图12-19　鹿角蕨和肾蕨

本章部分思维导图

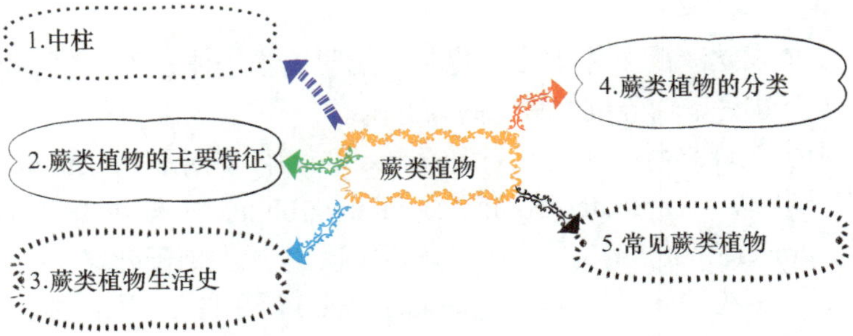

第十三章 裸子植物

裸子植物是介于蕨类植物和被子植物之间的维管植物。它具有颈卵器，靠种子繁殖，但种子裸露，种子的外面没有果皮包被。

第一节 裸子植物的主要特征

裸子植物孢子体发达。配子体十分简化，不能脱离孢子体，不能独立生活。裸子植物均为木本植物，大多数为单轴分枝的常绿高大乔木。

孢子叶多数聚生成球果状，称孢子叶球（strobilus）。小孢子叶（microsporophyll）（雄蕊）聚生成小孢子叶球（staminate strobilus 或 microstrobilus）（雄花），也叫雄球花（male cone）；大孢子叶（macrosporophyll）（心皮）丛生或聚生成大孢子叶球（ovulate strobilus 或 starninate strobilus）（雌花），也叫雌球花（female cone）（图 13-1 和图 13-2）。

图13-1 松属的大孢子叶球和小孢子叶球

松柏纲的大孢子叶聚合成大孢子叶球，螺旋状排列在纵轴上，大孢子叶球有两部分组成，上面较大而顶部肥厚的部分称为珠鳞（ovuliferous scale），下面较小的薄片成为苞鳞（bract scale），一般认为珠鳞是大孢子叶，苞鳞是失去生殖能力的大孢子叶（图 13-3）。

珠心（nucellus）是胚珠中央的薄壁组织。在心皮上作为胚珠原基最先出现的突起是珠心的原组织，不久从突起的外侧基部产生珠被。珠心中产生大孢子母细胞。胚珠（ovule）

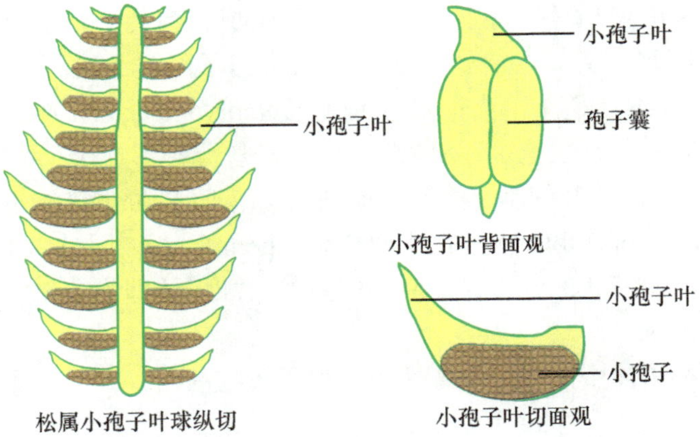

图13-2 松属小孢子叶球的纵切及小孢子叶背面观和切面观

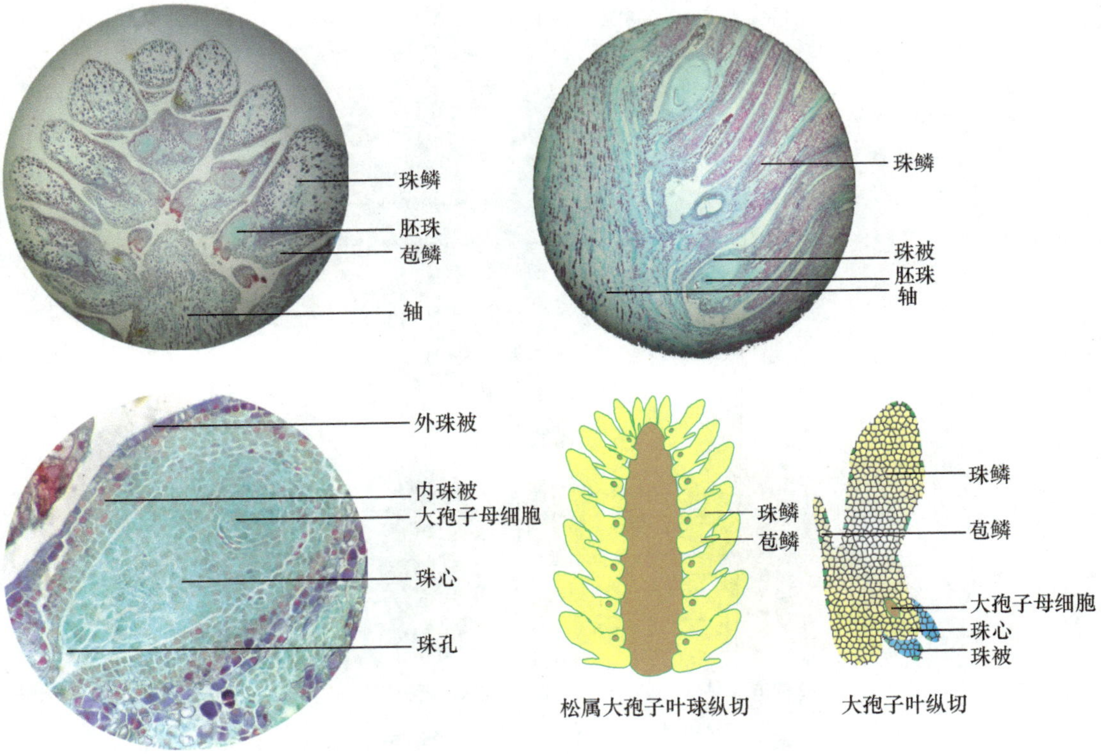

图13-3 松属大孢子叶球和大孢子叶的纵切

由珠柄、珠被和珠心所组成。发育的胚珠最初是一整团珠心组织，由于基部的细胞分裂较快而形成一层或两层包被层——珠被（integument），将其他珠心组织包裹在内并在一端留下一个小孔——珠孔（micropyle）。绝大多数被子植物均有内、外两层珠被，而裸子植物却只有一层。珠被、珠心基部与珠柄汇合的部位称为合点（chalaza），是珠柄维管束进入胚囊的位置。胚珠（ovule）就是种子植物的大孢子囊，为受精后发育成种子的结构。种子内含有胚。被子植物的胚珠包被在子房内，以珠柄着生于子房内壁的胎座上。裸子植物的胚珠裸露地着生在大孢子叶上，也就是说胚珠没有被大孢子叶所形成的心皮（carpel）所包被。

裸子植物成熟的雄配子体一般仅由 4 个细胞组成，包括 2 个退化的原叶细胞、1 个生殖细胞和 1 个管细胞。例如，松属（*Pinus*）的小孢子经过 3 次不等的有丝分裂发育成雄配子体。第一次分裂产生 1 个大的胚性细胞（embryogenic cell）和 1 个小的原叶细胞（prothallial cell）（第一叶原细胞）。胚性细胞再经有丝分裂形成 1 个大的精子器原始细胞（antheridial）和 1 个小的原叶细胞（第二叶原细胞）。精子器原始细胞再进行有丝分裂产生 1 个大的管细胞（tube cell）和 1 个小的生殖细胞（germ cell）。同时，雄配子体的细胞壁也向外突起，形成 2 个翅膀状的气囊，此时，成熟的雄配子体即为花粉粒。在传粉时，气囊帮助花粉粒飘落到胚珠上。

裸子植物的雌配子体由大孢子发育而来。裸子植物的雌、雄配子体均无独立生活的能力，完全生长在孢子体上（图 13-4）。

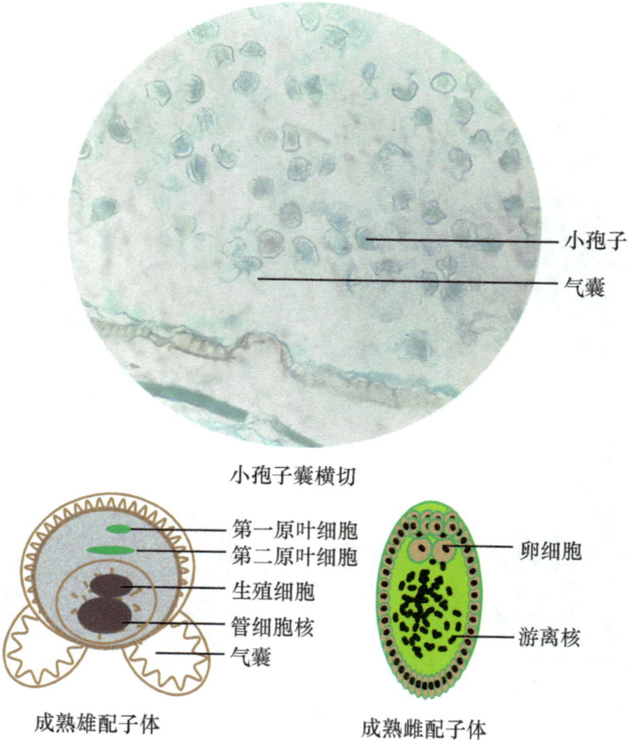

图13-4　松属雄配子体和雌配子体

裸子植物的花粉粒，通常靠风力传播，经珠孔进入胚珠，形成花粉管，将 2 个精子直接送到颈卵器内，完成受精作用。受精卵发育成胚。裸子植物普遍存在多胚现象（polyembryony）。1 个雌配子体上的数个颈卵器的卵细胞同时受精，形成数个胚，这是简单多胚现象（simple polyembryony）；1 个受精卵在发育过程中，胚原组织分裂成数个胚，这是裂生多胚（clearage polyembryony）。但通常只有一胚能够正常发育，成为种子中的有效胚。

在解剖构造上，裸子植物输导组织中的木质部出现管胞，韧皮部出现筛胞。管胞和筛胞的出现加强了水分和营养物质的运输能力。

第二节 裸子植物的生活史

本节以松属（*Pinus*）为例介绍裸子植物的生活史（图 13-5）。

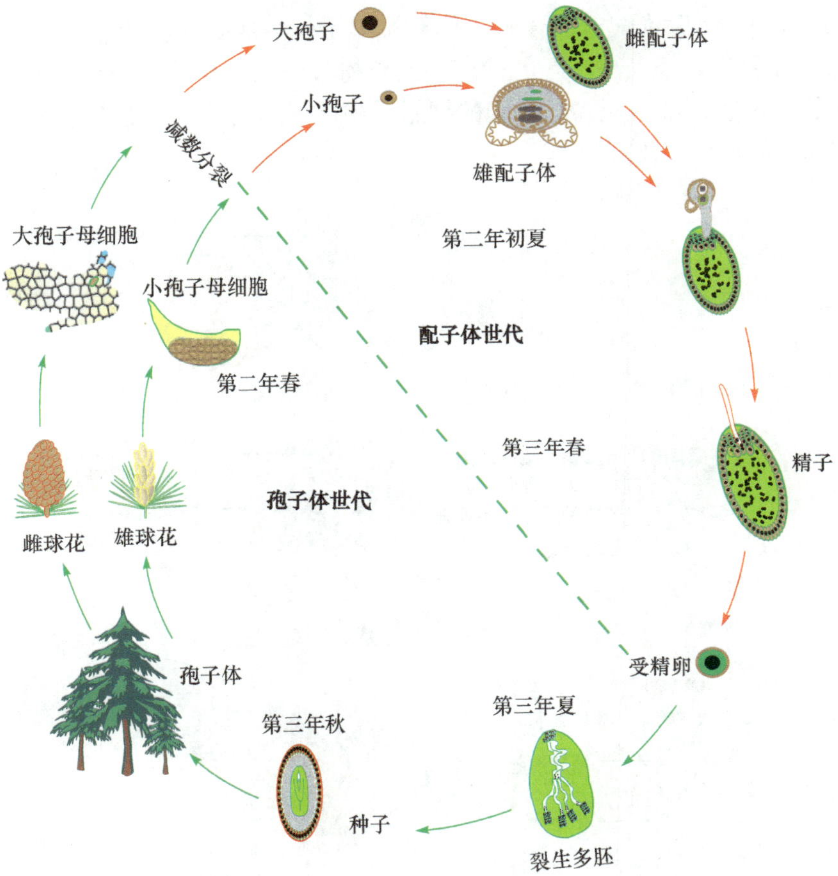

图13-5 松属生活史

每年春天，从新枝基部的叶腋内长出雄球花。雄球花的每个小孢子叶背面有 2 个小孢子囊。小孢子为厚囊性发育（图 13-6）。厚囊性发育是指小孢子囊的壁很厚，有多层细胞，壁的里面是绒毡层细胞（tapetal cell）。

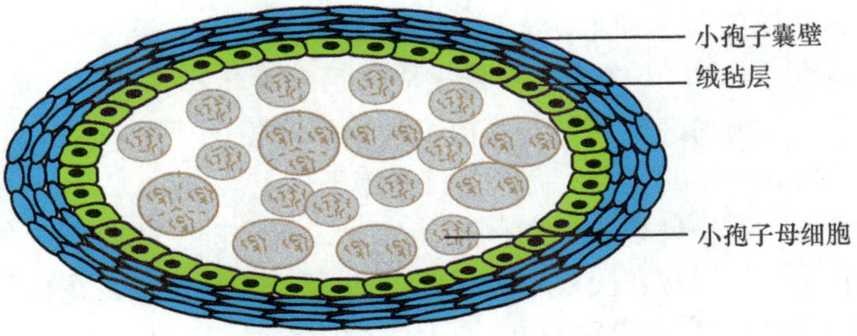

图13-6 松属小孢子囊纵切

小孢子发育成雄配子体的过程如图 13-7 所示。松属成熟的雄配子体一般仅由 4 个细胞组成，包括 2 个退化的原叶细胞、1 个生殖细胞和 1 个管细胞。小孢子囊壁破裂，花粉粒散出。传粉在晚春进行，花粉粒飘到珠孔上，粘到传粉滴（pollination drop）中，并被吸入珠孔。传粉滴是珠孔分泌出的一滴液体，可以粘住花粉。然后，管细胞开始伸长，长出花粉管。雄配子体中的生殖细胞进行一次有丝分裂，形成柄细胞（stalk cell）和精原细胞（spermatogonium）。然后雄配子体休眠，等待雌配子体的成熟。次年春天，花粉管继续伸长，精原细胞分裂为 2 个大小不等的精核。当花粉管碰到颈卵器，花粉管先端破裂，2 个精子精核和管细胞、柄细胞流入卵细胞的细胞质中，大的精核与卵融合成为受精卵，管细胞、柄细胞和小的精核解体。

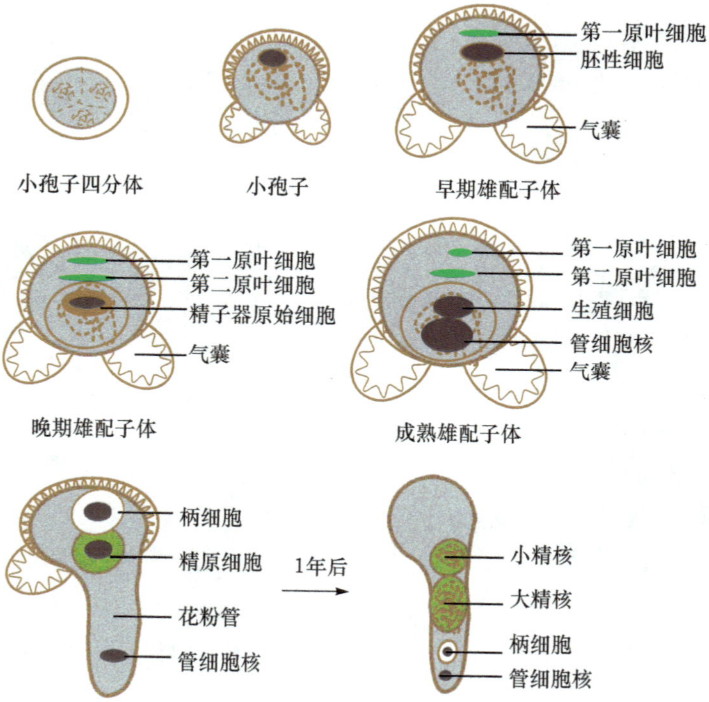

图13-7　松属雄配子体的发育

松属大孢子发育成雌配子体的过程如图 13-8 所示。首先是珠心内的大孢子母细胞减数分裂产生 4 个单倍体细胞的大孢子，然后一个大孢子发育，核进行分裂形成 16～32 个游离核，然后进入休眠。春天来临，游离核继续分裂形成几千个细胞核，逐渐由周围向心形成细胞壁，然后在珠孔端的几个细胞膨大形成颈卵器原始细胞。经过几次有丝分裂，发育成颈卵器。成熟的雌配子体由 2～7 个颈卵器组成。每个颈卵器有 4 个颈细胞，1 个卵细胞和 1 个腹沟细胞组成，无颈沟细胞。与苔藓植物的颈卵器相比，裸子植物的颈卵器结构更简单。雌配子体均无独立生活的能力，完全生长在孢子体上。

从传粉至受精，约需一年以上的时间才能完成，即传粉在第一年的春天，而受精却在第二年的夏天，故受精作用常在授粉后 13 个月才进行。也就是说，花粉落在珠孔上，大约需要经过 13 个月的时间才完成受精的过程（图 13-9）。

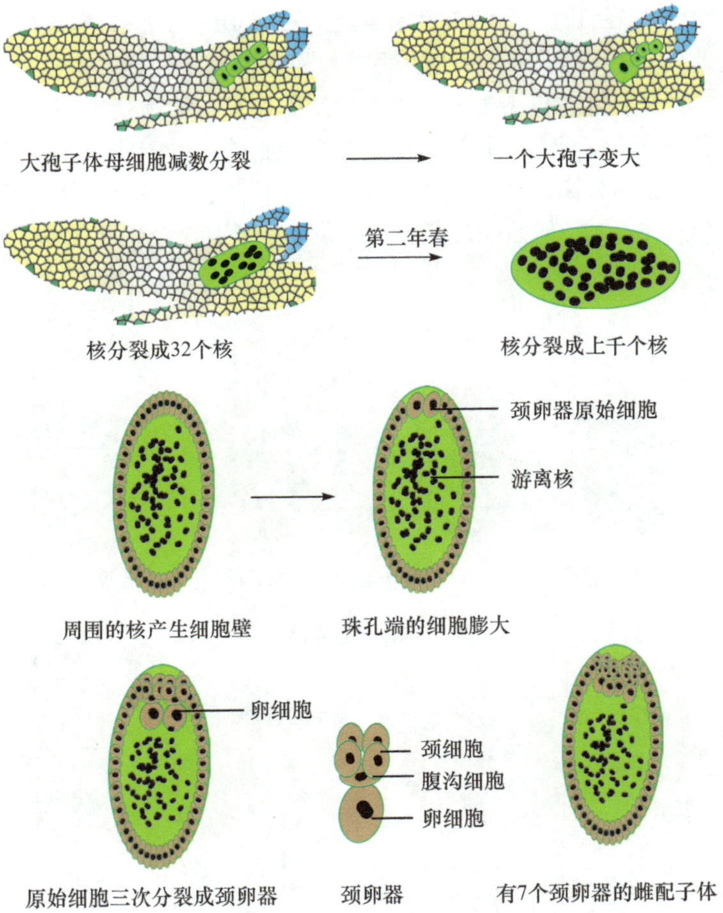

图13-8　松属雌配子体的发育

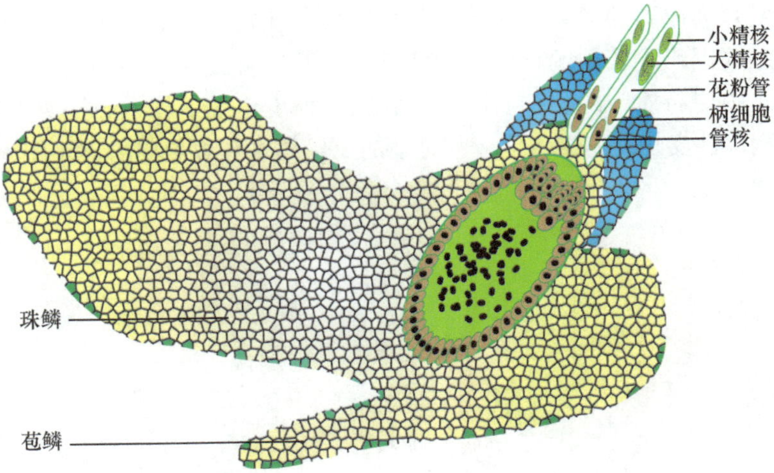

图13-9　松属的受精

松属的胚胎发育过程非常复杂。首先是精卵融合，形成受精卵，受精卵的细胞核开始进行 3 次核分裂形成 8 个游离核。上层的 4 个核不产生细胞壁，称为开放层。下层的 4 个核产生细胞壁，形成4个细胞，称为初生胚细胞层。上层、下层细胞各自分裂，形成4层，分别称为上层、莲座层、胚柄层（初生胚柄层）和胚细胞层（图13-10）。上层细胞不久解体，莲座层经过多次分裂之后也消失。初生胚柄细胞伸长，称为初生胚柄。胚细胞层横向分裂，产生胚柄细胞并伸长变成次生胚柄。初生胚柄细胞伸长并弯曲。次生胚柄纵向裂开，最顶端的胚细胞也彼此纵向分离，胚细胞继续分裂形成胚。这种一个受精卵发育成4个胚的现象就是裂生多胚（图13-10）。但是经过胚胎选择，通常只有1个幼胚发育成种子的成熟胚。

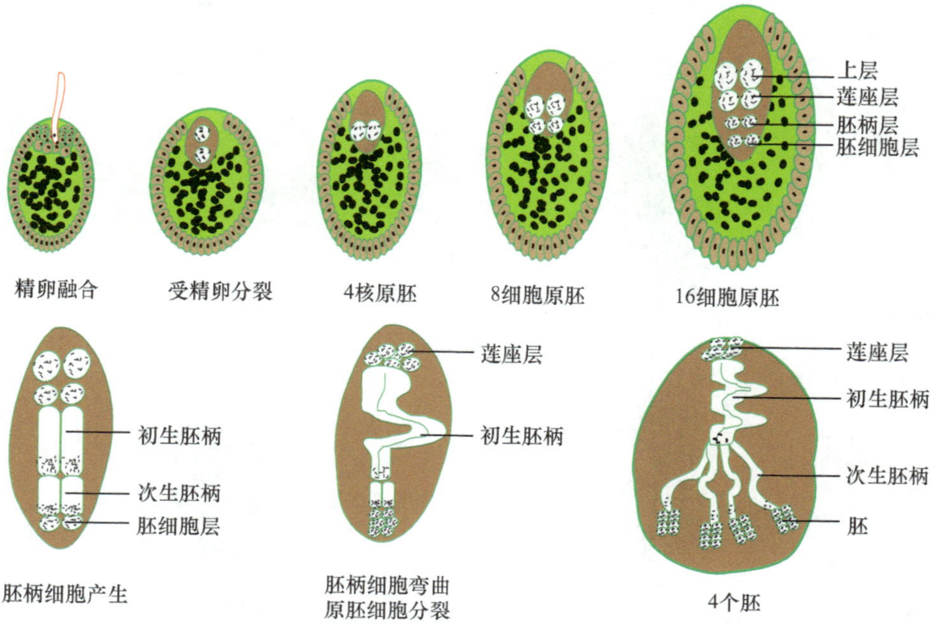

图13-10　松属的胚胎发育

胚进一步发育为成熟的胚。成熟的胚包括胚根、胚轴、胚芽和数个至十余个子叶。随着胚的成熟，胚周围雌配子体的核发育为胚乳。珠被发育成种皮并分化为3层：外层不发达，最后枯萎，中层石质，内层纸质。胚、胚乳和种皮构成了种子。松属成熟的种子含有三种倍性的细胞，种皮是老的二倍体，胚是新的二倍体，胚乳是单倍体（图13-11）。

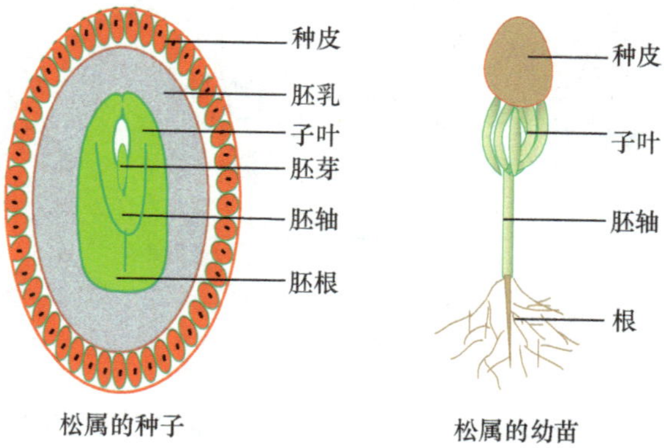

图13-11　松属种子和幼苗

第三节　常见的裸子植物

裸子植物现存约 800 种。可以分为苏铁纲（Cycadopsida）、银杏纲（Ginkgopsida）和松柏纲（Coniferopsida）及买麻藤纲（Gnetopsida）。

一、苏铁纲

苏铁纲是裸子植物中的原始类群。茎干常不分枝，顶端簇生羽状裂叶；精子有纤毛。有苏铁科（Cycadaceae）、波温苏铁科（Boweniaceae）、托叶铁科（Stangeriaceae）和泽米铁科（Zamiaceae）等科 100 余种。

苏铁科有苏铁属（*Cycas*）1 属。最常见的苏铁属植物为苏铁（*Cycas revolute* Thunb.）。苏铁是常绿木本植物，茎干柱状。羽状复叶，集生于树干顶部。幼叶拳卷，雌雄异株。雌、雄球花生于茎顶。雌球花的羽毛状心皮着生胚珠，雄球花的鳞片状雄蕊着生大量花粉囊。游动精子有多根纤毛（图 13-12）。

苏铁雄株　　苏铁雌株

图13-12　苏铁

苏铁的小孢子叶螺旋状排列成小孢子叶球。小孢子囊聚集成群，每个小孢子囊的壁很厚，成熟时裂开，成熟的花粉粒散出（图 13-13）。

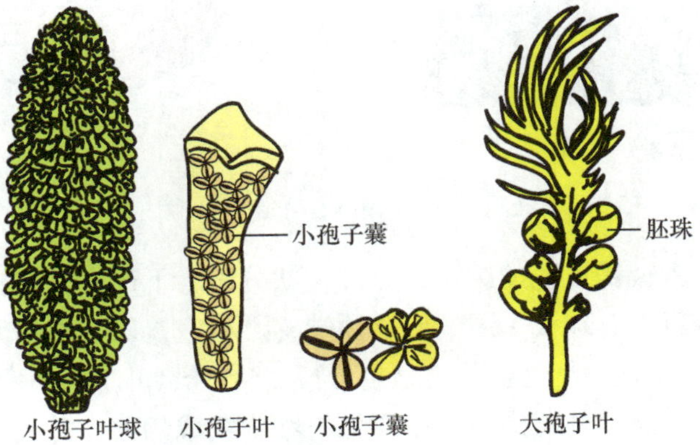

图13-13　苏铁的小孢子叶球、小孢子叶、小孢子囊和大孢子叶

苏铁成熟的花粉粒有三个细胞，1 个原叶细胞（prothallial cell），1 个花粉管细胞（pollen tube cell）和 1 个生殖细胞（generative cell）。随后生殖细胞分裂一次成为大的体细胞（somatic cell）和小的柄细胞（stalk cell）。体细胞继续分裂一次形成 2 个精子（图 13-15）。成熟的精子陀螺形，多鞭毛，长达 0.3mm，是生物界最大的精子。花粉管细胞也称为吸器细胞（haustorium cell），因其主要的功能是吸取养料。当 2 个精子进入颈卵器后，1 个精子和卵细胞结合，形成合子。另一个精子退化（图 13-14 和图 13-15）。

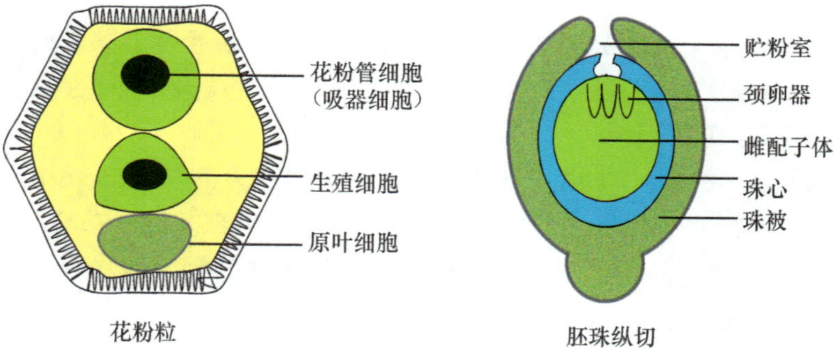

图13-14　苏铁的花粉粒和胚珠纵切

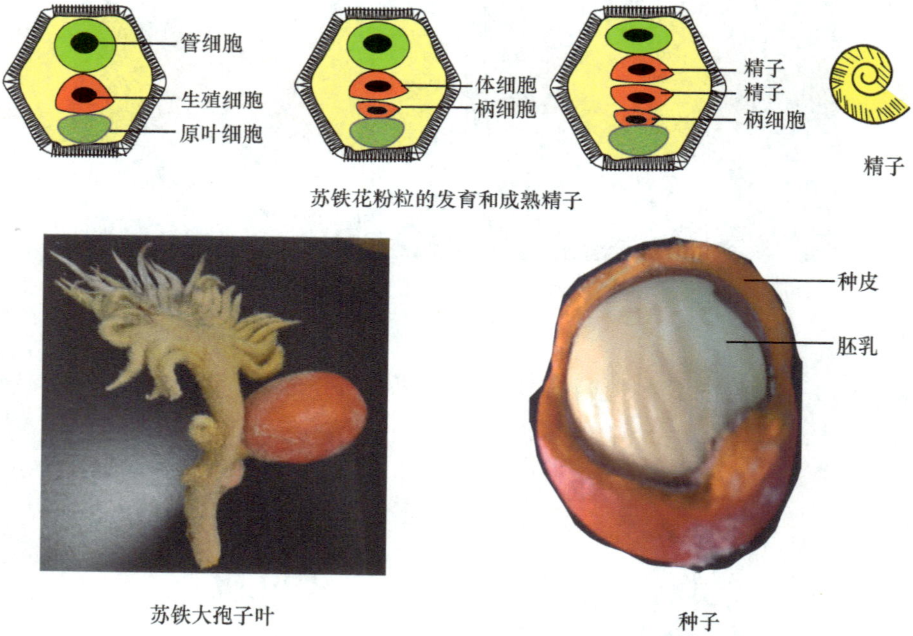

图13-15　苏铁花粉粒的发育和成熟的精子、大孢子叶和种子

苏铁的大孢子叶密被褐黄色的绒毛，上部羽状分裂，下部有长的柄，柄的两侧生有胚珠（图 13-13）。胚珠直生，珠被 1 层。珠心顶端有贮粉室，珠心中的大孢子母细胞经减数分裂形成单倍体的大孢子。大孢子继续分裂形成 2～5 个颈卵器（图 13-14）。成熟的种子橘红色，珠被分化为三层：外层肉质，中层为石细胞组成的硬壳，内层为纸质。胚具 2 枚子叶。

二、银杏纲

银杏纲现存只有银杏（*Ginkgo biloba* L.）一种植物。银杏是高大落叶乔木。有长枝、短枝之分。叶扇形，先端二裂或波状缺刻，具分叉的脉序。叶在长枝上螺旋状散生；在短枝上簇生。球花单性，雌雄异株。精子具有多纤毛。种子核果状，胚乳丰富（图 13-16）。

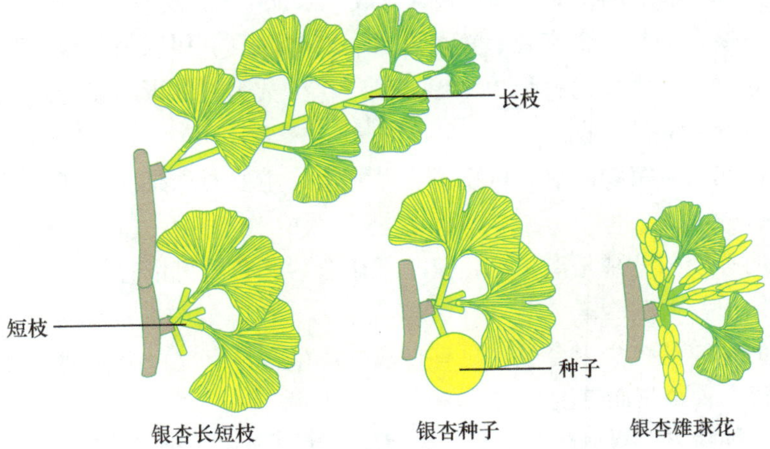

图13-16　银杏的长短枝、种子和雄球花

银杏的雌球花结构简单，有 2 个珠领。银杏的大孢子叶变态为珠领。上面各生有 1 个直生胚珠，但通常只有 1 个成熟。胚珠有珠被 1 层。珠心顶端有贮粉室，珠心中的大孢子母细胞经减数分裂形成单倍体的大孢子。种子成熟时种皮有 3 层，外种皮肉质、很厚，中种皮白色、骨质，内种皮红色纸质。胚乳肉质（图 13-17）。

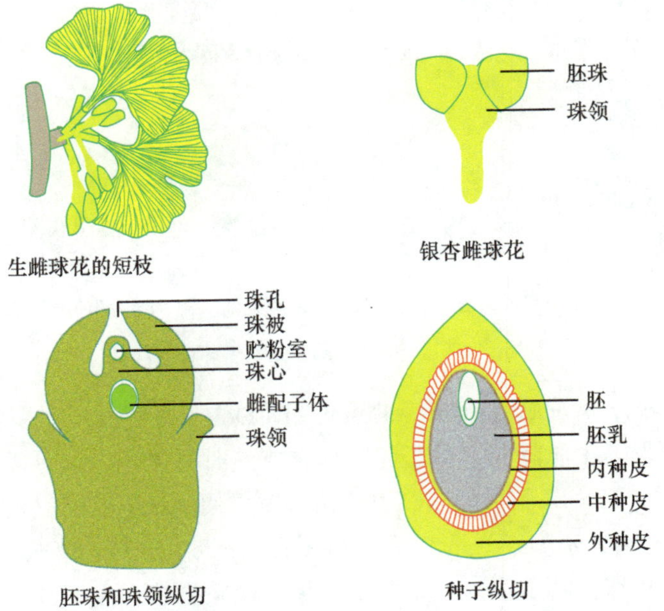

图13-17　银杏生雌球花的短枝、雌球花及胚珠、珠领和种子的纵切

银杏生长快，树形美观，木材优良，多用于园林绿化与建筑材料。去掉外种皮的种子，俗称白果，可入药；叶片中富含黄酮类化合物，可用于防治冠心病。

三、松柏纲

松柏纲是现代裸子植物中种类最多、分布最广。大约有 500 多种，分别隶属于松科（Pinaceae）、杉科（Taxodiaceae）、柏科（Cupressaceae）、罗汉松科（Podocarpaceae）等。本纲植株木本，茎多分枝，常有长、短枝之分。茎叶内具有树脂道。次生木质部发达，由管胞组成，无导管。叶大多为针形、鳞形、刺形，少数为披针形，条形或锥形。雌、雄球花同株或异株。精子没有鞭毛。

松科、杉科和柏科植物的重要区别不在叶片上，主要看球果。当胚珠成熟后，珠鳞就发育成种鳞。

松科球果的种鳞与苞鳞是离生的，仅基部微合生。苞鳞可以轻轻拉起来。每个种鳞腹面只着生 2 粒种子。

杉科球果的种鳞与苞鳞半合生，只有顶端处离生，也有完全合生的。有时种鳞小，有时苞鳞退化。每个种鳞腹面着生 2～9 粒种子。

柏科球果的种鳞与苞鳞完全合生，种鳞腹面着生一至多粒种子（图 13-18）。

图13-18　松科、杉科、柏科的种鳞和苞鳞的区别

罗汉松［*Podocarpus macrophyllus*（Thunb.）D. Don］是罗汉松科罗汉属（*Podocarpus*）植物。叶条状披针形，中脉隆起。种子卵圆形，成熟时呈紫色，似一秃顶的头，下面有肉质种托（大孢子叶的变态），膨大呈紫红色，仿佛罗汉袈裟，故名罗汉松（图 13-19）。

红豆杉（*Taxus chinensis* L.）是红豆杉科（Taxaceae）红豆杉（*Taxus*）植物，常绿乔木，多分枝，雌雄异株，叶条形，成熟种子核果状或坚果状，生于红色肉质的杯状假种皮中（图 13-20）。假种皮（aril）是指某些种子外覆盖的一层特殊结构。常由珠柄、珠托或胎

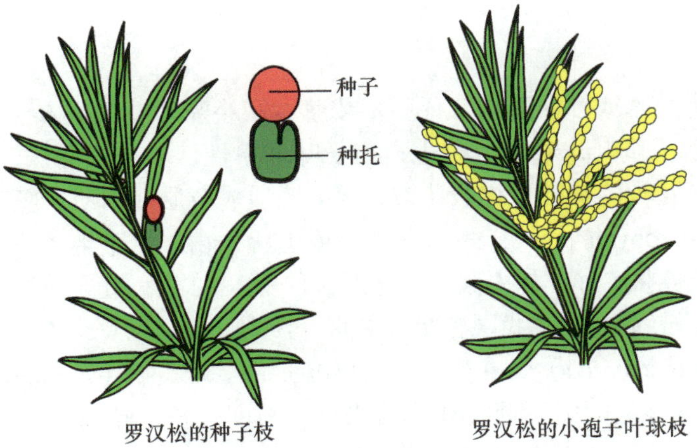

图13-19 罗汉松的枝条及种子

座发育而成，多为肉质，色彩鲜艳，能吸引动物取食，以便于传播。红豆杉的假种皮是由珠被外侧的假种皮原基发育而来的。

图13-20 红豆杉的枝条、小孢子叶球和小孢子囊及大孢子叶球和种子的纵切

红豆杉枝叶和树皮所含紫杉醇具有很强的抗癌活性，也可以治疗糖尿病。红豆杉也是我国特有的第三纪（Tertiary Period）的孑遗植物（relict plant）。孑遗植物，也称作活化石植物，是指起源久远的那些植物。在新生代第三纪或更早有广泛的分布，而大部分已经因为地质、气候的变化而灭绝，只存在很小的范围内，这些植物的形状和在化石中发现的植物基本相同，保留了其远古祖先的原始形状。

四、买麻藤纲

本纲植物多为灌木或木质藤本，稀乔木或草本状小灌木。次生木质部常具导管，无树脂道；单叶鳞片状或阔叶，对生或轮生；孢子叶球单性，异株或同株，或有两性的痕迹，孢子叶球有类似于花被的盖被也称假花被，盖被膜质、革质或肉质；胚珠 1 枚，珠被 1～2 层，具珠孔管（micropylar tube）；颈卵器消失或退化，精子无鞭毛；成熟大孢子叶球球果状、浆果状或细长穗状。种子外由假种皮包围，种皮 1～2 层，胚乳丰富，形似果实。

买麻藤纲有 3 科约 80 种。我国有 2 科 2 属，19 种。

草麻黄（*Ephedra sinica*）属麻黄科（Ephedraceae）麻黄属（*Ephedra*），雌雄异株，亚灌木，呈草本状，小枝丛生，具明显的节和节间，节间较长，叶鳞片状、膜质、基部鞘状。每一个雄球花中央具有一个合生的花丝柄，柄端生有 2～8 个小孢子囊（图 13-21）。

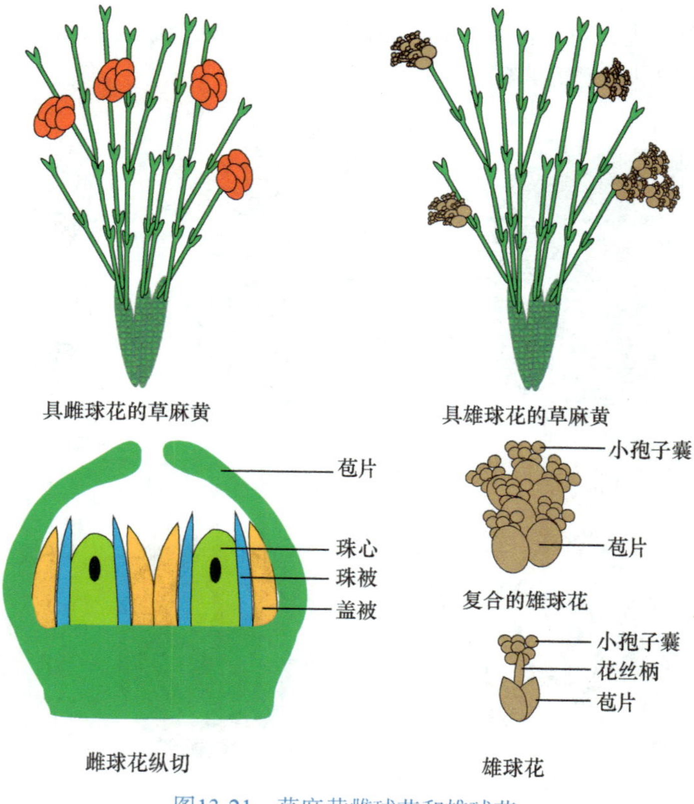

图13-21　草麻黄雌球花和雄球花

雌球花具有 2～8 个苞片，仅顶端的 1～3 片苞片内着生胚珠，每个苞片内着生 1～3 个胚珠。每个胚珠有 1 层厚的囊状盖被包围。盖被是围绕在胚珠外面的细胞。胚珠具有 1 层膜质珠被，珠被上部延长成珠孔管，内有液体。珠心顶端有贮粉室。成熟的雌配子体内有 2 个颈卵器，颈卵器的颈部具有 32 个或更多细胞构成的颈部（图 13-22）。种子成熟时，盖被发育成革质的假种皮，苞片肉质，包在种子外面，呈浆果状，俗称“麻黄果”。茎与根入药，可以发汗，平喘。麻黄果是提取麻黄碱的主要原料。

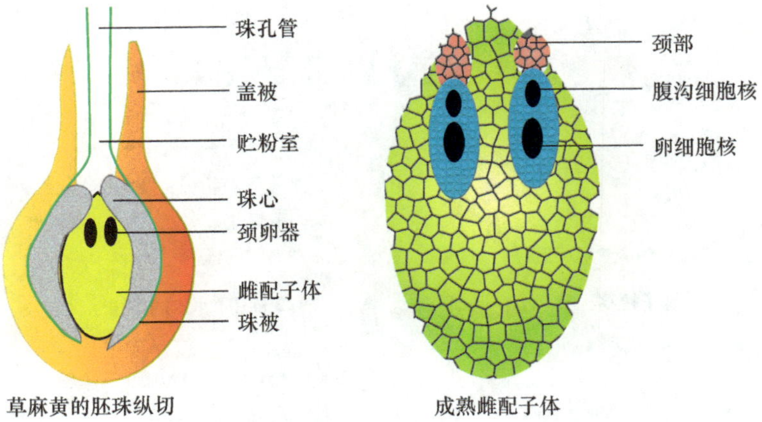

图13-22 草麻黄的胚珠和成熟的雌配子体

买麻藤（*Gnetum montanum*）为买麻藤科（Gnetaceae）买麻藤属（*Gnetum*），雌雄异株。常绿木质藤本。茎节膨大呈关节状。叶革质。雄球花成穗状。每个小孢子叶具有1～2个小孢子囊。雌球花有两层盖被。外盖被很厚，由两个盖被片组成。内盖被（相当于被子植物的外珠被）膜质。珠被延伸成珠孔管。种子核果状，包于肉质假种皮中（图13-23）。茎皮含韧皮纤维，可织麻袋，渔网。种子可炒食和榨油或酿酒。

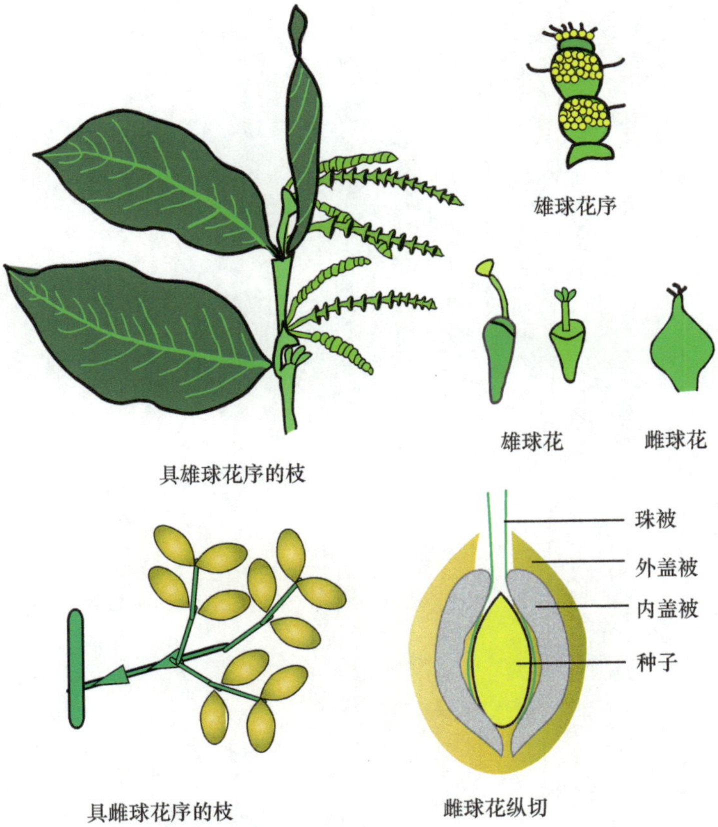

图13-23 买麻藤

本章部分思维导图

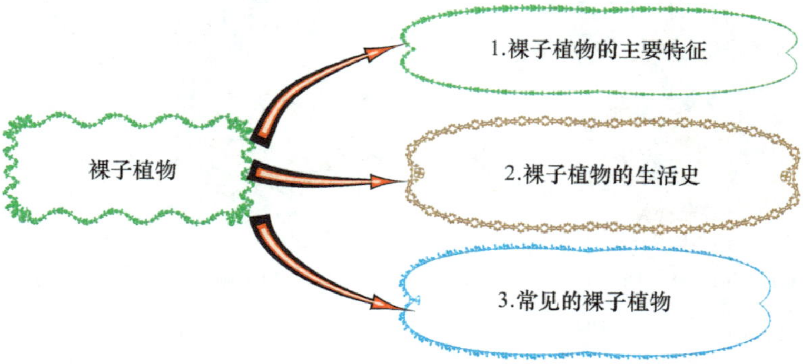

第十四章 被子植物

被子植物又称有花植物，是植物界最高级的一类。它们靠种子繁殖，种子外有果实包被，是维管植物。现知被子植物共1万多属，全世界有20万～25万种，超过植物界总种数的一半。中国有2700多属，约3万种。

第一节 被子植物的主要特征

被子植物具有真正的花。花一般由花萼、花冠、雄蕊群、雌蕊群4部分组成。

被子植物具有雌蕊，雌蕊由心皮所组成，包括子房、花柱和柱头3部分。胚珠藏在子房内，避免了昆虫的咬噬和水分的丧失。子房受精后成果实，胚珠发育成种子（图14-1）。

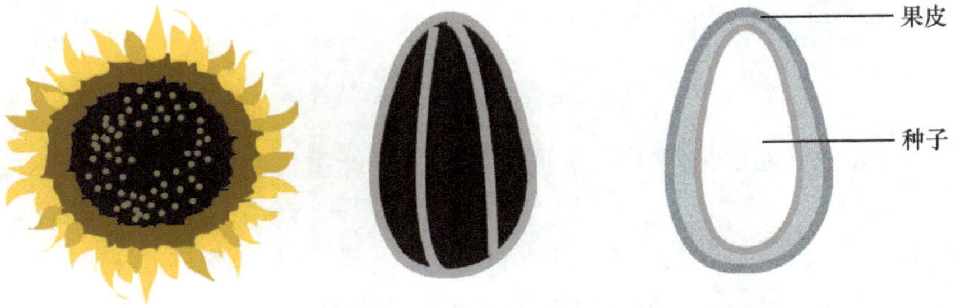

图14-1 向日葵花和种子

被子植物具双受精现象。双受精现象是指2个精细胞进入胚囊以后，1个与卵细胞结合形成二倍体合子，另1个与2个极核结合，形成三倍体的胚乳。

被子植物的孢子体高度发达，可以适应于多种生境（如有水生、砂生、石生和盐碱地生的植物）及以多种营养方式生存（如除自养植物外，还有腐生、寄生的植物）。

被子植物的配子体进一步退化。多数植物成熟的雄配子体仅具2个细胞，1个为营养细胞，1个为生殖细胞。少数植物在传粉前生殖细胞又分裂1次，产生2个精子，所以它们的雄配子体为三核花粉粒，如石竹亚纲的植物及油菜、玉米、大麦、小麦等（图14-2）。

被子植物的大孢子发育为成熟的雌配子体称为胚囊（embryo sac），通常胚囊只有7个细胞和8个核，即3个反足细胞、2个极核、2个助细胞、1个卵细胞（图14-3）。

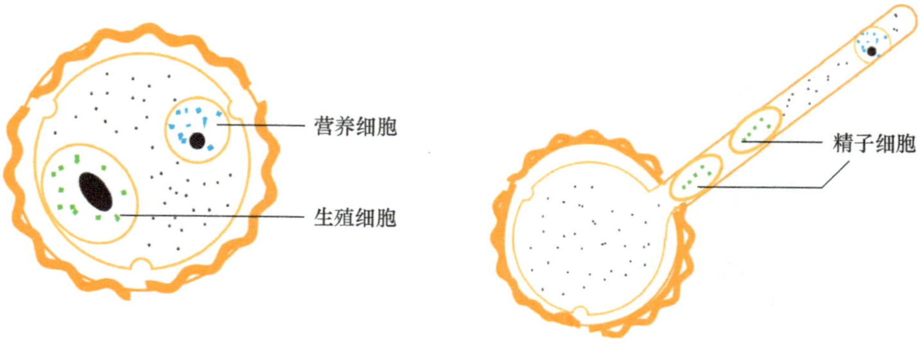

图14-2　花粉粒

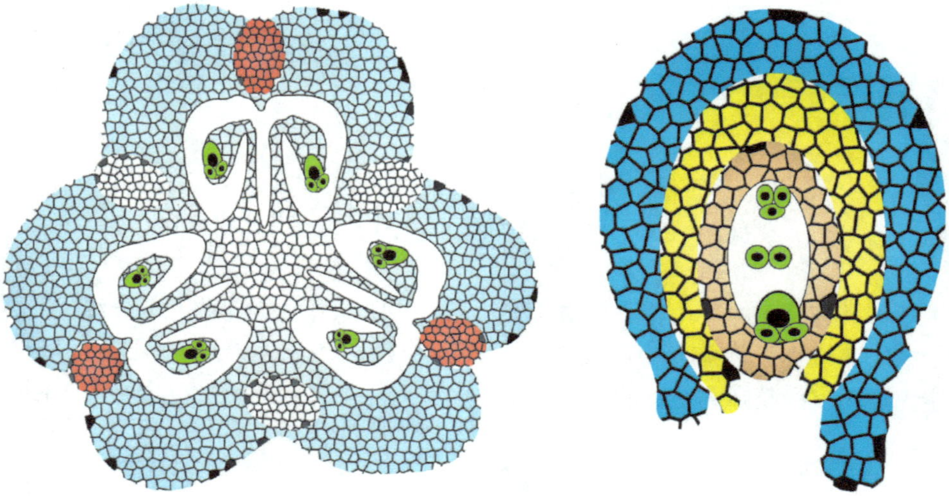

图14-3　百合子房横切及成熟胚囊

被子植物的雌、雄配子体均无独立生活能力，只能生长在孢子体上，结构上比裸子植物更简化。

在解剖构造上，被子植物输导组织中的木质部出现导管，韧皮部出现筛管、伴胞。导管、筛管、伴胞的出现加强了水分和营养物质的运输能力。

第二节　被子植物的生活史

被子植物的生活史见图 14-4。被子植物在双受精之后，子房发育成果实，包被着种子。

被子植物繁殖器官和生殖过程的特点有：具有真正的花、胚珠包藏在子房内、具有独特的双受精现象。被子植物成熟的种子含有三种倍性的细胞，种皮是老的二倍体，胚是新的二倍体，胚乳是三倍体。这些特征使被子植物能适应和抵御各种不良环境，使被子植物在生存竞争、自然选择的过程中不断产生新的变异和新的物种，从而使被子植物在现今地球的植物界中占绝对优势。

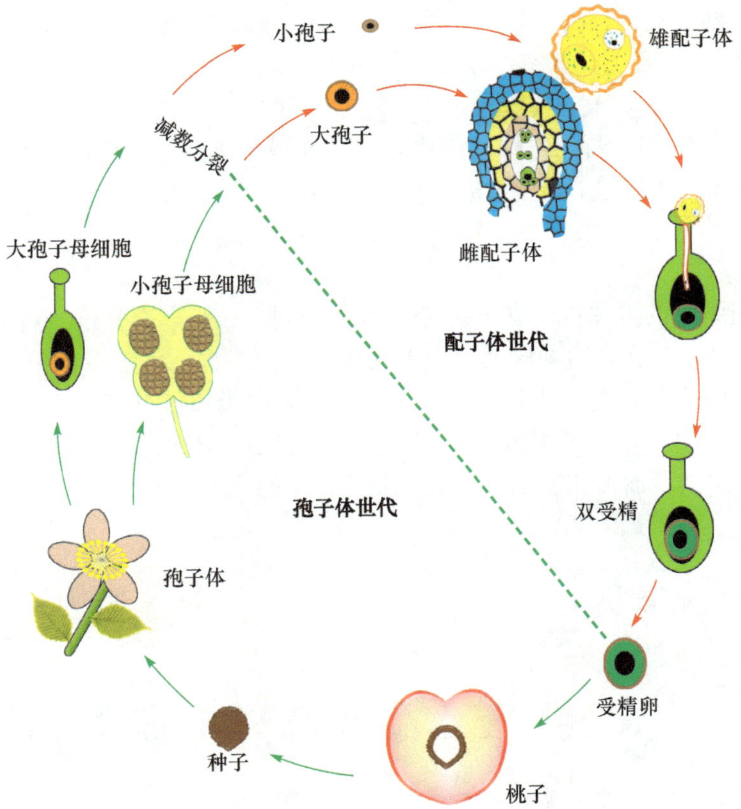

图14-4 桃的生活史

第三节 花程式、花图式和检索表

一、花程式

花程式是用简单的符号来表示花的各部分特征，即花各部分的组成、数目、子房的位置和构成。

K代表花萼（calyx），C代表花冠（corolla），A代表雄蕊（androecium），G代表雌蕊（gynoecium），如果花萼、花冠不能区分，用P代表花被（perianth）。右下角的数字表示各轮的数目；如果数目多于花被2倍，用∞表示。( )表示这部分联合。G下一横线，表示子房上位；G上一横线，表示子房下位；G上、下各一横线，表示子房半下位。G右下角写有3个数字，用“：”连接，依次表示心皮数目、子房室数，每室胚珠数目；辐射对称用“*”表示，两侧对称用“↑”表示，雄花用“♂”表示，雌花用“♀”表示，两性花用“⚥”表示，雌雄同株用“(♂♀)”表示，雌雄异株用“♂/♀”表示。

例如，木兰的花程式为：⚥ $*P_{6\text{-}15}A_{\infty}\underline{G}_{\infty:\infty:1-\infty}$

表示木兰为两性花，辐射对称；花被6～15，离生；雄蕊多数，离生；子房上位，心皮多数，离生，子房室多数，每室胚珠多数。

苹果的花程式为：⚥ $*K_5C_5A_{\infty}\overline{G}_{(5:5:2)}$

表示苹果为两性花，辐射对称；花萼 5，离生；花瓣 5，离生；雄蕊多数，离生；子房下位，5 个心皮组成，合生，五室，每室 2 个胚珠。

大豆的花程式为：⚥$\uparrow K_{(5)}C_5A_{(9)+1}\underline{G}_{1:1:\infty}$

表示大豆为两性花，两侧对称；花萼合生，五裂；花瓣 5，离生；雄蕊 10 枚，9 枚合生，一枚分离；子房上位，1 心皮组成，1 个子房室，胚珠多数。

二、花图式

花图式是用图解的方式说明花各部分数目、排列方式、离合情况，排列情况和胎座类型。其本质是花各部分在垂直花轴的平面上的投影。

花轴用小圆圈表示；苞片用新月符号表示；花萼用带横线的新月符号表示；花冠用空白新月符号表示；10 枚以下的雄蕊用花药的横断面表示，10 枚以上的雄蕊用花丝的横断面表示；雌蕊用子房横断面形状表示。豌豆花和百合花的花图式见图 14-5。

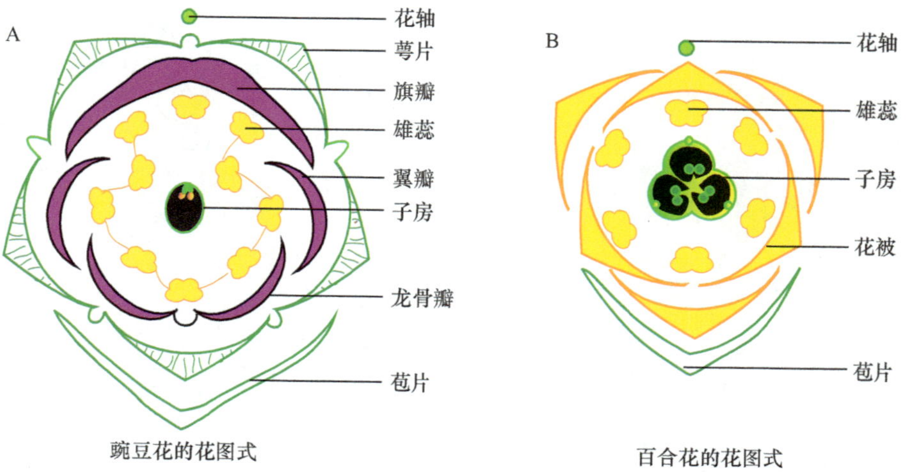

图14-5　豌豆花（A）和百合花（B）的花图式

三、检索表

植物检索表是植物分类学中识别鉴定植物的工具。检索表有定距检索表和平行检索表两种。

（1）定距检索表是最常采用的一种，它是将相对立的特征编为同样号码，并列在书页左边同样距离处，每组形状逐级向右退一格。

高等植物定距检索表

1. 有根、茎、叶分化，无真正根 …………………………………………… 苔藓植物门
1. 有根、茎、叶分化，有真正根
　2. 不产生种子，孢子繁殖 …………………………………………… 蕨类植物门
　2. 产生种子，种子繁殖
　　3. 种子或胚珠裸露 …………………………………………… 裸子植物门
　　3. 种子或胚珠包被在果皮或子房中 …………………………… 被子植物门

（2）平行检索表是相对性状的数字平头写，每一对相对特征的描述并列在相邻的两行，在每一行后面或为一植物名称，或为一数字。

高等植物平行检索表

1. 植物无花，无种子，以孢子繁殖 ………… 2
1. 植物无花，以种子繁殖 ………… 3
2. 小型绿色植物，仅有茎、叶之分；不具真正的根和维管束 ………… 苔藓植物门
2. 通常为中型或大型草本，有根、茎、叶分化，有维管束 ………… 蕨类植物门
3. 胚珠裸露 ………… 裸子植物门
3. 胚珠包于子房或果皮内 ………… 被子植物门

第四节　被子植物的分类系统

把20多万种植物归类到一定的纲、目、科、属、种等阶层系统，是非常复杂的。形态学特征是被子植物分类的主要标准，花果的形态学特征显得最重要，根、茎、叶及其附属物（如毛被、鳞片等）也常作为分类标准。

一、植物的分类单位

植物的分类单位也就是植物的分类等级。由植物彼此间的形态的相似程度、亲缘关系远近来确定植物类群的等级高低。植物的分类等级有界（kingdom）、门（division）、纲（class）、目（order）、科（family）、属（genus）、种（species）等。门的拉丁词尾是-phyta、纲的拉丁名词尾是-opsida、目的拉丁名词尾是-ales、科的拉丁名词尾是-aceae。

物种（species），简称“种”，是生物分类学上的基本单位，是具有相同的形态学、生理学特征和一定自然分布的生物群，种内个体间能自然交配产生正常能育的后代，种间存在生殖隔离。

二、植物命名法

1867年，国际植物学会上正式通过了《国际植物命名法规》（*International Code of Botanical Nomenclature*）。《国际植物命名法规》要求给一种植物命名必须明确它的分类位置；植物的命名基于其发表的优先权；植物名称的应用由命名模式标本决定；每一种植物只有一个合法的和正确的名称；必须采用双名法命名。

双名法要求1个种的学名必须用2个拉丁词或拉丁化形式的词组成。第一个词是属名，是名词，代表该植物所从属的分类单位，属名的第一个字母必须大写；第二个词为种加词（specific epithet），或种区别词、种名形容词，通常是一个反映该植物特征的拉丁文形容词，种加词一律小写；命名法规还要求在双名之后还应附加命名人的姓名，命名人缩写的第一个字母必须大写。属名＋种加词＋命名人缩写即为双名法命名，如银杏 *Ginkgo biloba* L.。

如果是亚种、变种或变型，命名时要在其种名后加上亚种（subspecies）、变种（variety）或变型（form）的全称或缩写（subsp.）、（var.）或（f.），然后加上亚种、变种或变型加词，最后撰写命名人的姓氏或缩写，如籼稻是稻的一个亚种，其学名为：*Oryza sativa* subsp. *indica*。

植物被命名后经后人研究认为需要改变其分类位置或等级时，就必须进行重新组合，更正后需要原命名人用括号保留在学名中，如“射干”的学名“*Belamcanda chinensis*（L.）DC.”是林奈 1753 年最先发表，归于 *Ixia* 属，命名为 *Ixia chinensis* L.，但 1807 年 De candolle 研究后认为应该归于 *Belamcanda* 属，因此更名为 *Belamcanda chinensis*（L.）DC.。

每一种植物只能有一个合法学名，如果出现异名则写于合法学名之后的括号内或在其合法学名之后加 Syn.，如 *Belamcanda chinensis*（L.）DC.（*Ixia chinensis* L.）或 *Belamcanda chinensis*（L.）DC. Syn. *Ixia chinensis* L.。Syn. 是 synonym（同物异名）的缩写。

有些植物学名如藏麻黄 *Ephedra saxatilis* Royle ex Florin，在命名人后有 ex 再接另外一个命名人，意味该种以前曾由 Royle 研究过，但没有正式发表，后来由 Florin 正式发表。ex 表示“前度、之前，以前”的意思。

三、植物的分类系统

被子植物的分类，要把几十万种植物安置在一定的纲、目、科、属、种中，还有建立起一个反映它们之间的亲缘关系，这就是分类系统（classification system）。目前被子植物的分类系统有恩格勒系统（Engler system）、哈钦松系统（Hutchinson system）、塔赫他间系统（Takhtajan system）、克朗奎斯特系统（Cronquist system）、张宏达种子植物分类系统等。

（1）恩格勒系统是德国植物分类学家恩格勒（A. Engler）和勃兰特（K. Prantl）于 1897 年使用的系统，它是分类学史上第一个比较完整的系统。该系统认为被子植物有 344 科，其中双子叶植物 48 目，290 科，单子叶植物 14 目，54 科。

（2）哈钦松系统是哈钦松（Hutchinson）在 1926 年提出被子植物分类系统。该系统认为双子叶植物 82 目，342 科，单子叶植物 29 目，69 科。

（3）塔赫他间系统是前苏联植物学家塔赫他间（A. Takhtajan）于 1954 年提出的。该系统认为双子叶植物（木兰纲）20 超目，71 目，333 科；单子叶植物（百合纲）8 超目，21 目，77 科。

（4）克朗奎斯特系统是美国学者阿瑟 • 克朗奎斯特（A. Cronquist）于 1958 年发表的有花植物分类体系。该系统包括 64 个目和 383 个科，是几个常被使用的被子植物分类系统之一。

（5）张宏达的种子植物分类系统是我国学者张宏达 1986 年提出的种子植物分类系统。该系统把化石植物（fossil plant）与现存植物统一起来，纳入他的分类系统中，把全部种子植物及种子蕨（seed fern）包括在该系统里，作为种子植物门对待，并在门下设立了 10 个亚门，有花植物是最后一个亚门。种子蕨是在石炭纪时期演化的重要植物群体。它们有蕨类般的树叶，但是与真正的蕨类不同，因为种子蕨是能产生种子的植物。种子蕨在三叠纪和侏罗纪时期相当普遍，但在白垩纪初期灭绝。

四、单子叶植物和双子叶植物

19 世纪以来，许多植物分类工作者为建立一个“自然”的分类系统作出了巨大努力。他们根据各自的系统发育理论，提出的分类系统已有数十个。但由于有关被子植物起源、演化的知识特别是化石证据不足，直到如今还没有一个比较完善的分类系统。当前世界上运用比较广泛的仍是恩格勒系统和哈钦松系统。在各级分类系统的安排上，克朗奎斯特系统和塔赫他间系统被认为更为合理。被子植物分为 2 个纲，即单子叶植物纲（百合纲）和双子叶植物纲（木兰纲）。它们的区别见图 14-6。

图14-6 单子叶植物与双子叶植物的区别

以上区别点不是绝对的，实际上有交错现象，如双子叶植物纲中的毛茛科、车前科、菊科等有须根系植物；胡椒科、睡莲科、毛茛科、石竹科等有维管束星散排列的植物；樟科、木兰科、小檗科、毛茛科有 3 基数的花；睡莲科、毛茛科、小续科、罂粟科、伞形科等有 1 片子叶的现象。单子叶植物纲中的天南星科、百合科、薯蓣科等有网状脉；眼子菜科、百部科等有 4 基数的花。

双子叶植物和单子叶植物有许多基本区别，但它们之间的关系还是很密切的。从进化的角度来看，单子叶植物的须根系、缺乏形成层和平行脉序等性状，都是次生的，它的单萌发孔的花粉，却保留了比大多数双子叶植物还要原始的特点。在原始的双子叶植物中，也有单萌发孔的花粉，故有人断定单子叶植物是由双子叶植物进化来的，双子叶植物是单子叶植物的祖先。接下来分别详细介绍双子叶植物和单子叶植物。

本章部分思维导图

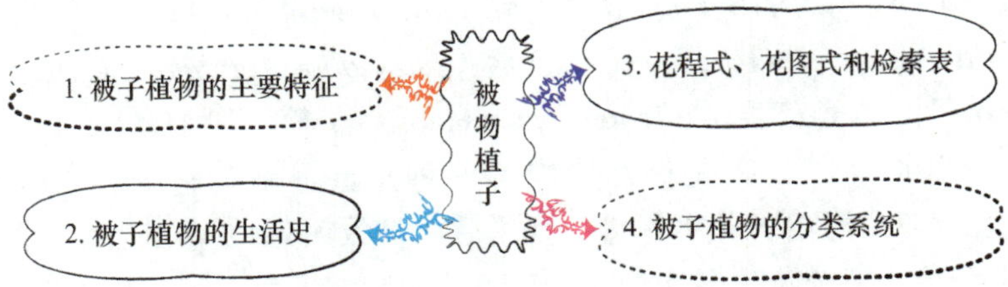

第十五章 双子叶植物

双子叶植物纲（Dicotyledoneae）又称木兰纲（Magnoliopsida），是指种子一般有两片子叶的开花植物的总称。已描述的双子叶植物约有19多万个种。双子叶植物（dicotyledons，简称dicots）特征主要包括：种子具2片子叶；主根发达，多为直根系；维管束环状排列，具有形成层；叶具网状脉；花常5数或4数，极少3数；花粉具3个萌发孔。但这些特征并不是绝对的。如双子叶纲中的睡莲科、毛茛科、罂粟科等植物的种子就只有一片子叶；毛茛科、茜草科、菊科等的根系属于须根系。

下面介绍一些日常生活中人们常见的或与我们生活密切相关的双子叶植物的科。

一、木兰科（Magnoliaceae）⚥ $*P_{6-15}A_{\infty}\underline{G}_{\infty:\infty:1-\infty}$

木本，单叶互生，有托叶，花单生，花被3基数，两性、整齐花，雄蕊及雌蕊多枚、分离、螺旋状排列于伸长的花托上，子房上位，蓇葖果。

木兰科是被子植物中最原始的类群。广义的木兰科包括有木兰亚科、八角亚科、五味子亚科、水青树亚科等，狭义的木兰科指木兰亚科和鹅掌楸亚科。广义的木兰科有18属，300多种。主要的属有：木兰属（*Magnolia* L.）（80多种）、八角属（*Illicium* L.）（50多种）、含笑属（*Michelia* L.）（40多种）、盖裂木属（*Talauma* Juss.）（40多种）和鹅掌楸属（*Liriodendron* L.）（20多种）等。我国有14属，160种，主要分布于我国东南部至西南部，渐向东北及西北而渐少。

常见的植物有鹅掌楸［*Liriodendron chinense*（Hemsl.）Sarg.］（图15-1）、白兰花（*Michelia alba* DC.）（图15-1）、玉兰（*Magnolia denudate* Desr.）（图15-2）、紫玉兰（*Magnolia liliflora* Desr.）（图15-2）、荷花玉兰（*Magnolia grandiflora* L.）、含笑［*Michelia figo*（Lour.）Spreng.］、八角茴香（*Illicium verum* Hook. f.）等（图15-3）。

八角茴香（俗称“大料”）是做红烧肉等一种烹饪调料。它很容易与莽草（*Illicium anisatum* L.）（图15-3）混淆。莽草有毒，食用后，易致人死亡。二者的主要区别是：莽草的果实有9～11个角，每个角顶端有钩。八角茴香多为8个角，每个角顶端无钩。

图15-1　鹅掌楸和白兰的花

玉兰　　紫玉兰　　荷花玉兰

图15-2　玉兰、紫玉兰和荷花玉兰的花

八角茴香　　莽草

图15-3　八角茴香和莽草的果实

二、番荔枝科（Annonaceae）⚥ $*K_3C_6A_{\infty}\underline{G}_{\infty:1:1-\infty}$

木本；单叶互生，全缘，无托叶；花两性，单生；花被由 3 轮组成，每轮 3 片，外轮为花萼，萼片离生或在下部合生，里面 2 轮为花瓣；花托大而隆起或稀凹陷的，花托上螺旋排列着多枚雄蕊，中央着生多个心皮；果实肉质，形成分离的浆果，或与花托合生成一肉质球状浆果；种子通常具假种皮。

本科约 120 余属，2100 种，广布于世界热带、亚热带地区。我国有 24 属，100 多种，大部分产华南。本科的水果植物主要是番荔枝属（*Annona* L.）植物。

番荔枝（*Annona squamosa* L.）的外形酷似荔枝，表皮满布疙瘩（由许多成熟的子房和花托合生而成），果实的大小与石榴相近，果实清甜，果肉乳白色，口感绵密，香甜又带点微酸，风味甚佳，番荔枝以其独特香味，被列为热带名果之一。成熟果呈淡绿黄色，因其外形特点及外表被以多角形小指大的软疣凸起，恰似佛头，故有赖球果、佛头果、释迦果之称（图 15-4）。

图15-4　番荔枝（聚合浆果）及剥开面

三、毛茛科（Ranunculaceae）⚥ $*, \uparrow K_{3\text{-}\infty}C_{0\text{-}\infty}A_{\infty}\underline{G}_{(\infty\text{-}1:1:1\text{-}\infty)}$

毛茛科植物多数是草本，少数是灌木；叶互生或对生，通常分裂；多数是两性花，辐射对称或两侧对称，5 基数；花萼和花瓣均离生；雄蕊和雌蕊很多且离生；子房上位；果实为聚合瘦果或聚合蓇葖果。

本科有 50 属，2000 多种。多见于北温带和寒带。我国有 39 属，约 750 种。本科植物含有多种生物碱，多数为药用植物和有毒植物。其中乌头（*Aconitum carmichaeli* Debx.）、黄连（*Coptis chinensis* Franch.）、白头翁［*Pulsatilla chinensis*（Bunge）Regel］、升麻（*Cimicifuga foetida* L.）、金莲花（*Trollius chinensis* Bunge）、小木通（*Clematis armandii* Franch.）等为有悠久历史的中药。部分植物如毛茛（*Ranunculus japonicas* Thunb.）、铁线莲（*Clematis florida* Thunb.）可作农药，防治一些农作物的病虫害。毛茛科中不少属如乌头属（*Aconitum* L.）、翠雀属（*Delphinium* L.）、楼斗菜属（*Aquilegia* L.）、铁线莲属（*Clematis* L.）、银莲花属（*Anemone* L.）、金莲花属（*Trollius* L.）、毛茛属（*Ranunculus* L.）、芍药属（*Paeonia* L.）等有美丽的花，可供观赏。

常见的植物有牡丹（*Paeonia suffruticosa* Andr.）（图 15-5）、毛茛（*Ranunculus japonicas* Thunb.）、乌头（*Aconitum carmichaeli* Debx.）、黄连（*Coptis chinensis* Franch.）等。

图15-5　牡丹花

四、桑科（Moraceae）♂:$*K_{4-6}C_0A_{4-6}$ ♀:$*K_{4-6}C_0\underline{G}_{(2:1)}$

木本，常有乳汁，单叶互生，花小、单性、集成各种花序，单被花、4 基数，坚果或核果集合成各种形态的聚花果。

本科有 40 属约 1000 种。主要分布于热带和亚热带。中国有血封喉属（*Antiaris*）、菠萝蜜属（*Artocarpus* L.）、构属（*Broussonetia* L.）、柘属（*Cudrania* L.）、水蛇麻属（*Fatoua* L.）、榕属（无花果属）（*Ficus* L.）、桑属（*Morus* L.）、橙桑属（*Maclura* L.）、牛筋藤属（*Malaisia* L.）、鹊肾树属（*Streblus* L.）等 16 属 160 余种，主要分布于长江以南各省区，以云南南部为最多，少数分布于北部和西北部。

常见的植物有菠萝蜜（*Artocarpus heterophyllus* Lam.）（图 15-6）、无花果（*Ficus carica* L.）、榕树（*Ficus microcarpa* L.）、见血封喉［*Antiaris toxicaris*（Pers.）Lesch.］、桑（*Morus alba* L.）、菩提树（*Ficus religiosa* L.）等。桑的果实称为桑葚（图 15-7）。菩提树是佛教圣树。

图15-6　菠萝蜜的聚花果及其横切

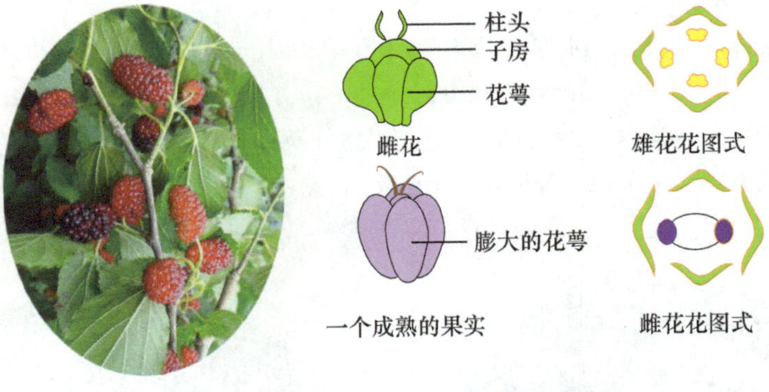

图15-7　桑葚及桑雄花和雌花的花图式

五、莲科（Nelumbonaceae）⚥ $*K_{4-5}C_{\infty}A_{\infty}\underline{G}_{\infty}$

本科仅含莲属（*Nelumbo*）的 2 个种。2 个种分别为莲（*Nelumbo nucifera* L.）和美洲黄莲（*N. lutea* L.）。莲产亚洲和大洋洲（荷花）；美洲黄莲产美国东部（黄莲花）。水生草本。有根状茎。叶盾形，近圆形，常突立水面。花大，单生，花柄常高于叶（图 15-8）。果实埋于海绵质的花托中。种子在适宜的情况下，可在土中埋藏 3000 年以上仍具有发芽能力。莲的果实为莲蓬（lotus seedpod），种子称为莲子（lotus seed）（图 15-9）。

图15-8　莲花

新鲜的莲子　　干莲子　　莲蓬

图15-9　莲子和莲蓬

六、睡莲科（Nymphaeaceae）$⚥ *K_{4-5}C_{8-\infty}A_{\infty}\underline{G}_{(3-\infty)}$

水生草本，有根状茎，叶心形至盾形，花单生，花萼、花瓣与雄蕊逐渐过渡，心皮多数、结合，果浆果状。

已记录的睡莲科植物有莼属（*Brasenia* Schreb.）、水盾草属（*Cabomba* L.）、王莲属（*Victoria* Lindl.）、芡实属（*Euryale* Salisb. ex DC.）、睡莲属（*Nymphaea* L.）、萍蓬草属（*Nuphar* J. E. Smith）等 9 属，约 70 种，在各大洲广泛分布。中国有 5 属约 15 种。

本科常见的植物有王莲（*Victoria regia*）（图 15-10）和睡莲（*Nymphaea tetragona*）（图 15-11）。

图15-10　王莲

图15-11　睡莲

关于花冠的起源有两种观点：一种观点认为花是变态的短枝，因为花冠的各部分从形态、结构来看，具有叶的一般性质。另一种观点认为花冠是由雄蕊特化而来。例如，睡莲内部花瓣变态成雄蕊（图 15-12），也可以看作是花冠来源于雄蕊的例证。

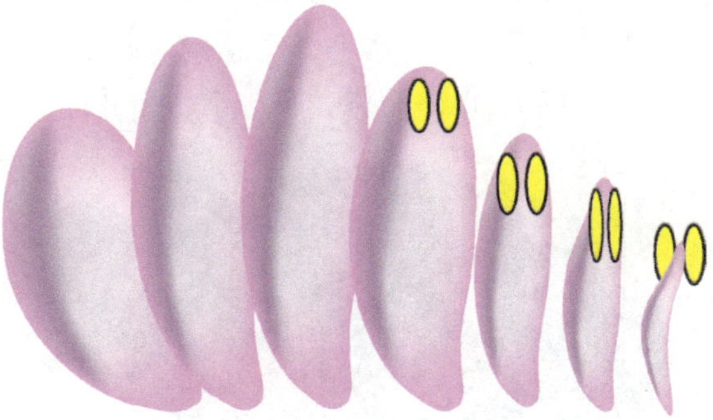

图15-12 睡莲内部花瓣变成雄蕊

七、胡桃科（Juglandaceae）$♂:*K_{(4)}C_0A_{3-\infty}$ $♀:*K_{(3-5)}C_0\overline{G}_{(2:2:1)}$

落叶乔木，羽状复叶，花单性，雄花序葇荑状，子房下位、1 室或不完全 2-4 室，坚果核果状或具翅。

本科植物共有 8 属，60 余种，主要分布于北半球，中国有 7 属 20 多种，分布在全国各地。胡桃科包含属有果黄杞属（*Alfaroa* L.）、山核桃属（*Carya* L.）、青钱柳属（*Cyclocarya* L.）、黄杞属（*Engelhardia* L.）、胡桃属（*Juglans* L.）、枫杨属（*Pterocarya* L.）等。

胡桃（核桃）（*Juglans regia* L.）（图 15-13）和山核桃（*Carya cathayensis* Sarg.）是重要的干果和油料作物，果皮可用于制造活性炭，木材坚硬，是重要的硬木（hardwood）产品，可用于制作枪托等。胡桃的种子为著名的干果，能治疗慢性气管炎、哮喘。

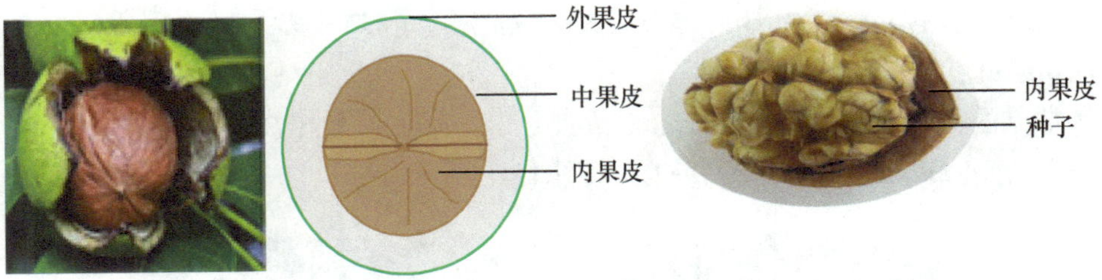

图15-13 胡桃及剖面

八、山毛榉科（壳斗科）（Fagaceae）$♂:*K_{(4-8)}C_0A_{4-20}$ $♀:*K_{(4-8)}C_0\overline{G}_{(3-6:3-6:2)}$

木本；单叶互生，羽状脉直达叶缘；雌雄同株；花无花瓣，雄花成葇荑花序，雌花 2～3 朵于总苞中；子房下位，3～7 室，每室 2 个胚珠，但仅一个成熟；果实为坚果。

坚果外的总苞也称壳斗，形状杯状或囊状，半包或全包坚果。因此，该科也称为壳斗科。

据不同学者的观点，本科含 7～10 属，多至 12 属。约 900 多种，主要产于亚洲南部及东南部。中国有栗属（*Castanea* L.）、锥属（*Castanopsis* L.）、水青冈属（*Fagus* L.）、柯属（*Lithocarpus* L.）、栎属（*Quercus* L.）、青冈属（*Cyclobalanopsis* L.）、三棱栎属（*Trigonobalanus* L.）等属，约 300 种。除新疆为引种外，自然分布于南北各省区，主要产于西南及南部。

本科常见的植物有水青冈（*Fagus longipetiolata* L.）、槲栎（*Quercus aliena* L.）和板栗（*Castanea mollissima* Bl.）等。板栗叶背有密毛，每总苞内有 2～3 个坚果，果实可以食用，是重要的木本粮食作物（图 15-14）。板栗与桃、杏、李、枣并称“五果”。

图15-14　板栗树及其果实

九、石竹科（Caryophyllaceae）⚥ $*K_{4-5,(4-5)}\ C_{4-5}\ A_{5-10}\ \underline{G}_{(5-2:1:\infty)}$

草本，节膨大，单叶对生，两性、整齐花，二歧聚伞花序或单生，5 基数，子房上位，蒴果、顶端齿裂或瓣裂，少数为浆果。

本科约 70 多属 2000 多种，世界广布，但主要分布在北半球的温带和暖温带，少数分布在非洲、大洋洲和南美洲。地中海地区为分布中心。中国有 30 属 400 多种，几乎遍布全国，以北部和西部为主要分布区。其中无心菜属（*Arenaria* L.）、蝇子草属（*Silene* L.）和繁缕属（*Stellaria* L.）3 属的植物占全科种数的一半以上。其他的属还有石竹属（*Dianthus* L.）、卷耳属（*Cerastium* L.）、肥皂草属（*Saponaria* L.）、石头花属（*Gypsophila* L.）、卷耳属（*Cerastium* L.）等。

本科常见的植物有繁缕［*Stellaria media*（L.）Cyr.］、石竹（*Dianthus chinensis* L.）和康乃馨（香石竹）（*Dianthus carophyllus* L.）（图 15-15）等。

图15-15　石竹和康乃馨

十、含羞草科（Mimosaceae）$⚥ *K_{(3-6)}C_{3-6,(3-6)}A_{\infty,(3-6)}\underline{G}_{1:1:\infty}$

木本，稀草本，羽状复叶，花辐射对称，花瓣镊合状排列，雄蕊常多数，荚果。

本科约50多属，2800多种，产世界热带、亚热带及温带地区。本科包括的属主要有合欢属（*Albizia* L.）、含羞草属（*Mimosa* L. ）、海红豆属（*Adenanthera* L.）、金合欢属（相思树属）（*Acacia* Mill.）等。我国引入栽培的有10多属60多种。其中比较有经济价值的有金合欢［*Acacia* farnesiana（L.）Willd］和台湾相思（*Acacia confuse* Merr.）。该科常见的其他植物有合欢（马缨花）（*Albizzia julibrissin* Durazz.）（图15-16）、含羞草（*Mimosa pudica* L.）等（图15-17）。含羞草的果实为节荚果（loment）（图15-17）。果实有数个凹缩，在各室各产生一粒种子，成熟后，果皮不开裂，具有种子的各室直接分离脱落。

图15-16 合欢花及其花图式

图15-17 含羞草枝条和节荚果

十一、苏木科（云实科）（Caesalpiniaceae）$⚥ \uparrow K_{(5)}C_5A_{10}\underline{G}_{1:1:\infty}$

木本，花两侧对称，花瓣覆瓦状排列，雄蕊10枚或较少、常分离，荚果。

本科约150多属，2200多种。我国约20属，100多种。我国主要的属有：皂荚属（*Gleditsia* L.）、云实属（Caesalpinia L.）、羊蹄甲属（*Bauhinia* L.）、见血飞属（*Mezoneuron* Desf.）、仪花属（*Lysidice* Hance）、顶果树属（*Acrocarpus* Wight Arn.）、凤凰木属（*Delonix* Raf.）等，其中有经济价值的甚多，最主要的为木材，有些入药或供观赏用。常见的植物有羊蹄甲（*Bauhinia purpurea* L.）、红花羊蹄甲（*Bauhinia blakeana* Dunn）（图 15-18）、白花羊蹄甲（*Bauhinia acuminata* L.）（图 15-18）、嘉氏羊蹄甲（*Bauhinia galpinii* N.E.Br）（图 15-18）、凤凰木［*Delonix regia*（Bojea）Raf.］（图15-19）、皂荚（*Gleditsia sinensis* Lam.）等。羊蹄甲的花淡红色，花后结荚。红花羊蹄甲（别名宫粉紫荆、弯叶树、红花紫荆、红紫荆）是香港的市花，花紫红，花后不结荚。嘉氏羊蹄甲是灌木，花深红色，荚果绿中带红，非常漂亮。

图15-18　红花羊蹄甲、白花羊蹄甲和嘉氏羊蹄甲

图15-19　凤凰木的花

十二、蝶形花科（Fabaceae，Papilionaceae）⚥ $\uparrow K_{(5)} C_5 A_{(9)+1} \underline{G}_{(1:1:\infty)}$

多数植物的叶为羽状复叶或三出复叶，大多有托叶；花两性，两侧对称；花瓣下降，覆瓦状排列；萼片、花瓣常为 5 枚；雄蕊 10 枚或多枚，常结合成两体或单体雄蕊；荚果。

蝶形花科约 400 属，10 000 多种。为被子植物第三大科。我国有 116 属，1000 多种。蝶形花科的植物主要包括各种豆类，以及槐、紫檀等，分布在全世界各地。大部分为草本，也有木本植物和藤本植物。

豆类作物和常见的食用豆类主要有豌豆（*Pisum sativum* L.）（图 15-20）、豇豆［*Vigna sinensis*（L.）Savi］（图 15-20）、花生（*Arachis hypogaea* L.）（图 15-21）、菜豆（*Phaseolus vulgaris* L.）（图15-21）、扁豆（*Dolichos lablab* L.）（图15-22）、蚕豆（*Vicia faba* L.）（图15-22）、大豆［*Glycine max*（L.）Merr.］、赤豆（*Phaseolus angularis* Wight）、绿豆（*Phaseolus radiatus* L.）、刀豆［*Canavalia gladiata*（Jacq.）DC.］等。

图15-20 豌豆（A）和豇豆（B）

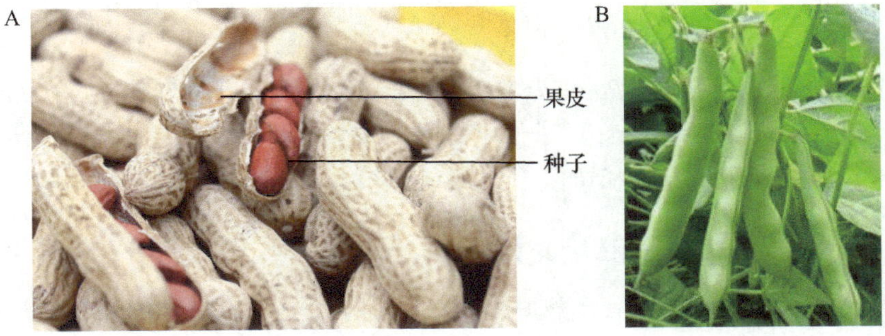

图15-21 花生（A）和菜豆（B）

图15-22 扁豆（A）和蚕豆（B）

本科中作牧草和绿肥用主要有苜蓿属（*Medicago* L.）、草木樨属（*Melilotus* L.）、车轴草属（三叶草属）（*Trifolium* L.）（图 15-23）、野豌豆属（巢菜属）（*Vicia* L.）、猪屎豆属（野百合属）（*Crotalaria* L.）、田菁［*Sesbania cannabina*（Retz.）Pers.］、百脉根（*Lotus corniculatus* L.）、兵豆（*Lens culinaris* Medic.）等。

本科中常见的药用植物有甘草（*Glycyrrhiza uralensis* Fisch.）、膜荚黄芪［*Astragalus membranaceus*（Fisch.）Bunge］、内蒙黄芪（*Astragalus mongolicus* Bunge）、密花豆（*Spatholobus suberectus* Dunn）、鱼藤（*Derris trifoliata* Lour.）、鸡骨草（*Abrus cantoniensis* Hance）、补骨脂（破故纸）（*Psoralea corylifolia* L.）、苦参（*Sophora flavescens* Ait.）、槐（*Sophora japonica* L.）等。

本科中常见的观赏植物有锦鸡儿属（*Caragana* Fabr.）、香豌豆属（*Lathyrus* L.）、刺桐属（*Erythrina* L.）、洋槐（*Robinia pseudoacqcia* L.）、龙牙花（*Erythrina corallodendron*）、紫藤［*Wisteria sinensis*（Sims）Sweet］和鸡冠刺桐（图15-23）等。

图15-23　紫藤（A）和鸡冠刺桐（B）

本科中作纤维用的有葛属（*Pueraria* DC.）、菽麻（太阳麻、印度麻）（*Crotalara juncea* L.）和田菁（*Sesbania cannabina* Pers.）等。用作木材的有紫檀（*Pterocarpus indicus* Willd.）、花榈木（*Ormosia henryi* Prain）和黄檀（*Dalbergia hupeana* Hance）等。

十三、芸香科（Rutaceae）⚥ $*K_{5-4}\ C_{5-4}\ A_{10-8}\ \underline{G}_{(5-4,\infty:5-4,\infty:1-2,\infty)}$

木本；叶为单叶或复叶或单身复叶，没有托叶；叶片、果皮等处常有含挥发油的腺点；花两性，辐射对称；萼片、花瓣4～5枚；雄蕊着生在花盘周围，常与花瓣对生；子房上位；果实有柑果、蓇葖果、蒴果或核果。

该科约150属，1700种，全世界分布，单主要产于热带和亚热带，少数生温带。中国有30多属，150多种，南北各地均有，主产西南和华南。该科包括的属有花椒属（*Zanthoxylum* L.）、臭常山属（*Orixa* Thunb.）、芸香属（*Ruta* L.）、黄檗属（*Phellodendron* Rupr.）、榆橘属（榆桔属）（*Ptelea* L.）、小芸木属（*Micromelum* Bl.）、山小橘属（山小橘属）（*Glycosmis* Correa）、黄皮属（*Clausena* Burm. f.）、九里香属（*Murraya* Koenig ex L.）、枳属（*Poncirus* Raf.）、金橘属（金橘属）（*Fortunella* Swingle）、柑橘属（柑桔属）（*Citrus* L.）、木橘属（*Aegle* Correa）、象橘属（*Feronia* Correa）等，其中裸芸香属（山麻黄属）（*Psilopeganum* Hemsl）和枳属为中国特有属。

本科常见的植物有柑橘（*Citrus reticulate* Blanco.）、柠檬［*Citrus limon*（L.）Burm.］、柚子［*Citrus grandis*（L.）Osbeck.］（图15-24）、花椒（*Zanthoxylum bungeanum* Maxim.）（图15-25）、黄皮［*Clausena lansium*（Lour.）Skeels］（图15-26）等。

图15-24　柚子及其横切

图15-25　花椒及其果实

图15-26　黄皮及其纵切

十四、葫芦科（Cucurbitaceae）$♂: * K_{(5)} C_{(5)} A_{1(2)(2)}$　$♀: * K_{(5)} C_{(5)} \overline{G}_{(3:1:\infty)}$

蔓生草本；具有双韧维管束；有卷须；叶互生，掌裂；花单性，5 基数；聚药雄蕊，花丝两两结合，另外 1 条分离；雌蕊 3 心皮组成；侧膜胎座；子房下位；瓠果。

葫芦科包括冬瓜［*Benincasa hispida*（Thunb.）Cogn.］（图 15-27）、南瓜［*Cucurbita moschata*（Duch.）Poir.］（图 15-28）、西瓜［*Citrullus lanatus*（Thunb.）Mansfeld］（图 15-29）、甜瓜［*Cucumis melo* L.］、哈密瓜（*Cucumis melo* var. *saccharinus* L.）（图 15-30）、黄瓜（*Cucumis sativus* L.）、丝瓜［*Luffa cylindrical*（L.）Roem.］、苦瓜（*Momordica charantia* L.）、葫芦［*Lagenaria siceraria*（Molina）Standl.］、火参果（*Cucumis metuliferus* L.）（图 15-31）等常见瓜果。因此，葫芦科有“瓜类大家庭”之称。葫芦科是世界上最重要的食用植物科

之一，其重要性仅次于禾本科、豆科和茄科。约110多属，700多种，大部分分布于热带地区。中国有30多属，140多种，南北均有分布。

图15-27　冬瓜及其横切

图15-28　南瓜及其横切

图15-29　西瓜及其横切

图15-30　哈密瓜及其横切

图15-31 火参果及其横切

中国的主要属有盒子草属（*Actinostemma* Griff.）、假贝母属（*Bolbostemma* Franquet）、锥形果属（*Gomphogyne* Griff.）、棒锤瓜属（*Neoalsomitra* Hutch.）、雪胆属（*Hemsleya* Cogn.）、翅子瓜属（*Zanonia* L.）、藏瓜属（*Indofevillea* Chatterjee）、三棱瓜属（*Edgaria* C. B. Clarke）、茅瓜属（*Solena* Lour.）、裂瓜属（*Schizopepon* Maxim.）、苦瓜属（*Momordica* L.）、丝瓜属（*Luffa* Mill.）、喷瓜属（*Ecballium* A. Rich.）、冬瓜属（*Benincasa* Savi）、西瓜属（*Citrullus* Schrad）、黄瓜属（*Cucumis* L.）、三裂瓜属（*Biswarea* Cogn.）、金瓜属（*Gymnopetalum* Arn.）、葫芦属（*Lagenaria* Ser.）、栝楼属（*Trichosanthes* L.）、南瓜属（*Cucurbita* L.）、绞股蓝属 （*Gynostemma* Bl.）、佛手瓜属（*Sechium* P. Browne）、小雀瓜属（*Cyclanthera* Schrad.）等。

十五、十字花科（Brassicaceae，Cruciferae）$⚥ *K_{2+2}\ C_4\ A_{2+4}\underline{G}_{(2:1:\infty)}$

草本，常有辛辣汁液，基生叶丛生，茎生叶互生，无托叶，两性、整齐花，萼片4，十字花冠，四强雄蕊（雄蕊6枚，4长2短），子房一室、有2个侧膜胎座、具假隔膜，角果。

本科植物约370多属，3000种，广布于全世界，主产北温带，特别是地中海地区，中国有95属，约411余种。该科很多种具有重要经济价值，并已为人类大量引种驯化及改良。蔬菜和油料作物有芸薹属（*Brassica* L.）、萝卜属（Raphanus L.）等；药用植物如菘蓝属（*Isatis*）、糖芥属（*Erysimum* L.）等；观赏植物如桂竹香属（*Cheiranthus* L.）、紫罗兰属（*Matthiola* L.）、诸葛菜属（*Orychophragmus* L.）等。该科最重要的是芸薹属，约40种，包括大白菜（*Brassica pekinensis* Ruupr.）（图15-32）、甘蓝（*Brassica oleracea* L.）（图15-32）、芜菁（*Brassica rapa* L.）、芥菜（*Brassica juncea* L.）、油菜（*Brassica campestris* L.）及油菜类。甘蓝有许多园艺变种，如紫甘蓝（图15-32）、西兰花（图15-33）、菜花（花椰菜）（图15-33）、紫菜花（图15-33）、花茎甘蓝、羽衣甘蓝及球茎甘蓝等。在园艺上，有学者也把大白菜、小白菜、乌塌菜和菜薹并为一个种，之后再分为不同的亚种和变种。榨菜和雪里蕻是芥菜的不同变种。此外，萝卜属的萝卜（*Raphanus sativus* L.）（图15-34）等广泛栽培作蔬菜，生食、熟食、盐腌或酱渍均可，民间也作药用。因此，十字花科有“蔬菜之邦”之称。

大白菜　　甘蓝　　紫甘蓝

图15-32　大白菜和甘蓝、紫甘蓝

西兰花　　菜花　　紫菜花

图15-33　各种菜花

萝卜　　萝卜　　水萝卜

图15-34　各种萝卜

十六、蔷薇科（Rosaceae）⚥ $*K_{(5)}C_5A_{5-\infty}\overline{G}_{\infty-1}$

单叶或复叶，叶缘常有锯齿，多数有托叶；花两性、整齐；花托凸隆至凹陷；花 5 基数，轮状排列；花被与雄蕊常结合成花筒；雄蕊多数；子房上位，少下位；果实有蓇葖果、瘦果、梨果、核果；种子无胚乳。

本科约有 120 多属，3000 多种，广布于全球，主产北半球温带。我国有 50 多属，1000 余种，全国各地均产。该科主要的属有蔷薇属（*Rosa* L.）、苹果属（*Malus* Mill）、樱桃属（*Ceraras* L.）、梨属（*Pyrus* Lindl.）、桃属（*Amygdalus* L.）、杏属（*Armeniaca* Mill.）、李属（*Prunus* L.）、山楂属（*Crataegus* L.）、枇杷属（*Eriobotrya* L.）、草莓属（*Fragaria* L.）、蛇莓属（*Duchesnea* L.）、地蔷薇属（*Chamaerhodos* L.）、绣线菊属（*Spiraea* L.）、绣线梅属

（*Neillia* L.）、石楠属（*Photinia* Lindl.）、风箱果属（*Physocarpus* L.）、火棘属（*Pyracantha* L.）、悬钩子属（*Rubus* L.）等。

本科中的许多种如苹果（*Malus pumila* Mill.）（图 15-35）、桃（*Amygdalus persica* L.）（图 15-36）、李（*Prunus salicina* Lindl.）（图 15-37）、杏（*Armeniaca vulgaris* Lam.）（图 15-38）、樱桃（*Cerasus pseudocerasus* L.）、枇杷［*Eriobotrya japonica*（Thunb.）Lindl.］（图 15-39）、山楂（*Crataegus pinnatifida* Bunge）和草莓（*Fragaria ananassa* Duch.）等，是著名的水果；扁桃仁（*Amygdalus* communis L.）和杏仁是著名的干果；乔木种类的木材多坚硬细致，如枇杷木和石楠（*Photinia serrulata* Lindl.）木等适宜作农具柄材；许多植物可作观赏，如玫瑰（*Rosa rugose* Thunb.）和月季（*Rosa chinensis* Jacq.）等。因此，蔷薇科也有“花果之家”之称。

图15-35　苹果

桃花　　桃子

图15-36　桃花及桃

图15-37　李及其果实

图15-38 杏及其纵切

图15-39 枇杷及其纵切

十七、木棉科（Bombacaceae）⚥ $*K_{(5)}C_5A_{\infty}\underline{G}_{(5:5:\infty)}$

乔木；主干基部常有板状根；叶互生，掌状复叶或单叶；花两性，大而美丽，辐射对称；花萼杯状，顶端截平或不规则的 3～5 裂；花瓣 5 片，覆瓦状排列，有时基部与雄蕊管合生；雄蕊 5 至多数，花丝分离或合生成雄蕊管；子房上位，2～5 室，每室有倒生胚珠 2 至多数；中轴胎座；蒴果，室背开裂或不裂；种子常被内果皮的丝状绵毛所包围。

本科约有 20 多属，180 多种，广布于热带地区，特别是美洲。该科较常见的名的属种有：木棉属（*Bombax* L.）的木棉（*Bombax malabaricum* DC.）（图 15-40）、榴莲属（*Durio* Adans.）的榴莲（*Durio zibethinus* Murr.）（图 15-40）、吉贝属（*Ceiba* Mill.）的美丽异木棉（*Ceiba speciosa* St. Hih.）、瓜栗属（*Pachira* Aubl.）的发财树（*Pachira macrocarpa*）、轻木属（*Ochroma* Swartz）的轻木（*Ochroma lagopus* Swartz）、猴面包树属（*Adansonia* L.）的（*Adansonia digitata* L.）。

图15-40 木棉的花和叶子

木棉花广州为市花。因为木棉开红花，所以在当地也叫红棉花，广州市到处可看到"红棉亭"。人们以鲜艳似火的大红花比喻英雄奋发向上的精神，因此木棉树又被誉称为"英雄树"。木棉花也就成了"英雄花"，而以木棉作行道树的路段就叫"英雄路"。

榴莲是一种巨型的热带常绿乔木，叶片长圆，顶端较尖，聚伞花序，花色淡黄，果实足球大小，果皮坚实，密生三角形刺，果肉是由假种皮的肉包组成，肉色淡黄、黏性多汁，是一种极具经济价值的水果。榴莲是热带著名水果之一，原产马来西亚。东南亚一些国家种植较多，其中以泰国最多。中国广东、海南也有种植。榴莲被誉为"水果之王"。它的气味浓烈、爱之者赞其香，厌之者怨其臭（图 15-41）。

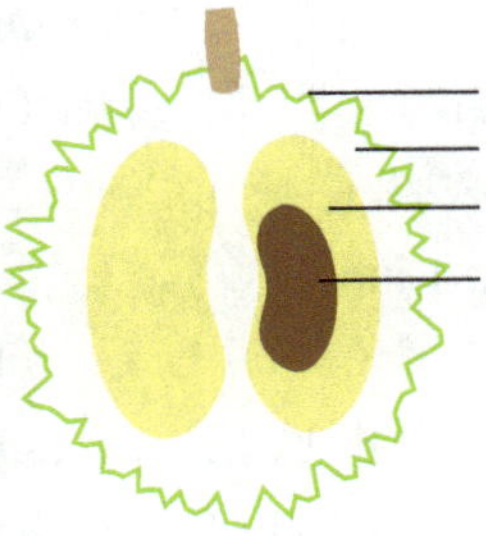

图15-41　榴莲及其剖面

十八、锦葵科（Malvaceae）⚥ $*K_{(5)}C_5A_{(\infty)}\underline{G}_{(3-\infty:3-\infty:1-\infty)}$

草本或灌木；茎皮多纤维而不易折断；单叶互生，有托叶；花两性，整齐，5 基数，有副萼；单体雄蕊；花药 1 室；花粉粒大，具刺；子房上位；蒴果或分果。

花药完全分离而花丝联合成一束的雄蕊特称单体雄蕊（monadelphous stamen）。锦葵科的独特之处是：雄蕊多数，花丝结合成套状，套在花柱外面，具有单体雄蕊。

锦葵科大约有 70 多属，1000～1500 种，分布于温带及热带。中国约有 16 属，80 多种。本科以富含纤维而著称，如棉属（*Gossypium* L.）广泛栽培，种子上的棉绒是全世界纺织业最主要的原料、种子含脂肪，榨取的油称棉籽油（cotton seed oil），供工业用或食用。木槿属（*Hibiscus* L.）、梵天花属（*Urena* L.）、苘麻属（*Abutilon* Mill.）等的茎皮纤维，供纺织或制绳索。锦葵属（*Malva* L.）、蜀葵属（*Althaea* L.）、秋葵属（*Abelmoschus* L.）和木槿属等是著名的庭园观赏植物，如常见的扶桑（*Hibiscus rosa-sinensis* L.）（图 15-42）、木槿（*Hibiscus syriacus* L.）（图 15-42）、木芙蓉（*Hibiscus mutabilis* L.）、蜀葵（*Althaea rosea* Cavan.）、锦葵（*Malva sinensis* Cavan.）等。

A　B

图15-42　扶桑（A）和木槿（B）的花

十九、伞形科（Umbelliferae，Apiaceae）⚥ $* K_{(5)-0}\ C_5\ A_5\ \overline{G}_{(2:2:1)}$

芳香性草本；复叶，有鞘状叶柄；具有典型的伞形花序，花 5 基数；子房两室、下位；双悬果，开裂后 2 分果悬挂于心皮柄上；花柱 2 个；花柱基部膨大成花柱基（stylopodium），称为上位花盘。

伞形科这一名称是因为其花序为伞形之故。通常为茎部中空的芳香植物。该科包含有 300 多属，3000 多种，分布在北温带、亚热带或热带的高山上。中国大约有 90 多属，500 多种。全国均有分布。该科包括的属主要有天胡荽属（*Hydrocotyle* L.）、积雪草属（*Centella* L.）、马蹄芹属（*Dickinsia* Franch.）、刺芹属（*Eryngium* L.）、细叶芹属（*Chaerophyllum* L.）、芫荽属（*Coriandrum* L.）、滇芎属（*Physospermopsis* Wolff）、滇芹属（*Sinodielsia* Wolff）、明党参属（*Changium* Wolff）、毒参属（*Conium* L.）、柴胡属（*Bupleurum* L.）、孜然芹属（*Cuminum* L.）、芹属（*Apium* L.）、欧芹属（*Petroselinum* Hill）、毒芹属（*Cicuta* Linn.）、葛缕子属（*Carum* L.）、茴芹属（*Pimpinella* L.）、山茴香属（*Carlesia* Dunn）、泽芹属（*Sium* L.）、水芹属（*Oenanthe* L.）、茴香属（*Foeniculum* Mill.）、莳萝属（*Anethum* L.）、藁本属（*Ligusticum* L.）、当归属（*Angelica* L.）、山芹属（*Ostericum* Hoffm.）、欧当归属（*Levisticum* Hill）、阿魏属（*Ferula* L.）、前胡属（*Peucedanum* L.）、欧防风属（*Pastinaca* L.）、独活属（*Heracleum* Linn.）、防风属（*Saposhnikovia* Schischk.）和胡萝卜属（*Daucus* L.）等。

伞形科的植物可做药材、蔬菜、香料、农药等用。在药用方面如著名中药材当归［*Angelica sinensis*（Oliv.）Diels］、川芎（*Ligusticum chuanxiong* Hort.）、白芷［*Angelica dahurica*（Fisch. ex Hoffm.）Benth. et Hook. f. ex Franch. et Sav］、防风［*Saposhnikovia divaricata*（Turcz.）Schischk.］、柴胡（*Bupleurum chinense* DC.）、前胡（*Peucedanum praeruptorum* Dunn）、独活（*Angelica pubescens* Maxim.f. *biserrata* Shan et Yuan）等，这些种类在国内、外市场上享有较高的声誉；在蔬菜食用方面，常见栽培的有胡萝卜（*Daucus carota* L. *var. sativa* DC.）（图 15-43）、芫荽（*Coriandrum sativum* L.）（图 15-44）、芹菜（*Apium graveolens* L.）、水芹［*Oenanthe javanica*（Blume）DC.］等；此外供做香料、调料用的有茴香（*Foeniculum vulgare* Mill.）、孜然（*Cuminum cyminum* L.）、莳萝（*Anethum graveolens* L.）等；供农药用的有毒芹（*Cicuta virosa* L.）、刺果芹［Turgenia latifolia（L.）Hoffm.］、毒参（*Conium maculatum* L.）等。

胡萝卜　　二回羽状深裂　　复伞形花序

图15-43　胡萝卜的根、叶及花序

芫荽　　复伞形花序

图15-44　芫荽的叶子、花、花序

二十、夹竹桃科（Apocynaceae）⚥ $*K_{(5)}C_{(5)}A_5\underline{G}_{2:2:1}$

木本；具乳汁；单叶对生或轮生；花冠喉部常具附属物，花冠裂片旋转状排列；花药箭形，互相靠合；蓇葖果；种子常具丝状毛。

该科大约有250多属2000余种，主要产于热带和亚热带地区，许多种类是原生于热带雨林的高大乔木，也有些是原生于温带地区的多年生草本植物。中国有40多属、170多种，主要分布在长江以南各地。这些植物一般有毒，尤以种子和乳汁毒性最烈，如羊角拗属（*Strophanthus* DC.）、海杧果属（*Cerbera* L.）、黄花夹竹桃属（*Thevetia* L.）、夹竹桃属（*Nerium* L.）等。含有多种类型的生物碱，如羊角拗精（strophanthilin）、黄花夹竹桃苷（thevetin）、黄花夹竹桃次苷（neriifolin）、夹竹桃苷（neriin）、萝芙木碱（即利血平reserpine）、长春碱（catharanthine）、海杧果碱（cerberin）、软枝黄蝉苷（hydragogue）、止泻木碱（holarrhenin）等为重要的药物原料，可治疗多种病症，如高血压、风湿痛、淋巴结核、伤寒等，并具有强心作用。有些植物含有胶乳，如杜仲藤属（*Parabarium* Pierre）、鹿角藤属（*Chonemorpha* G. Don）等的植物为野生橡胶植物。此外，还有优良的纤维植物，如罗布麻属（*Apocynum* Lien.）和白麻属（*Poacynum* Baill.）等，其茎皮纤维坚韧，是纺织、造纸及国防工业的重要原料。夹竹桃科的庭园观赏植物有蔓长春花属（*Vinca* L.）、夹竹桃属（*Nerium* L.）、黄花夹竹桃属（*Thevetia* L.）、鸡蛋花属（*Plumeria* L.）、假虎刺属（Carissa L.）等。络石属（*Trachelospermum* Lem.）的几个种，尤其是络石［*Trachelospermum jasminoides*（Lindl.）Lem.］和黄蝉属（*Allemanda* L.）是美观的木质藤本。

本科常见的植物有夹竹桃（*Nerium indicum* Mill.）（图15-45）、黄花夹竹桃［*Thevetia*

夹竹桃　　夹竹桃　　黄花夹竹桃

图15-45　夹竹桃和黄花夹竹桃

peruviana（Pers.）K.Schum.]（图 15-45）、鸡蛋花（*Plumeria rubra* L. var. *acutifolia* Bailey）（图 15-46）、红花鸡蛋花（*Plumeria rubra* L.）（图 15-46）、长春花（*Catharanthus roseus* L.）、罗布麻（*Apocynum venetum* L.）等。鸡蛋花的花心蛋黄色，红花鸡蛋花的花呈红色。

图15-46　鸡蛋花的花及果实

长春花含长春花碱，有降血压和抗癌的功效。萝芙木[Rauvolfia verticillata（Lour.）Baill.]的根部含有利血平（reserpine）等生物碱，可以降低血压，是生产降压药物的主要原料。

二十一、茄科（Solanaceae）⚥ $*K_{(5)}C_{(5)}A_5\underline{G}_{(2:2:\infty)}$

常草本；单叶互生；花两性、整齐，5 基数；花药常孔裂；心皮 2 个，合生；子房 2 室，位置偏斜，少数为假隔膜隔成 3～5 室；胚珠多枚；浆果或蒴果。

茄科约 30 多属 3000 多种，广泛分布于全世界温带及热带地区，美洲热带种类最为丰富。中国产 20 多属 100 多种。茄科中许多植物具有重要的经济价值，除了番茄（*Lycopersicon esculentum* Mill.）（图 15-47）、辣椒（*Capsicum annuum* L.）（图 15-48）、马铃薯（*Solanum tuberosum* L.）（图 15-49）、茄子（*Solanum melongena* L.）（图 15-49）、烟草（*Nicotiana tabacum* L.）、龙葵（*Solanum nigrum* L.）外，还有许多种类有药用价值，如枸杞（*Lycium chinense* Mill.）、颠茄（*Atropa belladonna* L.）、曼陀罗（*Datura stramonium* L.）、天仙子（*Hyoscyamus niger* L.）、三分三（*Anisodus acutangulus* C. Y. Wu et C. Chen ex C. Chen et C. L. Chen.）等为常用的中草药，有解痉、镇痛、平喘和镇静作用等。茄科中含莨菪烷类生物碱（tropane alkaloids）的植物很多，如赛莨菪属（*Scopolia* Jacq.）、山莨菪属（*Anisodus* Link et Otto）、天蓬子属（*Atropanthe* Pascher）、马尿泡属（*Przewalskia* Maxim.）、

图15-47　番茄的叶及花

图15-48 辣椒的果实及花

图15-49 茄子植株及花

天仙子属（*Hyoscyamus* L.）、泡囊草属（*Physochlaina* G. Don）、茄参属（*Mandragora* L.）和曼陀罗属（*Datura* L.）、酸浆属（*Physalis* L.）等，有的种含樟柳碱（anisodine）和红土豆碱（bellaradine）。

茄科常见的观赏植物有矮牵牛（*Petunia hybrida* Vilm.）、毛酸浆（*Physalis pubescens* L.）、酸浆（*Physalis alkekengi* L.）、珊瑚豆［*Solanum pseudocapsicum* L. var. diflorum（Vell.）Bitter］、夜香树（*Cestrum nocturnum* L. ）、五色椒［*Capsicum annuum* L. var. conoides（Mill.）Irish］等。

二十二、唇形科（Lamiacear，Labiatae）⚥ $\uparrow K_{(5-4)}C_{(5-4)}A_{4,2}\underline{G}_{(2:4:1)}$

草本；植株含挥发性芳香油；茎四棱。单叶，对生或轮生；轮伞花序；花冠合瓣，唇形花冠；雄蕊为两强雄蕊或 2 枚；子房上位；四分子房；小坚果。四分子房是由 2 个心皮合成，浅裂或深裂成 4 室。

唇形科约有 220 多个属，3500 余种，主要分布中心在地中海沿岸和小亚细亚半岛。中国有 100 多属 800 多种。该科包括的科主要有薄荷属（*Mentha* L.）、百里香属（*Thymus* L.）、熏衣草属（*Lavandula* L.）、罗勒属（*Ocimum* L.）、迷迭香属（*Rosmarinus* L.）、黄芩属（*Scutellaria* L.）、藿香属（*Agastache* L.）、鼠尾草属（*Salvia* L.）、紫苏属（*Perilla* L.）、夏枯草属（*Prunella* L.）、筋骨草属（*Ajuga* L.）、刺蕊草属（*Pogostemon* L.）、益母草属（*Leonurus* L.）、水苏属（*Stachys* L.）、地笋属（*Lycopus* L.）、鞘蕊属（*Coleus* L.）等。

唇形科植物以富含多种芳香油而著称，其中有不少芳香油成分可供药用，如薄荷（*Mentha haplocalyx* Briq.）、百里香（*Thymus mongolicus* Ronn）、熏衣草（*Lavandula angustifolia*

Mill.)（图 15-50）、罗勒（*Ocimum basilicum* L.）、迷迭香（*Rosmarinus officinalis* L.）等。作为药用植物的有黄芩（*Scutellaria baicalensis* Georgi）、藿香［*Agastache rugosa*（Fisch. et Mey.）O. Ktze］、丹参（*Salvia miltiorrhiza* Bge.）、紫苏［*Perilla frutescens*（L.）Britt.］、夏枯草（*Prunella vulgaris* L）、筋骨草（*Ajuga ciliata* Bunge.）、广藿香［*Pogostemon cablin*（Blanco）Benth.］、益母草［*Leonurus artemisia*（Laur.）S. Y. Hu F］等。白苏（*Perilla frutescens* L.）则为有名的油料作物。甘露子（*Stachys affinis* L.）和地笋（*Lycopus lucidus* Turcz.）的地下肥大根茎可供食用。由于花、叶形状特殊，色彩鲜艳而常供观赏的有彩叶草［*Coleus scutellarioides*（L.）Benth.］（图 15-50）和一串红（*Salvia splendens* Ker. Gawl.）（图 15-51）等。

图15-50　熏衣草和彩叶草

图15-51　一串红

二十三、仙人掌科（Cactaceae）$⚥ * \uparrow P_{5-\infty} A_{\infty} \underline{G}_{(5:1:\infty)}$

多年生草本植物，少数为灌木或乔木状植物。肉质茎呈球状、柱状或扁平。叶常退化，仅少数有正常的叶片（如叶仙人掌）。花两性，花被多数，色鲜丽或白色。雄蕊多数，多着生于花的喉部。雌蕊的花柱伸出雄蕊之外，避免自花授粉。子房上位，1 室，胚珠多数。果常为肉质浆果，种子多数。

该科有 140 多属 2000 余种，大多原产美洲热带、亚热带沙漠或干旱地区。但以墨西哥及中美洲为分布中心。该科常见的属主要有仙人掌属（*Opuntia* Tourn. ex Mill.）、仙人指属（*Schlumbergera* Lem.）、仙人球属（*Echinopsis* Zucc.）、叶仙人掌属（木麒麟属）（*Pereskia* Mill.）、拟叶仙人掌属（*Maihuenia* Phil.）、量天尺属（*Hylocereus* Britton et Rose）、蟹爪属（*Zygocactus* K. Schum.）、金琥属（*Echinocactus* Link et Otto）等。

中国栽培的有600余种。该科植物易繁殖，播种、扦插或嫁接均可。大多数栽培供观赏。果实含有丰富的养分和维生素，可作水果食用，如火龙果就为量天尺（*Hylocereus undulatus* Britt）果实（图15-52）。无刺仙人掌是牲畜的优良饲料。仙人掌茎内含有三萜、苹果酸、琥珀酸和生物碱，可医治疾病，如腮腺炎。多刺型可作庭院绿篱。枝干作燃料或支撑物。沙漠中的大仙人球是旅行者的临时“水库”。

食用部位：中果皮、内果皮、胎座、种子

图15-52　火龙果及其横切

二十四、无患子科（Sapindaceae）⚥ * ↑ $K_{5-4}C_{5-4}A_{10-8}\underline{G}_{(3:1:1)}$

乔木和灌木；通常羽状复叶；花小，常杂性、异株；花瓣内侧基部常有毛或鳞片；花盘发达，位于雄蕊的外方；3心皮子房；种子常具假种皮，无胚乳。

花盘是花托扩大的部分，呈杯状、环状、扁平状或垫状。花盘或生于子房的基部，或介于雄蕊和花瓣之间。

无患子科约150多属，2000余种，广布于热带和亚热带地区。中国有20多属，50多种，各地均有分布，但主产地为西南部和南部。中国的主要属包括异木患属（*Allophylus* L.）、细子龙属（*Amesiodendron* Hu）、滇赤才属（*Aphania* Bl.）、滨木患属（*Arytera* Bl.）、倒地铃属（*Cardiospermum* L.）、龙眼属（*Dimocarpus* Lour.）、赤才属（*Erioglossum* Bl.）、鳞花木属（*Lepisanthes* Bl.）、荔枝属（*Litchi* Sonn.）、柄果木属（*Mischocarpus* Bl. nom. conserv.）、韶子属（*Nephelium* L.）、爪耳木属（*Otophora* Bl.）、假韶子属（*Paranephelium* Miq.）檀栗属（*Pavieasia* Pierre）、番龙眼属（*Pometia* J. R. et G. Forst.）、无患子属（*Sapindus* L.）、干果木属（*Xerospermum* Bl.）等。其中如荔枝（*Litchi chinensis* Sonn.）（图15-53）、龙眼（*Dimocarpus longan* Lour.）（图15-54）、红毛丹（*Nephelium lappaceum* L.）（图15-55）等为著名的水果；无患子科大部分植物的木材坚实，为上等名材，具有较高的经济价值，如无患子（*Sapindus mukorossi* Gaertn.）的木材可做箱板和木梳等。荔枝与香蕉、菠萝、龙眼一同号称“南国四大果品”。

荔枝果肉鲜时半透明凝脂状，味香美，但不耐储藏。荔枝的果肉是由胚珠的珠柄发育而成，所以为假种皮（aril）。龙眼果营养价值极高，生食或加工成干制品，可食、药两用，被誉为“岭南佳果”。龙眼又叫桂圆。为什么又叫桂圆呢？封建时代由于龙眼是犯忌，所以为了避讳就叫桂圆。桂是广西的别称，因广西产的龙眼非常圆，所以叫桂圆了。一般把龙眼晒干食用或药用；龙眼带壳带核晒干后叫龙眼干；如果是去壳去核，只留果肉，晒干后就叫桂圆肉。红毛丹又名毛荔枝、红毛果、红毛胆。马来文称之“rambutan”，意为“毛茸茸之物”。成熟的红毛丹果并非都是红色的，也有黄色的果子。红毛丹的味道类似于荔枝。

图15-53　荔枝及其纵切

图15-54　龙眼及其纵切

图15-55　红毛丹及其纵切

二十五、酢浆草科（Oxalidaceae）⚥ $*K_5C_5A_{10}\underline{G}_{(5:5:2)}$

叶为指状复叶或羽状复叶；花两性；花萼5裂；花瓣5瓣，分离或部分合生；雄蕊10枚；子房上位，5室，每室有胚珠2枚，生于中轴胎座上；果为蒴果或肉质的浆果。

本科世界有7属1000多种，分布于热带至温带，主要产于南美热带。中国有3属约10多种，南北均产。中国有3属为阳桃属（*Averrhoa* L.）、感应草属（*Biophytum* DC.）和酢浆草属（*Oxalis* L.）。常见的植物有杨桃（*Averrhoa carambola* L.）（图15-56）和酢浆草（*Oxalis corniculata* L.）等。中国是杨桃的原产地之一，是久负盛名的岭南佳果之一。因横切面如五角星，故称之为“星梨”（star fruit）。

图15-56 杨桃及其横切

二十六、桃金娘科（Myrtaceae）$☿ * K_{(3-\infty)} C_{4-5} A_{\infty} \overline{G}_{(2-5:2-5:\infty)}$

常绿木本，稀草本；单叶、全缘、革质、对生或轮生、具透明油点，无托叶；花两性，5基数；子房下位；中轴胎座。

桃金娘科约100多属，3000多种，主要产于澳大利亚和美洲的热带和亚热带地区。我国有10多属，160多种。该科包括的属主要有红胶木属（*Tristania* R. Br.）、桉属（*Eucalyptus* L. Herit）、红千层属（*Callistemon* R. Br.）、白千层属（*Melaleuca* L.）、岗松属（*Baeckea* L.）、番樱桃属（*Eugenia* L.）、肖蒲桃属（*Acmena* DC.）、蒲桃属（*Syzygium* Gaertn.）、水翁属（*Cleistocalyx* Blume）、桃金娘属［*Rhodomyrtus*（DC.）Reich.］、番石榴属（*Psidium* L.）、香桃木属（*Myrtus* L.）、子楝树属（*Decaspermum* J. R. et G. Forst.）、多核果属（*Pyrenocarpa* Chang et Miau）、玫瑰木属（*Rhodamnia* Jack）、南美稔属（*Feijoa* Berg.）等。

世界上最负盛名的桃金娘科植物是桉树。桉树是桉属（*Eucalyptus* L.Herit）树种的泛称。桉属有500多种，几乎都产于澳大利亚，在澳洲的森林中占95%以上。可以说，桉树和袋鼠是澳大利亚最有代表性的生物。因桉树多具有生长快、树体高耸挺拔、分枝点高等特性。桉树的木材坚硬、耐腐、具有芳香气味，用途十分广泛，现已引种到世界各地。桉树的体内含有丰富的挥发油，因此枝、叶具有浓烈的香气。桉树油有很强的杀菌、避虫作用，在医药和工业上用途广泛。桉树中著名的芳香树种柠檬桉（*Eucalyptus citriodora* Hook. f.），就是因为所含的挥发油有浓郁的柠檬气味而得名。桉树中的多数种类有脱皮的习性，脱皮后树干往往洁白、光滑，十分可爱。

桃金娘科有些种类的果可食，著名的热带水果如番石榴属的番石榴（*Psidium guajava* L.）（图15-57）、蒲桃属的蒲桃［*Syzygium jambos*（L.）Alston］和莲雾（*Syzygium samarangense* L.）及桃金娘属的桃金娘（*Rhodomyrtus tomentosa* L.）等。有些种类的木材坚而耐腐，很有经济价值，如桉属和蒲桃属等。许多种类的叶含挥发性芳香油是工业及医药的重要原料。桃金娘科植物的精油（essential oil）具有抗病毒、杀菌、消炎的疗效，对关节炎、风湿痛、咳嗽和伤寒具有特殊的功效。有些供观赏用如千层属。白千层属有100多种，花美丽，有观赏价值。已广为栽培的庭园观赏树有白千层（*Melaleuca leucadendra* L.）和细花白千层（*Melaleuca parviflora* Lindl.）。

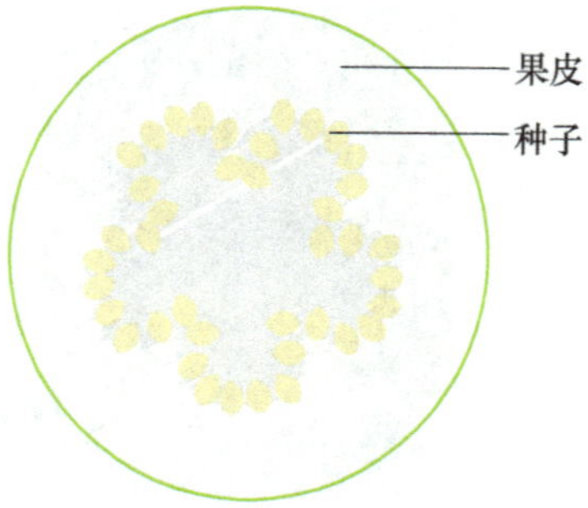

番石榴

蒲桃

红千层

图15-57　番石榴及其横切、蒲桃、红千层

二十七、藤黄科（Guttiferae）⚥ $*K_{4\text{-}5}C_{4\text{-}5}A_{\infty}\underline{G}_{(\infty:\infty:\infty)}$

木本，单叶，花两性；萼片4～5个；花瓣4～5枚、离生；雄蕊多枚，离生或合生成3～5束；子房上位，1～12室；中轴、侧生或基生胎座；胚珠倒生或横生，每室1至多枚；蒴果、浆果或核果；种子1至多粒，具假种皮或无，无胚乳。

该科约40多属，1000多种，主要产热带。我国有10多属，80多种，几遍分布全国各地。该科包括的属主要有红厚壳属（*Calophyllum* Thou.）、黄牛木属（*Cratoxylum* L.）、藤黄属（*Garcinia* L.）、金丝桃属（*Hypericum* L.）、铁力木属（*Mesua* L.）、格脉树属（*Ochrocarpus* L.）、书带木属（*Clusia* L.）、猪油果属（*Pentadesma* L.）、三腺金丝桃属（*Triadenum* Raf.）等。

本科是经济上颇重要的一科。许多种的木材是坚固而耐用的，如我国云南、广东及广西栽培的铁力木（*Mesua ferrea* L.）、广西的金丝李（*Garcinia paucinervis* Chun et How）等。许多种生产有价值的树脂或树胶，特别在红厚壳属（*Calophyllum* Thou.）、书带木属及藤黄属的植物，如从藤黄（*Garcinia hanburyi* Hook.f.）及其他种中生产藤黄（gamboge）。从藤黄等树皮流出的黄色树脂即藤黄，供绘画颜色之用，还可入药。从红厚壳（*Calophyllum inophyllum* L.）、印度藤黄（*Garcini aindica* Choisy）及其他种的种子获得油和脂肪；猪油果（*Pentadesma butyracea* Sabine）的果实可作黄油代用品。有不少种的果实可食，如热带著名果树的山竹（*Garcinia mangostana* L.）（图15-58）。山竹果成熟时壳厚硬、光滑，呈紫色或间有黄褐色斑块，果肉雪白嫩软，味甜略带酸，清凉可口。山竹与榴莲齐名，号称“果中皇后或水果女皇”，而榴莲被誉为“水果之王”。亚洲和非洲热带地区广泛栽培，我国台湾、福建、广东和云南也有引种。可生食或制果脯。

图15-58 山竹果实及其剖面

二十八、猕猴桃科（Actinidiaceae）$⚥ *K_5C_5A_{\infty,10}\underline{G}_{(\infty:\infty:\infty)}$

乔木、灌木或藤本；常绿、落叶或半落叶；叶为单叶，互生，无托叶；花两性或雌雄异株，辐射对称；萼片5片，稀2～3片；花瓣5片或更多，分离或基部合生；雄蕊10枚，分2轮排列，或多数；心皮多数或少至3枚；子房多室或3室；花柱分离或合生为一体；每室胚珠多数；中轴胎座；果为浆果或蒴果；每室种子1颗至多数，具肉质假种皮。

猕猴桃科全球有猕猴桃属（*Actinidia* Lindl.）、藤山柳属（*Clematoclethra* Maxim.）、水东哥属（*Saurauia* Willd.）和毒药树属（*Sladenia* Kurz）4属370余种。主产热带和亚洲热带及美洲热带，少数散布于亚洲温带和大洋洲。我国4属全产，有100多种；主产长江流域、珠江流域和西南地区。

本科大多数种的果实可食，经济价值以猕猴桃为最大。猕猴桃以其含有丰富的维生素及其甜酸适口和特异的风味而见著。猕猴桃也称奇异果（kiwifruit）。果形一般为椭圆状，早期外观呈绿褐色，成熟后呈红褐色，表皮覆盖浓密绒毛，表皮为亮绿色的果肉和一圈黑色或者红色的种子。因猕猴喜食，故名猕猴桃；亦有说法是因为果皮覆毛，貌似猕猴而得名。猕猴桃的质地柔软，口感酸甜，味道被描述为草莓、香蕉、菠萝三者的混合。现今水果市场上的猕猴桃主要是指中华猕猴桃（*Actinidia chinensis* Planch.），以及由中华猕猴桃的一个变种确定为新种的美味猕猴桃［*Actinidia deliciosa*（A. Chev.）C. F. Liang et A. R. Ferguson］（图15-59）。

图15-59 猕猴桃果实及其横切

二十九、番木瓜科（Caricaceae）⚥ $*K_{(5)}\ C_5\ A_{5+5}\ \underline{G}_{(5:1:\infty)}$

小乔木、灌木或草本；茎肉质；单叶互生，叶大，聚生于茎顶，掌状分裂，类似棕榈，无托叶；花单性或两性，同株或异株；花瓣 5 枚；雄蕊 5～10 枚。果实为类似瓜类的大浆果；种子卵球形至椭圆形。

番木瓜科有 6 属 60 多种，原生于非洲西部和美洲的热带地区，现已引种到全球热带和亚热带地区。我国南部及西南部广泛栽培有 1 属 1 种，即番木瓜属（*Carica* L.）的番木瓜（*Carica papaya* L.）（图 15-60）。

图15-60　番木瓜树和果实及果实纵切

番木瓜又称木瓜、乳瓜、万寿果，为多年生、常绿、软木质小乔木，高达 8～10m，具乳汁；茎不分枝或有时在损伤处分枝，具螺旋状排列的托叶痕。果实外形像瓜，故名之木瓜。番木瓜果皮光滑美观，果肉厚实细致、香气浓郁、汁水丰多、甜美可口、营养丰富，有"百益之果"、"水果之皇"、"万寿瓜"之雅称，是岭南四大名果（荔枝、香蕉、番木瓜、菠萝被誉为岭南四大名果）之一。木瓜富含氨基酸及钙、铁等，还含有木瓜蛋白酶、番木瓜碱等。木瓜在中国素有"万寿果"之称，顾名思义，多吃可延年益寿。

番木爪的果实不仅可以作水果、蔬菜，还有多种药用价值。未成熟番木瓜的乳汁，可提取番木瓜素，是一种制造化妆品的上乘原料，具有美容增白的功效。据介绍，美国人在煮食牛肉时，喜欢将番木瓜蛋白酶掺和或注射到牛肉中，这样牛肉很快就会煮烂，而且吃起来鲜嫩，容易消化。热带美洲土著居民自古以来一直利用番木爪的绿叶包裹肉类，过夜后再蒸煮，或将叶与肉类共煮，以便使肉类的质地变软。在西双版纳，半成熟的番木瓜经常被人们当作蔬菜食用。常见的有两种吃法，一种是用它来煮汤，清香微甜，十分鲜美；另一种吃法是将其切成细丝，放入醋、酱油、辣椒粉、味精等佐料凉拌生吃，清脆酸辣，略有回甜。成熟的番木瓜是营养丰富的高档珍稀水果，含有大量的蛋白质、维生素 C、胡萝卜素和蛋白酶等。既可鲜吃，也可制成饮料、糖浆、果胶、冰淇淋、果脯、果干等。番木瓜的乳汁是制作松肉粉的主要成分。松肉粉也叫"嫩肉粉"，其主要作用在于利用蛋白酶对肉中的弹性蛋白和胶原蛋白进行部分水解，使肉类制品口感达到嫩而不韧、味美鲜香的效果。由于其嫩化速度快且效果明显，因此目前已广泛应用于餐饮行业。番木瓜除鲜食外，还可加工成果番木瓜汁、果酱、蜜饯、腌渍；青果中含果胶，可提取制成木瓜果胶代替血浆。番木瓜蛋白酶有很强的分解蛋白质的能力，可制造健胃药、驱虫剂，还可作酒类、果汁的澄清剂和肉类的软化剂。

三十、漆树科（Anacardiaceae）$⚥ *K_{(5)} C_5 A_{10-5} \underline{G}_{(5-1:1:1)}$

木本，雄蕊内有花盘，有树脂道，子房常 1 室，果实为核果。花托顶部膨大成扁平呈盘状的部分称为花盘。

漆树科是经济价值较大的 1 科，约 60 多属，600 余种，分布全球热带、亚热带，少数延伸到北温带地区。中国有 16 属，60 多种。该科包括的属主要有腰果属［*Anacardium*（L.）Rottboell］、山様子属（*Buchanania* Spreng.）、杧果属（Mangifera L.）、九子母属（*Dobinea* Buch.-Ham. ex D. Don）、黄栌属［*Cotinus*（Tourn.）Mill.］、黄连木属（*Pistacia* L.）、盐肤木属［*Rhus*（Tourn.）L. emend. Moench］、三叶漆属（*Terminthia* Bernh.）、漆属［*Toxicodendron*（Tourn.）Mill.］、辛果漆属（*Drimycarpus* Hook. f.）、南酸枣属（*Choerospondias* Burtt.）、厚皮树属（*Lannea* A. Rich.）、藤漆属（*Pegia* Colebr.）、槟榔青属（*Spondias* L.）等。

本科以产漆的漆树［*Toxicodendron vernicifluum*（Stokes）F. A. Barkl.］而著称。漆树是生产“中国漆”（Chinese lacquer）或“生漆”（raw lacquer）的树种，生漆为工业和国防上的重要涂料。盐肤木（*Rhus chinensis* Mill.）为五倍子蚜虫的寄主植物，其虫瘿富含五倍子酸。

该科的果实及种子可食的主要有杧果（*Mangifera indica* L.）（图 15-61）、腰果（*Anacardium occidentale* L.）（图 15-61）、开心果（*Pistacia vera* L.）（图 15-61）、阿月浑子（*Pistacia vera* L.）、豆腐果（*Buchanania latifolia* Roxb.）、南酸枣［*Choerospondias axillaris*（Roxb.）Burtt et Hill］、槟榔青［*Spondias pinnata*（L. f.）Kurz］等。腰果种子含油量很高，为优良的食用油。该科中不少种类的种子含油量都较高，如厚皮树属（*Lannea* A. Rich.）、黄连木属（*Pistacia* L.）、漆属［*Toxicadendron*（Tourn.）Mill.］的种子。

芒果

腰果

开心果

图15-61　芒果、腰果和开心果

该科中有的为重要的园林绿化或观赏树种，如黄连木（*Pistacia chinensis* Bunge）和黄栌（*Cotinus coggygria* Scop.）等。黄栌别名红叶、红叶黄栌等，是中国重要的观赏红叶树种，叶片秋季变红，鲜艳夺目，著名的北京香山红叶就是该树种。

三十一、菊科（Asteraceae，Compositae）$☿ * , \uparrow K_{0-\infty} C_{(5)} A_{(5)} \overline{G}_{(2:1:1)}$

常为草本，叶互生，头状花序，有总苞，合瓣花冠，聚药雄蕊，子房下位、1室、1胚珠，连萼瘦果，屡有冠毛。花萼特化成毛状就是冠毛。

菊科植物的头状花序单生或再排成各种花序，外具一至多层苞片组成的总苞（involucre）。花两性，稀单性或中性，极少雌雄异株。花萼退化，常变态为毛状、刺毛状或鳞片状，称为冠毛（pappus）。花冠合瓣，管状、舌状或唇状。雄蕊5，着生于花冠筒上。花药合生成筒状，称聚药雄蕊（synantherous stamen）。

菊科为被子植物第一大科。菊科1300余属，20 000～25 000种。广泛分布在全世界。中国约有200多属3000多种。全国各地分布，其中太行菊属（*Opisthopappus* Shih）、川木香属（*Vladimiria* Iljin）、复芒菊属（*Formania* W. W. Sm. et Small）等为中国特有。

菊科有大量的药用、观赏和经济植物。药用植物有菊花[*Dendrathema morifolium*（Ramat.）Tzvel.]、青蒿（*Artemisia carvifolia* L.）、千里光（*Senecio scandens* Buch.-Ham. ex D. Don）、白术（*Atractylodes macrocephala* Koidz.）、牛蒡（*Arctium lappa* L.）、雪莲花[*Saussurea involucrata*（Kar. et Kir.）Sch.-Bip.]、红花（*Carthamus tinctorius* L.）、蒲公英（*Taraxacum mongolicum* Hand.-Mazz.）等。在中国菊科植物中，大约有300种可为药用。

菊科中有许多著名的观赏植物，如菊花[*Dendrathema morifolium*（Ramat.）Tzvel.]、雏菊（*Bellis perennis* L.）（图15-62）、矢车菊（*Centaurea cyanus* L.）（图15-62）、金盏花（*Calendula officinalis* L.）、波斯菊（*Cosmos bipinnata* Cav.）（图15-63）、非洲菊（*Gerbera jamesonii* Bolus.）（图15-63）、翠菊[*Callistephus chinensis*（L.）Nees]、万寿菊（*Tagetes erecta* L.）、孔雀草（*Tagetes patula* L.）、百日菊（*Zinnia elegans* Jacq.）、瓜叶菊（*Cineraria crienta* Mass.）等。

图15-62　雏菊（A）和矢车菊（B）的花

葵花（*Helianthus annuus* L.）（图15-63）、红花（*Taraxacum mongolicum* Hand.-Mazz.）为油料植物，在中国西北有大面积栽培。原产热带美洲的甜叶菊[*Stevia rebaudiana*（Bertoni）Hemsl.]，含极高糖分，为食品工业原料，中国大量引种栽培。洋姜（*Helianthus tuberosus* L.）块茎可加工成酱菜。茼蒿（*Chrysanthemum coronarium* L.）、生菜（*Lactuca sativa* var. *ramosa* Hort.）、莴苣（*Lactuca sativa* L.）、油麦菜等为蔬菜。除虫菊（*Pyrethrum cinerariifolium* Trev.）是重要的杀虫或驱虫植物。

图15-63　波斯菊、非洲菊和葵花的花

常见的菊科杂草有小蓟草（刺儿菜）[*Cirsium setosum*（Willd.）MB.]、飞机草（*Eupatorium odoratum* L.）、紫茎泽兰（Eupatorium adenophora Spreng.）、蒲公英（*Taraxacum mongolicum* Hand.-Mazz.）、鬼针草（*Bidens pilosa* L.）等。

本章部分思维导图

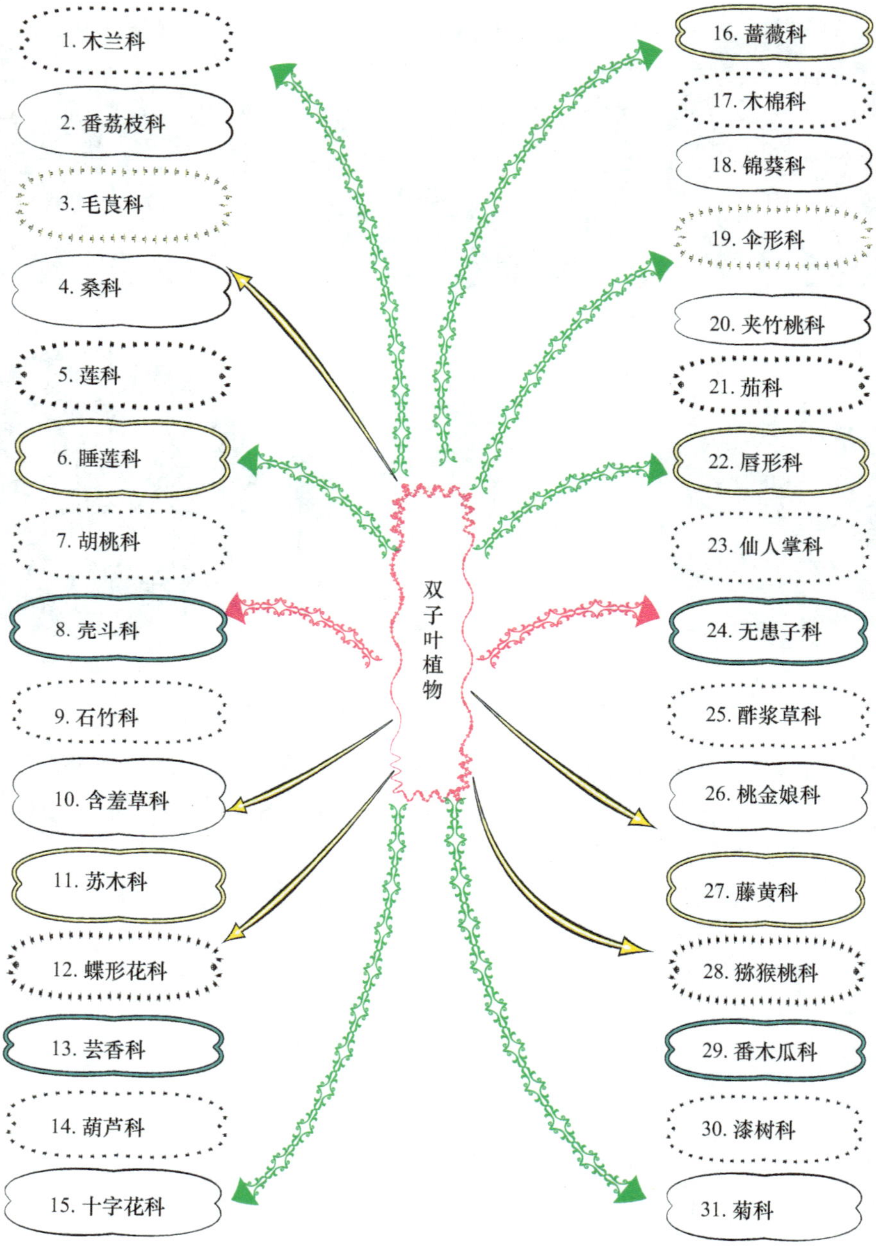
双子叶植物
1. 木兰科
2. 番荔枝科
3. 毛茛科
4. 桑科
5. 莲科
6. 睡莲科
7. 胡桃科
8. 壳斗科
9. 石竹科
10. 含羞草科
11. 苏木科
12. 蝶形花科
13. 芸香科
14. 葫芦科
15. 十字花科
16. 蔷薇科
17. 木棉科
18. 锦葵科
19. 伞形科
20. 夹竹桃科
21. 茄科
22. 唇形科
23. 仙人掌科
24. 无患子科
25. 酢浆草科
26. 桃金娘科
27. 藤黄科
28. 猕猴桃科
29. 番木瓜科
30. 漆树科
31. 菊科

第十六章 单子叶植物

单子叶植物纲（Monocotyledoneae）又称百合纲（Liliopsida），是指种子一般有 1 枚子叶的开花植物的总称。已描述的单子叶植物约有 6 万多个种。单子叶植物（monocotyledons，简称 monocots）的特征主要包括：种子具 1 枚子叶；叶脉常为平行脉，花、叶基本上为 3 数；绝大多数为草本，极少数为木本；维管束分散，维管束通常无形成层。但这些特征也不是绝对的。例如，单子叶植物纲中的天南星科、百合科、薯蓣科等有网状脉；眼子菜科、百部科等有 4 基数的花；百合科的一部分植物有环状排列的维管束，有初生形成层。

农作物通常为单子叶植物。单子叶植物纲中最大的科是兰科，兰科有 2 万多个物种。

下面介绍一些日常生活人们常见的或与我们生活密切相关的单子叶植物。

一、棕榈科（槟榔科）（Arecaceae，Palmae）$⚥ *P_{3+3}A_{3+3}\underline{G}_{(3:1\text{-}3:1)}$

棕榈科又称槟榔科。该科植物一般都是单干直立，不分枝；叶大，集中在树干顶部，多为掌状分裂或羽状复叶的大型叶；一般为乔木，也有少数是灌木或藤本植物；肉穗花序，花 3 基数；是单子叶植物中唯一具有乔木习性，有宽阔的叶片和发达的维管束的植物类群。

棕榈科有“热带植物之王”之称。有的高达 10～50m。目前已知的有 210 多属，大约 2800 余种，分布于世界热带和亚热带地区。在中国大约有 22 属 70 余种，主要分布在南方各省。中国主要的属有棕榈属（*Trachycarpus* L.）、蒲葵属（*Livistona* R. Br.）、棕竹属（*Rhapis* L. f. ex Ait.）、刺葵属（*Phoenix* L.）、丝葵属（*Washingtonia* L.）、酒椰属（*Raphia* Beauv.）、桄榔属（*Arenga* Labill.）、鱼尾葵属（*Caryota* L.）、槟榔属（*Areca* L.）、山槟榔属（*Pinanga* Bl.）、椰子属（*Cocos* L.）、王棕属（*Roystonea* O. F. Cook）、假槟榔属（*Archontophoenix* H. Wendl. et Drude）、油棕属（*Elaeis* Jacq.）、金山葵属（*Syagrus* Mart.）等。

棕榈科是具有独特造景功能（“棕榈景观”）的植物类群，也是世界上重要的经济植物类群之一，包括被誉为世界上最重要的树木之一的椰子（*Cocos nucifera* L.）（图 16-1）、在《圣经》被誉为“生命之树”的枣椰（*Phoenix dactylifera* L.）、在世界食用油贸易荣居榜首的油椰（*Elaeis guineensis* L.）。此外，桄榔［*Arenga pinnata*（Wurmb.）Merr.］的茎内富含淀粉，可提取供食用，并且桄榔和鱼尾葵属的一些种类的花序刈伤后可流出大量的液汁，蒸发后制成砂糖或经发酵后变成烧酒。有些种类的木材很硬，可为建筑材料，如棕榈［*Trachycarpus fortunei*（Hook.）H. Wendl.］，叶可为屋顶的遮盖物或织帽或编篮等。蒲葵［*Livistona chinensis*（Jacq.）R. Br.］的叶可为扇，叶鞘的纤维（即棕衣）和椰子的果壳的纤维可编绳或编簑衣或为扫帚。槟榔树（*Areca catechu* L.）的果实略小于鸡蛋，果皮纤维质，内含一粒种子，即槟榔子。槟榔子入药或为染料。王棕［*Roystonea regia*（HBK.）O. F. Cook］、鱼尾葵（*Caryota ochlandra* Hance）、假槟榔（*Archontophoenix alexandrae* H. Wendl. et Drude）、皇后葵［*Syagrus romanzoffiana*（Cham.）Glassm］、酒瓶椰子［Hyophorbe lagenicaulis（L.H.Bailey）H.E.Moore］等为南方常见的行道树及庭院和公园栽培树种。

椰子　　酒瓶椰子

图16-1　椰子树及椰子顶面观和剖面

二、天南星科（Araceae）⚥♂♀ $*P_{(0,4\text{-}6)}A_{1\text{-}8}\underline{G}_{(3,2\text{-}15:1\text{-}\infty:1\text{-}\infty)}$

草本，肉穗花序，花序外或花序下具有1片佛焰苞。天南星科植物的肉穗花序被形似花冠的总苞片包裹，此苞片被称为“佛焰苞”（spathe）。

本科115属，2000余种，广布于全世界，但大多数产热带。中国有30多属，200多种。南北均有分布，有些供药用，有些种类的块茎含丰富的淀粉供食用，有些供观赏用。该科包括的属主要有菖蒲属（*Acorus* L.）、花烛属（*Anthurium* Schott）、天南星属（*Arisaema* Mart）、半夏属（*Pinellia* Tenore）、水芋属（*Calla* L.）、海芋属［*Alocasia*（Schott）G. Don］、五彩芋属（*Caladium* Vent.）、芋属（*Colocasia* Schott）、花叶万年青属（*Dieffenbachia* Schott）、马蹄莲属（*Zantedeschia* Spreng.）、魔芋属（*Amorphophallus* Blume）、大薸属（*Pistia* L.）、麒麟叶属（*Epipremnum* Schott）、龟背竹属（*Monstera* Adans.）、藤芋属（*Scindapsus* Schott）等。

本科种类一半以上为药用植物，其中菖蒲（*Acorus calamus* L.）、天南星（*Arisaema heterophyllum* Blume）、半夏［*Pinellia ternata*（Thunb.）Breit.］、虎掌（*Pinellia pedatisecta* L.）、千年健［*Homalomena occulta*（Lour.）Schott］为常用中药。天南星有祛风定惊、化痰、散结的功能；半夏可以燥湿化痰、降逆呕。千年健有祛风湿、健筋骨的功能。芋属、魔芋属

的块茎常供蔬食，也可代粮，或用作工业上的增稠剂或糊料。大薸（*Pistia stratiotes* L.）则是产量高、放养容易、营养价值高、适口性好的优良水生饲料；许多种类常作热带庭园的观赏植物，如龟背竹（*Monstera deliciosa* Liebm.）和马蹄莲［*Zantedeschia aethiopica*（L.）Spreng.］（图 16-2）等。粉掌（粉冠军）为天南星科花烛族花烛属多年生常绿草本花卉，是红掌（*Anthurium andraeanum* L.）盆花中的中、小型品种，叶片翠绿，光泽好，侧芽发生性强，株形极为丰满紧凑，花苞粉红色，娇美可爱，环境适应能力极强，室内摆放期长（图 16-2）。

红掌　粉掌　白掌

马蹄莲　马蹄莲　海芋

图16-2　红掌、粉掌、白掌等

三、莎草科（Cyperaceae）⚥♂♀ $*P_0A_3\underline{G}_{(2-3:1:1)}$

秆三棱形，实心，无节。有封闭的叶鞘，叶 3 列，坚果。

莎草科全世界约 80 余属 4000 余种。莎草科中植物种类数量较多的属包括苔草属（*Carex* L.，约 2000 种）、莎草属（*Cyperus* L.，近 650 种）、刺子莞属（*Rhynchospora* L.，约 250 种）、飘拂草属（*Fimbristylis* L.，约 200 种）、荸荠属（*Eleocharis* L.，约 200 种）、珍珠茅属（*Scleria* L.，约 200 种）、藨草属（*Scirpus* L.，约 200 种），其他的属有球柱草属（*Bulbostylis* L.，约 100 种）、赤箭莎属（*Schoenus* L.，约 100 种）、擂鼓簕属（*Mapania* L.，约 80 种）、嵩草属（*Kobresia* Willd.，约 70 种）及羊胡子草属（*Eriophorum* L.，约 20 种）等。中国有 30 多属 500 余种，广布于全国，多生长于潮湿处或沼泽中。

莎草科中十分著名的当属纸莎草（*Cyperus papyrus* L.），古埃及人将其茎剖成薄片，压平后用作缮写材料。现纸莎草常栽作观赏植物。莎草科中有的可供编席或造纸，如藨草

（*Scirpus triqueter* L.）、短叶茳芏（*Cyperus malaccensis* Lam.var.*brevifolius* Bocklr.）等。有些种类的块茎可供食用，如荸荠（*Eleocharis tuberosa* L.）（图 16-3）、油莎草（*Cyperus esculentus* L.）等。有的为优良牧草，如高山嵩草（*Kobresia pygmaea* C. B. Clarke）、脚薹草（*Carex pediformis* L.）等。有些可入药，如荆三棱［*Scirpus fluviatilis*（Torr.）A. Gray］和香附子（*Cyperus rotundus* L.）等。荆三棱主治破血行气，消积止痛。荆三棱的总黄酮对小鼠具有较强的抗血小板聚集及抗血栓的作用。香附子的功效主要为疏肝解郁，理气宽中，调经止痛。

莎草科中还有的如白颖薹草［*Carex rigescens*（Franch.）V. Krecz］、异穗薹草（*Carex heterostachya* Bge.）等，可作草坪，美化环境。伞草（*Cyperus alternifolius* L.）又称风车草（图 16-3），是受欢迎的盆栽植物。

图16-3　荸荠和风车草

四、禾本科（Gramineae，Poaceae）⚥♂♀$\uparrow$ P_{2-3} $A_{3,6}$ $\underline{G}_{(2-3:1:1)}$

茎圆柱形，中空，有明显的节和节间。叶片狭长，叶脉平行，叶鞘开裂，叶 2 列，常有叶舌、叶耳。复穗状花序由多个小穗组成，每个小穗生 1 至数朵小花，小花生于外稃（苞片）和内稃（小苞片）之间，通常由 2 枚浆片（鳞被）、3 枚雄蕊和 1 枚雌蕊组成。果实为颖果。种子含丰富的胚乳。

禾本科有 700 多属，12 000 余种，种数在单子叶植物中仅次于兰科，遍布世界各地。中国产 230 余属约 1500 种。禾本科与人类的关系极为密切，具有极其重要的经济价值。稻（图 16-4）、麦、黍、粟、玉米（图 16-5）、高粱、谷子、青稞等人类的主要粮食作物属于禾本科，甘蔗（图 16-6）、许多牧草、竹类等也属于本科。竹子在日常生活处处可见，在东南亚还有竹子造的房屋。竹笋（bamboo shoot）（图 16-6）为禾本科竹类的嫩苗，又称竹萌、竹芽。竹笋在中国自古被当作“菜中珍品”，是中国传统佳肴，味香质脆，食用和栽培历史极为悠久。禾本科植物也为工、农业提供了丰富的资源，许多种类是建筑（如竹类）、造纸（如芦苇）、酿造（如高粱）、制糖（如甘蔗）、家具和编织（竹类等）及药用（如薏苡）等的主要原料。在畜牧业方面，它又是动物饲料的主要来源。禾本科的许多植物在美化环境、保护堤岸、水土保持等方面也占有相当重要的地位。因此，禾本科也获得了“粮食的仓库”等美誉。当然，禾本科中也有一些农田杂草危害农作物，如节节麦（*Aegilops tauschii* Coss.）、稗草［*Echinochloa crusgalli*（L.）Beauv.］、狗尾巴草［*Setaria viridis*（L.）Beauv.］、马唐［*Digitaria sanguinalis*（L.）Scop.］、牛筋草［*Eleusine indica*（L.）Gaertn.］等。

水稻苗　　稻穗

图16-4　稻穗和大米

图16-5　玉米及其籽粒

甘蔗　　竹子　　竹笋

图16-6　甘蔗和竹笋

禾本科的分类比较复杂，在不同的分类系统中差异较大。哈钦松分类系统将禾本科分为竹亚科（Bambusoideae）、稻亚科（Oryzoideae）、早熟禾亚科（Pooideae）、画眉草亚科（Eragrostoideae）和黍亚科（Panicoideae）共5个亚科；恩格勒分类系统分为7个亚科，分别为竹亚科、稻亚科、早熟禾亚科、黍亚科、假淡竹叶亚科（Centothecoideae）、虎尾草亚科（Chloridoideae）和芦竹亚科（Arundinoideae）。禾本科的分类可参阅相关的专业书籍和文献资料。本教材列举常见的禾本科植物举例如下：水稻（*Oryza sativa* L.）、小麦（*Triticum aestivum* L.）、玉米（*Zea mays* L.）、大麦（*Hordeum vulgare* L.）、甘蔗（*Saccharum officinarum* L.）、高粱（*Sorghum vulgare* Pers.）、佛肚竹（*Bambusa ventricosa* McClure）等。

五、凤梨科（Bromeliaceae）⚥ $*K_{3,(3)}\ C_{3,(3)}\ A_{3+3}\ \overline{G}_{(3:3:\infty)}$

草本；叶互生，莲座式排列，叶鞘形成贮水器；花两性，少单性，辐射对称或稍两侧对称；花序为顶生的穗状、总状、头状或圆锥花序；苞片常显著而具鲜艳的色彩；萼片3枚，分离或基部连合，覆瓦状排列；花瓣3枚；雄蕊6枚，着生于花冠管的基部，或在花瓣分离的种类中，2轮雄蕊分别贴生于萼片和花瓣上；子房下位至半下位或上位；子房3室；胚珠多数；浆果、蒴果或有时为聚花果；种子在蒴果中常有翅或多毛。

凤梨科约有50多属，3000余种，原产于美洲热带地区。热带水果菠萝（凤梨）［*Ananas comosus*（Linn.）Merr.］是本科主要的经济植物。凤梨科植物以其品种多样、株型优美、花型独特、花色艳丽、花形奇特，花期长，耐运输等特点深受人们的喜爱，成为极具发展潜力的观赏植物。常见的观赏凤梨属主要有果子蔓属（*Guzmania* Ruiz & Pav.）、丽穗凤梨属（*Vriesia* Lindl.）、水塔花属（Billbergia Thunb.）、铁兰属（*Tillandsia* L.）等，如紫凤梨（*Tillandsia cyanea* Linden ex K. Koch）（图16-7）、彩苞凤梨（*Vriesea poelmannii* L.）等（图16-7）。近年来，利用杂交育种、远缘杂交育种、突变体筛选育种等方法培育出大量的观赏凤梨新品种。

紫凤梨　　彩苞凤梨　　凤梨

图16-7　紫凤梨和彩苞凤梨

六、芭蕉科（Musaceae）⚥ ♂ ♀ ↑ $P_6 A_{3+3}\ \overline{G}_{(3:3)}$

多年生草本，茎或假茎高大，不分枝；叶由叶片，叶柄及叶鞘组成，叶螺旋排列或两行排列；花两性或单性，两侧对称，常排成顶生或腋生的聚伞花序，着生在一大型而有鲜艳颜色的苞片（佛焰苞）中；花被片 3 基数，花瓣状或有花萼、花瓣之分；雄蕊 5～6 枚；子房下位，3 室，胚珠多数；果实或为浆果、或为室背或室间开裂的蒴果、或革质不开裂。

恩格勒系统将芭蕉科分为芭蕉亚科（Musoideae）、鹤望兰亚科（Strelitzoideae）、兰花蕉亚科（Lowioideae）共 3 个亚科。本科约 140 多种，主要分布在热带和亚热带地区。我国有 7 属，20 种及很多变种，主要分布在南部及西南部。我国有的 7 属分别为芭蕉属（*Musa* L.）、象腿蕉属（*Ensete* Bruce ex Horan.）、地涌金莲属［*Musella*（Franch.）C. Y. Wu ex H. W. Li］、旅人蕉属（*Ravenala* Adans.）、鹤望兰属（*Strelitzia* Ait.）、蝎尾蕉属（*Heliconia* L.）和兰花蕉属（*Orchidantha* N. E. Brown）。

芭蕉科植物为热带亚热带地区一类重要的植物资源。本科植物中经济价值最大的是香蕉（*Musa nana* Lour.）（图 16-8）及芭蕉（*Musa basjoo* Sieb. et Zucc.）。香蕉和芭蕉品种繁多，为热带、亚热带地区的著名水果，亦可用以代粮，主要制成蕉干或蕉粉以供食用。蕉麻（马尼拉麻）（*Musa textilis* Nee）的假茎纤维可供制作耐海水浸泡的绳缆。

非洲沙漠，炎热干燥，旅人蕉（图 16-8）不仅可为人们遮挡烈日强光，而且是天然的饮水站。旅人蕉（*Ravenala madagascariensis* Adans.）的每个叶柄底部都有一个酷似大汤匙的"贮水器"，可以贮藏几千克水，只要在这个位置上划开一个小口子，就像打开了水龙头，清凉甘甜的泉水便立刻涌出，可供人们开怀畅饮，消暑解渴。而且，这个"水龙头"拧开后又会自动关闭，一天后又可为旅行者提供饮水。因此，人们又称旅人蕉为"旅行家树"、"水树"、"沙漠甘泉"、"救命之树"等。有些种类的花苞红色鲜艳，花序直立，可供观赏，如阿希蕉（*Musa rubra* Wall. ex Kurz）、鹤望兰（*Strelitzia reginae* Ait.）（图 16-8）等。地涌金莲

香蕉

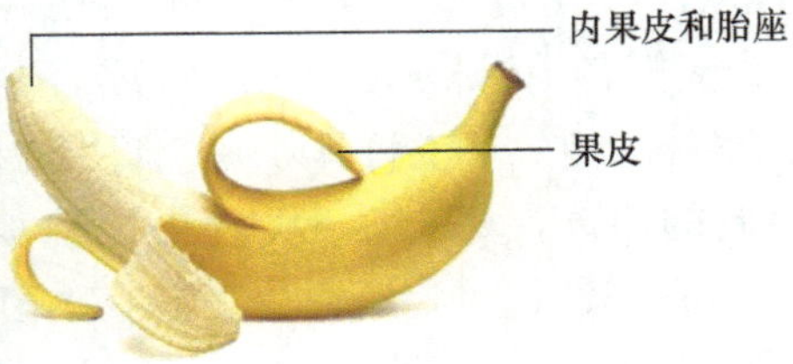

香蕉

鹤望兰

旅人蕉

图16-8 香蕉树及其果实、鹤望兰、旅人蕉

[*Musella lasiocarpa*（Franch.）C. Y. Wu ex H. W. Li] 原产中国云南，为中国特产花卉。假茎的叶腋处为真正的小花朵，清香、娇嫩，黄绿相间，更添一份精巧的美丽，花期长达半年之久。地涌金莲被佛教寺院定为“五树六花”之一，也是傣族文学作品中善良的化身和惩恶的象征。地涌金莲除假茎作猪饲料外，花可入药，有收敛止血作用，茎汁用于解酒醉。

七、百合科（Liliaceae）⚥ $*P_{3+3}\,A_{3+3}\,\underline{G}_{(3:3:\infty)}$

多年生草本；地下有鳞茎、块茎或根茎；叶多互生；花两性，辐射对称；花被花瓣状，6片；雄蕊6枚；子房上位；中轴胎座；果实为蒴果或浆果。

百合科约230多属，4000多种，全球分布，但以温带和亚热带最丰富。中国60多属，600多种，遍布全国。主要的属吊兰属（*Chlorophytum* Ker-Gawl.）、玉簪属（*Hosta* Tratt.）、萱草属（*Hemerocallis* L.）、芦荟属（*Aloe* L.）、郁金香属（*Tulipa* L.）、贝母属（*Fritillaria* L.）、百合属（*Lilium* L.）、虎眼万年青属（*Ornithogalum* L.）、葱属（*Allium* L.）、丝兰属（*Yucca* L.）、朱蕉属（*Cordyline* Comm. ex Juss.）、龙血树属（Dracaena Vand. ex L.）、虎尾兰属（*Sansevieria* Thunb.）、铃兰属（Convallaria L.）、万年青属（*Rohdea* Roth）、蜘蛛抱蛋属（*Aspidistra* Ker-Gawl.）、黄精属（*Polygonatum* Mill.）、天门冬属（*Asparagus* L.）、菝葜属（*Smilax* L.）等。知母属（*Anemarrhena* Bunge）、鹭鸶兰属（*Diuranthera* Hemsl.）、白穗花属（*Speirantha* Baker）等为中国特有。

百合科中既有名花，又有良药。因此，百合科有“名花良药”之称，此外有些还可以食用。百合科中著名药材有黄精（*Polygonatum sibiricum* Red.）、玉竹 [*Polygonatum odoratum*（Mill.）Druce]、知母（*Anemarrhena asphodeloides* Bunge）、麦冬 [Ophiopogon japonicus（L. f.）Ker-Gawl.]、川贝母（*Fritillaria cirrhosa* Don.）、芦荟 [*Aloe vera* var. *chinensis*（Haw.）Berg]、天门冬 [*Asparagus cochinchinensis*（Lour.）Merr.] 等。黄精具有补气养阴、健脾、润肺、益肾的功效。玉竹具养阴、润燥、清热、生津、止咳等功效。知母具有滋阴降火，润燥滑肠的功效。麦冬的小块根是中药，有生津解渴、润肺止咳之效。川贝母的鳞茎入药，能清热润肺，止咳化痰。芦荟具有杀菌、抗炎、湿润美容的作用，可健胃下泄，强心活血，还可用于镇痛、镇静、防晒等。天门冬的块根是常用的中药，有滋阴润燥、清火止咳之效。

百合科中的蔬菜有葱（*Allium fistulosum* L.）、蒜（*Allium sativum* L.）、韭菜（*Allium tuberosum* Rottl. ex Sperng.）、洋葱（*Allium cepa* L.）、百合（*Lilium brownie* F. E. Br. var. *viridulum* Baker）、黄花菜（*Hemerocallis citrina* Baroni）等。此外，石刁柏（*Asparagus officinalis* L.）的嫩茎也可作蔬菜，俗称芦笋。

菝葜（*Smilax china* L.）的根状茎富含淀粉和鞣质，可酿酒和提制栲胶（tannin extract），亦供药用，有祛风利湿，解毒消痈的功效。百合的鳞茎既可食用，也可入药，具有润肺止咳、清热、安神和利尿的功效。

百合科中的观赏植物有玉簪 [*Hosta plantaginea*（Lam.）Aschers]、郁金香（*Tulipa gesneriana* L.）（图16-9）、风信子（*Hyacinthus orientalis* L.）（图16-9）、万年青 [*Rohdea japonica*（Thunb.）Roth]、萱草（*Hemerocallis fulva* L.）等。

郁金香 郁金香 风信子

图16-9 郁金香和风信子

八、石蒜科（Amaryllidaceae）⚥ $*P_{3+3}\ A_{3+3}\ \overline{G}_{(3:3:\infty)}$

多年生草本；地下有鳞茎或根状茎；叶基生，条形；花通常艳丽，两性，单生或排列成伞形花序，有的具有总苞片；花被6片，分离或下部合生成筒状；子房下位，常为3室；果实为蒴果或浆果。

石蒜科有90多属1300多种，分布于全世界热带、亚热带和温带地区，许多种类为旱生植物。中国有20多属30多种，主要分布于南方各省区。该科包括的属主要有网球花属（*Haemanthus* L.）、君子兰属（*Clivia* Herb.）、雪片莲属（*Leucojum* L.）、葱莲属（玉帘属）（*Zephyranthes* Herb.）、文殊兰属（*Crinum* L.）、鸢尾蒜属［*Ixiolirion*（Fisch.）Herb.］、全能花属（*Pancratium* L.）、水鬼蕉属（*Hymenocallis* Salisb.）、朱顶红属（*Hippeastrum* Herb.）、龙头花属（*Sprekelia* Heist.）、石蒜属（*Lycoris* Herb.）、水仙属（*Narcissus* L.）、晚香玉属（*Polianthes* L.）、仙茅属（*Curculigo* Gaertn.）、小金梅草属（*Hypoxis* L.）等。

本科许多种类富有经济价值，观赏植物有水仙（*Narcissus tazzetta* var. *chinensis* Roem.）（图16-10）、洋水仙（*Narcissus pseudonarcissus* L.）（图16-10）、君子兰（*Clivia miniata* Regel.）、朱顶红（*Amaryllis vittata* Ait.）、葱莲［*Zephyranthes candida*（Lindl.）Herb.］、百子莲（*Agapanthus africanus* Hoffmgg.）（图16-11）、文殊兰［*Crinum asiaticum* L. var. *sinicum*（Roxb. ex Herb.）］、网球花（*Haemanthus multiflorus* L.）、彼岸花（*Lycoris radiata* Herb.）（图16-11）等。药用植物有石蒜属和水仙属的植物。石蒜属的鳞茎均有石蒜碱（lycorine）、加兰他敏（galanthamine）和力可拉敏（lycoramine）等。石蒜碱有强力的催吐和祛痰的作用，毒性较小。加兰他敏和力可拉敏临床上为治疗小儿麻痹后遗症的主要药物。水仙属的鳞茎也含有石蒜碱和多花水仙碱（tazettine）等。多花水仙碱可治疗咳嗽、喉痛、跌打损伤、牙痛。

A B

图16-10 水仙（A）和君子兰（B）

百子莲

彼岸花

葱莲

水鬼蕉

图16-11　百子莲、彼岸花、葱莲、水鬼蕉

九、兰科（Orchidaceae）⚥ ↑ $P_{3+3}\ A_{3-1}\ \overline{G}_{(3:1:\infty)}$

草本，叶互生，基部常有抱茎的叶鞘。花两性，左右对称，花被2轮、6片，外轮花瓣状，内轮中央的花瓣特化为唇瓣；能育雄蕊1或2枚，极少数为3。花粉结合成花粉块；雄蕊和花柱结合成合蕊柱，子房下位，常做180度扭转。侧膜胎座，蒴果，含极多、微小的无胚乳种子。

兰科是单子叶植物中包含植物数目最多的科，为被子植物第二大科。同时也是单子叶植物中最进化的一个科。兰花广泛分布于全世界各地，但主要产热带地区。据统计约有800多属，30 000～35 000个种。中国有170多属，1300多种以及许多亚种、变种、变型。南北均产之。大部分供观赏，少数如石斛（*Dendrobium nobile* Lindl.）、天麻（*Gastrodia elata* Bl.）、白芨（*Bletilla striata* L.）等入药。此外，香果兰属（*Vanilla* Mill.）中有的种类可提取香精，有较高的经济价值。

广义的兰花是整个兰科植物的总称。兰花与梅花、菊花、水仙并称花草四雅，是中国十大名花之一。兰花作为中国的传统名花，因其株型典雅、花姿优美、幽香四溢，自古以来深受人们的喜爱。古时把好的文章称为兰章，把情深意厚的好友称为兰友或兰谊，因此兰花成了人间美好事物的象征。兰花有“花中之后”的美誉，具有抑制神经过度兴奋、改善呼吸、消除紧张、治疗哮喘、美容、提升工作活力、增加情趣等功效。常见的兰花有蝴蝶兰（*Phalaenopsis amabilis* Bl.）（图16-12）、硬叶兜兰（*Paphiopedilum micranthum* Tang et Wang）（图16-12）、大花蕙兰（*Cymbidium hybridium*）（图16-13）、舞女兰（*Oncidium luridum*）（图16-13）、卡特兰（*Cattleya Hybrida*）（图16-13）、春兰（*Cymbidium goeringii* Rchb.f.）、墨兰［*Cymbidium sinense*（Jackson ex Andr.）Willd.］等。

蝴蝶兰

石斛兰

硬叶兜兰

图16-12 蝴蝶兰和硬叶兜兰

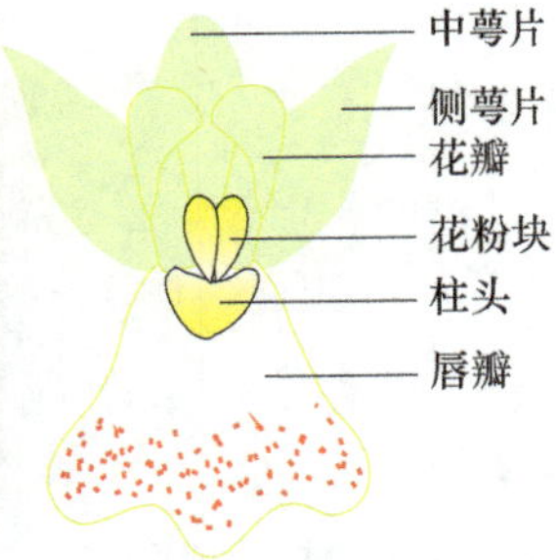

大花蕙兰

舞女兰

卡特兰

图16-13 大花蕙兰、舞女兰和卡特兰

近年来，随着兰花产业及育种的发展，目前兰科人工杂交属已达500多个，人工杂交种在40 000种以上，并且人工杂交种的数量每年还在快速增加。因此，兰科的分类和命名也非常复杂，感兴趣的同学可参阅相关的专业书籍和文献资料进一步学习。

本章部分思维导图

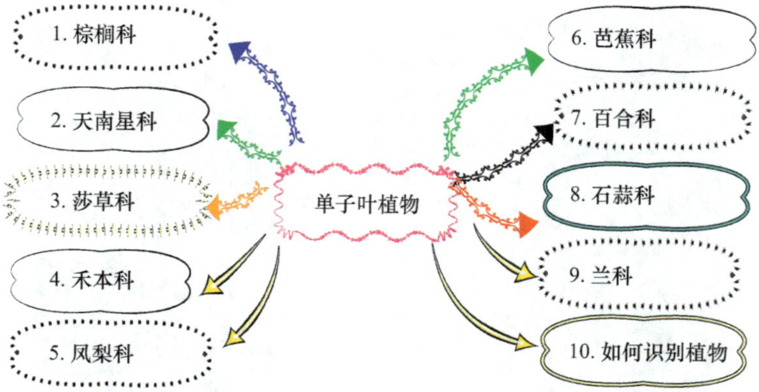

主要参考文献

冯燕妮，李和平. 2013. 植物显微图解. 北京：科学出版社.
韩利红，施晓东. 2011. 植物解剖学实验（英文版）. 北京：北京理工大学出版社.
胡正海. 植物分泌结构解剖学. 2012. 上海：上海科学技术出版社.
李万昌，马三梅，王永飞. 视觉卡片在《植物学》教学中的应用. 生物学通报，2012，47（9）：29-31.
李正理，张新英. 1999. 植物解剖学. 北京：高等教育出版社.
刘虹，金松恒. 2014. 植物学实验. 武汉：华中科技大学出版社.
刘穆. 1987. 普通植物学图解. 新乡：河南师范大学出版社.
马三梅，王永飞，李宏业. 2012. 思维导图在《植物生化与分子生物学》教学中的应用. 生命的化学，32（6）：599-602.
马三梅，王永飞，孙小武. 2014. 植物学实验指导（双语教材）. 北京：科学出版社.
马三梅，王永飞. 2005. 提高植物学实验教学质量的一些体会. 植物学通报，22（4）：510-512.
马三梅，王永飞. 2005. 细胞质和胞质溶胶. 生命的化学，25（1）：70.
马三梅，王永飞. 2006. 一部适于《植物生物学》双语教学的优秀国外教材. 植物生理学通讯，42（1）：98-100.
马三梅. 2006. 在植物学教学中加强安全教育. 生物学教学，31（1）：16.
马三梅. 2008. 通过生物学史教学提高学生科学素养. 生物学教学，33（4）：27-28.
马三梅. 2008. 在教学中培养学生的阅读能力. 生物学教学，33（2）：67-68.
马三梅. 2010. 观察植物细胞壁上初生纹孔场教学实验技术的改进. 植物生理学通讯，46（3）：261-262.
汪劲武. 植物的识别. 2010. 北京：人民教育出版社.
汪劲武. 怎样识别植物. 1983. 北京：科学出版社.
王冰，曹广才. 2008. 药用植物学图表解. 北京：人民卫生出版社.
王旭红. 2004. 药用植物学实验与指导. 北京：中国医药科技出版社.
王永飞，方堃. 2008. 介绍几种观察植物气孔的实验材料. 生物学教学，33（2）：41.
王永飞，刘林川. 2008. 观察植物微管形成层和导管的一种新方法. 生物学教学，33（7）：33-34.
王永飞，马三梅，周天鸿. 2010. 关于苔藓植物世代交替中“寄生现象”说法的商榷. 植物生理学通讯，46（1）：71-72.
王永飞，马三梅. 2005. 植物生理学双语教学的尝试. 植物生理学通讯，41（4）：521-524.
杨继. 1999. 植物生物学. 北京：高等教育出版社.
杨世杰. 2000. 植物生物学. 北京：科学出版社.
叶创兴，朱念德，廖文波，等. 2007. 植物学. 北京：高等教育出版社.
叶庆华，曾定，陈振端. 2002. 植物生物学. 厦门：厦门大学出版社.
周先容. 2005. 植物学学习指导. 重庆：重庆大学出版社.

周云龙．2004．植物生物学．第2版．北京：高等教育出版社．

Brian E S G, Martin W S. 1999. Plant Cell Biology: Structure and Function. Sudbury: Jones and Bartlett Publishers.

Bryan G B. 1999. A Colour Atlas of Plant Structure. London: Manson Publishing Ltd.

Evert R F. 2006. Esau's Plant Anatomy: Meristems, Cells, and Tissues of The Plant Body: Their Structure, Function, and Development . 3rd ed. Hoboken: John Willey & Sons Inc.

Lack A J, Evans D E. 2001. Instant Notes in Plant Biology. 北京：科学出版社 .

Lux A, Morita S, Abe J, et al. 2005. An improved method for clearing and staining free-hand sections and whole-mount samples. Annals of Botany, 96(6):989-996.

Raven P H. 1999. Biology of Plants. 6th ed. New York: Worth Publishers Inc.

Rost T L, Barbour M G C, Stocking R, et al. 2006. Plant Biology. 2nd ed. Belmont: Thomson High Education.

Stern K R. 2003. Introductory Plant Biolgy Laboratory Manual. 10th ed. New York: McGraw-Hill Higher Education.

Uno G, Storey R, Moore R. 2001. Principles of Botany. New York: McGraw-Hill High Education.

附 录

如何识别植物

植物种类有90多万种，要认识一种植物，也不是一件容易的事情。要认识一个植物，首先需要认认真真观察，第一步确定它属于哪个门，即确定它属于藻类植物、苔藓植物、蕨类植物、裸子植物还是被子植物。然后，确定它属于哪个科，哪个属，哪个种。确定科、属、种的时候需要查找当地的植物志，根据检索表来确定它的种。

随着中国植物志和地方植物志的陆续出版，为我们鉴定植物种类提供了很大的方便。植物志上有全国检索表、地方检索表或观赏植物检索表等。由于种的检索表一般在植物志上，所以鉴定植物的时候，要选择当地植物志。如果要鉴定的植物是广东产的，那么，最好利用《广东植物志》。如无当地的检索表，也可以参考邻近地区的检索表。

鉴定植物的关键，首先是检索者必须有植物学形态术语方面的基础知识。在检索时，能够对花、果实的各部分构造，要作认真细致的解剖观察，如花冠和雄蕊的类型、子房的位置、心皮和胚珠的数目、胎座和果实的类型等，都要搞清楚。一旦描述错误，就会出现差错。

因为植物的叶、茎等营养器官的形态变异较大，不能用来作为判断植物的科和属的依据。例如，仙人掌科、大戟科、番杏科的植物，花没有开时，无法判断它属于哪个科。开花之后就可以发现它们的差异。花和果实的形态比较稳定，可以作为确定它属于哪个科的依据。因此识别植物时，应重点关注花和果实的特征，再兼顾叶和茎的特征。

鉴定植物时采用的标本一定要完整，除营养体外，要有花和（或）果实。要全面、仔细地观察标本，特别花和果实的特征。根据观察到的特征，从检索表的起始处按顺序逐项往下查，不能跳查。顺着符合的顺序依次往下查，直到查出为止。查检索表的过程，是环环相扣、步步相连，假如其中一步错了，就不可能得到正确结果。

在查检索表的过程中，通常会遇到如子房位置、复叶、雄蕊、胎座、果实类型等植物学术语，如果对相应的概念没有真正理解，就会查不下去。此时，需要马上去重新学习，掌握基本理论知识，顺利完成检索。

为了证明鉴定结果是否正确，应该找有关的专著或资料进行核对，检查植物标本上的形态特征是否与书上的文字、图片一致。如果基本符合，就可证明鉴定的结果是正确、可靠的。如不符合，还要搞清楚在哪几条特征上不符合，应找别的检索表和文献资料查对。至于是否是一个新种，只有在查阅了大量的文献资料，特别是最近的和专门研究的资料后才有可能下结论，同时还需要请教有关专家。

主要科特征顺口溜

毛茛科　多草本，叶多分裂或复叶；雄蕊雌蕊数目多，聚合瘦果蓇葖果。
十字花科是草本，花瓣 4 片十字形，四强雄蕊莫忘记，角果又有长短分。
蔷薇科　花整齐，杯状花托雄蕊多，雌蕊一枚或多枚，果实种种分亚科。
豆科植物多托叶，不少花冠呈蝶形，旗瓣翼瓣龙骨瓣，二体雄蕊和荚果。
芸香科　多喜温，植株一般是木本，叶果常有油腺点，花盘周围雄蕊生。
锦葵科　有托叶，纤维丰富多黏液，萼片外面有副萼，单体雄蕊和蒴果。
伞形科　有香气，鞘状叶柄叶互生，花序大多复伞形，双悬分果有纵棱。
夹竹桃科含乳汁，单叶对生或轮生，花冠裂片旋卷状，箭形花药可辨认。
唇形科　茎四棱，叶有香气相对生，二强雄蕊花唇形，四枚坚果是特征。
茄科植物叶互生，花冠整齐花两性，雄蕊 5 枚附冠生，蒴果浆果萼宿存。
葫芦科　是藤本，茎有卷须叶互生，花药扭曲花单性，子房下位瓠果生。
菊科是个最大科，头状花序苞片多，管状舌状两种花，聚药雄蕊和瘦果。
禾本科　茎叫秆，叶柄成鞘包住茎，花序多为复穗状，朵朵小花结颖果。
百合科　多草本，地下常有鳞块茎，花被 6 片排两轮，子房上位多蒴果。
石蒜科　生鳞茎，伞形花序叶基生，花被 6 片多艳丽，子房下位要认清。
兰科植物是草本，内轮唇瓣好辨认，子房扭转合蕊柱，种子极多小如尘。